咖啡帝國

勞動、剝削與資本主義，
一部全球貿易下的咖啡上癮史

AUGUSTINE SEDGEWICK
奧古斯丁．塞奇威克——著　　盧相如——譯

COFFEELAND

ONE MAN'S DARK EMPIRE
AND THE MAKING OF
OUR FAVORITE DRUG

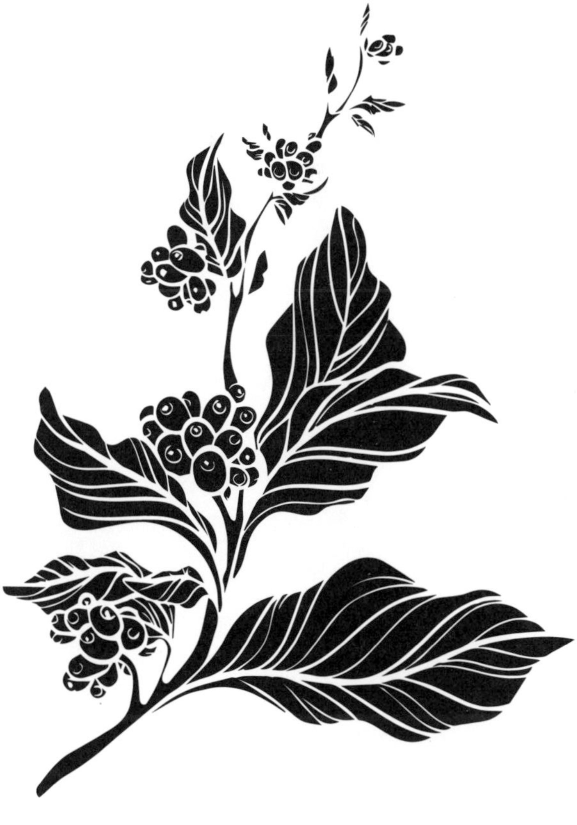

導讀

盤根錯節的咖啡資本主義史

萬毓澤（國立中山大學社會學系教授）

你每天手中的咖啡怎麼來的？喝咖啡如何從鄂圖曼帝國的神祕習俗，逐漸轉變為許多人習以為常的日常生活？為什麼咖啡的消費者和生產者分別集中分布在全球（已開發的）「北方」與（開發中的）「南方」？為什麼許多人都希望透過「公平貿易」改善咖啡農的生活？

《咖啡帝國》討論的就是以薩爾瓦多——曾是世界第四大咖啡生產國——為核心的一部盤根錯節的咖啡資本主義史。

一八八九年，來自曼徹斯特的詹姆斯．希爾（James Hill，1871-1951）以薩爾瓦多為基地，打造出影響深遠的「咖啡帝國」，也使自己戴上「咖啡國王」的王冠。其家族事業由咖啡往外延伸，成為壟斷多數經濟與政治資源的權力菁英。然而，在咖啡資本主義之下，薩爾瓦多卻陷入極端貧困，五分之四的兒童營養不良。不僅如此，薩爾瓦多還成為美國與古巴的角力場，政治始終動盪不安，並在一九八〇年爆發內戰，一直持續到一九九二年。

如作者所言，咖啡透過「帝國與奴隸制」來到拉丁美洲，在拉美已經有長遠的歷史。詹姆斯・希爾到達時，薩爾瓦多早已獨立建國，但咖啡的生產依舊緊緊扣連著帝國主義的脈動。《咖啡帝國》描寫了薩爾瓦多政府如何渴望種植並出口咖啡，以「自由主義改革」為藉口，透過各種法律手段從「落後」的印第安人手中奪走「未開墾的肥沃土地」，並以軍隊鎮壓反抗。馬克思在描寫資本的「原始積累」過程時，曾說「這種剝奪的歷史是用血和火的文字載入人類編年史的」，而咖啡資本主義在薩爾瓦多的打造過程也是如此。

在討論薩爾瓦多之前，《咖啡帝國》描寫了曼徹斯特，當時全球「棉花帝國」的工業中心，也是全球資本主義的核心。包括恩格斯的《英國工人階級的狀況》（*The Condition of the Working Class in England*, 1845）在內，許多作品都生動刻畫了曼徹斯特工人的處境。用作者的話來說，當時的曼徹斯特見證了「所有強大的新型治理和技術形式相結合……，用來榨取空前數量的艱苦勞動人口」。

為何從曼徹斯特寫起？因為這正是詹姆斯・希爾成長的地方。他將曼徹斯特的經營管理模式，運用在薩爾瓦多的咖啡種植園和咖啡處理廠。本書最精彩的部分，就是描寫他如何透過各種手段，以最有「效率」的方式組織並榨取男工、女工，甚至童工的勞動力，讓他們日復一日種植、採摘、篩選和加工。和英國的工廠一樣，薩爾瓦多的咖啡種植園也施行了「任務制度」（計件制）；但詹姆斯・希爾進一步將工資分為「現金」和「食物」兩個部分，盡可能以提供食物的方式壓低成本，規劃「合理」的工作量（例如一般工人每天能完成兩項「任務」，並得到兩頓食物；若更努力一點，則可完成三項「任務」，從而三餐都有著落）。詹姆斯・希爾還在種植園內發行貨幣當作工資支付給工人，供其在園內的商店消費。而如何讓人心甘情願勞動？答案是飢餓。因此，必須禁止工人取得種植園中一切可以果腹的食物，例如水果和其他豆類植物。詹姆斯・希爾甚至為此建立了一支警衛隊，在種植園裡全天候駐守。

但本書並沒有進行簡單的道德譴責，而是將詹姆斯・希爾的行動扣連至維多利亞時代的世界觀（如認為「自然界是一台能夠生產機械工作的巨大機器」的「生產力主義」），以更深入理解其行動邏輯。另一方面，工人也不是逆來順受的傀儡，也會發展出抵抗的手段。從曼徹斯特到薩爾瓦多，與嚴酷的工廠制度相伴相生的，還有左翼思想與行動：「為反對以饑餓為基礎的咖啡種植園生產制度，薩爾瓦多產生的人民共產主義的核心論點是，如果做人就是要挨餓，那麼政府的目標應該是供給而不是剝奪，是飽足而不是饑餓。」

晚近愈來愈多史學家與社會科學家試圖從全球史（global history）的視角書寫「商品史」（commodity history），透過特定商品的起源、生產、貿易與消費來描繪更寬廣的世界圖像，尤其是殖民統治、奴隸制、資本主義之間錯綜複雜的歷史。[1]茶、糖、棉花、菸草、咖啡、香料、巧克力等，都是重要的研究主題，涉及的學科至少包括經濟史、社會史、文化史、政治經濟學和飲食人類學。二〇一三年出版的《全球史、帝國商品、地方互動》（*Global Histories, Imperial Commodities, Local Interactions*）是其中很有代表性的文集。

我們也可以將《咖啡帝國》放在這個架構下來閱讀。《咖啡帝國》文筆極為優美，絕不僅僅是堆疊剪裁史料；儘管文字常帶情感，卻未流於浮泛的批判。我相信《咖啡帝國》已經為全球史與商品史的書寫開拓了新的視界。

1. 可參考網站：https://www.commodityhistories.org/

推薦序

我們與咖啡的距離

鄭華娟（奧地利維也納獨立學院最高階咖啡師）

看到這個序的標題，可能讓不少人笑了。因為臺灣並不缺咖啡專業達人，那麼，我說的距離，到底是怎樣的呢？

近幾年，咖啡已經成為臺灣非常多人的日常飲品；除了超商的紙杯咖啡，多如雨後春筍般的咖啡烘焙館，都讓咖啡隨處可得。

然而，有商業開發就有行銷的動機鋪陳。網路上，咖啡相關報導的泛知識極氾濫，行銷用的咖啡資訊，大多立場模糊也常引用錯誤；在無人能修訂和更正的情況下，廣大喜愛咖啡的消費者只得道聽塗說，到最後陷入紛亂資料來源的泥沼。

馬克吐溫說：「沒讀報，沒資訊；讀了報，得到錯誤資訊。」錯誤不連貫的咖啡資訊，就這麼拉開了我們和咖啡知識接近的距離。

到維也納咖啡獨立學院上課時，最感吃力的部分是艾教授講的歐洲歷史。我無法明白為什麼只想學濾泡一杯好咖啡，竟要學哈布斯堡王朝史呢？然而，艾教授卻說咖啡是改變世界的飲品；學習咖啡就得知道世界歷史，全球經濟的運作，觀察各國政治變化；我這才理解路易十四曾在計算過咖啡的驚人經濟效益後，問：「世界有了咖啡，會有什麼改變？」而「世界沒有了咖啡，又會有什麼改變？」

這本書應是每一位想要了解咖啡專業知識的人需要的寶典。內容雖是咖啡產國薩爾瓦多的咖啡史，涵蓋的範圍卻非常廣。歷史學者身分的作者，讓咖啡歷史的時間軸雖資料龐雜卻處理的鉅細靡遺。雖圍繞著咖啡在歐洲，中南美洲和美國的經濟和政治縱橫糾結的歷史情結裡，卻又藉學術寫作的訓練，能詳細準確的描繪殖民時代資本家和勞動者的觀點，對歷史做出古今觀察旁徵博引的比對。

這本書對於咖啡生豆的知識是相當專業的。內容甚至查證了薩爾瓦多咖啡的波旁種咖啡幼苗的來源故事。這部分很有趣，因為我曾做了一趟尋找波旁咖啡原生之地的[1]探索旅程；作者的歷史考證資料讓我敬重。

在咖啡的知識方面，作者寫了當時莊園主人對於栽種咖啡樹所需要的用水量的計算（第八章〈咖啡處理廠〉）。從這個歷史的咖啡生豆處理水用量的計算，正是今日食物產銷對於咖啡種植的水足跡[2]計算的方法。另外，書中所提及的「濕式」咖啡，就是水洗咖啡；「乾燥」，就是日曬咖啡。這兩種咖啡生豆處理法，至今沒有改變。

咖啡產業因為銷售，歷史上有很多障眼法行銷話術（可惜到今天還是不少），作者直接坦白的著墨；據實描述不遮掩的態度，正顯出歷史學者的專業。這本書的結尾，描述了咖啡世界當今正面對的局面：中南美洲的政局，到底會讓上一個咖啡時代混亂的結束，抑或是創造咖啡黑金世界秩序的新操控的開始？

無論如何，這本書中文版的問世，將更開闊我們的全球視野，同時縮短了咖啡愛好者與專業咖啡歷史的距離；這是一本喜愛咖啡的人，儘量不要錯過的咖啡專業好書。

1. 這個咖啡歷史探索之旅，我寫成了咖啡幻想小說《重逢咖啡館》。

2. 水足跡：相對於碳足跡。水足跡為農產品由種苗開始的灌溉到可以食用前所需的用水量。目前最高用水量的農產品是可可和咖啡。

咖啡帝國

COFFEELAND

目次

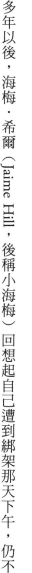

前言 百年咖啡

多年以後，海梅・希爾（Jaime Hill，後稱小海梅）回想起自己遭到綁架那天下午，仍不免要怪罪自己的父親。一九七九年十月三十一日傍晚左右，小海梅正端坐在書桌前，打算寫信給他的女兒亞歷珊卓。[1] 當時萬聖節在薩爾瓦多算是一個嶄新的節日，卡斯楚於一九五九年在古巴發動革命之後，許多家庭遷入該國。[2]「不給糖就搗蛋」的活動，很快就在首都聖薩爾瓦多的高級社區迅速流行起來，時年四十二歲的商人在家族企業中擔任執行者要角，並與家人同住。每一年愈來愈多穿著扮裝服飾的孩子，挨家挨戶進行要糖果的活動，然而為了安全起見，他們通常會搭車前來。即便如此，與即將到來的亡靈節相比，萬聖節的重要性仍相形見絀。在十一月初舉行的亡靈節，標誌著豐收季節的開始。

小海梅總是期待著收成季節到來，六個月的傾盆大雨終於換來藍天和微風吹拂，他的興奮之情足以說明這個國家的歷史。由於薩爾瓦多並未靠近大西洋海岸線，因此薩爾瓦多在一八二一年脫離西班牙獨立後便成為「死水」（backwater）。在這片農人自給自足的土地上，該國二十五萬公民中，只有四名律師和四位醫生，每年只有兩到三艘船停靠它的主要港口。[3]這並不是說薩爾瓦多的公民很窮，確切地說，「窮」是一個相對的字眼，這個國家在商業上孤立的另一面，則是經濟上的平等。十九世紀中葉，在薩爾瓦多下船的歐洲旅客被這裡「沒有極端貧困」，以及土地富饒的景象所震撼。[4]染料和香膏、高收益出口品，在鄉間生長茂盛，甚至連城鎮「都被熱帶果樹所包圍」，其中包括棕櫚樹，橘子，以及「闊葉大蕉幾乎長成一串串沉甸甸的金色果實。」[5]正當外國遊客驚訝於這裡豐饒的自然物產，並看到這裡「非常適合熱帶農作物」生產時，多數薩爾瓦多人皆以集體耕種的土地維生。[6]他們缺乏動力為遠端市場生產新的和不熟悉的經濟作物，更沒有動力為有經濟作物的人工作。按照傳統，該地區自給自足的農民害怕旱季的到來。每年十一月，面對數月的乾旱，薩爾瓦多人像他們的鄰居一樣，祈禱他們賴以維生的雨水回來。

十九世紀末，薩爾瓦多鄉村許多人的生活與數百年前沒什麼區別。太陽升起時，人們沿著狹窄的泥土路、載著農具，這條路從小村莊延伸到遙遠的菜園。傍晚，他們帶著當地市場上可以現吃或是販賣的食物返家。[7]父母教給孩子們以這種方式生活所需要知道的一切知識。[8]每年，當氣候出現轉變時，薩爾瓦多人就像他們在中美洲的鄰居一樣，會舉行家族對土地表示感謝的紀念儀式，並藉由裝飾墳墓、跳舞、唱歌、飲酒，呼喚庇佑他們的神靈。[9]

然而，其中有些薩爾瓦多人認為這種與過去深刻的延續性並不值得慶祝，他們的眼光望向更廣闊的世界——內燃機、電話和電燈，他們擔心的是自己的國家正在落後——而這群人掌握著不成比例的政治權力。起初改變並不明顯，但在一八七九年之後，薩爾瓦多人賴以維生的農業基礎遭到連根拔起，為開創另一個未來重新墾地。

一八八九年，當小海梅的祖父，當時年僅十八歲的詹姆斯．希爾，從英國曼徹斯特來到薩爾瓦多時，一場深刻的變革正在進行。薩爾瓦多在歷經了兩個世代之後，變成了一個全然不同的地方。「最令遊客感到吃驚的改變是」，一位美國旅客在一九二八年寫道，「全集中在同一件事情上：咖啡。一切與咖啡脫不了關係，每個人都直接或間接從事與咖啡相關的行業。」薩爾瓦多農業部長自身也是咖啡種植者，在同一年說，「薩爾瓦多應該全國上下團結一致，卻只關切在單一主題『咖啡』上面。」[10]

儘管在詹姆斯．希爾定居薩爾瓦多的十年間，該地進入咖啡的繁盛時期，不過身為移民，他被禁止擔任政治職務，但在將他的第二母國轉變為現代史上最集中的單一文化國家方面，他可以說比任何人都做得更多。二十世紀下半葉，詹姆斯在種植園和咖啡處理廠中採用的做法，使得咖啡覆蓋了薩爾瓦多四分之一的耕地，種植園雇用了五分之一的薩爾瓦多人口。薩爾瓦多的咖啡種植園，每英畝的產量比巴西高出百分之五十，每年的咖啡產量占該國GDP的四分之一，占該國出口的百分之九十以上。值得注意的是，在某種程度上因為詹姆斯的幫助，這些出口品最終大部分都被裝在美國超市貨架上顏色鮮豔的罐頭裡，而在同一時期，美國已經遠遠成為世界上最大的咖啡飲用國家。[11]一個世紀以來，薩爾瓦多的收成有了嶄新的涵義：專為美國的咖啡飲用市場從事咖啡採摘和加工處理，而咖啡貿易的龐大收入也已不再屬於薩爾瓦多。

在希爾家族，咖啡收成的開始通常意味著唾手可得的回報，但一九七九年並不是一個正常的年分。和往常一樣，天氣及時變化帶來了晴朗的天空和乾燥的空氣，非常適合採摘和處理咖啡。然而，這些有利的條件，由於家庭內部和整個國家的發展而蒙上了陰影。小海梅是三兄弟中最年長的，最近其在家族企業中被降職，自二戰以來，他們的家族企業從咖啡發展到房地產、建築、金融和保險。更令人不安的是，昔日的政治衝突死灰復燃，使人們嚴重懷疑該年的收成是否豐盛。

百年以來，咖啡將薩爾瓦多一分為二。在這個國家取得非凡的經濟生產力的同時，國家的基礎卻逐漸貧窮。全國百分之八十的兒童營養不良，[12]曾經不存在的「極度貧窮」成了薩爾瓦多的兩個反差之一，另一個則是非凡的財富傳奇「十四大家族」，包括希爾家族在內，最初以咖啡事業起家，在持續經營之下，幾乎壟斷了土地、資源、經濟與政治。這群寡頭政治勢力在國外受過教育，坐在歐洲裝甲汽車的後座上，他們在商業和政府的權勢，使他們受到軍隊、私人保鏢、房屋周圍的高牆，以及其他所有人所保護。薩爾瓦多貧富差距的過程並非沒有受到挑戰，但在歷史上，反對咖啡資本主義的運動卻遭到了可怕的鎮壓，民眾的抗議情緒也一度被轉往檯面下發展。

儘管危險重重，卡斯楚在古巴取得勝利後，革命精神又煥發了生機。在美國的支持下，薩爾瓦多政府採取高度警戒之姿對抗在西半球的共產主義，以致命武力對付不斷升級的示威活動，示威現場由兼職士兵以及寡頭政治資助組成的「敢死隊」所形成的嶄新惡勢力，更加大了衝突的規模。整個七〇年代，一連串的綁架、失蹤和暗殺，導致了血腥的報復和廣泛的恐怖活動。接著在一九七九年十月十五日發生了一場政變。在薩爾瓦多歷史上，政府的強制性變革已經不是第一次，但從未能直接在政策和日常生活方面帶來明顯的變化。即使到了萬聖節，結果仍未明朗。

小海梅有很多話想對他的女兒亞歷珊卓說，她已經在維吉尼亞的福克斯克羅夫特中學（Foxcroft School）唸完高中，希望能夠繼續前往波士頓的大學修讀政治學。小海梅幼年時期就被送往羅德島（Rhode Island）的寄宿學校，在他住那兒的期間，他一直夢想著像祖父詹姆斯一樣回到家鄉種植咖啡。有一天，跟他一樣名叫海梅的父親突然在學校出現，並向兒子解釋由於他失去了視力，需要有人來接管家族企業。小海梅上了費城的華頓商學院的大學。畢業後，他在華爾街工作了幾年，然後回到薩爾瓦多實現父親的期望。[13]

小海梅辦公室角落裡的一個老時鐘，指針來到四點十五分。他坐到打字機前，準備寫信給亞歷珊卓。此時，一輛吉普車和一輛小卡車向他的住處加速駛來，在門前急煞車。身穿員警和陸軍制服的士兵從吉普車中爬出來，清空街道，並用軍用的突擊步槍指揮交通。另一組戴著深色口罩、身穿橄欖色軍服的人馬從皮卡車上跳下，舉著烏茲槍衝了進來。陣陣槍聲擊倒了一名警衛，並在鋼製安全門上炸開一個洞。持槍歹徒衝進房子，經過一個被嚇傻的祕書，然後上樓。

小海梅在辦公室聽到樓下傳來騷動聲時，他的第一個念頭還以為是員警在追捕竊賊。當他聽到樓下傳出槍聲和尖叫聲時，他知道自己弄錯了。八年前，一個恐怖主義集團偽裝成馬路修繕工人，攔下了一輛載著埃內斯托．杜伊納斯（Ernesto Regalado Dueñas）所乘坐的汽車，杜伊納斯是小海梅的表弟。三天後，杜伊納斯的屍體被扔在大街上。小海梅的父親因此讓他買了件防彈背心，至此，恐懼開始與他如影隨形。[14]

小海梅在一陣驚慌失措之下，抓起放在書桌裡的點四五口徑手槍，跑到洗手間躲了起來。他待在裡頭發現自己被困在那裡，手裡拿著手槍感覺就像拿著一個啞鈴。門的另一側傳來一個聲音呼喚著他的名字。小海梅放下了槍，緩緩步出浴室，與頭戴面罩的歹徒面對面。

不一會兒，他的頭被套上了頭套，手腕被銬上手銬，一雙看不見的手抓住他的手臂，將他拖下樓梯，經過早已嚇得軟腿的祕書以及殞命的保鏢，然後拖往大街。「告訴我的家人，我毫髮無傷。」小海梅在歹徒的身後哭喊道，接著他臉朝下被扔進尚未熄火的皮卡車後面，在綠色的篷布下，卡車迅速駛離建築物，駛離市區，向西行，朝向曾經被稱為「咖啡之鄉」的目的地前去。[15]

半個世紀前，通往聖塔安娜（Santa Ana）的道路崎嶇不平，得順著小路蜿蜒而下，才能進入倫帕河谷（Lempa River）的寬闊盆地。下方的平原上，整齊建築的白色粉刷牆面，在三面環繞著茂密叢林的映襯之下熠熠生輝，紅瓦屋頂在和煦陽光的照射之下烘烤著。隔著一段距離來看，聖塔安娜是整個中美洲「最美麗的小鎮」——一九二〇年代一位曾在此地駐足的美國記者定下的封號。[16]

聖塔安娜在當時稱得上是薩爾瓦多的第二大城市，自一八八〇年代開始，它便成為經濟繁榮的中心，至今仍在持續發展中，這都要歸功於自一九一四年第一次世界大戰爆發以來，與加州開展的商業活動不斷增加。相較於人們對於一個全球繁榮之城寄予的期望，這個圍繞中央廣場所形成的井然有序的城市網絡，似乎顯得「活力不足」，這是因為繁榮的性質並非由此界定。[17]多數生意是在城鎮邊緣以外、八千英尺高的聖塔安娜火山斜坡上完成的，聖塔安娜火山是薩爾瓦多最高的火山，長期以來被認為是座死火山。

在廣闊的火山表面上，從山麓一路來到陡峭的火山頂，散布著蓊鬱的綠色咖啡種植園。在收穫季節的每一天，從十一月到隔年二月，成千上萬的人在這些種植園工作，從黎明到黃昏，從早上六點到傍晚，持續採摘咖啡。在工作結束時，驢子背駝著一袋袋飽滿的麻布袋，公牛拖拉著裝載了滿滿紅色成熟咖啡果的運貨馬車，搖搖晃晃地從火山運送下山，途經塵土飛揚的聖塔安娜街道，前往該市眾多咖啡處理廠之一，將新鮮採摘的咖啡果加工成可供出口的咖啡豆。

一年之中這個時候最繁忙的街道，有一條狹窄的道路，從城鎮中心向北延伸，穿過一排西班牙橡樹，橡樹的樹枝交錯生長形成了一條深綠色的隧道。在城市郊區，在道路開始從山谷底部爬升之前，稍微向右拐，左側出現了一個名為「三扇門」（Las Tres Puertas）的現代咖啡處理廠的大門。

大門外，運送員領著他們工作的牲畜到接收站，這裡的工作人員迅速將新鮮的咖啡果送入咖啡處理廠。接下來幾天將從咖啡果中萃取出咖啡豆，經過洗淨的程序後，通過水道輸送到日曬廣場，這個廣場就位在處理廠後面的一大片空地。廣場一角，棕色磚塊上塗有醒目的白色線條，畫出約網球場大小的區域，其間還畫上雙走道。

廣場另一側的小高樓上，聳立著一幢優雅的兩層新蓋建築。該建築被視為西班牙殖民復興（Spanish Colonial Revival）風格，一九一五年巴拿馬太平洋國際博覽會（Panama-Pacific International Exposition）之後廣受歡迎。舊金山博覽會（San Francisco fair）為慶祝巴拿馬運河的開通所搭建而成的新式建築，擁有輪廓分明的白牆、寬闊的外部樓梯、圓柱狀入口、紅瓦屋頂和窗。屋內，詹姆斯．希爾那個身材嬌小、擁有一雙黑眼睛的妻子和他們的一大群孩子——十個孩子當中，只有七個倖存——與詹姆斯這個身材矮小，身高六英尺，臉上戴著金屬框眼鏡的英國人同住。自一九二〇年起，他替自己建立起「薩爾瓦多咖啡國王」的美名。[18]

這個美名可以說名副其實，但是儘管如此，它還是帶有意想不到的諷刺意味，即其持有者時而為此津津樂道，時而又試圖掩飾。一八七一年，詹姆斯．希爾出生於維多利亞女王區的英格蘭，在曼徹斯特工業區貧民窟長大，曼徹斯特是一個以貧困和污染而聞名的地區。一八八九年，在他前往薩爾瓦多時幾乎默默無名，與咖啡根本沾不上邊，他透過將紡織品賣往國外，藉此逃離曼徹斯特陰鬱的天空，和籠罩在他身上的陰霾。

在許多方面，紡織品生意與咖啡之間有著天壤之別。布料是一種不起眼卻穩定的交易，畢竟它是基本的必需品。相比之下，咖啡卻像是遊走在農業和財務的鋼索上。這些脆弱嬌貴的樹木需要經過多年辛苦勞動和精心照料，才會有豐碩的成果。更糟糕的是，任何咖啡作物的最終價值，完全取決於國際市場的動盪程度，使得咖啡成為當時流行的敘事小說的背景和主題，以及冒險和毀滅的寓言。[19]

然而，詹姆斯・希爾從這個不太可能的開始出發，建立了一個咖啡帝國，包括他的鄰居和聖塔安娜火山的競爭對手在內，許多人開始考慮這個咖啡帝國也許是全薩爾瓦多最好，也是全世界首屈一指的事業。詹姆斯・希爾在一九五一年去世時，旗下共掌管了十八個咖啡種植園，提供「三扇門」處理廠咖啡豆原料，種植面積共有三千英畝，在收成的高峰期雇用了近五千名員工，每年大約產出兩千噸可供出口的咖啡豆，豐收年更獲利高達數十萬美元。儘管令人印象深刻，但詹姆斯・希爾的咖啡帝國的完整覆蓋範圍，無法用英畝、樹木、員工、生產噸數或是獲利金額來計算，它為千里之外成千上萬的咖啡飲用者提供了一個「展示場」——出於某種原因，他們想知道自己所喝的咖啡來自哪裡，以及咖啡豆在當地的生長狀況。[20]

亞瑟・魯爾（Arthur Ruhl）經常四處遊歷。一八九五年，他離開了伊利諾州羅克福德童年時期的家園，前往哈佛。四年後，他在紐約展開記者生涯，因此有機會周遊世界。一九〇二年，他在曼哈頓地底進行地鐵的挖掘。一九〇八年，他與萊特兄弟一起待在凱蒂霍克（Kitty Hawk）海灘；一九一〇年美國獨立日，他在灼熱的雷諾（Reno）見證了傑克．約翰遜（Jack Johnson）擊敗了吉姆．傑佛瑞斯（Jim Jeffries）的「拳王奮鬥史」（Great White Hope）；一九一四年，美國海軍陸戰隊占領墨西哥城時，他曾在墨西哥的韋拉克魯茲（Vera-cruz）；一九一五年加里波利（Gallipoli）大戰時，他曾到前線；一九一七年布爾什維克革命之前，他早就來到俄羅斯；他從世界各地將他觀察細膩、讓讀者讀來親切的文章投書到《哈潑》（*Harper*），《科利爾》（*Collier*）和《世紀》（*The Century*）。[21]

魯爾的冒險經歷教會他，如果從固定的角度看待一件事，世界並沒有那麼大，而且每天都在縮小。他寫道：「汽車，廣播和報紙集團，更不用說電纜和現代輪船，世界縮小的速度遠超過許多足不出戶的人們所能想像。」他出於個人喜好，喜歡待在擁有舒適的旅店、崇尚「運動與健康」、舉止良善、擁有「乾淨的街道」，還有稱職的交通警察的地方，在「規範良好」的鄉村俱樂部裡喝上一杯雞尾酒，但魯爾並沒有天真地將舒適與進步混為一談。他並不反對改變原則，他只是好奇想知道這意味著什麼。

一九二七年的一個早晨，魯爾來到曼哈頓最南端，登上隸屬聯合水果公司（United Fruit Company）的大白香蕉船，前往中美洲。他希望前往「美好的哥斯大黎加」（Nice Little Costa Rica）、「麻煩的尼加拉瓜」（Troubled Nicaragua）、宏都拉斯、瓜地馬拉和「繁忙的薩爾瓦多」（Busy Salvador），近距離了解這個「曾為牧區以及父權共和政體」的國家，如何被「吸引到現代世界的潮流中」，及其所發生的「深刻變化」。在這裡無論好壞，美德被以數量（「速度、高度、人口、利潤！」）來衡量，高效率（「能源、省時、環境衛生和機器的魔力」）則被譽為天才。

亞瑟・魯爾在薩爾瓦多找到了他想要的東西。電話和電力線管道位於「嶄新且非常完美」的城市街道之下，政府高官承諾高速公路和機場將很快到來；「士兵般」的員警部隊經過美國人的訓練，令人信服地戴上頭盔和軍用皮帶的裝備。陣容龐大、辛勤工作、種族混雜的農民階級，不像哥斯大黎加那樣「白」與「民主」，也不像瓜地馬拉那樣充斥「印第安人」而難以溝通。儘管魯爾停留在首都那段期間，覺得自己像是回到了加州南部，但是令他難以忘懷的是他待在「一個大多數工人每天只能得到不到半美元的地方」，地下管線上方的嶄新鐵製人孔蓋時常遭到偷盜，並被當成廢棄品出售。在這座城市度過了愉快的幾天之後，他清楚意識到「薩爾瓦多的一切都圍繞著咖啡」。魯爾事先已與當地人聯繫，之後便搭上前往聖塔安娜的火車。

在聖塔安娜火車站迎接他的是詹姆斯・希爾的三個兒子中的其中一個，他最近剛從加州大學返家，開著他父親的車。當他們在「三扇門」停下來時，魯爾步下車，向眼前這位「冷靜、精明、文質彬彬」的英國人打招呼，這位英國人不僅負責招待魯爾，也向他導覽這個地方。彼時詹姆斯・希爾已近六十歲，他帶著賓客前往緊鄰住處和處理廠的「試驗性種植園」參觀，一邊走一邊用他手上那支「粗壯的手杖」戳著樹木周圍的「黑壤土」，一路上用他那獨特的曼徹斯特口音，愉快地談論著咖啡的生活和知識、土壤和樹木、價格和工資、政變與革命、種植園夥伴和「他的工人們」，他將自己在薩爾瓦多四十年來的經驗向魯爾娓娓道來。

參觀結束後，兩人在詹姆斯．希爾以倫敦金融市中心為藍圖所打造的辦公室裡稍作休憩。在「輕鬆隨意的氛圍」之下，詹姆斯．希爾再次觸及嚴肅的主題：薩爾瓦多正面臨複雜的政治和經濟問題，為確保咖啡產業不受到影響，他已採取重大的應變措施，家族中占有舉足輕重地位的年輕一代也參與其中，並被寄予厚望。他倆之間的談話宛如在談論生意經，然而當魯爾聆聽著詹姆斯．希爾冷靜地預測薩爾瓦多的未來時，一股不安感油然而生。他不禁感覺到詹姆斯談論的內容，一方面代表了這個世界的變化莫測，另一方面卻也明顯令人感到「古怪」。[22]

詹姆斯．希爾活到了八十歲。他出生於世界首屈一指工業大城的工人階級家庭。在他於一九五一年去世之前，被公認為是最道地的薩爾瓦多人，也是世界上最根深柢固的寡頭統治者之一。當時，曼徹斯特與聖塔安娜已經不像詹姆斯首度離家時那般遙遠。在詹姆斯．希爾活到八十歲的這段歲月中，即從美國內戰結束到冷戰開始之間的幾年中，正如亞瑟．魯爾所觀察到的，世界變得愈來愈小。鐵路、輪船、汽車、飛機、電報、電話、收音機、電影，和其他新穎形式的燃料、電力和治理管轄形式，將曾經彼此孤立的人、事、物匯集在一起，使其不再遙不可及。當前不僅是我們所稱的「『全球化』昭然若揭的時代」——同時也是將「全球」一詞首次應用於涵蓋整個地球現象的年代。[23]更是一個「全球從未有過如此相互聯繫」的時代，「互連」一詞首度被用來描述個體的相互連結本身被更大的體系相互鏈接。[24] 許多歷史學家認為，幾十年來「全球緊密相連」形構了現代世界的「基礎」。[25]

咖啡的歷史，貫穿於一個全球相互連結與轉變的更龐大的故事架構之中。四百年前，喝咖啡不過是鄂圖曼帝國的一種神祕習俗，甚至在英語中找不到與咖啡相對應的字；如今「咖啡」儼然成為地球上最廣泛使用的字。[26] 三百年前，咖啡只在葉門做商業性的種植培育，並只交由一小批商人控制供給。今天，咖啡已經成為七十多個國家，超過兩千五百萬人所種植的經濟作物。[27] 兩百年前，咖啡是社會特權階層的一種奢侈享受，咖啡廳成為分享思想、對話、藝術、政治和文化的地方。它是無與倫比的工作提神飲料，每天裝滿全球數十億個咖啡杯，供給將近三分之二的美國人飲用。[28] 一百年前，拉丁美洲的種植園主和美國的商人關注低價咖啡帶來的後果，於是開始嘗試教導美國的咖啡飲用者關於咖啡種植的條件及其重要性。如今，咖啡已成為領導「公平貿易」的產品，相較於其他任何一種商品，我們會更加去思考世界經濟的運作及其應對方式。[29]

基於這些原因，人們常說「咖啡連接了世界」。[30] 的確，咖啡從神祕的穆斯林習俗到成為附庸風雅歐洲人的奢侈品，再成為無處不在的日常生活必需品，它的轉變講述了一個關於世界如何形塑的故事。可以肯定的是，跟隨詹姆斯・希爾從曼徹斯特到聖塔安娜火山，從他的咖啡種植園、處理廠到舊金山的烘焙廠和美國主要咖啡品牌的真空密封罐，再到雜貨鋪、廚房以及全美各個休息室和咖啡館，這一路以來揭示了相隔遙遠的人、地和物，如何越發準確地以相互連結的關係運行：「世界的連結」一詞取自近年來一本具有里程碑意義的著作。[31]然而這不過是故事的一半。

現代歷史同時朝向兩個方向發展。新的連結孕育了更深一層的新分歧。十九世紀，世界經濟增長了四十四倍。一八五〇年至一九一四年間，世界貿易增長了百分之一千，「全世界從未見過如此令人眼花撩亂的財富創造。」[32]然而，生活在溫帶氣候和工業經濟發達地區的人們，與生活在熱帶氣候和農業經濟發達地區的人們之間的收入差距，伴隨全球連結的日益緊密而不斷拉大。[33]一八八〇年「發展中」的工業社會，人均收入是世界其他地區的兩倍；到一九一四年，數字增長了三倍；一九五〇年時，數字則擴大到了五倍。[34]

世界貧富的劃分與咖啡飲用者和咖啡工人的劃分一致，前者主要集中在工業化的北半球，後者更集中在以農業為主、永遠處於「發展中」的南半球。咖啡作為世界最貧窮地區最有價值的農產品，在形成這種分化方面扮演了核心角色。[35]在過去的一百五十年裡，咖啡已經成為一種極具價值的商品。現今每年的出口額超過兩百五十億美元，零售額更是高出許多倍，而這實際上是對世界上最貧窮國家的壟斷。[36]咖啡不僅像人們常說的那樣，是全球資本主義歷史上最重要的商品之一，也是全球不平等歷史中最重要的商品之一。

咖啡不僅「連接了世界」。相反地，它在過去與現在提出了一個難以回答、而且是個既複雜又必然產生的問題：這種透過日常事物與遠在他方的人連結意味著什麼？

第1章

伊斯蘭教的完美象徵

一五五四年，兩個敘利亞人在他們的第二故鄉君士坦丁堡一起經商。史基姆斯（Schems）來自大馬士革，海金（Hekim）來自阿勒頗（Aleppo）。他們在博斯普魯斯海峽附近的繁忙市集攤位中，開了這座城市的第一家咖啡館。咖啡館裡擺著「非常整潔的沙發和地毯」，後來這家咖啡館成了知名的文人雅士社交場所，「非常適宜結識朋友」。許多贊助人是學生和其他「勤奮好學之士」、正在找工作的專業人士、「西洋棋愛好者」和教授。[1]早於書面歷史記錄五十年的此刻，咖啡已興起。[2]

咖啡原產於衣索比亞。十五世紀時，該地的野生咖啡進行首度的商業交易。十六世紀在葉門的梯田山坡上種植了首批的咖啡樹，同時，透過貿易和戰爭，咖啡消費遍及阿拉伯半島和地中海沿岸。咖啡館通常是鄂圖曼帝國皇帝征服一座新城市後建造的第一個建築物，「為了展示他們統治的文明」。[3]鑒於這種傳播方式，人們對於咖啡這種飲料背後的意義產生了爭議。根據語源學，「咖啡」一詞源自於阿拉伯語qahwah，意思是「酒」：意指咖啡是「伊斯蘭教的酒」，因此引發不少爭論。[4]

一五一一年，一天，麥加一名員警晚上做完禱告後，神情肅穆地準備返家，卻見到一群同信仰的人喝起咖啡為當晚的禮拜做準備。出於對咖啡的提神作用感到懷疑，麥加警方放火焚燒了該市的咖啡供應品，儘管如此，這個問題還是沒有解決。一五八七年出版的一本小冊子，針對該飲品的歷史進行了一番調查，希望能夠藉此釐清「是否應該真誠和明確地相信咖啡此種飲料究竟為何物，也就是說，伊斯蘭教信徒飲用咖啡是否合法。」[5]

歐洲人在當時也發現了咖啡。一五七三年，德國學者萊昂・勞沃夫（Leon-hard Rauwolf）前往阿勒頗時，發現一群人圍著一杯「黑色似墨」的飲品：他們對於瓷杯裡的熱飲不帶任何恐懼，經常把杯子放在嘴唇邊，不過每回只啜飲一小口，然後輪流喝著飲料。一五九六年，一位荷蘭醫生伯納德・布羅克（Bernard ten Broeke），描述了他在黎凡特（Levant）看到的咖啡製作過程：「他們取出一磅半的果實，然後在火中烘烤，然後以二十磅的水將其煮熟，把水煮至剩下一半的量。他們每天早晨會在房間裡，從壺中倒出滾燙的飲料……。他們說這種飲料不但能夠提振他們的精神，而且能夠令他們的身體變得暖和，不怕風吹，有足夠的力氣打開檔板。」[6]

這裡的「他們」指的是土耳其人。由於咖啡帶給人如此強烈的印象，以至於在歐洲稱此為「土耳其的差異化標誌」和「伊斯蘭教的完美象徵」。從這個象徵性的意義來看，歐洲人對咖啡的發現也是一次與「異物」（foreign body）的相遇，許多早期對於飲用咖啡的描寫大多帶有懷疑和厭惡的色彩。一六〇九年，曾受聘於阿勒頗的英國大臣威廉・比杜爾夫（William Biddulph）描述「此種黑色飲品以一種如豌豆般的豆類植物（稱為Coavay），在處理廠裡經過加工，以水烹煮，並以所能承受的滾燙程度喝下此飲料。」一六一〇年，詩人兼翻譯家喬治・桑蒂斯（George Sandys）親自品嘗了咖啡，發現這種「像煤灰一樣黑的飲料，嘗起來似乎沒什麼不同。」[7]

即使咖啡的外觀實在不受到歐洲人青睞，不過他們卻十分認同咖啡具有的影響力。如同酒精和鴉片，咖啡改變飲用者的精神狀態，儘管對於確切的方式或原因尚無所知。一六三二年，哲學家兼圖書館員羅伯特・伯頓（Robert Burton）將土耳其咖啡館比作「我們的啤酒屋或小酒館」，並將咖啡描述為一種「替代品」，是憂鬱症的一種治療方法。[8] 一六四〇年，倫敦藥劑師約翰・帕金遜（John Parkinson）寫道：「此種土耳其豆飲品具有許多對身體有益的特性：它能強健虛弱的胃部，幫助消化，有助於肝臟和脾臟的腫瘤和阻塞。」[9]

正如帕金遜的認可背書，咖啡經常被用作醫學治療。當時的醫學觀念強調平衡人體的四種體液——血、痰、黑膽汁和黃膽汁——以食物代替藥物食用，並根據所需進行放血和手術。食物被分為四類：熱、冷、濕、乾。然而，咖啡、茶和巧克力似乎並不屬於上述的單一類別。它不但性熱且刺激，同時也具有性冷和利尿的作用，這個看法打破了一千五百年來人們對於人體既有的觀念。[10] 對於咖啡的基本功效也未達成一致意見。許多支持者說咖啡可以增強體質，但反對者則將各種疾病的產生歸咎於咖啡，尤其是陽痿。[11]

「土耳其豆飲品」透過咖啡館的方式傳到英國，然後再傳到歐洲。[12] 倫敦的第一家咖啡館於一六五〇年代早期開始營業，由黎凡特公司（Levant Company）的代理商提供資金，這些代理商與東方有香料、羊毛、錫和火藥的生意往來，此時對咖啡產生了興趣。商人丹尼爾・愛德華茲（Daniel Edwards）從士麥納（Smyrna）雇請了一名本地僕人帕斯誇・羅塞（Pasqua Rosée），這名僕人每天在主人的倫敦寓所替他煮咖啡。[13] 當愛德華茲的朋友們開始定期到他家喝咖啡時，他見到了商機。零售咖啡商與他的身分不符，所以他安排他的僕人羅塞做代理商。

羅塞的咖啡攤位是用「松木板或杉木製成的厚木板」所建造，位於倫敦市狹窄的聖邁克爾小巷兩旁的商店和辦公室之間，他的店缺乏史基姆斯和海金所提供的舒適環境，但他確實掛了一個招牌，招牌上以自己打扮成土耳其人的模樣作為廣告。雖然攤位生意興隆，但不久之後，羅塞遭受了西方新食品開創者都熟悉的命運。附近的酒店老闆擔心他會搶走他們的顧客，試圖利用他的外國人身分來對付他。根據法律，只有倫敦市民才能在倫敦金融城經商，因此羅塞商業上的支持者為他找來一個當地的合夥人，一個名叫克里斯多夫・鮑曼（Christopher Bowman）的農村男孩。羅塞和鮑曼一起搬進了更大的店面並繼續經營，但不久之後租約裡開始不見羅塞的名字。之後，咖啡廳以及其他臨時建造的木造結構商家在一六六六年一場大火中被燒毀。[14]

儘管如此，咖啡仍在倫敦掀起一波風潮，許多新咖啡店在城市周圍如雨後春筍般冒出。店家提供了充足的座位和閱讀材料，使這裡成了「便士大學」（penny universities），被當作討論新聞和思想的開放論壇。日記作家塞繆爾・佩皮斯（Samuel Pepys）於一六六〇年造訪倫敦的咖啡館，記錄下有關天氣、昆蟲交配以及財富適當分配的話題內容。[15] 哲學家尤爾根・哈伯瑪斯（Jürgen Habermas）認為這種咖啡館裡的對話催生了一個新的社會階層，擺脫了舊有的頭銜與財富的階級制度——超越法院、教會和國家，成為新生的公民社會，對政治和國家治理產生深遠的影響。[16]

十七世紀中葉，倫敦在政治方面發生了許多變化：一六四九年查理一世國王遭到處決，在奧利弗・克倫威爾（Oliver Cromwell）的領導下成立了共和聯邦。一六六〇年在查理二世（Charles II）的統治下，君主政體和英格蘭教會復辟。倫敦的咖啡館成為「生產和消費『新聞』的主要社會空間」，體現了言論和集會自由的新興民主規範，孕育了日益質疑王室權威的「公眾」。[17] 查理二世意識到這種威脅，試圖透過肅清咖啡館以消除異議，並將其視為「政治動盪的溫床」和「虛假新聞」的巢穴——因為他們談論國家事務的言論，與王室的說法產生很大的歧見。[18] 查理二世的恐懼並未因為他發起了肅清咖啡館的運動而減輕，因為倫敦陷入了「叛亂狀態」。國王嘗試一種新的方式，頒發許可證給咖啡館，條件是咖啡館裡不允許出現顛覆性的文學或是言論。為了逃避監視，一些咖啡館因而改名為酒吧。[19]

在異國的陰影籠罩之下，人們對咖啡館產生的懷疑加劇。飲用啤酒的愛國之士理應「如同穆罕默德主義者」那般厭惡咖啡。倫敦雇主卻仍從中見到有利可圖之處。當時一位學者寫道，「以前的學徒與店員早晨多半因飲用麥酒、啤酒或是葡萄酒而感到頭暈，許多人因此怠忽職守，如今他們選擇能夠幫助他們醒腦的平民化飲料。」咖啡似乎不像酒精那般造成頭腦遲鈍的效果，「它是一種能夠帶給我們清醒與快樂的飲料。」文中使用「我們」十分引人注目。來到世紀之交，在英語世界中第一次提到咖啡的一百年後，倫敦已經有了數百家咖啡館。相比之下，阿姆斯特丹只有三十二家。[20]

一個世紀以來，咖啡在英國已從沒沒無聞變成了眾所皆知的飲品。然而，鑒於咖啡引發的生理不適，過度飲用已成為一個令人擔憂的問題。一六九九年六月，藥劑師兼商品交易商約翰·霍頓（John Houghton），在英國最傑出的學術團體前發表了一場名為「咖啡論述」的演說。該學會的成員經常聚集在一家名為「希臘人」的咖啡館裡。當地報紙主要以八卦口吻，描述咖啡進入整個文化和生活方式的過程。霍頓不敢針對咖啡對健康和提振精神方面的影響給出答案，因為他沒有辦法針對「睡眠理論」提出完整的論述。但他確實指出，咖啡使「各種各樣的人變得善於社交」，並「大大提高了有用的知識。」[21]

有鑑於咖啡受歡迎的程度，人們對於在大西洋另一岸——英國的新英格蘭、維吉尼亞和加勒比殖民地種植咖啡產生了濃厚的興趣。[22]然而，英國商人無法從那些在紅海的葉門港口工作的阿拉伯商人身上取得任何許可，原因為這批商人壟斷了世界咖啡的供應。在這方面，英國貿易公司在茶葉的販售上比咖啡更為成功。茶葉是繼咖啡之後才被引進英國的消費市場，因為茶葉貿易起初受到荷蘭人控制，荷蘭人將爪哇島殖民地作為轉運點，所以茶葉最初的價格較高。[23]但隨後在十八世紀的前二十五年，英國東印度公司終於取得進入中國港口的管道，廉價茶葉充斥英國市場。十八世紀，英國的茶葉進口量增加了四千倍，而荷蘭人則將重心轉移到了爪哇島的咖啡上。[24]結果，一七七三年在波士頓港的抗議活動中遭到銷毀的是茶葉，而不是咖啡。東印度的茶和西印度的糖，在不久之後於英格蘭北部起飛的工業革命中，提供了工人不少活動力。

第2章 棉都

弗里德里希・恩格斯（Friedrich Engels）在成為卡爾・馬克思（Karl Marx）的資助者與合著者之前，出生於一個富裕的普魯士紡織製造業家庭。一八四二年，恩格斯二十二歲時，他的父親派自己的理想繼承人，前往橫跨北海對岸的英國曼徹斯特，他的家族最近在那裡開了一家生產軋棉線的大型工廠，並以英國女王的名字命名為「維多利亞工廠」。

該工廠位於索爾福德（Salford），是一個剛剛開始被快速發展的城市所吞噬的農村地區。不到半個世紀以前，曼徹斯特還是英格蘭西北部河邊的一個集鎮，居住著大約三萬人和一個高大的煙囪。恩格斯抵達曼徹斯特時，曼徹斯特已經成為歷史學家埃里克・霍布斯鮑姆（Eric Hobsbawm）所稱的「世界歷史上最重要的事件」——工業革命的首都。[1]這座城市的孤獨煙囪已經長成一片煙囪森林，煙囪底下住著三十萬人，煙囪上面冒出青色的煙篷，濃密的煙囪遮蔽了陽光，這是燃煤、蒸汽驅動的工廠運轉的結果。棉花織成的布比起世界上其他任何城市都

要多。為了表彰其主導產業，曼徹斯特被暱稱為「棉都」。同樣，與英格蘭相隔遙遠的市場上，棉花製品簡稱為「曼徹斯特商品」，好奇的人們從遙遠的地球另一端，趕來瞧瞧這些商品的製造地。

在維多利亞女王時代來到棉都，簡直受盡侮辱。「當我進入你們的城市時，連續震動的嗡嗡聲不斷在我的耳邊迴盪，彷彿某種不可抗拒的神祕力量在起作用」，美國鐵路大亨理查．金博爾（Richard B. Kimball）寫道，這巨大的噪音聲響在一八五八年無人不知無人不曉。[2]在街道上，城市是可怕且令人興奮，「巨大並令人驚嘆」。[3]對蘇格蘭作家托馬斯．卡萊爾（Thomas Carlyle）來說，處理廠固定每天早上五點三十分開始運轉的聲音，「就像大西洋潮汐的隆隆聲」。[4]其他人從來沒有聽過這樣的聲音。法國記者亞歷克西斯．托克維爾（Alexis de Tocqueville）觀察到：「各種噪音擾亂了這個潮濕、黑暗的迷宮，這可不是一般人在大城市所會聽見的尋常聲響。」托克維爾從美國旅行歸來不久，於一八三五年前往曼徹斯特，「機器運轉的嘎嘎聲響，鍋爐的蒸汽發出的咻咻聲，織布機發出規律的節拍聲，馬車發出的轟隆聲，這些都是你無法躲開的噪音。」[5]

在每條小巷的盡頭，「基本上大眾不會看到」，人們生活在「幾乎難以想像」的骯髒環境之中，氣味「令人作嘔」。[6]工廠排放的廢氣很快取代了空氣，太陽變成了「一個沒有光線的圓盤」。[7]一八七二年，一位研究曼徹斯特「化學氣候學」的憂心科學家定義了「酸雨」一詞，用來形容從空中落下的硫磺稀釋物。[8]

鏗鏘聲、惡臭、貧窮、陰鬱和酸雨都是積累巨額財富的副產品。十九世紀下半葉，大英帝國的人口和土地增長到占地球人口的四分之一，而曼徹斯特及其周圍的工廠卻創造了大不列顛一半的貿易總額，英國的工廠幾乎消耗掉全世界三分之一的原料，每年生產全世界近百分之四十的製成品出口。[9]資本家因這種高產值而受到稱許，尋求利潤、制定政策、動員軍隊，在設備完善的商行和宴會廳中統治他們的全球棉花帝國。[10]機器轉變為蒸汽機、紡織機和車架、機車、輪船、電報。[11]然而，所有強大的新型治理和技術形式相結合，將曼徹斯特改造成十九世紀工業資本主義的中心，這些最底層的工具，都是用來榨取空前數量的艱苦勞動人口。來自遠方的工人，其中許多人被奴役，或是被強迫勞動，他們努力將曼徹斯特供應的原料——包括煤炭、棉花和食品——製成成品。此外，首度出現了工業工人階級，此一創新與蒸汽機同樣重要。在曼徹斯特成為曼徹斯特之前，「世界已經經歷了數百年的極端貧困和勞動力剝削，但是從來沒有見過如此龐大的人力之海，圍繞著機器生產的節奏來組織生活的各個層面。」[12]儘管這種人力之海或許在這種情況下不是最好的譬喻。

用一位十九世紀法國政治家的話來做結，他造訪曼徹斯特，想要釐清他的國家如何避免一座城市會出現的問題：「在這沼澤地區呼出的大霧中，無數煙囪吐出煙霧，勞工組織提出了一種神祕的活動，近似於火山的地下活動。」[13]英國工業界最重要的歷史學家霍布斯鮑姆認可了這種描述，他寫道：「這座城市像是一座火山，火山發出的隆隆聲響令富人和有權勢的人充滿恐懼，他們害怕火山一觸即發。」[14]

無論隱喻多麼富有詩意，弗里德里希·恩格斯抵達曼徹斯特後，就不再喜歡隱喻了。這座城市確實激發了他對製造業的好奇心，儘管這並不完全符合他父親的期望，恩格斯想用他的餘生試圖弄明白這一切是如何運作。在自家的棉紡廠不忙的時候，恩格斯會在曼徹斯特附近聽一些科學講座，其中，許多講座探究了位於棉紡廠中心的大型蒸汽機的內部運作方式。同時，他開始研究工廠對工人的影響。恩格斯與愛爾蘭工人階級婦女瑪麗·伯恩斯（Mary Burns）一起斷斷續續生活了二十年，他也因此有機會進入貧民窟。

恩格斯在《英國工人階級的狀況》一書中描寫了他在那裡發現的東西，他極力用語言來捕捉曼徹斯特工業化恐怖的「完美」。恩格斯尤其著迷於一條名為朗米爾蓋特（Long Millgate）的街道，他在書中描繪了一張地圖，因為他認為光憑文字「不可能傳達出一個想法」來形容混亂，「住宅與所有理性計畫相互違背，互相糾纏，可以說實際上彼此簇擁在一起。」恩格斯向讀者保證，朗米爾蓋特街「不是最糟糕的地方，這裡占地不及整個舊城區的十分之一」。但是它的「成堆垃圾、廢物和渣滓」糟糕到足以取代「整個地區」。

> 主要街道通向左右兩側大量遮蔽的通道，連接了無數的巷弄，穿入其中一條小巷，迎面而來的是令人作嘔的汙穢物，噁心的程度超乎想像——尤其是通往伊爾克河的小巷弄，這裡包含我迄今所見過最恐怖的屋舍。在這些交錯的巷弄之間，遮蔽通道盡頭的入口處，矗立了一間沒有門的廁所，這裡汙穢至極，居民得穿過積滯的尿液和

排泄物才得以進出巷弄。[15]

對於恩格斯來說，四年後他與馬克思共同出版了《共產黨宣言》（*The Communist Manifesto*），朗米爾蓋特街成了爭取平等與正義的偉大鬥爭舞臺。對於未來的咖啡之王詹姆斯的父母詹姆斯・希爾（James Hill，後稱老詹姆斯）和愛麗絲・希爾（Alice Hill）來說，朗米爾蓋特街則是他們床底下的街道。

一八六九年四月二十六日，拉爾夫・希爾（Ralph Hill）之子老詹姆斯，與當時只有二十歲的卡特・格林威（Thomas Greenway）的女兒愛麗絲・格林威（Alice Greenway）成婚時，才二十一歲。[16]老詹姆斯在結婚證書上簽名，愛麗絲也留下指印。他們在婚後的第一個家便是在朗米爾蓋特街四十一號，這是一間由名叫博多曼的女人所擁有的寄宿公寓。[17]

博多曼太太的住所稱不上是街道上最糟糕的地方。老詹姆斯曾在蘭開夏郡和約克郡鐵路公司工作，這是一條繁忙的線路，從曼徹斯特中部穿過北部和東部的腹地蔓延開來。這條路線的起點和終點是維多利亞車站，就在博多曼太太住所的對街。為了掙工資，老詹姆斯從維多利亞站乘火車來到鄉下，向需要把東西運到市場的人們招攬鐵路生意。

一八七一年五月十三日，老詹姆斯和愛麗絲在結婚兩年後生下了他們的第一個孩子，並以老詹姆斯的名字命名。一個月後，孩子在英格蘭教堂聖巴納巴斯（St. Barnabas）受洗，磚砌的教堂中殿外，三面都被處理廠包圍。洗禮結束後，老詹姆斯和愛麗絲帶著他們的小兒子詹姆斯，穿過城市最擁擠的軋棉廠區安科特（Ancoats），穿過繁忙的奧爾德姆路（Oldham Road），入住一個叫做科利赫斯特（Collyhurst）的街區，他們離開博多曼夫人的住所後就在那裡定居。

十九世紀之交，科利赫斯特曾是該聖喬治領地教堂（St. George's-in-the-Fields）的所在地。老詹姆斯和愛麗絲．希爾離開博多曼太太的住所時，教堂的名稱已縮寫為聖喬治教堂（St. George's）。嶄新的鐵軌在原野上展開，吸引了新契機進駐：電纜街修整廠、利弗西街磨廠、玻璃廠、鑄鐵廠。後來，老詹姆斯的雇主蘭開夏郡和約克郡鐵路公司，在科利赫斯特設立了一個新貨站，倉庫和鐵軌形成的尖角開始擠滿了人潮。新移民擠入了低矮的「偷工減料房子，並共用一道後牆」，房子是用最便宜的材料建造而成，旨在盡可能容納更多的人——無論是在形式還是功能上，皆宛如曼徹斯特工業化的軍隊兵營。這地方的確稱不上舒適。在這樣的地方只有「單間公共廁所……，供四十多個家庭使用。」溢出的液體沖到附近的河道和溪流中，鳥類經常棲息在看似水面的地方。[18]

在科利赫斯特居住，被認為是「前往其他地方的途徑」，然而說起來比做起來容易。[19] 在詹姆斯童年期間，希爾一家人總是搬來搬去，但從未離開過這個社區。家中成員從一開始的三個，增加到四個、五個、六個，然後是七個，他們原先住在克萊格街上，然後搬往羅馬街的商街旁邊，再到阿波羅街，最後來到裡瑟街，這裡充斥了軋棉廠工人和各行各業的小販、棉花生產商和雨傘製造商，在蘭開夏郡和約克郡鐵路的貨運站內，形成了一個緊密的弧形，這是許多嗷嗷待哺的嘴所造就出來的。[20]

儘管經歷艱辛困苦與酸雨，一八七一年仍在世界經濟蕭條的背景下成為一個令人難忘的日期。一八七〇年八月，《全國小學教育法》（*Elementary Education Act*）規定五至十三歲的兒童必須接受公立學校教育。先前的強制規定只要求對在工廠工作的孩子進行非全日制教育，但是由於工廠老闆實際上也就是校長，因此在「實踐匹配原則」方面似乎只有老闆說了算。相比之下，根據《教育法》的規定，數以千計的新學校在貧困社區開設，並且「英格蘭的教育從慈善機構轉變為國家維護的權利。」[21]

一八七五年九月，詹姆斯·希爾進入科利赫斯特當地的學校就讀，學校距離家裡僅有幾個街區。[22]這所學校隸屬於聖喬治教堂，許多早晨，學校裡擠滿了超過兩百名孩童。曼徹斯特聖公會教區的一名巡視員在同年訪問詹姆斯，取得巡視員謹慎的認可：「孩子們對摩西的生平和基督教的主要事蹟都回答得很好。年長一些的學生也知道一些約瑟夫和撒母耳的事蹟。重複是有好處的，孩子們也需要好好地接受教育。現在這位女教師的教導似乎相當令人滿意。」[23]

國家對促使完善教育成為一項權利開始感到興趣。在曼徹斯特，蒸汽機製造業的其中一項副產品是，大量的年輕人幾乎沒有機會繼承財產，軋棉廠工人的孩子頂多只能勉強維持生計。多年以來，這些孩子大多數跟隨父母進入工廠，但到了一八七〇年「許多人清楚地意識到，對於國家前途最有利的不是靠孩子們工作，而是教育他們。」[24]尤其是與工業化後的德國和美國日益激烈的海外經濟競爭形成時，為維多利亞統治下的英格蘭的未來服務，意味著為帝國服務。[25]學校是帝國事業的訓練場，也是通向曼徹斯特以外世界的大門。

孩提時代，詹姆斯．希爾找到了一份挨家挨戶送牛奶的工作。[26]在那些濕漉漉的早晨，他走在泥濘不堪的街道上——有些街道，比如奧德漢姆路，是以附近的城鎮所命名；其他如羅馬街和阿波羅街，則是以遙遠的首都和神話中的神祇命名——他的思想跨越了更廣闊、更晴朗的疆域。詹姆斯崇拜亞歷山大大帝，亞歷山大大帝十八歲時率領馬其頓騎兵穿越希臘，最終將他的統治勢力延伸到印度邊境。[27]亞歷山大大帝同時也是拿破崙的英雄，他在維多利亞時代是一個非常受歡迎的人物，出自於對古希臘時期的重視，維多利亞時代的人們喜歡透過鍍金的歷史，類比充滿黑煤煙的維多利亞時期。[28]希臘人的永恆成就為英國無休止的海外擴張主義增添了光彩，而希臘的「勇士—公民」理想對於「維多利亞帝國的雄心勃勃的公民」有著特殊的吸引力，正是因為如此，他們願意為這個帝國的繁榮做出了貢獻。[29]儘管亞歷山大大帝從未到過那裡，詹姆斯．希爾卻夢想著，去探索他在學校裡學到的那張色彩鮮豔美洲地圖中的一切。[30]

如果說古希臘給了維多利亞時代的英國一種崇高使命感，那麼「新世界」則提供了令人興奮的可能性。西班牙帝國的瓦解創造了歷史上最偉大的商機之一。一八二四年，英國外交大臣、未來的英國首相喬治．坎寧（George Canning）宣稱：「西班牙屬美洲自由了，如果我們沒有對外交事務處置失當的話，她便是英國的。」[31]

這說明了詹姆斯・希爾時代最受歡迎的故事，無非是於一八八一年和一八八二年連載、由羅伯特・史蒂文生（Robert Louis Stevenson）所撰寫的《金銀島》（*Treasure Island*）。[32]金銀島的故事發生在十八世紀中葉，一個名叫吉姆（Jim）的男孩，幫自己的寡母經營位在英格蘭西岸的一家小旅館「海軍上將本葆」。房客比利・邦斯船長去世後，吉姆的母親打開了他房裡的航海箱，並在他的隨身物品中發現了一些金幣和一張地圖。母親從這些物品中拿走房客欠下的食宿費用，而且「一分錢都不剩」。吉姆詛咒母親的貪婪，並且找來好友一起研究藏寶圖。有了加入冒險的機會，吉姆的好友利弗西（Livesey）博士和斯奎特・屈利勞尼（Squire Trelawney）立刻放棄了他們的「悲慘的行業」——即醫生與地方法官。[33]

偉大的工業帝國的第一個兒童文學，主題是追求海外的冒險和野心絕非偶然。[34]吉姆、利弗西博士、屈利勞尼和跟隨他們從英國啟航的船員，並不是去取得他們應得的東西，而是要去拿走他們所能得到的一切。他們的冒險既富有動機又具有正當性，因為埋藏的寶藏是公平的遊戲，直到有人將寶藏從地底挖出後擊敗任何不同意的人。在「本葆海軍上將」破敗不堪的世界之外，每個人都為財富而戰。詹姆斯・希爾自小就知道，金銀島是一個可以前往之地，而這個故事正是引領他前往此地的指南，「沒有退縮，只有小島的方位」——為了「尚未尋獲的寶藏。」[35]

對詹姆斯・希爾來說，十九世紀下半葉準備出發前往西班牙所屬的美洲，肯定不可能不對那裡的人感到好奇。畢竟，一八三二年，正是在那裡，查爾斯・達爾文（Charles Darwin）第一次遇到了「未馴服的野蠻人」，而正是這裡的野蠻人讓他開始思考生物的偉大與渺小。達爾文在他一八八七年的自傳中說：「他在祖國看到一個赤身露體的野蠻人，這是一件永遠無法忘懷的事情。」[36]當時，的確有必要特別註明「在他的祖國」，因為在達爾文自己的家鄉也可以看得到這樣的人。

維多利亞時代有兩個人在英國引起不小的騷動，分別是馬克斯莫（Maximo）和貝爾托拉（Bertola），雖然他們有時被聲稱為「一種新型的人類」，但他們並不是「阿茲特克的利立浦特人種」。相反地，他們是體型非常嬌小的薩爾瓦多人，頭很小，有小頭畸形症。從一八五〇年代延續到一八九〇年代，「真人秀」成為他們的主要收入來源，內容包括允許觀眾親吻和撫摸他們的頭。[37]

嬌小的外形是他們受到歡迎的原因。馬克斯莫和貝爾托拉受歡迎的程度，反映了維多利亞時代對外國人的狂熱：他們不尋常、怪異、遙遠而古老，使原本熟悉的眼界充滿新奇感。維多利亞時代看待拉丁美洲的框架是，古老文明與西班牙的衰敗與沒落，為優越的大英帝國掃清了較小帝國所無法掌控的領土和人民的道路。查爾斯·狄更斯（Charles Dickens）在《家喻戶曉的話語》（*Household Words*）雜誌中，描寫一八五一年的中美洲時寫道，「只有盎格魯—撒克遜人的能量，才能將這個緩慢的池水攪動得生機勃勃。目前中美洲居民——西班牙人、混血或有色人種——不知道如何利用他們無限的資源，就像嬰兒不知道用半頂皇冠能買到什麼一樣。誰來砍樹……修路，開礦，使開墾的土地充分產出其最好的寶藏？」[38]這個答案見微知著。

在沙文主義的背後，是對中美洲和南美洲人在歷史和種族階級中的地位的不確定和焦慮，因為儘管英國的勢力在全世界有一定的影響力，或者正因為如此，英國的旅行者在他們所到之處是否會受到歡迎，恐怕是一個相當大的疑問。美國探險家約翰．斯蒂芬斯（John Stephens）在他的暢銷書《中美洲、恰帕斯和尤卡坦旅行記》（*Incidents of Travel in Central America*、*Chiapas and Yucatan*）中，提到在他的薩爾瓦多之行中，發現人們的情緒普遍「對陌生人非常憤怒」，特別是對「英國人的篡奪和野心，以及他們對於中美洲……擴張領土的不公不義計畫」展現很深的敵意。[39]

至少，詹姆斯．希爾知道，他需要學習西班牙語，這是十九世紀英國商用的第二語言。詹姆斯．希爾抱著一邊找工作一邊學西班牙文的希望，一八八八年，他離開了家，離開科利赫斯特，隻身前往世界第一大城倫敦。[40]

詹姆斯．希爾定居在倫敦的克勒肯韋爾，他在那裡感到賓至如歸。和科利赫斯特一樣，克勒肯韋爾也是舊城市中心外的一個工人階級區，這裡住著許多天主教徒移民，而且蒙上了惡名。在大眾的想像中，街道上隨處可見到「義大利人和小偷」，包括一些夜間出沒行搶的「手槍幫」。[41]這裡的地標包括一座監獄和一個因舉辦政治集會而惡名昭彰的公共綠地——十九世紀上半葉主要聚集了憲章派人士，下半葉則是社會主義者、馬克思主義者和無政府主義者。一九〇二至一九〇三年，弗拉基米爾．列寧（Vladimir Lenin）從俄國流亡期間就在克勒肯韋爾定居，許多年輕人也都選擇到克勒肯韋爾學做生意。[42]

除了一家大型信封廠外，克勒肯韋爾的工作不像曼徹斯特那樣侷限於大型工廠。相反地，附近集結了許多由商人和工匠組成的小型工作坊，包括鐘錶匠、珠寶商和裁縫。一八八九年出版的小說《人間地獄》（*The Nether World*）中，便以「可怕的現實主義」為題描述了當時的生活。作者喬治．吉辛（George Gissing）曾在曼徹斯特求學，他最喜歡的城市消遣是漫步倫敦街頭，觀察窮人。吉辛筆下的小說情節充滿了「難以啟齒的悲哀，因為……如此悲慘地呈現真實」，小說在克勒肯韋爾如牢房般的狹小住所中展開，書中的角色因其創作者熱衷於忠實呈現現實而注定了貧窮的悲劇，而從未設法逃脫。[43]

在克勒肯韋爾任何一個地方，每雙手都是各種形式的勞苦證據，難以忍受的噩夢……在這裡，每條小巷都擠滿了小行業；每一道門和每一扇窗戶背後展示著內部販售的各式商品廣告……金屬工人、玻璃工人、琺瑯工人、雜草工人、地面上、地面下或是水裡都充滿了各行各業的工人，做出具有商業價值的廣告。在克勒肯韋爾，人們需要的與其說是勞力，不如說是靈巧的手指和善於設計的大腦。房屋正面的銘文，會讓人相信你是住在金碧輝煌的地區。在昏暗小路的深處，陽光和自由的空氣已被人遺忘，在那裡，一家人聚在租來的閣樓和地窖裡，工匠們永遠在處理著珠寶，為那些為生活的樂趣而生之人的脖子和手臂製作光彩奪目的裝飾品。[44]

詹姆斯．希爾是在一家布店旁邊長大，他在一家布料店找到了店員的工作，他的工資大部分被換成食物和店鋪上面的小閣樓租金。然而下班後他並沒有被一起走向街頭的人群拉著，走向公共場所和政治集會。相反地，他努力做到了吉辛筆下的人物所做不到的事情，並成功離開。

詹姆斯．希爾在布店工作後的晚上，安排了西班牙語課。[45]經過一年的學習，他在薩爾瓦多找到了一份紡織品推銷員的工作。他預訂了橫跨大西洋的行程，乘坐皇家郵政蒸汽包裹公司（Royal Mail Steam Packet Company）的船隻，搭乘每個月兩次從南安普頓出發的帝國郵輪。一八八九年九月三日，十八歲的詹姆斯．希爾登上了船，滿載了希望與恐懼，駛向在他心目中那個多姿多彩的中美洲。

第3章 持續迸發的火山

一八八八年《紐約時報》（*New York Times*）觀察到，「鮮少有人去中美洲從事休閒享樂」，而是有許多人前往從事洽談生意。[1]自一八二〇年代拉丁美洲獨立以來，美國和歐洲，特別是英國，開始了大規模的商業移民。起初，正如英國利益集團所希望的那樣，英國快速啟動的工業化，使其成為拉丁美洲重要的棉織品供應商、銀行家、集貨商、鐵路工程師、電力公司和科技學校擁有者。從經濟的角度來說，十九世紀——拉丁美洲獨立的世紀——也可稱為是拉丁美洲的「英國世紀」。[2]

然而，即使在「英國世紀」的下半葉，敵對的工業帝國，尤其是德國和美國，也積極地進軍拉丁美洲，以要求分享該地區歷史性「繁榮出口」的收益。一八五〇年至一九三〇年的八十年間，出口熱潮被合理地描述為「對拉丁美洲的第二次征服」。在這場征服中，價格、工資和利潤定律取代了黃金、上帝和榮耀的舊原則。拉丁美洲獨立後不久，商業菁英與外國投資者、企業家、集貨商、銀行家和經紀人結成了夥伴關係，以將其新興國家的資源輸送到遠在大洋彼岸的市場，尤其是生產位於北大西洋兩岸、正在快速工業化的帝國所需的商品：咖啡、小麥、香蕉、糖、皮革、製造粗麻布所使用的赫納昆樹葉纖維、奎寧用的金雞納、化肥用的硝酸鹽等，在此僅列舉其中的幾項。一八五〇年至一九〇〇年間，拉丁美洲對世界市場的出口增長了百分之一千。[3]歐美資本家因投資建設港口、鐵路和公路、鋪設電報電纜、創辦銀行和證券公司、開發種植園、牧場和礦山而獲得豐厚的回報。即使在必要的基礎設施建設好之後，扣除貸款、運費和佣金，仍有大筆現金，足以供拉丁美洲新興的中上層階級，用於購買由歐美製造商生產的商品，而像詹姆斯．希爾這樣的年輕人則是負責從事銷售。

詹姆斯．希爾的船從南安普敦向西南航行，穿過大西洋，駛向繁忙的墨西哥港口韋拉克魯斯（Veracruz），這裡距離英格蘭五千英里，航程需花上幾週。據說韋拉克魯斯是一五一九年埃爾南．科爾特斯（Hernán Corté）的軍隊登陸美洲大陸的第一個地點，將近四個世紀之後，這裡仍然是一個危險且不受歡迎的入境點。即使天氣晴朗，船隻仍會在狹窄的港口航道上失事，風暴可能導致數天的延誤。港口設施簡陋，因此停靠韋拉克魯斯的遠洋船隻一通過港口的入海口，就在離岸很遠的地方拋下船錨，這裡聚集了一群汽艇，「黝黑、衣衫襤褸的船夫」，負責運送他們上岸。[4]

從海面上望去，韋拉克魯斯是一個令人讚嘆的地方。西班牙城堡和「閃亮的穹頂和尖頂」被茂密的椰子樹環繞著，幾百隻土耳其禿鷲在城市上空盤旋。然而，上岸之後，浪漫經常化為恐懼和困惑。一八八五年，咖啡公司錢斯與桑柏斯（Chase & Sanborn）創始人的女兒海倫・桑伯恩（Helen Sanborn）與父親走遍了墨西哥和中美洲，發現韋拉克魯斯的街道上滿是「奇異而令人好奇」的景象：「墨西哥人穿著引人注目的服裝，戴著寬邊帽；印第安人背負著沉重的擔子……成群的『毛驢』背著大量的木炭『箚卡特』（zacate）或桶裝水，牠們既可憐又瘦小……三頭騾子被套上輓具並排著，車夫不是坐在車內，而是坐在其中一頭騾子的背上。」桑伯恩學會西班牙文，想在父親採購咖啡的旅途中當他的翻譯。她在韋拉克魯斯遇到許多「邪惡的面孔」，她從這些面孔中似乎「明顯可見……亡命之徒這樣的字眼。」

實際上，這地方最大的危險是黃熱病，尤其在五月至十一月炎熱多雨的月份流行。眾所周知，最嚴重時，導致該市一萬人口中每天多達四十人喪生。沒有人想在韋拉克魯斯停留，但是每個人都必須為此停下腳步，因為這裡每天只有一趟火車在黎明時分出發。[5]

一八八九年九月的一個早晨，詹姆斯・希爾在六點前登上了這列火車，從韋拉克魯斯到墨西哥城，全程兩百六十三英里，歷時十三個小時。[6]這條路線稱為「英國之路」，是為了向耗資四千萬美元和歷時十六年建造這條鐵路的英國工程師團隊致敬，鐵路的成本和工期之所以過高，是因為它位於大西洋海岸和墨西哥首都之間的馬德拉山脈（Sierra Madre），一座「幾乎無法逾越的」山峰。

從水氣蒸騰的沿海平原開始，一截雙頭火車頭把車廂拉上八千多英尺高的山邊，「宛如一隻蒼蠅爬上牆頭」。隨著火車向上爬升，天色漸亮，氣溫下降，濕度提升，景致從海邊的棕櫚樹轉變為香蕉、橘子、菸草、咖啡、玉米、小麥、橡樹和松樹。鐵路鑽過岩石隧道，跨過大裂縫，繞過彎道與懸崖，「整列火車從一端可以望向另一端，蜿蜒的道路在山間穿行，宛如蛇的足跡」。湍急的瀑布將這條鐵路的危險性表現得淋漓盡致。車廂內的乘客們靠在車窗上，想看到遠處的奧里札巴峰（Orizaba）——這座火山有一萬八千多英尺高，山頂上覆蓋著冰川。在爬坡的途中，卯足了勁的火車頭在幾個中途站停下來，印第安人在那裡販賣水果，「令人害怕、衣衫襤褸與骯髒的」乞丐簇擁在這裡，州警在那裡站崗，防止「小偷和割喉者」。一旦登上陸地的最高峰，就會緩緩地向下進入墨西哥谷，向墨西哥城方向前去。[7]

墨西哥城這個優雅的殖民地首都，是個擁有五十萬人口的繁華都市，詹姆斯．希爾騎著騾子旅行兩百英里前往阿卡普爾科（Acapulco）。在阿卡普爾科，他登上一艘哥倫比亞汽船，沿著中美洲地峽的太平洋海岸向南行駛。[8]

無論他抵達時是白天還是黑夜，詹姆斯．希爾都可以在離岸數英里的船上第一眼看到薩爾瓦多的風景，這要歸功於水手們所說的「太平洋燈塔」——伊笳爾科（Izalco）火山，這座火山高達五千英尺，每十二到十五分鐘就以「超乎尋常的規律」吐出火焰和岩石。[9] 到了晚上，火山內部的熱度「穩穩地朝向天空發光」，呈現出「最怪異的模樣」，而白天似乎不減伊箚爾科的威力。火山從「最茂密的樹林」底部升起，並逐漸向上變細，成為「裸露、燃燒和崎嶇的岩石」。火山頂的空氣中瀰漫著「繚繞的煙塵，隨著陽光和火山口的顏色不斷變化」。隔著一段距離來看，「很難想像比這個更巨大的自然物體」。近看伊箚爾科火山，它的模樣更像是一頭「巨怪」，其爆發像「重砲一樣發射」。[10]

即使在這個利用蒸汽船和鐵路進行長途旅行的時代，人們已有機會看到那些從前只能夠從書本上才知道的知識，火山仍帶給人獨特的體驗。許多歐洲人將火山視為了一種「怪異而不凡」的力量，因為它們看起來與家鄉穩定的土地如此不同。博物學家阿爾弗雷德・華萊士（Alfred Russel Wallace）在一八六九年寫道：「只有當你真正凝視一座活火山時，才能充分認識到它的可怕和宏偉。」

北歐大部分地區的居民將地球視為穩定和沉靜的象徵。人們的生活經歷，以及時代與世代都教導他們：地球是堅實與穩固的，巨大的岩石中或許蘊含了水，但絕不包含火；地球的這些基本特徵在北歐國家內的每一座山皆明顯可見。但火山與所有這一切經驗相反地事實卻如此可怕，如果火山成為一個普遍的存在而非例外，它將會使地球變得不適合居住；這是一件發生在一個遙遠國家的自然現象，如果此刻它是第一次出現在我們面前，那麼我們可以肯定的是，絕對不會有人相信地球上竟存在著如此怪異與難以言喻的自然現象。[11]

為了用歐洲人能理解的術語來形容這種可怕的怪異現象，十九世紀的地質學家開始將火山描述為一種「天然蒸汽引擎」。[12]

薩爾瓦多的伊箚爾科火山尤其被譽為「地球上最引人注目的火山」，[13]它不僅因其噴發的頻率和規律性而聞名，還因為它與曼徹斯特的煙囪同時從地面升起：在一個世紀之內，從一座畜牧場中出現的裂縫，變成一個完美展現的五千英尺高的圓錐體。地質學家推測，伊箚爾科火山的形成起因於「地底火焰的偏離，而這一火焰使得簇擁在聖塔安娜主峰鄰近的死火山系統活躍起來。」[14]約莫在一七六九年底，根據作家兼外交家斯奎爾（EG Squier）的說法：

畜牧場裡的居民被地下的噪音和地震的震動而驚嚇，地震發出的聲響和強度持續增強，二月二十三日這一天，地面裂了開來……，噴出熔岩，伴隨著火焰和煙霧。居民紛紛四散逃逸，不過根據每天造訪畜牧場的牧民的說法，煙霧和火焰不斷增加，熔岩的迸發有時會暫停下來，取而代之的是大量的灰燼、煤渣和石塊被推送出來，在噴口或火山口周圍形成一個愈來愈大的錐狀體。這個過程重複了很長的時間，多年來，儘管這座火山沒有噴出熔岩，卻仍處於不斷噴發的狀態。[15]

斯奎爾的描述的確符合當時的景況。一八八六年，法國地震學家斐迪南．蒙特薩斯（Ferdinand de Montessus）記錄道：「我在聖薩爾瓦多居住的四年中，能夠詳細地記錄下兩千三百三十二次地震、一百三十七次火山爆發、二十七個重要城鎮遺址和三座新火山形成的歷史。」蒙特薩斯總結說，這一紀錄使得中美洲「可能是全球火山和地震現象最頻繁和持續不斷的地區。」[16]

在薩爾瓦多，火山為一種普遍而非例外的現象。然而，正如阿爾弗雷德．華萊士（Alfred Russel Wallace）所預測的，這個國家非一片荒原，而是一個蔥蘢的溫室。「一連幾天，旅行者在邊界內穿越熔岩、火山灰和火山砂覆蓋的完整河床，與大多數人所想的相反，它構成了肥沃的土壤，覆蓋茂密的植被。」[17]火山土壤如此肥沃，似乎「再怎麼管理不當」也無法使其枯竭。[18]在這種特殊的土壤中，生長出許多詹姆斯．希爾第一次接近薩爾瓦多時看到的第二樣東西：山丘上層層疊疊的咖啡樹像是直接從海岸邊拔地而起，粗糙的麻布袋裝滿了咖啡豆，並裝上伊笳爾科火山山腳下的火車上，一路運往港口，轉運到駁船，接著送往繁忙的港口，最後裝載上途經的輪船。

在出口繁榮期間，從拉丁美洲運出的所有商品之中，咖啡是最重要的商品，它如此令人信服地席捲美洲，咖啡樹似乎在遠離原產地的大洋彼岸找到了它的「真正棲息地」。[19]

原產於衣索比亞（Ethiopia）的阿拉比卡咖啡，植物品種名稱源自於葉門的阿拉伯商人——

衣索比亞與葉門之間隔著紅海相望——在十六世紀和十七世紀歐洲人以拉丁文命名植物的時代，阿拉伯商人主導了咖啡的商業生產。當時的歐洲帝國，包括英國、法國和荷蘭，試圖在其他稀有和貴重商品盛行的地方建立咖啡種植園，例如，在全世界肉桂專有生產地的錫蘭（現在的斯里蘭卡），以及在生產全世界大部分黑胡椒的故鄉印度馬拉巴海岸，但都沒有成功。一六九九年，荷蘭人終於成功地擺脫阿拉伯人的控制，開始種植咖啡，他們將咖啡引入爪哇島——一個從葡萄牙奪來的殖民地島嶼，以前曾作為與中國進行茶葉貿易的基地。爪哇島的咖啡生產很快趕上並超過葉門港口摩卡的貿易量，打破了阿拉伯人的壟斷。[20]

從爪哇島開始，咖啡沿著一條被帝國和奴隸制切割的道路傳播。一七一四年，荷蘭人將一棵咖啡樹贈送給路易十四，並種植於巴黎的皇家植物園。第二年，法國殖民管理者把咖啡樹帶到了非洲東南海岸的波旁島，這個島後來改名為留尼旺島，法律規定每位種植者所擁有的每一個奴隸必須種植兩百棵咖啡樹。到了一七一八年，荷蘭人把咖啡帶到了南美洲東北海岸的殖民地蘇利南。一七二三年，也就是五年後，據說前法國殖民官員加布里埃爾·克萊厄（Gabriel de Clieu）失寵，從巴黎皇家植物園偷了一株幼苗，並將其偷運到馬蒂尼克。一七二七年，一名葡萄牙官員將咖啡樹苗從法屬圭亞那走私到巴西，並在亞馬遜河種植。一七三〇年，英國人開始在牙買加種植咖啡；一七四八年，偏好可可的西班牙人在古巴種植咖啡。十八世紀下半葉，咖啡幾乎傳播到美洲的各個角落，那裡有充足的陽光、雨水，咖啡種植才有了報酬。但咖啡在西半球的任何一個角落，都沒有像在海地的聖多明克（Saint-Domingue）那樣生根發芽——到了十八世紀末，這個擁有四萬名白人定居者和五十萬名奴役工人的法國殖民地，每年的咖啡產量占世界總產量的一半。[21]

海地咖啡的生產高峰也同樣帶來了它的消亡。咖啡象徵著帝國和奴隸制，成為海地革命的犧牲品。海地的革命始於一七九一年的一場奴隸起義，一八〇四年廢除了奴隸制，並推翻了法國殖民政府。法國在失去最有價值的加勒比海殖民地海地之後，拿破崙將其野心集中在歐洲，他於一八〇八年入侵葡萄牙，意圖奪取里斯本港。葡萄牙王室不堪重負，逃往大西洋彼岸的里約熱內盧。為了促進里約熱內盧的貿易，葡萄牙國王向來自美國的船隻開放了巴西的港口，這些船隻很多滿載著奴隸抵達巴西，並滿載著咖啡離開。很快地，巴西的種植園主為了種植更多的咖啡，開始把山坡燒得乾乾淨淨——將近三千平方英里的森林被濃煙籠罩，灰色的灰燼落在里約熱內盧的市中心，太陽光線就像通過煙霧繚繞的玻璃照射到大地。一七九〇年，里約熱內盧只生產了一噸咖啡供當地消費。[22]然而，一八三〇年代，巴西的咖啡產量卻超過了爪哇。到了十九世紀中葉，巴西數十萬被奴役的勞工所生產的咖啡占世界年產量的百分之五十，而這僅僅是個開始。

咖啡透過帝國與奴隸制來到拉丁美洲，卻透過自由主義在拉丁美洲繁衍和興盛。拉丁美洲的自由主義是自由、平等和博愛的古典政治自由主義——一八二〇年代拉丁美洲獨立運動的理想，就像之前美國、法國和海地革命的理想一樣——與亞當·史密斯（Adam Smith）和戴維·

里卡多（David Ricardo）的經濟自由主義交織在一塊，根據一個國家在國際貿易體系中的地位，決定了一個國家的健康和財富。結果產生了一種以市場為基礎的國家進步願景，以適應在實踐獨立中將會遭遇到的難題，在薩爾瓦多這樣的小型商業「死水」中，這將是一個格外複雜的問題。

一八二一年，脫離西班牙獲得獨立後不到一年，薩爾瓦多的菁英們便提出經濟獨立的可行性，於是決定向美國申請建國。[23]即便美國政府在饑渴和深遠的領土擴張過程中曾經討論過這個提案，該項紀錄也早已不復見。薩爾瓦多自由主義者不顧英國及其富裕的鄰國瓜地馬拉的野心，如同該地區的其他國家一樣，尋求通過經濟發展來實現國家進步。幾十年來，他們一直在追求可行的出口作物，即「更多希望的果實」，包括可可、香脂、橡膠、小麥、菸草、香草、龍舌蘭和咖啡。[24]為了建設必要的基礎設施，他們給予外國銀行、輪船公司和鐵路特許權。[25]他們與美國簽訂了第一個重要的貿易協定，使其不僅成為一個重要的交易夥伴，也成為了一個新國家的典範，藉由鼓勵商業繁榮，「把沙漠……變成了美麗的城市」。[26]

一八四〇年，來到薩爾瓦多任教的巴西人安東尼奧·科埃略（Antonio Coelho）買下首都聖薩爾瓦多外圍的一些土地，將他從巴西帶來的咖啡種子種植在這片土地上，並將咖啡種植園命名為「希望」（La Esperanza）。[27]薩爾瓦多的商業性農業以染料為其重心，大部分染料被銷往大西洋彼岸的曼徹斯特，在那裡，染料為棉布商品增添了活力，然後再被運往世界各地。然而到了十九世紀中葉，由於出現來自亞洲以及來自後來德國實驗室研發的新染料的競爭，薩爾瓦多染料工業的前途堪憂。[28]

儘管如此，咖啡要想取代染料仍遠不容易。與染料相比，咖啡是一種嬌貴的農作物，需要持續的降雨、充足的陽光來抵禦霜凍，還需要大量的勞動力，特別是在早期。即使在最好的條件下，咖啡樹也要經過四到七年的細心栽培才能獲得豐富的收成。[29]最重要的是，儘管薩爾瓦多比起拉丁美洲其他地方更希望通過出口實現經濟發展的自由，尤其是透過咖啡出口，卻碰上土地匱乏這類額外的問題。[30]薩爾瓦多的國土面積很小——和麻塞諸塞州差不多大——其中四分之一或更多的可耕地，已經被印第安人和自耕農所掌控，這是殖民時期遺留下來的公有土地使用權制度。[31]在許多情況下，土地持有者的身分不明。這種不確定性阻礙了對有風險的商業作物的投資。如果咖啡要改變薩爾瓦多，就必須有人負責接管。

薩爾瓦多政府在一八四六年首次支持咖啡的種植，並為種植五千棵以上咖啡樹的種植者提供稅收減免，並免除咖啡種植園工人的兵役。[32]這些早期的激勵措施成效甚微。然而一八五九年，在赫拉多．巴里奧斯（Gerardo Barrios）總統的領導下，政府開始同意分配土地給那些在種植咖啡的人。巴里奧斯年輕時曾在歐洲旅行，激勵他通過經濟發展「再造」自己的祖國。[33]後來，政府還贈送了數萬株咖啡苗給大地主和農民。[34]由於有了這些補貼，種植咖啡的土地面積穩步增加，薩爾瓦多廣大階層皆開始參與其中：商人、工匠、教師、專業人士、商業農民——開始時，「即使是最貧窮的人也有自己的種植園。」[35]由政府領導的咖啡運動以聖塔安娜火山周圍的西部高地為中心。一八六〇年代初，聖塔安娜及其周邊地區共種植了三百多萬棵咖啡樹，巴里奧斯總統預測，兩年內薩爾瓦多將成為中美洲的咖啡之都。[36]

然而，兩年時間過去，該國許多看似最好的咖啡種植地仍然掌握在印第安人和農民手中，而且儘管不是全部，主要種植的卻是糧食作物。[37]特別是在聖塔安娜火山的山坡上，由於西班牙的征服和殖民，印第安人離開平原，在山坡上定居下來，並種植了大量玉米。[38]這種重疊使那些對咖啡抱持很大希望的人，與那些長期依賴土地生存的人之間發生了衝突。

通過這場衝突，經濟發展問題被重新定義為種族問題。印第安人被貼上了「落後」的標籤，並被指責為造成商業停滯的「惡魔」。其中許多自由主義菁英自稱是歐洲人的後裔，夢想著利用這片土地來生產咖啡、金錢和文明。他們預先將未來的所有希望歸功於自己，並以「堅定的手段……斬斷奴役農業的枷鎖。」[39]

咖啡政治從激勵轉向了命令。自由主義政府開始採取更加積極的行動來支持咖啡，並反對「未開墾的肥沃土地」的所有者和占用者。「未開墾的肥沃土地」指的是政府認為這些土地沒有生產能力，無論那裡種植了多少作物。特別針對公有土地所有者，他們似乎「滿足於種植玉米和豆類作物，而這些作物將永遠不會讓這些可憐的人民從悲慘的處境中解脫出來，而是繼續處於與殖民時代同樣悲慘的狀態。」[40]一八七四年以後，火山高地上的印第安人和農民社區被命令建造咖啡苗圃，並通過對狗徵稅來支付這些苗圃的建設費用。[41]自由主義政府「決心打造一個共和國，使每個村莊成為工作、財富和舒適的中心。」[42]沒有理由懷疑自由主義者對於工作普及、財富和舒適願景的誠意，但有一個問題是，為什麼對絕大多數薩爾瓦多人來說，只有工作普及有實現的可能。

二十年來，薩爾瓦多通過咖啡出口實現經濟發展的希望，是建立在「解放」或是從「落後」的人民手中取得國有土地的「自由化」基礎上——特別是印第安農民——他們似乎「與所有進步和活動無關」，而陷入了自給自足的陷阱之中。[43]

一八七九年，薩爾瓦多政府強制進行了一次土地普查，使問題和契機成為焦點，薩爾瓦多的自由政府開始著手以法律途徑解放過去的土地。首先，將原本屬於公有的土地分給那些在那裡種植咖啡的人，證據顯示許多印第安人願意「付出相當的努力」種植咖啡，以避免失去土地。[44]但這也許並不是自由派菁英們的初衷，因為三年後，也就是一八八二年，薩爾瓦多的公有土地所有權制度被聖塔安娜參議員頒布的一項法令完全廢除了。那些沒有土地所有權的人，被要求向有關當局提供他們曾經耕種過某塊土地的證明，並支付一定的費用，以獲得土地所有權。如果他們無法在六個月內提出證明，這塊土地就會被拍賣。[45]

土地合法化的過程停滯延宕，加上官僚主義的無能、地方的衝突矛盾和露骨的貪腐行徑，使得土地私有化進程持續了數年，甚至數十年。[46]然而，當土地私有化進程完成時，薩爾瓦多四分之一或更多的土地被重新劃分，土地從公有變為私有。[47]土地使用權長期以來一直是一項社會權利，現在變成了一種市場商品，出售給最精明的買主。

私有化土地集中在聖塔安娜火山周圍的西部高地，改變了那裡長期以來的土地使用模式。

隨著咖啡取代了糧食作物，咖啡從焦土中生長出來。「我們被四面八方的大火包圍著」，一位法國旅行者寫道，他在咖啡興起期間穿越薩爾瓦多西部。「稻田和部分森林遭到燒毀，以清理土地，所以我們周圍的山似乎被照亮了，發著紅光。」[48]即使咖啡沒有占據耕地，咖啡也占領了林地，而林地作為獵物、水果、燃料和藥草的來源，曾是維持自給自足經濟的一個重要因素。[49]

隨著這些土地上的變化，新的生活方式出現了。一些失去土地的印第安人和農民收拾行囊並展開遷移，離開咖啡區前往該國的北部和東部地區，在那裡他們設法在邊界土地上恢復自給自足的農業。[50]許多留下來的人，由於他們養活自己的能力受到影響，如果不想被淘汰，便選擇去咖啡種植園工作，在那裡他們得接受「對於農村生活新的和更嚴格的規定。」[51]全職工作者被造冊，以追蹤未能完成工作的人。[52]一八八二年，一項全國性的命令要求地方官員嚴懲曠職的工人。接下來的一年，聖塔安娜近八百名遭到逮捕的人之中，有四分之一是因為違反工作規定而被捕，而在咖啡種植區外因這種罪行而被捕的情況卻很少。[53]一八八四年所增訂的一項法律，針對擅自占地者，「有效」遏止擁有私有財產的障礙日益形成。[54]一八八八年，隨著西部地區反對私有化的聲浪愈來愈大，政府對咖啡徵收了新的稅收，以擴大農村的警力部署。[55]一八八九年，一支新的騎警部隊成立，主要在咖啡最為盛行的西部地區活動：聖塔安娜火山周圍，以及火山與太平洋沿岸港口之間的地區。[56]

結果令人印象深刻。薩爾瓦多的咖啡種植面積從一八六〇年的二千一百英畝，增加到一八九〇年的十一萬英畝，而同期的出口額增加了六十倍。[57]僅在一八八〇年至一八九〇年期間，咖啡產量就增加了三倍，而且有充分的理由預期產量將會更高。[58]一家英國公司已經開始在聖塔安娜火山周圍鋪設鐵路延伸線，這條路線最終將連接咖啡之都聖塔安娜和太平洋港口。在一八八〇年之前，這個國家沒有自己的銀行，但到一八九〇年，已經有了三家銀行，包括由舊金山商人創建、總部設在聖塔安娜的西方銀行（Banco Occidental）。[59]

即便如此，薩爾瓦多自由主義者圍繞咖啡建立的新的經濟和社會秩序，仍未完全穩定。土地私有化後，一些印第安人和農民生產者在數十年間仍然保留著自己的土地，即使是在咖啡資源豐富的地區，比如聖塔安娜城外的查爾丘阿帕（Chalchuapa）鎮仍是如此。[60]與此同時，許多失去土地的人並非簡單就放棄土地。在薩爾瓦多土地私有化之後，儘管並未出現大規模的叛亂或改革，但幾乎每通過一項新的自由主義法律，都遭到火山高地的當地人反對。一些被剝奪財產的人放火焚燒咖啡種植園和處理廠，而另一些人據說砍掉了負責撰寫新土地所有權狀的官員的手。[61]然而，此時「出現一支軍隊來對付他們，而且也確實做到了」，不費任何吹灰之力。「印第安人社區無法與軍隊的武器、數量、組織化或機動性相提並論。」歷史學家赫克托·富恩特斯（Héctor Lindo Fuentes）寫道，「此外，他們沒有人可以求助。」[62]

土地的私有化、商業的軍事化、對工作和社會生活的嚴格管制，這些法律統稱為「自由主義改革」。儘管這些法律建立在自由主義的基礎之下，然而實際上在之下，卻隱藏了種族主義核心——當然，這市場中機會平等的原則只適用於那些有錢人。

一八八五年，應美國國務院的要求，美國駐聖薩爾瓦多領事，一位名叫莫里斯．杜克（Maurice Duke）的英國人描述了土地私有化後的商業環境：「目前，有絕佳的機會提供給那些願意在土地上投入一點智慧，且擁有商業和清醒頭腦的人；這一類型的人擁有適度的資本，比如說，五萬到一萬五千美元，正是這裡需要的人；同時，其他資本少得多的人也擁有非常大的優勢，能夠從一開始就賺到錢；但那些只是來找工作的人，將會發現他們陷入無可救藥的悲慘境地。」[63]這裡已經擁有足夠的工人，薩爾瓦多需要的是老闆。

這不僅是一個商機，也是一個文明的使命，和一個將國家人口結構「白化」的過程。在土地私有化之後，一位自由派記者預言，「大量的新家庭，把他們的產品、藝術和知識帶到各地，從道德和物質上改善城鎮。」在咖啡區建立了新的定居點，並給它們起了諸如加州和柏林之類的名字，以此表明它們面向更廣闊的世界。[64]這些新的地方來了愈來愈多的移民，他們離開美國和歐洲想要追尋更好的生活，他們把經濟上的流亡當作冒險，儘管他們不習慣新國家的炎熱氣候，也開始穿上「寬鬆的白鴨服」。[65]

第4章 鰻魚

詹姆斯・希爾在阿卡胡特拉港（Acajutla）下船，這塊土地是數千年前由聖塔安娜火山的熱岩漿順流而下流入太平洋而形成的。火山沒有給阿卡胡特拉提供港口，所以船隻只能在突破口外的近海拋下船錨，下船的乘客爬進一個金屬籠子裡，籠子從甲板上低垂到在波浪中搖擺的小艇上。當小艇到達碼頭時，操作方式正好相反，乘客爬進籠子裡，蒸汽動力起重機再將籠子吊掛到碼頭上。[1]

走出籠子，抵達阿卡胡特拉的人，發現自己身處的小鎮不過是通往內地的「中轉站」。空氣中宛如俄羅斯浴池的蒸汽般厚重，街道上除了「幾乎赤身露體的印第安人」之外，經常是一片荒涼。詹姆斯・希爾搭乘火車朝內陸方向前往十七英里外的松索納特鎮（Sonsonate），小鎮位處於伊箚爾科火山頂峰的正下方。火車從海岸上坡穿過沼澤和香脂茂密的樹林，香樟樹的樹脂收成之後，用於製作香水，散發著香草、柑橘和丁香的香氣。早期，植物的氣味通常被沿海地區濃重的空氣和低沉的霧氣所抵消，將火車頭所排放令人窒息的廢氣困在地面。突然間，地勢豁然開朗，「茂密的森林之後是放牧著牛群的草地」，上頭零星點綴著小房子。[2]

松索納特鎮本身就像是一個故事書裡的小鎮。在伊笤爾科火山的通風口下走下火車，感覺就像「站在一個大煙囪的底部」。一條清澈的小溪在光滑的岩石上汩汩流淌，旁邊是棕色土坯房屋，屋頂是紅色的瓦片，被棕櫚樹和可可樹遮蔽。街道上沒有大城市裡常見的乞丐，居民們也很安靜地生活著。英語在這裡「十分普及」，且「婦女們十分注重自己的外表」，甚至比該地區的其他地方都時髦。[3]詹姆斯．希爾在鎮中心租了一個房間。[4]

幾個月來，他忙著從事他所簽下的工作，從港口取回一船船的紡織品，然後用鐵路和騾子把它們載運到松索納特和周圍的城鎮販售。這是一項極具政治手腕卻往往毫無回報的工作。一八八九年，薩爾瓦多至少有五十家銷售紡織品的公司，英國、法國、德國、美國和其他商行都在爭奪同樣的生意。[5]即使拉丁美洲的買家付不起高昂的價格，他們對世界上最好的東西往往很感興趣，使這工作更加複雜。

因此，歐洲製造商「不斷地尋求改進品質的方式，即對成品的加工處理，同時避免在其他方面（特別是精細度方面）進行平行改進。」[6]對於當地的銷售人員來說，向那些想要最好品質的人銷售中等品質的產品，首先需要的是技巧。一位在拉丁美洲的英國商業代理人回憶起一個不成文的規定。「那些日子裡，你不必怕沒有訂單。你談的是一般的事情，談農作物，談政治，最重要的是，談你客戶的家庭和你自己的家庭。最後，經過幾天，有時是幾週，訂單終於到手……無須討價還價，有的只有相互信任。」[7]最重要的是，你會說西班牙語：一位推銷員如果沒有學到他所尋求的業務對象的語言，如同一件等待爆發的外交危機。[8]

在出口繁榮的中美洲，陷入困境的機會比我們可能知道的還要多，因為該地區的法律比較靈活，可以有選擇地執行。一八七七年，流傳的一個關於薩爾瓦多的故事，引起了英國旅行家博丹．威瑟姆（J. W. Boddam Whetham）的注意，因為這個故事說明了機會和危險之間僅僅一線之隔。

一位頗富聲望的年輕外國人看見一個女人走進他的倉庫，偷了一捲棉花；他尾隨在她身後，把棉花拿走。第二天，他被逮捕了，並被指控從這個女人那裡偷了一條鑽石項鍊（這些人之中很多人都配戴著舊首飾），五、六個證人發誓說他們看見他拿走了項鍊。他憤憤不平地拒絕認罪，幾個月後——當然他已經獲得了保釋——他的朋友總統來通知他，他已經被判有罪，將被判處五年的刑期；他為什麼不遵循這個國家的習慣（他在這個國家待的時間夠長，應該很清楚這點），反駁這些證人呢？由於他一直拒絕雇用假證人站在自己這一邊，總統最後說，解決這個問題的唯一辦法是讓他當上軍官，然後重新審判。因此，他被任命為上校，此後再也沒有聽說過關於這場交易的事。[9]

無論是由於不安全感造成的壓力、銷售壓力、不可預測的危害，還是僅僅是單純的鄉愁，大多數在拉丁美洲擔任推銷員的年輕外國人，都沒有長期留任的打算。相反地，「一旦當（他們）賺了錢並取得了有用的經驗之後」，他們就會選擇「返回英格蘭，在相對舒適的利物浦或曼徹斯特的倉庫裡做生意。」[10]然而，那些能夠適應中美洲生活的人，在那裡找到的不僅僅是機會。英國駐中美洲大使在一八九六年寫道：「年輕人的自我否定和冷靜的習慣，使得擁有五千美元以上資本，並嫻熟西班牙語的他們，在商業、農業或採礦業方面可以稱得上享有自信，但他們必須避免干預當地政治。在這些國家，如同在其他國家一樣，性格和生活方式受到尊重的外國人只占少數，即使有的話，也難免受到當局的騷擾。」[11]當然，反之亦然。

一八八九年，也就是詹姆斯．希爾抵達薩爾瓦多的同一年，查爾斯．索耶（Charles Sawyer）的遭遇成為許多流言蜚語的主題。索耶是那種追求財富的藝術家：一個夢想家，一個流浪者，用英國駐薩爾瓦多領事約翰．莫法特（John Moffat）的話來說，他是一條「散漫的魚」。索耶於一八六四年七月五日出生在倫敦，一八八六年他坐船到尼加拉瓜從事鐵路方面的工作，鐵路是維多利亞時代英國的另一個重要出口產業。索耶在尼加拉瓜的工作結束後，去了宏都拉斯，在那裡他在紐約財團擁有的一個銀礦中找到了工作，但索耶卻因拒絕簽署公司的雇佣合同而與老闆發生衝突。作為報復，礦場的工資主管扣留了索耶的工資，不久，他發現自己在瓜地馬拉時口袋裡僅有不到一美元。

索耶來到英國領事館，說明自己的處境，並在外交部門爭取到了幾個月的工作機會。最後，他贏得了一份在埃爾薩爾瓦多爾（El Sal vador）開設一家戲劇公司的合同。然而，在一八八九年一月遷往聖薩爾瓦多的過程中，索耶因偽造兩張銀行匯票而被捕。他否認了這些指控並解釋，他只是想為自己的公司購買家具和替公司聘請幾個「藝人」。

在薩爾瓦多監獄裡度過了一夜之後，英國領事莫法特前來探望索耶。隨後，索耶被帶到法官面前，以他不懂的西班牙語進行審訊，並被無限期地送回監獄。在最初的幾個星期裡，英國駐薩爾瓦多的殖民地官員定時前來探望索耶的情況，並給他送來了食物。相比之下，莫法特領事對索耶多次禮貌而優雅地寫下的求助信卻置之不理。

監獄裡的其他囚犯為了支付他們的伙食費而工作。作為一個藝術家，索耶認為他可以依靠出售他的畫來賺取一些錢。他寄了一張畫作給莫法特，以為領事會買下他的畫。莫法特隨後做出了回應。他替索耶找了一名律師，給了他相當幾美元的薩爾瓦多貨幣，以及一張紙條：「就這樣。」

隨著時間來到六月，索耶仍未接受審判，他幾乎無法支持下去，在該國也沒有真正的朋友可以提供幫助。他感到困窘，不想向他在英國的家人尋求幫助。相反地，他寫信給英國首相兼外交大臣索爾茲伯里勳爵（Lord Salisbury）。索耶寫道：「我不想假裝自己是個聖人，遠非如此，我一直過著相當冒險的生活，很遺憾地我得說我對賭博充滿熱情，但即使如此，絕對無法證明我在這裡得到的待遇是合理的。」同時，他致信薩爾瓦多政府。「當我在學校就讀時」，索耶回憶道，「老師教導我聖薩爾瓦多是一個文明的國家。我現在開始認為，我的老師都是反諷高手。」當這些呼籲並未改變他的命運時，索耶打出了他的最後一張牌，求助於他唯一的希望。他在一八八九年九月三日給薩爾瓦多的一位同胞寫信，「我請求你，就像我請求每一個我在這裡認識的英國人一樣，請你為我的利益著想，如果在為我爭取自由的過程，採取一致的行動，並不會惹上什麼麻煩。」同一天，詹姆斯．希爾從南安普頓啟航。

但在一個新興城市，還有什麼比起運氣差更讓人感到孤獨的呢？「我在這裡完全沒有朋友」，索耶在十天後寫給索爾茲伯里勳爵的另一封信中坦言，「雖然有些英國居民給了我很大的幫助；但同時，有些人卻嘲笑我的不幸，並發表了一些不應該從一個英國人嘴裡說出來的話，更不用說一個所謂的紳士。」[12]就在這一憤慨聲中，查爾斯．索耶逐漸遭到歷史遺忘。

機會的來臨伴隨著風險。幾乎每次詹姆斯．希爾在阿卡胡特拉港遇到船隻時，他都會看到咖啡被運送出去。他搭乘一八八二年開通的鐵路從海岸往返，這條鐵路圍繞著聖塔安娜火山延伸搭建，將咖啡從松索納特運到港口。[13]新的路線降低了運輸咖啡的成本。國家的新銀行將以優惠的價格提供貸款買地和發展種植園。詹姆斯．希爾不會沒注意到這一點。

不過他沒有理由不保持謹慎。薩爾瓦多對咖啡的認識相對較晚。到一八八〇年代，巴西已經控制了全世界一半以上的市場，咖啡在歐洲殖民地的南亞和東南亞國家中也日益成熟。此外，一八八四至一八八五年的柏林會議，將非洲劃分為歐洲的加工出口區，這將使更多殖民地生產咖啡。此外，附近的瓜地馬拉、尼加拉瓜和哥倫比亞等共和國，也在拉丁美洲的出口熱潮中大力發展咖啡，加入哥斯大黎加和墨西哥等國的成熟種植者和出口商的行列。

但是，就在詹姆斯·希爾來到中美洲的前後，有兩件事情打亂了世界上最偉大的咖啡產區的生意，卻也提供薩爾瓦多更多的機會。

第一件事情是在一八八八年五月十三日——詹姆斯·希爾十七歲生日那一年，他離開曼徹斯特前往倫敦——當時的《黃金法》廢除了巴西的奴隸制。該法經巴西立法機關批准，並由伊莎貝爾公主簽署（當時她的皇帝父親還在歐洲），該法律推翻了巴西經濟的基礎。在巴西「咖啡生產是個……繁複的過程」，生產咖啡「意味著擁有和指導奴隸」——但現在，世界上每年負責生產咖啡的幾十萬人，不再被迫這樣做了。[14]這是巴西咖啡種植者長期以來所畏懼的發展，他們為此做了準備。幾十年來，巴西的解放與其說是一種可能性，不如說是一種必然性，部分原因是十八世紀末在倫敦開始的全球廢奴運動。[15]廢奴主義者對巴西的壓力，尤其在一八五〇年後越發增加，當時英國開始了海上封鎖，幾乎迫使巴西政府宣布奴隸貿易為非法。奴隸貿易的結束，反過來又給巴西奴隸主帶來了直接的問題，因為他們殺害被奴役者的速度驚人。

奴隸人口數從一八五〇年高達兩百五十萬的最高峰，下降到一八八八年的五十萬人。[16]與此同時，愈來愈多倖存的奴隸提出了「關於其束縛合法性的明確問題」，如同史學家沃倫·迪安（Warren Dean）所說。[17] 大規模叛亂的可能性似乎愈來愈大，這種恐懼促使一八七一年《自由子宮法》的通過。所有被奴役的婦女所生的子女皆是自由的，將使得巴西的奴隸制無法成立。不到一個世代，銀行停止接受奴隸作為貸款的抵押品。[18]

原有的奴隸社會發生改變成為不可避免的命運，巴西種植園主開始探索其他勞動力來源。最明顯的改變是他們把目標放在來自歐洲的移民，並計畫支付他們旅費。然而，即使擁有這樣的誘因，招募計畫仍難以成功。距離當時四十年前（即一八四七年），由六十四個家庭組成、共四百三十二名德國人，正因為類似的計畫被招募到巴西咖啡種植園。抵達目的地之後，他們便成為契約工，積欠種植園主一筆債務，需償還園主替他們預先支付的費用。計畫最初看似成功，但是這批新來的勞工開始群起反抗雇主違反勞動合約，他們的呼籲贏得德國領事館的支持，計畫便開始搖搖欲墜，因為像這樣的申訴途徑從未向遭受奴役的非洲人開放。[19]

巴西的咖啡種植者所遭遇的問題，卻給世界其他咖啡產區帶來希望。十九世紀初，在廢除奴隸制和推翻法國殖民政府之後，海地的咖啡業已經崩潰。海地的例子並不遙遠。咖啡在拉丁美洲開始更廣泛興起——不僅在薩爾瓦多，而且在諸如：尼加拉瓜、宏都拉斯、哥倫比亞和瓜地馬拉等鄰國開展，當地的自由主義政府在一八七七年實行了強迫徵召印第安勞工的制度——標誌著巴西奴隸制度的衰落。[20] 在廢除奴隸制後的四、五年裡，似乎收到了成效，因為里約熱內盧的咖啡產量下降了百分之五十。[21]

與此同時，在這個世界第二大咖啡生產中心，另一個危機與巴西動盪不安的解放運動同時發生。一八八〇年代初期，由於真菌的破壞，整個亞洲的咖啡樹的葉子上開始出現橙色斑點。當時的主要咖啡生產商錫蘭，遭受了重創，在一八八一年至一九〇〇年間產量下降了百分之八十五以上。[22]爪哇自一八三〇年代以來，每年生產的咖啡約占全世界咖啡生產的百分之十三，此時的產量也下降了超過同期的一半。[23]巴西的解放運動和亞洲咖啡遭遇病蟲害的巧合，為其他拉丁美洲共和國在世界咖啡市場創造了空間。在一八九〇年之前的五年裡，全球的咖啡產量在一八五〇年到一九四一年間，出現了唯一一次的大幅下降，而在同一時期，全球的咖啡平均價格上漲了百分之五十。[24]這是一扇向任何能夠在亞洲以外的地方，以非利用奴隸制的任何方法種植咖啡的人敞開的大門。

在松索納特鎮販售紡織品幾個月之後，詹姆斯．希爾開始尋找更有價值的東西。他騎馬出發，向東騎行四十英里到達聖薩爾瓦多，沿路進入狹窄的峽谷，按照慣例，在開始穿越峽谷之前要先喊話警告。[25]詹姆斯從聖薩爾瓦多出發，騎著騾子、馬，搭乘火車和船，在出口繁榮的中美洲繞了一大圈，尋找謀生的地方。他沿著薩爾瓦多海岸線向南走，直到最後來到豐塞卡灣（Gulf of Fonseca）。在那裡，他登上渡輪，前往科西吉納大火山和尼加拉瓜的波托西港。詹姆斯從尼加拉瓜出發，加入一項美國的運河工程，但該工程後來停擺，於是他越過邊境進入宏都拉斯，來到附近一個名為埃爾帕萊索（El Paraíso）的礦業小鎮，但他發現那裡相當蕭條，於是他繼續驅車，沿著中美洲的地峽進入瓜地馬拉。一八九二年，當時瓜地馬拉城為該地區最大的首都，人口約有七萬人。詹姆斯．希爾再次轉往南下，返回薩爾瓦多。他認為這個國家面積小，有利於做生意。[26]

詹姆斯．希爾在聖塔安娜火山西坡下的一個溫泉鎮阿瓦查潘（Ahuachapan）附近越過邊界。他沿著火山底部繞了一圈，沿途的道路兩旁滿是密密的咖啡樹林，這裡「擠滿了拿著種植工具的印第安人」，身穿「美麗圖騰的……服飾」，然後他便一路前往聖塔安娜小鎮。[27]

根據一八八九年《紐約時報》的解釋，如果說聖薩爾瓦多是薩爾瓦多的曼哈頓，松索納特則是奧爾巴尼，一個交通樞紐，那麼聖塔安娜便相當於水牛城，一個藉由自然資源從事商業交易的城市。商業活動從寬闊的中央廣場蔓延到周圍所有街區。為了服務許多初來乍到、從事咖啡買賣生意的人，就連地位顯赫的居民也把自己的前院改建成「由女主人張羅」的店鋪，鮮少有人認為自己「一派溫文儒雅，不知道怎麼秤一磅糖或咖啡」，或是去做些針線活。到了夜晚，這些小商店便成了「求愛者獻殷勤的場所」。歐洲和美國男人駐足店裡「買」些小玩意兒，然後在等待找零的時候和店主的漂亮女兒說幾句話。」其中不乏「許多獻殷勤的調情和俏皮話……就在櫃檯前進行，想在新舊世界之間尋找最時髦流行的圈子都可以在這裡找到。貨架上一排排的紅糖，咖啡、香蕉、陶器、火柴以及印有美麗圖騰的印第安人服飾，與那些黑色眼瞳、優雅的被求愛者形成一個相稱的畫面。[28]

如同以往，商業活動也常促成一樁美事。白天，「求愛者」忙於工作。其中一些人是工程師，負責管理延伸至聖塔安娜的鐵路工程。當時聖塔安娜已經擁有自己的銀行——西方銀行，由舊金山的約拿斯（Jonas）和大衛．布魯姆（David Bloom）創建，並交由他們的侄子班傑明（Benjamin）經營。班傑明的父親是加州的德國移民，是海爾茲堡（Healdsburg）的創始人之一，而他的叔叔們則是在舊金山以從事進出口貿易起家，隨著時間過去，他們的咖啡生意愈做愈大。一八八九年，也就是巴西的奴隸解放後隔年，布魯姆家族在聖塔安娜創辦了西方銀行，獲得政府許可成為發行銀行，並開始印製鈔票。

其他移民則成為代理人，將薩爾瓦多咖啡繁榮的收益和利潤輸送到他們的祖國。艾爾伯托．德內克（Alberto Deneke）是一名在柏林接受教育的律師，他於一八九二年來到聖塔安娜，為西方銀行的布魯姆家族工作。德內克後來沒有繼續為銀行工作，但他選擇留在聖塔安娜，並利用德國商行的信貸從事咖啡買賣。德內克取得了成功之後，與一個身無分文的聖塔安娜女子訂了婚，人們開始傳言他的腦袋沒有想像中靈光。[29]

另外，其他移民者則在鄰近地區成立其他相關行業。金樹（Goldtree）兄弟在加州聖路易士奧比斯波市（San Luis Obispo）從事乾貨經銷，一八八八年他們將業務轉移到薩爾瓦多。[30]二十歲的拉斐爾．阿約（Rafael Meza Ayau）和他的母親，於一八八六年從瓜地馬拉來到聖塔安娜開設了一家旅店。拉斐爾一邊幫忙母親經營旅店的同時，一邊打算受雇於湯瑪斯・雷加拉多將軍（General Tomás Regalado）。雷加拉多將軍在聖塔安娜收購了兩家大型咖啡處理廠，梅薩協助其營運，並在此過程中「對將軍產生了巨大影響」。正由於他對將軍的不可或缺，使得梅薩的地位日益重要，在樹立了自己的名聲和信譽後，他從西方銀行借貸一筆錢，開了一家名為「康斯坦西亞」（La Constancia）的釀造廠。[31]

在聖塔安娜，詹姆斯・希爾從他離開的地方開始，開了一家裁縫店，經營從歐洲進口的布料。他決心要把這項事業做得更成功，因為在抵達後不久，他便到貝納爾（Bernal）家族的家中拜訪。該家族已故族長狄奧尼西奧，聲稱自己的西班牙血統可以追溯到征服者時期。他去世後，家族的咖啡種植園傳給了他的遺孀達米亞娜（Damiana），這些咖啡種植園成為貝納爾家族女兒們的嫁妝，其中包括二十歲的瑪麗亞・多洛莉絲（María Dolores），簡稱蘿拉，她是詹姆斯・希爾來訪的原因。[32]

拉斐爾・阿約也注意到了蘿拉・貝納爾，當時他在當地的菁英階層中聲名大噪。相比之下，詹姆斯・希爾的名字取得並不好，儘管這並非完全是他個人的錯。西班牙口語向來省略字母h的發音，並把i的字母發音拉長，結果，希爾這個姓氏用西班牙語發音聽起來就像「鰻魚」。

問題是詹姆斯・希爾卻認為這個名字再合適不過。

當人們說起這個被稱為鰻魚的人時，並非總是說他的好話。當詹姆斯・希爾在聖塔安娜開的裁縫店遭到燒毀時，有傳言說他收取了一筆豐厚的保險賠償金。他在鎮上甚至鎮外贏得了「生意上很滑頭、很狡猾」的名聲。與詹姆斯・希爾打交道的人都本能地知道要小心。[33]在這個滿是遠道而來、想在咖啡熱潮中尋求財富的人的小鎮上，大量證據顯示，承諾和忠誠度只有在商業條件允許的情況下才會出現。

一八九四年四月，湯瑪斯・雷加拉多將軍率領四十四名聖塔安娜咖啡種植者，發起了一場推翻總統的運動。這位總統原是薩爾瓦多軍隊裡的一名將軍，名叫卡洛斯・埃澤塔（Carlos Ezeta）。四年前，埃澤塔便是以同樣推翻政府的方式上臺，他推翻當時的總統法蘭西斯科・梅內德斯（Francisco Menéndez），而梅內德斯恰好跟他是摯友。梅內德斯推行了一些通過土地私有化進行的自由改革，因此得罪了他的朋友，對當時占薩爾瓦多出口三分之二到四分之三的咖啡徵收出口稅，以支付國家建設宮殿以及將鐵路延伸到聖塔安娜的建造費用。然而，埃澤塔出任總統後，非但沒有取消稅收，反而增加了稅收，用來修建道路，鋪設電報電纜，向軍隊提供了價值兩百萬美元的武器，而在支付稅收的咖啡種植者和商人看來，似乎主要是用於中飽私囊。後來，埃澤塔又提高了出口稅，到了一八九三年，每出口一百磅咖啡，稅額就達到了兩美元以上，聖塔安娜的種植者們，開始不願意讓卡洛斯・埃澤塔按計畫把總統之位交給他的弟弟安東尼奧副總統。[34]

一八九四年四月二十九日凌晨兩點，雷加拉多將軍及其追隨者向埃澤塔發起攻擊，並突襲了聖塔安娜的副總統官邸和軍營，[35]安東尼奧・埃澤塔穿著睡衣逃離後，軍營沒有抵抗多久就被攻破了。種植者帶著數千支雷明頓步槍和子彈，從他們在聖塔安娜的據點，將卡洛斯・埃澤塔總統逼出聖薩爾瓦多的宮殿。種植者安插了一個替代安東尼奧・埃澤塔的繼任者，而安東尼奧則逃往海岸邊，登上了一艘開往舊金山的船，種植者安插的傀儡總統其首要行動便是取消咖啡的出口稅。[36]為了向種植園主發動的這場政變致敬，聖塔安娜在薩爾瓦多被稱為英雄城市。

同年，二十三歲的詹姆斯・希爾向蘿拉・貝納爾求婚，十一月三日星期六，咖啡收穫季開始時，她在一場精心策畫的婚禮中成為蘿拉・伯納爾・希爾（Lola Bernal de Hill）。六個月後，收成季節結束後，拉斐爾・阿約娶了蘿拉的表妹。[37]此時，詹姆斯・希爾開展了他的咖啡新事業，所有的預兆皆成就了一段美好的結果：他在一個地理、政治和外國投資者都青睞的地方，結了一門看似前途似錦的婚姻。然而，對於他完全無法控制的情況來說，他選擇的時機再糟糕不過。

第5章 希爾斯兄弟

如同棉花之於曼徹斯特，咖啡之於聖塔安娜，緬因州的洛克蘭（Rockland）則是盛產岩石。洛克蘭的人們成天忙著從地底切割和打撈起含有海洋生物化石的蒼白石板，將石板打碎成石灰岩塊，再將石灰岩鍛燒成碳酸鈣，經過加熱分解成氧化鈣——石灰——將其裝入木桶，然後運往停靠在佩諾布斯科特灣（Penobscot Bay）洛克蘭港的其中一艘船上。十九世紀下半葉，洛克蘭是世界上最大的石灰港口之一，在豐收年裡可以生產超過一百萬桶石灰。[1]石灰以各種形式變成了搭建磚房的水泥、用於牆壁和天花板的灰泥，以及世界各地農場和種植園的肥料。

奧斯丁和魯本・希爾斯兄弟在洛克蘭長大。他們的父親老奧斯丁・希爾斯（Austin Hills Sr.）和詹姆斯・希爾（James Hill）的父親老詹姆斯一樣，從事運輸業務，負責建造運送石灰到世界各地的船隻。一八六三年，老奧斯丁・希爾斯在他四十歲時，離開了家中的妻兒，登上了一艘船，然後前往加州。

加州的金礦對居住在石灰岩採石場旁邊的人具有一定的吸引力，但奧斯丁．希爾斯在那兒卻沒找到金礦。取而代之的是，就像在洛克蘭一樣，他在船塢工作，建造船隻。十年後，也就是一八七三年，他的兒子們也跟隨著他的腳步來到加州。[2]

他們抵達舊金山時，小奧斯丁二十二歲，魯本十七歲。他們做起了雜貨生意，在市場上擺攤賣雞蛋、奶油和乳酪，並用賺取的利潤買了一個咖啡烘焙機，與福爾格（J. A. Folger）的先鋒蒸汽咖啡和香料廠（Pioneer Steam Coffee and Spice Mills）競爭，而後者已經領先了二十五年。希爾斯兄弟將他們的新企業稱為「希爾斯兄弟的阿拉伯咖啡與香料處理廠」（Hills Bros. Arabian Coffee & Spice Mills）。如同當時大多數的美國咖啡企業一樣，將品牌建立在謊言之上。這個做法十分見效，因為這麼一來，有助於將咖啡的歷史與美國歷史的吸引人之處相互結合。

早在美國獨立之前，咖啡就塑造了美國及其與更廣闊世界的關係。約翰．亞當斯（John Adams）於一七七四年寫信給妻子艾比蓋爾（Abigail）時說道：「全世界必須拋棄茶」，在此一年前，波士頓茶葉事件證明了美國殖民者對沒有代表權的稅收表達不滿，但這場革命引發了更為複雜的問題。亞當斯想要從經濟上的自給自足建立政治獨立，卻並未將咖啡考慮在內。「我希望女性能擺脫對咖啡的依戀。」在《獨立宣言》發表一年多後，他在給艾比蓋爾所寫的信中提到，「我們必須靠我們自己國家的產品生活。試問，我該用什麼東西來換取妳的蘋果酒？」[3]

然而，在獨立戰爭之後，亞當斯以本土為出發點的願景，輸給了另一種獨立模式。面對國家建設的實際問題，新美國與法國、荷蘭，甚至是英國建立了戰略性的商業聯盟，這些國家都是加勒比海地區的殖民地咖啡生產大國，[4]其中與法國的咖啡貿易尤為重要。湯瑪斯．傑弗遜寫道：「這將是我們與地球上唯一一個可以賴以援助的國家之間的緊密連結，直到我們能夠獨立自主。」[5]

在擺脫了英國的貿易限制之後，美國人對咖啡的消費（大部分是來自法國的殖民地，包括聖多明克在內）在十八世紀後半葉大幅增加，一七九九年達到人均一點四磅——是一七七二年，即波士頓茶葉事件發生的前一年的七倍。[6]在美國的上層社會，特別是在沿海城市，咖啡館文化與歐洲的咖啡館文化如出一轍，喝咖啡的現象明顯變得普遍，甚至更甚法國國內。「我們的晚餐相當匱乏，但是第二天早上的早餐更為豐盛。」一七八七年，一位前往維吉尼亞的法國旅行者寫道。「我們完全可以接受這種美國人喝咖啡的習俗。」[7]然而在菁英階層之外，咖啡仍然太貴，難以成為「美國人的習俗」。在新共和國的內陸農村地區，熱飲多半是以當地能夠採集到的任何東西製作，包括菊苣和堅果釀造的茶。[8]除此之外，每天早上、中午和晚上喝的不外乎是啤酒和蘋果酒。[9]

然而，世界的版圖發生了變化。正如歷史學家史蒂文．托皮克（Steven Topik）所指出，如果強調革命、獨立和自由在美國咖啡飲用歷史中的作用，等同於忽視了奴隸制的重要性。[10]為了對拿破崙表示尊重，美國在海地革命勝利後切斷了與當地的商業聯繫，這場革命為島上的咖啡和蔗糖種植園的奴隸們贏得了自由，並最終在西半球建立了第二個民族國家。法國在此過程中因此失去了其最富有的殖民地。伴隨與巴西的貿易增加，咖啡的興起意味著奴隸的進口數目將愈來愈多，其中許多奴隸是由美國奴隸販子所提供，彌補了奴隸數目的不足。[11]

除了奴隸制之外，帝國主義是美國咖啡消費的另一個重要支柱，咖啡在美國歷史上第一次成為大眾產品。年輕的美國帝國主義的野心，將這個國家的邊界推向美洲大陸和以外的地區。雖然無力與更富有、更強大的歐洲帝國競爭亞洲和非洲的海外市場和資源，美國在西半球找到了地理優勢。一八二〇年代拉丁美洲國家從西班牙和葡萄牙獲得獨立後不久，美國成為第一個免稅進口咖啡的世界大國。咖啡的自由貿易，成為一八二三年詹姆斯．門羅總統（James Monroe）將美洲視為不受歐洲干涉和殖民的獨立國家的關鍵戰略因素。一八〇〇年至一八五〇年間，美國的咖啡進口量每十年翻倍成長，在十八世紀下半葉獲得了更大的經濟和戰略意義。隨著出口熱潮在拉美各地的興起，美國透過購買咖啡獲得了愈來愈大的影響力。[12]

美國從英國殖民地到擴張帝國主義的轉變，深刻地改變了美國人生活的物質條件。喬治．華盛頓（George Washington）率領的大陸軍（Continental Army），第一批配給品並不包括咖啡，而是蘋果酒或雲杉啤酒。相比之下，在內戰期間，聯邦士兵平均每年消耗約三十六磅的咖啡豆，足夠每天喝五杯咖啡。[13]在聯邦紀錄中，「咖啡」一詞比「步槍」或「子彈」出現的頻率還要高。[14]內戰結束後，美國的咖啡消費持續增長，由於拉丁美洲的產量增加，咖啡價格得以壓低。咖啡不再是沿海菁英階層的專利，它成了士兵、拓荒者、礦工、移民、早期工廠裡的工人，以及任何需要對利害關係保持警戒的人的飲料。然而，美國咖啡飲用的民主化有賴於「巴西幾十個奴隸莊園的崛起」，反之亦然。[15]

當希爾斯兄弟於一八七三年在舊金山建立「阿拉伯咖啡與香料處理廠」時，「摩卡」和「爪哇」等地名，後來卻變成了品牌名稱（有時也稱為「爪摩卡」〔jamoca〕），這讓咖啡與它的起源——奴隸制——做出了區隔。這些咖啡名稱容易讓人聯想到咖啡的歷史——異國風情、浪漫與神祕——符合美國作為「自由帝國」的理念。「當時，這類咖啡的歷史特別容易包裝和銷售，儘管真正的爪哇和摩卡咖啡實際上並不是這樣——這正是謊言的目的。

在淘金熱期間，舊金山的雜貨商以銷售研磨好的咖啡而聞名——表面上是為了方便運輸到礦山，但實際上也是為了隱藏裡面的東西。[16]在精美的咖啡粉包裝裡，通常混合了較便宜的摻加物，尤其是菊苣和穀物。隨著這座城市的發展變得更加富裕和國際化，愈來愈多的咖啡烘焙商和零售商，開始通過出售全豆咖啡來擺脫這種摻假的做法。整粒咖啡豆明顯可見是咖啡，儘管是不是純正咖啡豆仍有待商榷。

到了十九世紀末，舊金山的雜貨店開始打著「神奇咖啡箱」的口號出售咖啡。從儲存在箱子裡的豆子中，「幸運的咖啡箱主人可以在買主的出價之下，毫無困難地拿出任何已知品種的咖啡」。摩卡和爪哇咖啡在舊金山進口貿易中極為稀少，但以這些名字在舊金山零售市場出售的咖啡卻十分普遍。神奇咖啡箱賣出的「摩卡」可能只是「咖啡豆的早期階段」，這種圓形的豆子來自咖啡果中一顆尚未分成兩半的完整種子。[17]世界上任何一個地區的咖啡種植者都很樂意將他們種植的咖啡以「摩卡咖啡」的名稱出售，他們通常透過每年砍掉樹頂來抑制咖啡樹的垂直生長，以促成咖啡豆的形成。[18]從神奇咖啡箱裡取出的「爪哇」通常是「由任何等級的大顆咖啡豆組成，很可能與爪哇人所種植的咖啡不同。」[19]正如一八八六年《舊金山紀事報》（*San Francisco Chronicle*）所報導的，神奇咖啡箱使得「每個角落的雜貨店」都能夠「大量供應『爪哇』和『摩卡』咖啡」，即使進口的海關收據與雜貨店的收據說明了咖啡豆來源的不同。[20]

當希爾斯兄弟的「阿拉伯咖啡處理廠」開張時，運往舊金山的咖啡大多來自拉丁美洲。[21]在那些年裡，拉丁美洲並未享有優質咖啡來源的聲譽。[22]然而，希爾斯兄弟在他們位於內河碼頭（Embarcadero）附近的商店裡的咖啡箱前面所打的廣告，宣稱他們的「阿拉伯咖啡」是「世界頂級」時，他們自信滿滿地認為他們可以因此避人耳目。正如《紀事報》所指出，「成千上萬的人只願意喝爪哇咖啡，並希望購買與其他國家一樣便宜的咖啡，咖啡商抓住這一點，他們知道一百個喝咖啡的人當中，沒有一個人能夠分辨出爪哇、哥斯大黎加、薩爾瓦多或東印度品牌之間的區別。」[23]

這種消費形態對舊金山的咖啡商人來說難能可貴。地理條件使他們在中美洲的咖啡產區具有特殊的優勢，這些咖啡生產區沿著太平洋海岸的火山鏈聚集，使舊金山成為「合乎銷售邏輯的市場」。[24]特別是薩爾瓦多幾乎是北美的「門戶」，在巴拿馬運河開通的前幾年裡，歐洲船相對來說很難到達薩爾瓦多。[25]問題是，中美洲種植咖啡的最佳條件是在海拔三千至六千英尺之間，而在這樣的高度種植出來的咖啡豆往往體積較小、密度較高且粗糙——與摩卡的圓形咖啡豆和爪哇的大顆咖啡豆截然不同。

然而，如果舊金山商人想從英國和歐洲商人手中贏得中美洲貿易的控制權，咖啡是他們必須購買的商品，而這似乎是使城市持續增長所需要的。一八七〇年代，加州最大的金礦脈已經被掏空，農業取代了採礦業成為增長的主力。[26]擁有州級規模的中央谷地（Central Valley）開始種植小麥；一八八〇年代，加州的小麥生產「已堪稱全美（即使不是全球規模），機械化程度最高的農業」。從中國到英國，這裡一年生產了四千萬蒲式耳小麥，並供應給從美洲大陸一路延伸的太平洋沿岸的整個市場。[27]除了咖啡，香料和巧克力也進入舊金山以換取小麥。雖然英國和歐洲的競爭者在這些貿易中更具有經驗，也更有地位，但舊金山的進口商希望他們「緩慢並確保取得太平洋沿岸種植的中美洲咖啡的全部貿易」，這將使得加州小麥更容易在那裡銷售。[28]

小詹姆斯・奧堤斯（James Otis Jr.）和霍爾・麥卡利斯特（Hall McAllister）是麥田夢的夢想家。奧堤斯是前舊金山市長的兒子，是麻塞諸塞州一個在美國獨立戰爭中發揮重要作用而出名的家族後裔。霍爾・麥卡利斯特則是舊金山一位有權勢的政治家的兒子，也是紐約社交名錄最初經營者的侄子。一八九二年，奧堤斯和麥卡利斯特在舊金山成立了一家船運公司，他們用自己的名字把公司改名為「奧堤斯—麥卡利斯特」公司。他們租用兩艘蒸汽輪船，並制定了一個計畫，向根深柢固的壟斷者——太平洋郵船公司敲詐勒索。然而，他們很快就在與太平洋郵船公司的一場幾乎是毀滅性的費率戰中敗下陣來，這就是奧堤斯—麥卡利斯特進入麵粉貿易的原因，他碾磨加州小麥，並將其出口到習慣吃歐式麵包而非玉米餅的人口日益增長的拉丁美洲。

由於從事麵粉生意，奧堤斯和麥卡利斯特也開始以收取佣金的方式做起咖啡生意。這是麵粉出口最容易獲得報酬的方式之一，部分原因是中美洲許多喜歡吃小麥粉做的麵包的人，同時也身兼咖啡種植者和出口商。很快地，奧堤斯—麥卡利斯特就躋身舊金山咖啡行業的領軍人物之列，與其他美國公司競爭，比如總部位於紐約的格雷斯礦業和航運公司（W. R. Grace），以及早就在這一行打響名聲的歐洲商人。奧堤斯—麥卡利斯特從中美洲的咖啡種植者和出口商那裡拿貨，然後賣給舊金山的咖啡烘焙商，比如福爾格的先鋒蒸汽咖啡廠和奧斯丁．魯本．希爾斯的阿拉伯咖啡處理廠，把銷售獲利的錢扣除百分之三的代理人抽成，記在中美洲的咖啡種植者和出口商的賬上。一路上，奧堤斯—麥卡利斯特還在哥斯大黎加建立了他們自己的咖啡廠，名為「埃爾—巴西」（El brazil）。[29]

由於咖啡在中美洲出口熱潮中的領先地位，舊金山對太平洋沿岸貿易的持續增長抱持樂觀的態度。有鑑於美洲太平洋沿岸生產的商品作物，能夠藉此換取另一種商品作物的潛在財富，似乎預示了地球的新商業形態。一八九四年《舊金山紀事報》，報導了薩爾瓦多咖啡種植者對聖塔安娜的埃澤塔兄弟所發起的「輝煌運動」。薩爾瓦多的「商業和農業企業」，因埃澤塔對咖啡出口和進口物品的「殘暴和野蠻」的「嚴厲強制措施」而「癱瘓了兩年」。當薩爾瓦多前副總統安東尼奧・埃澤塔在聖塔安娜種植園主將他趕出城市後，搭乘輪船逃到了海岸邊，舊金山人民仍願意接受他以難民的身分來到舊金山，此時咖啡生意的前景似乎又將開始好轉。[30]

第6章

阿波羅的象徵

一八九四年，儘管在聖塔安娜的求愛者找到了他們「獻殷勤的場所」和調情的對象，但是在太陽下山後約莫六點鐘時間，一個咖啡小鎮並未替已婚夫婦提供太多社交生活，一整年都是如此。因此，晚餐後，種植者得早點上床睡覺。

詹姆斯．希爾和蘿拉．伯納爾結婚後，開始從頭創造詹姆斯．希爾遺留在曼徹斯特的生活。一八九七年，他們的女兒誕生了，取名為艾麗西亞（Alicia），這個名字是以詹姆斯．希爾的母親命名。兩年後，蘿拉生下了另一個女兒瑪麗亞（María），這是她母親的中間名。一九〇〇年，他們擁有第一個兒子，名為海梅（Jaime）。「Jaime」是西班牙語中詹姆斯的說法，翻譯過來就是「Jaime」，因為它看起來最接近英語版本。但在西班牙語中，詹姆斯也通常被翻譯為「聖地牙哥」（Santiago）——聖伊阿古（Saint Iago），雅可夫（Ya'kov），雅各（Jacob），以及西班牙的守護神詹姆斯（James）——詹姆斯的父親應該知道這個名字，因為「聖地牙哥．

希爾」（Santiago Hill）[1]正是薩爾瓦多銀行帳簿上，記載詹姆斯・希爾所借款項的名字。

詹姆斯・希爾之所以向銀行借貸是因為，他不僅為了組建家庭，同時也打算發展咖啡種植園。發展咖啡種植園的真正原因是，在巴西解放運動期間，國際社會對這個問題非常感興趣。特別是在美國，「咖啡消費量持續且快速增長」。在美國內戰結束後的二十年裡，咖啡消費量更是翻了一倍，使人們對咖啡貿易持續增長的預期膨脹。但仍有一些市場觀察人士認為，「鑒於美國人口的增加和繁榮的狀況，咖啡的消費……並未如預期般應該增長。」這裡的「應該」象徵的是一個商機。因為儘管「咖啡文化確實在墨西哥、中美洲和哥倫比亞合眾國得到了推廣」，但「新的種植園，還沒有達到能夠將出口量推展到與巴西並駕齊驅的地步，在達到這個目標之前，高價一定會成為主流。」[2]全世界的咖啡種植者都將賭注放在上面。

當詹姆斯・希爾在聖塔安娜火山上開始種植咖啡後，他讀了所有可以得到的有關中美洲和巴西以及其他地方咖啡種植的資料。[3]要說在他的童年時代有些書促使詹姆斯・希爾嘗試前往中美洲展開冒險，那麼肯定還有其他書籍幫助他從中獲利。

這些書中有一些是源於維多利亞時代對自我創造回憶錄的狂熱追捧：講述沒有財產的窮小子或運氣不好的次子，待在沒有前途的家鄉，想要從更廣闊的世界裡尋找自己與生俱來的權利。這些年輕人在大英帝國遙遠的邊疆工作，把原來的森林和叢林變成了種植園。一旦他們成為種植園主——在此通常以大寫字母來表達對種植園主的尊稱——他們就會按照當時男孩冒險小說的規格，來撰寫自己的生活和冒險故事，但是與《金銀島》相反，當中並不會保留一丁點有用的細節。因此，約翰・肖特（John Shortt）在一八六四年撰寫的《印度南部咖啡種植手冊》（*A Handbook to Coffee Planting in Southern India*）；亞歷克斯・布朗撰寫了《咖啡種植者手冊》（*The Coffee Planter's Manual*），並在一八七二年和一八八〇年經歷了兩次修訂；阿諾德・懷特（Arnold H. White）於一八七五年出版的《錫蘭咖啡文化：莊園的管理》（*Coffee Culture in Ceylon: Manuring of Estates*）更因此獲得錫蘭種植者協會頒發的獎項；喬治・畢迪（George Bidie）在一八六九年出版關於「咖啡莊園螟蟲肆虐的報告」（Report on the Ravages of the Borer in Coffee Estates）中，正如副標題，畢迪明確指出這種破壞並沒有阻止印度南部咖啡區生產資源進一步的發展。

羅伯特・埃利奧特（Robert Henry Elliot）的兩卷《邁索爾叢林中的種植園主的經歷》（*The Experiences of a Planter in the Jungles of Mysore*）（附有插圖和地圖）在「種植者書架」的書目中脫穎而出。在一位種植園主作家的評價中，埃利奧特「在許多目光向外尋求發展的『獅鷲』眼中，使整個行業煥發了魅力。」[4]「獅鷲」以獅子的身體，老鷹的頭和翅膀的神話生物為原型所做的比喻，是尋求財富的旅行者抵達英屬印度之後通用的暱稱。

埃利奧特在一八五五年，也就是他十九歲那年來到印度，他的身上帶著「微薄的資本」和「年輕人渴望得到的消息，即一個可以利用微不足道的資本，在工業和企業的所在地，過著舒適的生活。」他學會了當地語言，透過旨在促進咖啡種植的政策獲得了土地，該政策還規定了免稅政策，直到該土地生產出可銷售的咖啡為止。他還結識了年長的種植園主，利用他們「在種植園的管理經驗和作法，獲取最大的價值利益。」[5]然而，埃利奧特獲得的土地離這些種植園主有十二英里遠，他生活在相鄰的住宅區和他雇來耕種土地的人之間，十分焦慮和孤獨。

一天下午，當他獨自一人坐在帳篷裡，想要在一天中最熱的時間裡放鬆時，埃利奧特得到消息說，附近的居民已經高舉武器，反對他清除毗鄰土地的森林。埃利奧特的休息被打斷，他從帳篷裡走出來，「我不是帶著我的手槍和步槍，而是帶著筆、墨水和紙。」這是明智的武器選擇，因為它承載了政府全部的力量。「我的人……他們停止清理，直到接到我的命令」，埃利奧特回憶道。「我的對手們手持著類似於清理叢林的刀具，他們只占少數，如果我願意的話，我很容易便可將他們處置掉。但是我讓我的書記向他們解釋，如果領導者簽署一份文件，宣布強行阻止我清理叢林，我將立即停止。他們表示同意，而我的書記為此草擬了一份簡短的聲明，他們便輕率地簽了字。」然後，埃利奧特提交一份聲明給地方治安官，以證明他作為土地承租人的權利受到了阻礙。幾天後，治安法官「帶著一支武力強大的員警前來……對此案進行了調查，裁定我並沒有過失，並在他在場的情況下命令警力部隊進行裁決。」埃利奧特發出最後的一擊：他懇求地方治安官赦免他的鄰居而不是懲罰他們。結果，正如他所說的那樣，「不久之後，一些原本的對手加入了我轄下的團隊，其中一人從工人的職位升了官，現在是負責監督我的財產的人中，最重要和最值得信賴的監督者。」[6]

在薩爾瓦多定居之後，詹姆斯．希爾研究了他所採用的國家的法律，他進行了徹底的研究，以至於那些對他有所了解的人都認為他與當地的律師一樣。由於他對法律的研究如此透徹，以至於他有時被要求在複雜的法律問題上，擔任「兄弟種植者」的顧問。[7]當然，對法律的了解是無價的，因為法律是詹姆斯．希爾的機會基礎。該法律創造了新的土地，可用於種植。然而，法律也造就了一類人，他們無法保有自己的土地，因此被迫出賣勞力來維持生計。法律創造了員警和他們所執行的規則。但是，無論法律寫得多麼好，研究得多麼透徹，執行得多麼有效，都是不夠的，因為法律本身並不能使人們在咖啡種植園裡生產咖啡。這是任何一個自詡為種植者的最大任務：想辦法雇用別人來種植和從事其他一切工作。

「這是一個嚴峻的事實」，資深種植者愛德溫．阿諾德警告說，「不幸的是，我們為了種植咖啡，不可能忽視的必須雇用勞動力，而且是雇用大量的勞動力。」阿諾德的咖啡種植《手冊》於一八八六年出版時，剛好是歐洲帝國在柏林會議上瓜分非洲殖民地的一年後。這本手冊是為了幫助那些決定在這種「新地區種植咖啡的人而寫的」。[8]在這一點上，幾乎達成了普遍的共識：凡是有可能種植咖啡的地方，如何掌握勞動力都是「主要的障礙」。[9]

勞動力問題比「la falta de brazos」更為複雜——這句話字面的意思是缺乏武器——意味著工人短缺問題，在拉丁美洲的咖啡地區普遍存在。[10]即使在薩爾瓦多等人口稠密的地區，挑戰也比單純的找人工作更複雜。一八八八年，《紐約時報》駐中美洲的一名記者警告說：「下定決心創建自己的咖啡莊園的人，還必須準備忍受四至六年最艱苦的工作。在墾荒工作中，他必須砍伐木頭，砍去灌木叢，並為他的土地除草。他必須準備好從日出工作到日落。無論是早晨的濕冷，中午的炎熱，還是傾盆大雨的午後，都不能放棄工作。的確，他可以雇用本地勞動力來協助他，但如果他對這些勞工置之不理，就不能指望這些勞工了。」[11]這不僅是一個找人來替他工作的問題，而且是一個使他們正確地工作的問題。在中美洲，解決這個問題的方式就在「莫佐」（mozo）。

莫佐指的是男性「印第安勞工」。根據定義，他成為勞動者的原因是他與土地的關係：他沒有土地，在許多情況下，他的印第安人身分使他的土地被奪走。由於沒有自己的土地，莫佐不得不為了生活而工作。在種植園主的眼裡，「一輩子做苦力」正是莫佐的宿命——這種說法既概括了他每天在種植園裡達成的協議條款，也概括了他的命運。在這種雙重束縛下，他們「沒有野心」，不願意「為了自己的舒適而多做工作」，一八八八年《紐約時報》得出結論，莫佐能爭取到的最好結果是「一個好主人的體面待遇」——在巴西廢除奴隸制的那一年，「好主人」成為「雇主」的暗示性說法——意味著提供「一個用磨碎的玉米和水做的薄煎餅……以及他能得到的所有威士卡」。[12]

對於種植者來說，莫佐既是一個不可或缺的角色，也是一個不可思議的角色。種植者給自己的職業起了一個名字——種植園主——這不禁讓人以為生產咖啡就像往地上撒下一粒種子，然後行光合作用一樣簡單。然而事實上，種植園主依賴莫佐，就像莫佐為了生存依賴工作一樣。正如莫佐需要工作來生存，種植園主也需要莫佐，如果他想繼續成為一個種植園主的話。

對種植者的這種依賴的核心困難，正是在於莫佐本質上的單純性：他所需要的東西很少，「甚至比中國人還少」，並且似乎對此感到滿足。這種單純性使莫佐與種植者及其工作之間的關係變得複雜起來。因為他「幾乎在任何地方都能找到足夠的工作讓他活下去」，所以莫佐不停地從一個種植園搬到另一個種植園，這裡一週，那裡兩週，然後又走了。因為他幾乎沒有蒙受什麼損失或收穫，所以這個莫佐可說是「一個『魔鬼可能會關心』的傢伙」，他「笑談一切，而非嚴格遵守」擺在他面前的工作，把他的工資花在醉酒和賭博上，卻拿不出工資給他的家人，並以偷竊和撒謊來彌補。[13] 種植者們在計畫和投資都懸而未決的情況下，只能得出這樣的結論：莫佐的問題是天生的，是種族問題。「莫佐」一詞的特定冠詞明確指出：普通的情況也會變成極端的情況。只有「莫佐」是種植者需要掌握的。

雖然種植園主根據身體特徵來判斷工人的種族和素質，從膚色開始，延伸到他們能掌握的所有其他方面，但十九世紀末，這些膚淺的衡量標準似乎不再令人滿意。愈來愈多的種植園主在為他們工作的人身上尋找更加「現代」、更足以解決勞動問題的辦法。羅伯特．埃利奧特就曾在邁索爾的叢林中經歷過這一切變化。他觀察到，「到目前為止，人們認為只要稱量一下人的體重，測量一下人的尺寸，並取下量測頭顱的石膏就夠了，當然就目前而言這麼做很好；但是，為了使我們的資料更加完整，我相信，對血液進行分析是絕對必要的。」埃利奧特懷疑，他在「孟加拉人」雇工身上所注意到的「積極美德」的不足，至少可以用「紅血球的不足」來解釋，他期待著有一天，出現一門真正具有穿透力的勞動科學能夠檢驗這一假設，並找出解決的辦法。[14]然而，在這種分析成為可能之前，要讓工人們工作，就得靠種植園主了。

詹姆斯・希爾向一家在薩爾瓦多開設分行的英國銀行——中美洲倫敦銀行（London Bank of Central America）尋求貸款。[15]詹姆斯・希爾的幾筆貸款平衡了他滑頭的名聲，使他獲得了不少信用。他的妻子蘿拉繼承了三個既有的種植園。這對一個來自曼徹斯特、開始一項新事業的年輕人來說，是不小的考驗。詹姆斯・希爾在薩爾瓦多也有自己的商業經營紀錄，銀行當然知道這一點，因為該銀行是一八九四年在該國開展業務的五家銀行之一。如果銀行家們因此對詹姆斯飽受波折的名聲有所了解，他們也會知道，他同時被認為是聖塔安娜「最勤奮和最有活力的人之一」。[16]

此外，也許是最重要的一點，在一八九〇年代初期，咖啡似乎是一個不錯的選擇，咖啡不僅包括在薩爾瓦多的銀行業務範圍之內，而且也包括尼加拉瓜在內的鄰國的業務。[17]一八九二年，詹姆斯・希爾在薩爾瓦多定居下來之後，全球的咖啡價格就攀升至每磅十七美分的歷史新高。一八九四年，詹姆斯・希爾結婚並開始建立自己的咖啡事業的那一年，價格仍保持在十年平均水準之上。中美洲倫敦銀行借貸給詹姆斯・希爾「數目相當大的一筆錢」，最多高達兩萬五千美元，而這筆債務則是根據幾年後他的第一批咖啡作物的托運為擔保。[18]

剛開始種植咖啡時，有很多工作要做，報酬卻非常少——如同《紐約時報》所說的那樣，「四到六年內最艱苦的工作」是在咖啡樹開始成熟收成之前。即使是最勤奮、最有活力的種植者也無法獨自完成所有工作。在大多數情況下，必須開墾種植園的土地才可以種植咖啡。在開墾土地的過程中，第一批咖啡要先在苗床中種植，在早晨接受陽光，到了中午和下午則放置於陰涼處，並以「與種植園品質相同」的土壤栽培——這些土壤經過「深層攪拌」和徹底清洗。在這些苗床中，每隔兩英寸半左右，就會種下「形狀和大小都非常健全和完整」的種子，用四分之三英寸的植物腐殖土覆蓋，並輕輕地灑上水。經過一年的輕微灑水和辛勤的照料以及防範雜草，當咖啡苗長到十二至十六英寸高時，它們就可以被移植到種植園裡了。

拔苗的工作最好選在「土壤最近接受過雨水滋潤」的時候進行，這樣可以讓植物的根部很容易吸收一個土球。在移植過程中，苗木要避免陽光直射，如果種植園本身還沒有遮陽樹，則要在每棵苗木旁邊的地上插上一根帶葉的樹枝。詹姆斯．希爾開始在聖塔安娜栽種咖啡時，薩爾瓦多種植者的標準做法是，在陰涼而不是陽光充足的地方種植咖啡，這在巴西是很常見的做法。充足的陽光可以使每棵樹獲得更高的產量，但是熱量將所有水分從土壤中吸走，並迅速耗盡了土地，水分在薩爾瓦多尤其珍貴。[19] 樹與樹之間的距離為六到八英尺，標準是每英畝五百英尺。一旦咖啡樹長到五、六英尺高（未經照料的咖啡樹可以達到二十英尺高），就會修剪樹頂的花蕾，好讓咖啡樹的生長集中在將來的收割工人可以接觸到的區域。這種做法也很常見。然後就是等待了。

如果一切順利的話，經過四、五年的栽培，咖啡樹「美麗的、管狀玫瑰般的白色花朵」將會綻放，「在深色、帶有光澤的綠色樹葉襯托下」熠熠生輝，這將是第一次收穫。不久之後，花瓣就會脫落，生長出綠色的漿果，先是變暖為「嬌嫩的粉紅色，當它成熟並準備好被採集時，會逐漸變成深櫻桃紅色。」只有在這時，滿懷希望的種植者才能停下來「心滿意足地思考」多年來在種植園中投入的工作，而這些投資似乎即將得到回報。[20]

在等待他的種植園開出白花和咖啡果的同時，詹姆斯．希爾也開始在底下的山谷裡建造他的咖啡處理廠。他選了一個離聖塔安娜大約一英里的地方，靠近他妻子繼承的種植園聖洛倫佐（San Lorenzo），他將處理廠命名為「三扇門」。

詹姆斯．希爾相信徵兆。事物的名稱對他來說很重要。他用自己、妻子、父母和岳父岳母的名字給孩子取名。後來，他按照自己的願望為種植園命名。因此，他將自己的處理廠取名為「三扇門」，這個名字將他在聖塔安娜火山上的新生活，與他在曼徹斯特的舊生活聯繫在一起。這個名字的意義重大，即使在今天仍成為處理廠的標誌。所有的大型咖啡處理廠都擁有識別符號，在裝了咖啡的麻布袋上，以一個印章和商標品牌印上區分的標記。一些種植主只簡單使用他們的首字母縮寫，而其他的種植主則使用形狀和象形文字。

「三扇門」的標誌像是二合為一的符號，將第一個符號打開就能看到第二個。首先，它是由三扇門組合成的六角形，每邊都向內縮，三扇門像連在鉸鏈上一樣在中間相遇。一旦以這種方式打開，三扇門的六邊形便變成了三曲枝圖（triskelion），希臘語中的「三腳」，類似於大寫字母Y的三叉形螺旋旋轉了四分之一圈。

歐洲和亞洲的古代文化都採行不同版本的這種符號，包括一些變體，例如裝飾西西里島旗幟和馬恩島的徽章的變體，圖樣是人的腿或手臂。「三扇門」採用的版本更像是三曲枝圖的簡單變體，有時會被誤認為三隻手臂的萬字元號，類似於詹姆斯．希爾崇拜的英雄亞歷山大大帝統治時期硬幣背面的符號。在亞歷山大時代，三曲枝圖是太陽的象徵，也是希臘神崇拜的象徵，兩千多年後，維多利亞人對希臘神的敬意高於一切。太陽神阿波羅，象徵了健康和生命之神，他的名字也成為詹姆斯．希爾小時候居住的科利赫斯特的其中一條街道名稱。[21]

對於維多利亞時代的人來說，阿波羅所象徵的，不僅僅是這些歷史意義和神話意義的總和：十九世紀中葉，能量的發現和熱力學定律的形成之後，阿波羅成為對宇宙的理解有了更深刻轉變的代表人物。即使在一八五九年查爾斯．達爾文（Charles Darwin）的《物種起源》（*On the Species of Species*）出版後，能源的熱力學思想，仍被人們廣泛讚譽為一個世紀以來最重要、空前的科學創新發現。[22]與達爾文的進化論一樣，能量也改變了能源的基本概念。世界運轉良好，引爆科學、經濟和社會思想的革命，這場革命具有立即而深遠的實際應用。這種能源觀念，幾乎影響了在聖塔安娜火山上建立咖啡帝國的詹姆斯．希爾，以及更廣泛的政治和商業。但這種能源觀念的起源，幾乎同時出現在兩個不同的地方：爪哇和曼徹斯特。

第7章

不可抗力

一八一四年羅伯特．梅耶（Robert Mayer）出生在德國海爾布隆（Heilbronn）這個寧靜的鄉間小鎮，他是那種討厭學校而喜歡魔法的男孩。他在學校表現平庸且缺乏耐心，不過卻會花上幾個鐘頭研究他家附近的風車，夢想著製造一台動力機械裝置。即使在梅耶開始在圖賓根（Tübingen）的著名大學接受醫生培訓時，他的注意力仍然停留在更廣泛的問題上。當他治療病人時，他不僅僅是在治療病人。他還試圖弄清楚人體是如何運作的，及人體如何與世界產生緊密相連的關係。

在他獲得醫學學位之後，梅耶放棄成為一個家庭醫生。相反地，他前往阿姆斯特丹，在那裡，他不顧父母的強烈反對，簽下了當隨船醫生的合約。一八四〇年二月中旬，當年他正值二十五歲，趁著荷蘭冬日寒冷的陽光，出發登上了爪哇號，前往爪哇。[1]

一八四〇年，荷蘭人正打算建立一個島嶼殖民地，其名稱將成為其生產商品的代名詞。

早在十八世紀上半葉，爪哇島就已經成為歐洲市場重要的咖啡生產中心，但直到一八三〇年左右，國家強制種植咖啡後，咖啡才開始占領該島。在被委婉地稱為「種植制度」的策略下，「在爪哇島種植咖啡和採收咖啡的勞動」是透過強制手段從爪哇人那裡榨取。每個爪哇家庭都必須種植一定數量的咖啡樹：有些地區種植五百棵，有些地區種植一千棵。[2]咖啡並不是唯一受到如此管制的作物——還包括糖、染料和菸草——但咖啡是當中最重要的作物。一八二〇年到一八四〇年，島上的咖啡年產量增加了四倍，最後超過一億三千萬磅，荷蘭殖民政府以低於公開市場匯率的固定價格購買咖啡。由於注重產量，在培育體系下生產的爪哇咖啡品質通常較差，但利潤卻是十分可觀。[3]

在爪哇號上進行了一百天的航行後，羅伯特・梅耶和他的船員們抵達了巴達維亞市，即現在的雅加達。在巴達維亞，二十八名船員中大部分人都患上了梅耶所說的「肺部急性感染」。他做了任何一個醫生都會做的事，為病人開膛剖腹，進行「大量」放血。當血液從他們的血管中流出時，他注意到血液的顏色比起他所受過的訓練時所見到的顏色要鮮紅得多。由於顏色看上去實在過度鮮紅，實在不像是靜脈血液，儘管他確信是靜脈血液不會錯。梅耶在爪哇號上度過了一段本該屬於他的岸上假期，他待在船上「熱心、不懈地」研究紅色血液之謎。[4]

一八四一年回到阿姆斯特丹後不久，梅耶就認為自己有了答案。他寫了一篇論文，寄給了德國的一家科學雜誌。他的論文開頭寫道：「自然科學的任務是用因果關係來解釋有機世界和無機世界。」他的論文一直沒有收到回信。[5] 梅耶利用閒暇時間來澄清和擴展他對因果關係的思考——關於血液的紅色對人體、世界以及兩者之間關係的揭示。

很快，梅耶便以一種嶄新的方式來看待血液，將其視為一種「緩慢燃燒的液體」，是「生命火焰之油」。德國化學家賈斯特斯·李比希（Justus von Liebig）提出了現在被稱為有機化學領域的見解，而法國醫生兼哲學家安托·拉瓦錫（Antoine Lavoisier）則對於幾個世紀的經典哲學提出了反對的論述，傳統認為「生命」的現象是一個化學過程，而與精神方面無關。梅耶進而得出的結論是，他的病人的肌肉在熱帶爪哇的炎熱氣候中，燃燒的熱量比在寒冷的阿姆斯特丹要少。由於血液中的熱量被燃燒得較少，從四肢返回的血液氧化的程度較低，因此血液較紅。天氣炎熱時，肌肉運動量減少，熱量的消耗減少，血液變得較淡；天氣寒冷時，肌肉運動量增多，燃燒的熱量增加，血液較深。梅耶推斷，熱帶地區的炎熱氣候減少了肌肉在生活中消耗熱量的需求。他總結說，熱能和體力勞動肯定是同一件事物之間的不同形式的相互替代。[6]

一八四二年，梅耶再次嘗試將他的想法寫下，這篇論文收錄並發表在化學家李比希負責監督的一家期刊雜誌裡。梅耶在開頭提到：「我們要藉由力量（forces）去理解什麼？」他仍然以因果關係的龐大概念推演，「這些力的概念究竟是如何彼此聯繫？」[7] 他不僅開始看到不同形式的力量、熱能和體力勞動之間的相互轉化，此外，還看到「單一的力量」，從一種形式轉化為另一種形式，並在整個轉化過程中守恆。[8] 梅耶在一八四二年寫給友人的信中說，「我的主張是，動能、熱、光、電和各種化學反應，在不同的表象形式下，皆為同一個物體。」[9]梅耶按照他所處的時代和地域的術語，將此單一的物體稱為「克拉夫特」（Kraft），德語之意為「力」的意思。[10]十年後，這個名稱被稱為「能量」（energy）。[11]

過去，「能量」所指的是人和人格的特質，與「活力」和「意志」的意思相近，該名詞想當然爾仍繼續受到沿用，例如「盎格魯—撒克遜能量」（Anglo-Saxon energy），或是指詹姆斯・希爾亨有作為聖塔安娜「最有活力的人」（the most energetic man）的美譽。但在十九世紀中葉，「能量」也成為羅伯特・梅耶所看到的那些被稱為「不可抗力之力」的總稱。動能、熱、光、電、化合物（血液的燃料、植物中的糖），所有這些都日益被視為同一事物的不同形式，即能量。在二十五年內，梅耶的假說，即一種支配著人類的身體和自然界運作的單一之力，將「被國家的頂尖科學家們一致接受」。[12]而且不僅僅被接受，還因此被頌揚為「一切科學的基礎和頂點」。[13]

羅伯特・梅耶對能量概念的興起少有貢獻，令他深感失望。在曼徹斯特，一位名叫詹姆斯・焦耳（James Joule）的業餘科學家也在問同樣的問題，即不同形式的力之間的聯繫和關係，但他是以一種非常不同的方式進行。

焦耳是釀酒師的兒子，他在索爾福德（Salford）長大，距離恩格斯一家建造維多利亞工廠的地方不遠。就像梅耶在荷蘭帝國的核心業務中發現自己的難題一樣，曼徹斯特處理廠的喧囂推動了焦耳的試驗。從某種意義上說，兩人皆以改善商業效率不彰作為目標：正當梅耶著手研究熱帶氣候下人體的生理機能時，焦耳開始著手製造一種更可靠的發動機，即由磁鐵驅動的電動機。儘管焦耳成功地改進了以前版本的電磁發動機，但他無法改善蒸汽發動機的功率。他發現問題出在從電池到機械裝置的電流傳輸過程中的漏電。[14]他想找出電流洩漏的位置和方式，從而使焦耳提出了熱與動能之間的關係。這個問題已經困擾了歐洲工業首都的工程師們一段時間。[15]

焦耳把他在瑞士的蜜月當作一次研究之旅，這完全符合維多利亞時代科學的本質。為了從自然現象中尋找普遍存在的真理，他試圖測量瀑布頂部和底部的水溫差異。令新郎大失所望的是，瀑布的霧氣太大，以至於他無法靠近測量。焦耳在家中的實驗室裡用短槳攪拌水，測量微小的溫度變化。他在一八四三年發表了他的觀察。「自然界中的偉大力量，按照造物主的旨意，是堅不可摧的……凡是機械力施加的地方，總能獲得精確相等的熱能。」[16]在此「精確相等」之中，焦耳透過實驗確立了梅耶的理論：看似不同的力之間的可轉換性，意味存在著一個單獨與單一的力。

焦耳的理論成為一八四七年德國物理學家赫爾曼・赫爾姆霍茲（Hermann von Helmholtz）的一篇論文的重要基礎，他將實驗結果概括為一個規則。赫爾姆霍茲自行發表了這篇名為《論力的守恆》的論文，因過於抽象而被當時頗具權威的科學期刊拒絕。如今一般認為此為熱力學第一定律的最早論述。能量既不被創造也不被破壞，只是從一種形式轉化為另一種形式。英國電磁學先驅科學家邁克爾・法拉第（Michael Faraday）認為，能量守恆是「在我們的能力允許之下，所能感知到的物理科學中的最高法則。」哲學家赫伯特・斯賓塞（Herbert

Spencer）稱它為「唯一的真理，它以經驗為基礎，超越了經驗。」[17]當時許多主要思想家似乎都清楚，能量是人類希望了解世界如何運作的最深層次的東西。

在十九世紀最初的幾十年裡，偉大的浪漫主義詩人和藝術家都被「自然界的潛在統一性」，即一個相互聯繫和相互依存的宇宙觀念所吸引。[18]「所有的物體都是一個個的視窗，透過哲學家的眼睛望去，可以看到無限的本身。」一八三一年湯瑪斯・卡萊爾（Thomas Carlyle）如此描繪了浪漫主義的願景。[19]能源的發現使這種廣泛的聯繫觀念建立在堅實的經驗基礎上，十九世紀下半葉維多利亞時代的人們將它付諸了廣泛的實踐。到了一八七〇年，能量的觀念建立在一切的力都是一種既不被創造也不被破壞的單一之力的表現，這種力是有限的，但一直都是無處不在，並且可以透過熱力學科學進行量化和利用，而這已經成為一種新的萬物理論的基礎。這個理論具有巨大的吸引力、結果性和價值，它的影響將深入並改變世界的每一個角落。它之所以如此具有吸引力、影響力與價值，在於它是一個關於勞動的理論。

維多利亞時代將工作美化為一種「至高無上的美德」，甚至象徵了生命的意義。[20]對癡迷於這個理論的人來說，能量守恆定律「以數學上的嚴格論證證明了，人不可能不勞而獲。」[21]這種嚴格的因果邏輯意味著一個最初的起因，一種原始的力量，卻無法具體地定義。根據牛頓運動定律，宇宙是由截然不同的力或原因所組成，其中包含了引力、磁力和充滿活力的生命力。然而，一旦所有的力——行星的運動、自然界的力量、機器運轉和身體的運作——都被證明是一種潛在的單一力、能量的表現，便打破了舊有的分類。[22]「能量」被定義為工作的能力，而這裡的「工作」獲得了技術上的涵義，即將具有質量的個體移動一定距離所需的能量。基於這樣一種思想，即所有的能量和工作最終都來自太陽的光和熱，一個有關宇宙本質上相互聯繫的新概念就此形成。[23]

今天的通則是「跟著錢走」，但十九世紀歐洲領先的科學思想是跟著來自太陽的能量，通過處理廠來到銀行。「三葉草發芽開花，割草機的鐮刀皆是在同一力的作用下擺動。」一八六二年英國物理學家約翰．廷德爾解釋：「太陽從我們的礦井裡挖出礦石，軋出鐵；鉚起板子，煮沸開水；拉動火車。不僅種植棉花，更紡絲織網。沒有一把舉起來的錘子，沒有一把轉動起來的輪子，沒有一把拋起來的梭子，不是被太陽拋起、轉動的。」一八六六年，一本通俗雜誌更簡明地表達了同樣的觀點：「太陽底下所做的一切勞動，實際上都是由太陽來完成的。」[24]

太陽被重塑為一切工作的原動力和源泉，成為一種新的信仰體系——「能源的福音」。[25]與其他部落一樣，維多利亞人也是太陽崇拜者。他們的福音是歷史學家安森．拉賓巴赫（Anson Rabinbach）所稱的「生產力主義」的一種形式——這種意識形態將「自然界是一台能夠生產機械工作的巨大機器」的觀點，與「透過消耗更多，並更有效地利用這些能量以最大限度地提高生產效率」的觀點相互結合。[26]在這種觀點中，「宇宙本質上是一個生產系統」，就像一座棉紡廠。[27]生產力主義吸引了維多利亞時代的英國人，不僅因為它使曼徹斯特和其他醜陋的工業首都看起來像一個自然的秩序，更因為它使自然本身看起來像一個巨大的能量池，正等待著被挖掘和利用，以製造和建設事物，改造、改變和改善世界，將其轉化為工作，並透過工作轉化為金錢。能源的福音，將熱力學原理轉化為生產力和利潤的藍圖，這點同樣適用於英國、薩爾瓦多或任何地方太陽光照得到的地方，透過光合作用、蒸汽動力製造或簡單的辛勤工作將太陽光轉化為現金。商品生產頓時成為宣教工作。

生產主義的能源福音不僅是資本主義的福音教派，也是對阿波羅的最新崇拜。新的阿波羅不僅是太陽、生命和健康之神，而且是與太陽、生命和健康直接相關的一切事物之神：光、農業、商業、工作、「能量和野心」——他是「企業之神」，是「製造之神」。[28]

同時，在考慮能源概念的歷史及其對聖塔安娜火山和更廣闊世界的影響時，阿波羅另一個方面的重要性也必須考慮進去，然而這個方面在能量福音的狂熱中被忽視甚至受到壓制。與後世相比，希臘人與神靈之間的關係更為複雜、矛盾，阿波羅也不例外。亞歷山大大帝曾將征服的功勞歸功於阿波羅，但這種征服力量卻帶有深深的陰影。對於希臘人來說，阿波羅擁有如此強大的健康和生命力量，是因為他也是瘟疫的傳遞者。[29]

第8章

咖啡處理廠

儘管詹姆斯．希爾在一個棉花工廠裡長大，但他之所以在聖塔安娜經營一家咖啡處理廠也並非毫無準備。當他在一八九六年開設三扇門時，在薩爾瓦多處理咖啡某些方面也類似於曼徹斯特的棉花工廠，而將薩爾瓦多咖啡銷往國外也類似於在薩爾瓦多出售紡織品。兩者都看重表面而非實質。

在西班牙語中，咖啡處理廠 beneficio 一字，動詞涵義有受益、改善、增加價值的意思。處理咖啡果就像碾磨棉花一樣，透過將用途有限的粗加工農產品轉化為便利的商品形式來創造商品價值。咖啡處理廠的運作方式不是透過整併、搭建和編織來實現，而是透過將產品去皮。就像是珠寶打磨的過程：成品是從原材料經過一番雕琢而來。咖啡送到三扇門時還是新鮮採摘的成熟紅色果實——咖啡果。而離開處理廠時，則成了曬乾的豆子——「綠咖啡」。這兩種形式的區別在於時間和金錢。成熟的果實容易腐爛，但乾燥的豆子可以利用長途運輸，創造出最大的價值。

從咖啡果中獲取咖啡豆有兩種成本效益較高的方式。更古老、更簡單、更便宜的方法是「乾燥」法：將咖啡豆放在太陽下曬乾，然後利用粗磨機把果肉從種子上刮下來。「現代」方式——通常被認為是更好的方式，因為得到的咖啡豆品質更一致——是一種「濕式」的過程：用水將咖啡豆從果實上「沖刷掉」。任何人都可以建造一個基本的乾式處理廠，但濕式處理廠，特別是在十九世紀，其建造和運作成本可能非常昂貴，需要金屬槽和去皮機以及脫殼機，有時還需要乾燥機和拋光機（通常為歐洲製造），外加上蒸汽引擎以及一條淡水河使機器運行。根據詹姆斯．希爾的估算，將五百磅咖啡果變成一百磅可出口的咖啡豆需要兩百加侖的水。當三扇門公司的產量滿載時，每天的用水量可高達二十萬加侖。[1]

工人們每天將從火山上新採摘下來的咖啡果直接倒入一個裝滿水的接收槽中。較輕、未成熟的咖啡果浮在水面上被工人們撇去，而底部較重、成熟的咖啡果則被倒入去皮機。在蒸汽機的驅動下，去皮機將咖啡果搗碎，剝開果皮，去掉外層果肉。種子——仍然包裹在一層蜂蜜般的黏稠膠質體內，在此膠質體之下，還有一層薄薄纖維包裹的殼——流向發酵槽。在發酵槽內發酵一兩天之後，膠質體脫除，種子裂開成兩半——如果是圓豆的情況，這種圓豆的品種通常被稱為「摩卡」，通常是指一粒小果實形成的小圓豆。

在發酵槽中，種子脫去薄薄的外殼，被水流沖進一系列狹窄的通道中，工人揮舞著短槳和耙子，將它們推向乾燥的露臺，這是所有大型咖啡處理廠中最令人印象深刻的部分。晾曬的露臺留給人玉米田般的印象，此時大自然將考驗人們發揮等待的精神。在三扇門，露臺延伸了數英畝，彷彿土磚鋪成的大平原。在露臺上，赤腳的男人和男孩——他們之所以被選中是因為體重較輕的緣故——用耙子將洗好的咖啡豆掃進淺淺的溝裡，不斷地翻動，讓咖啡暴露在陽光和空氣中。

經過一週或更長的時間之後，當種子完全乾燥時，工人們便把曬乾的咖啡豆鏟進麻袋，然後拖到脫殼機中，去掉如今已經變得脆弱的外殼。外殼去除後，種子就成了咖啡豆。咖啡豆經過脫殼的程序後，接著被運往篩選婦女那裡。[2]

我們在世界各地都可以見到，大量婦女被雇用擔任商品的最後檢查員。她們通常必須手腳俐落，但任何一張婦女在男性主管的嚴厲監視之下，彎腰在地上或桌子上將堆放的咖啡豆進行篩選的照片，在在一目了然地反映出在經濟價值中更為複雜的性別不平等故事。

在「三扇門」和世界各地的咖啡廠中，婦女被聘為篩選工——西班牙語為 limpiadoras，此名稱本身就帶有性別的色彩，原因有二。第一個原因是，要把一年中所有收成的咖啡豆分揀出來，挑出損壞和變形的咖啡豆，還有石頭、樹枝和其他垃圾，是一項幾乎令人難以理解的細微工作，同時也是一項龐大的工作。三扇門每年加工數百萬磅咖啡，每磅咖啡豆大約有三千顆。數百名婦女受雇於這項工作，婦女的工資一般低於男性，這是節省成本的一個重要方法，因為男性在體能方面的優勢可以從事更費勞力的差事。

婦女被雇為篩選工的第二個原因是，檢查和分揀咖啡的工作雖然不需要什麼蠻力，但卻是加工處理過程中至關重要的一個階段，可以說是最重要的一個階段。在許多情況下，清潔度是決定咖啡市場價值的最直接因素，而檢查的品質是決定清潔度的最關鍵原因。因此，檢查工作承擔著整個處理廠企業的經濟重任，當處理廠主也是一個種植園主時，如同詹姆斯．希爾，它也承擔著種植園的重任。這種重擔壓在婦女身上，部分原因是傳統的重男輕女的父權觀念，支撐著老闆指揮工作的權力。

詹姆斯．希爾在收穫季節來臨的初期，一知道很快將有咖啡即將運往處理廠，他就會告訴在種植園裡所有的男人，讓他們認識的所有婦女都來他的處理廠做篩選工，因為通常每年第一個雇用婦女做篩選工的處理廠主，將成為招募到最多當季婦女的處理廠主。[3] 因此，誰擁有最多的婦女篩選工，誰就最有機會生產出最乾淨的咖啡，因為處理廠主可以選擇他所雇用的人，並為她們的工作制定嚴格的標準。反過來，誰生產的咖啡最乾淨，誰就最有機會從美國或歐洲的咖啡進口商那裡得到最高價格。

這便是對篩選工嚴格要求的重點所在：達到美國和歐洲進口商用來評估咖啡品質和確定咖啡價格的標準。一八九六年當詹姆斯．希爾首次開設三扇門咖啡處理廠時，這些在聖塔安娜和世界各地的咖啡廠執行的品質標準，便以紐約珍珠街的漢諾威廣場的紐約咖啡交易所為依據。

一八八二年紐約咖啡交易所（New York Coffee Exchange）開業，距離前街（Front Street）

兩個街區，進口公司聚集在當時的紐約「綠色咖啡區」。交易所於一八八〇年咖啡價格暴跌時成立，巴西意外地豐收，使在這個以大規模崩盤而聞名的行業裡，出現毀滅性的暴跌。[4] 交易所的第一任總裁也在破產者之列，他聲稱新的管理機構「贖回了咖啡交易」。[5] 贖回意味著要塑造一個不會如此劇烈和頻繁地崩盤的市場，一個具有「高度流動性」的市場。[6] 這個語詞表達的意圖是：使商業順暢地流動，沒有泡沫，沒有洪水，沒有暴跌。

一個具有完美流動性的市場是指，所有東西都能換取任何其他東西，一種供給與另一種需求相匹配。為此，咖啡交易所建立了一個期貨市場，就像以前為小麥和棉花建立的市場一樣，它依賴於建立出一個標準等級的咖啡規範。標準化等級使進口商不僅可以確保出口商達到承諾，而且還可以透過提前鎖定特定等級的具體價格，來規避過剩和短缺的可能性，以及這種波動所導致的價格變動。

分級工作交由擁有執照的檢查員完成。這些檢查員的工作是，檢查一定數量進口咖啡中的一磅咖啡豆，然後確定問題所在。對照一個固定的、假設完美的咖啡標準——此種標準在實際的商業實踐中並不存在——分級人員首先對樣品中的垃圾進行扣分：十九世紀中期進口到美國的一袋典型的一百三十五磅重的咖啡，含有大約五磅的樹枝、石頭和泥土。[7] 然後，分級員們尋找咖啡豆本身的「缺陷」——畸形、不規則、斷裂等則加以扣分——並給這批咖啡豆一個二到八等級的評比，等級八是完全禁止進口的。在交易所成立初期，這些分級標準畫分了三個不同的等級。來自里約和其他港口的巴西咖啡，那裡的咖啡豆往往味道較重；只產自桑托斯港的巴西咖啡，那裡的咖啡豆則比較醇厚；以及「其他」。

在評比等級的標準化中，對巴西咖啡的強調反映了一個事實，即來自巴西產量最大的農作物，卻也最容易使得市場崩盤，因此最重要的是避險。換句話說，交易所的結構主要是為了保護交易咖啡的人們，而不是為了喝咖啡的人的利益。實際上，紐約的分級過程並未對咖啡豆的正面品質做出具體說明，而只是說明了它們的不完美和瑕疵。[8]

擁有執照的紐約分級員對運抵美國的咖啡進行審查，結果往往被認為不符合預期，這點可以從監管人員的嚴厲監視，和世界各地咖啡加工廠的篩選工過長的工時中看出。以紐約咖啡交易所訂定的標準來看，會認為婦女篩選工並未做好分揀咖啡的工作。篩選工的監管人員，並未看出婦女們因長時間篩檢成堆的綠咖啡豆而身體不堪負荷，才導致犯下嚴重失誤。

為什麼紐約咖啡交易所訂定的標準擁有這種權力？紐約咖啡交易所是第一個註冊的國際咖啡交易所，儘管不具有決定性的優勢。一八八二年，世界上第二家咖啡交易所於法國勒阿弗爾開業，該港口儲存了世界上絕大部分的咖啡。倫敦、阿姆斯特丹和漢堡作為咖啡金融、貿易和航運之都的歷史源遠流長，它們也在紐約之後不久開設了自己的咖啡交易所。[9]但最終，紐約已具備世界其他咖啡港口所沒有具備的條件，成為世界首屈一指的咖啡飲用國的商業首都。關鍵是：為什麼紐約訂定的標準和價格如此廣泛應用，以及為什麼美國人喝那麼多咖啡。這兩個問題總是相提並論。

一八八三年，紐約咖啡交易所成立後一年，紐約詩人艾瑪．拉薩勒斯（Emma Lazarus）寫道：「把你那些疲憊、貧窮、擁擠的群眾交給我。」如果不是寫在自由女神像上，她的詩《新巨人》（*the New Colossus*）中的這幾行詩句或許可以成為一家咖啡館體面的廣告。

內戰結束後，美國人每年喝咖啡的人均量不到五磅，大約每三天喝兩杯咖啡。[10]到了二十世紀初，美國人的咖啡飲用量是原來的兩倍多，每個人每天的咖啡平均飲用量約為一杯半。十九世紀美國的擴張、帝國主義和貿易政策的歷史，有助於解釋美國咖啡的供應增加和價格下降，為美國如何成為一個咖啡飲用國的關鍵因素。早期的美國圍繞著咖啡貿易形成了政治和經濟的計畫，商業利益集團利用咖啡來建設國民經濟，外交政策制定者利用咖啡來穩定與增加美國在世界上的實力。然而，這種咖啡的地緣政治歷史並不能夠真正說明美國人喝咖啡的原因。如果不對美國人本身有所了解，就無法回答這個問題：因為美國的組成份子正在迅速變化。

一八七〇年的人口普查，對美國約莫三千八百萬的人口進行統計。在接下來的三十年裡，還會有一億兩千萬移民來到美國。雖然早期的大規模移民「浪潮」主要來自英國、愛爾蘭和北歐，但構成十九世紀末這股「洪流」的許多天主教和猶太移民來自中歐、東歐和南歐。就連農村和農業地區都具有濃郁的喝咖啡文化，這種文化透過鄂圖曼帝國的影響，而遍布地中海盆地和北部。當歐洲移民移居到美國城市時，咖啡館就是他們建立與家鄉和同胞保持聯繫的場所之一。[11]

然而，如果說咖啡是移民與新舊家園之間的一種延續形式，那麼它同時也代表了一種差異。沒有一個歐洲國家像美國一樣接近拉丁美洲；沒有一個國家與拉丁美洲有那麼多的生意往來；沒有一個國家的經濟與世界上主要的咖啡種植區有如此緊密的聯繫。當十九世紀末歐洲移民進入美國時，他們也與拉丁美洲建立了新的關係。當他們發現自己的任務是從事重複性高、繁重、低報酬的新形態工作，且愈來愈受到機器、人造光和工廠時鐘的支配，而不是地球、太陽和季節的控制時，他們也發現自己身處一個擁有更多和更便宜咖啡的地方。

一八八〇年代，丹麥移民雅各・里伊斯（Jacob Riis）帶著他的相機，在下東區調查紐約新移民的生活，他觀察到路德洛街的「毛衣猶太鎮」把在家縫製過膝褲賺來的微薄薪資，花在麵包、牛奶、肉、奶油、咖啡、馬鈴薯和鹹菜上。他看到居住在杜安街擁擠的「新聞男孩宿舍」裡的擦鞋男孩們，晚上花六分錢買一個鋪位，早餐花六分錢買麵包和咖啡；他注意到各年齡層的男人和男孩紛紛簇擁在街上一個一分錢咖啡攤的周圍；他遇到了一個年輕漂亮的百老匯女裁縫，他認為她的情況代表了更多的人，他們沒有多餘的錢，早餐只能喝一杯咖啡，沒有午餐，一天中唯一的一頓飯是晚餐；他聽說有一家由著名製造商經營的慈善商店，免費發放麵包捲和咖啡。[12] 里伊斯發現，即使是最窮的美國人也買得起咖啡。

正是由於人口結構的改變，和美國在世界上的地位的提升，咖啡才得以在全球歷史上第一次成為一種大眾飲料。二十世紀初，拉丁美洲已成為無可爭議的全球咖啡生產中心，而美國則無疑是「世界上最大的咖啡市場」。[13] 當時美國每人每年大約飲用十磅咖啡，遠遠超過任何其他工業帝國的人口——幾乎是德國人的兩倍、法國人的兩倍、奧地利人的五倍、義大利人的十倍，甚至比英國人還要多。[14]

在聖塔安娜，人們對咖啡的期望從未如此巨大。一八九二年，也就是詹姆斯·希爾決定在薩爾瓦多定居的那一年，世界咖啡價格達到了每磅十七美分的歷史最高點。一八九四年，也就是詹姆斯·希爾結婚的那一年，咖啡價格才稍有下降，但仍遠高於十年的平均水準。到一八九六年三扇門咖啡處理廠開業時，世界咖啡價格已經長達十多年穩定在每磅十五美分或更高的水準上。詹姆斯·希爾的新處理廠是聖塔安娜周圍二十家咖啡處理廠之一，但光是聖塔安娜火山上種植的咖啡數量就足以供所有人工作：僅在聖塔安娜市就有五百家咖啡生產商，附近城鎮還有數百家。[15]

但是，就在詹姆斯·希爾打開他的咖啡廠的大門，迎接他的第一批咖啡作物收成時，支撐薩爾瓦多咖啡希望的三個基礎條件開始相繼崩潰。正當詹姆斯·希爾有理由期待中美洲政府將兌現向那些遵守其規則的人所提供的擔保時，他仍不得不擔心是否能堅持下去。

第9章 壞運氣

第一次危機是價格暴跌。

諷刺的是，價格暴跌之所以出現，與當初為了幫助提高咖啡價格的原因相同，或者應該說在美國對咖啡的需求增加的同時，巴西咖啡的供應也增加了。

從一八八八年《黃金法》通過到二十世紀初，有近一百萬義大利人——特別是逃離義大利南部農村貧困的義大利人——抵達巴西，他們比同期抵達美國的人數還要多。這些來到巴西的新移民中，「絕大多數」都去了咖啡種植園工作，取代了根據王室法令釋放的奴隸工人。[1]

隨著新一批的咖啡工人的湧入，巴西的咖啡出口開始從解放後的低迷中恢復。到一八九六年，也就是廢除奴隸制的八年後，巴西的咖啡出口已經穩定在一個水準上，甚至超過了奴隸勞動生產時的最大產量。巴西產量的增加，加上在中美洲和世界各地的新咖啡區的產量，超出了國際咖啡市場的吸收能力。咖啡價格從一八九五年的平均每磅近十六美分降至一八九七年的每磅不到八美分，這是三扇門咖啡的第一個豐收年，也是詹姆斯．希爾的女兒艾麗西亞出生的那年。[2]

隨著價格的下跌，詹姆斯．希爾眼睜睜地看著曾經幾乎可以到手的利潤，從幾分錢之差變成了損失。他從三扇門運出的第一批收成，還差三萬美元來償還他的開支和債務，其中包括他所借的二萬五千美元。為了挽救他的生意，詹姆斯．希爾把他的處理廠和種植園的抵押貸款增加了五萬美元。後來，隨著咖啡價格持續下跌，到一九〇二年跌至每磅五美分的低點（只有七年前的三分之一），詹姆斯．希爾也賠了錢，總共欠下了十多萬美元的債務。[3]不管他最初對中美洲的成功前景抱持什麼樣的期待，詹姆斯．希爾很快就明白，咖啡生意不是什麼「金礦」。他想，或許他不過是「運氣太背」罷了。[4]

不難理解為什麼詹姆斯．希爾會把價格暴跌和三扇門開業的巧合歸咎於運氣太背，但事實上，他的問題要遠大於此。

第二次危機威脅到全球咖啡市場的萎縮，這次的危機源自於薩爾瓦多咖啡最大、距離最近，與最「自然」的市場——美國。

一八九八年春，隨著緬因號（Maine）在哈瓦那港沉沒，美西戰爭開始，那年夏天，新的全球秩序結束了戰爭。根據和平協定，美國獲得了前西班牙殖民地波多黎各、菲律賓和關島，以及對古巴的有效權力——這一協議在西半球創造了一個不確定的新現實。西班牙，這個在美洲殖民最久的歐洲帝國，在一九二〇年代拉丁美洲革命之後，一直處於岌岌可危的地位，終於走到了盡頭。但這場戰爭卻催生了一個「新帝國」——美國，它也是第一個藉由反殖民革命建立起來的民族國家。

自拉丁美洲獨立的最初幾年以來，美國和拉丁美洲各共和國的共同革命起源，激發了對整個半球和泛美團結的重要呼籲。一八八九年，美國國務卿詹姆斯．布萊恩（James G. Blaine）在美洲共和國國際聯盟（後來的泛美聯盟，再後來的美洲國家組織）的第一次大會上起誓說到：「征服的原則不應……被認為受到美國公法所允許。」[5]大會的宗旨是，為了表明美國與最近將非洲劃分為殖民地的歐洲帝國不同。

然而十年後，在一九〇一年五月於布法羅（Buffalo）開幕的首屆泛美博覽會（Pan-American Exposition）之前，任何有關於西半球團結的言論都顯得空洞，而博覽會本身就是證明。原定於一八九九年舉行的博覽會，由於戰爭的原因而延後舉行，然而戰爭卻為其東道主贏得了新的殖民地，並使其前提受到懷疑。這不僅僅是美國海外殖民地的不爭事實，也與泛美的理想大相逕庭。拉美的懷疑態度更加強烈，因為新的美國殖民地包括了一些生產力最高的咖啡產地。古巴、菲律賓，尤其波多黎各是西班牙重要的咖啡生產國，其種植園經濟在帝國關稅保護下蓬勃發展。關島、夏威夷和美屬薩摩亞也種植了咖啡。透過擊敗西班牙，美國成為世界上首屈一指的咖啡市場，並且是世界上唯一沒有進口關稅的主要咖啡市場，也成為殖民地咖啡生產國。雄心勃勃的美國官員在菲律賓，甚至憧憬著民答那峨島（Mindanao）能供應世界咖啡的需求。[6] 這給整個拉丁美洲的咖啡種植者和出口商帶來了新的擔憂。美國會像歐洲帝國一樣，在關稅壁壘和帝國主義優惠政策的保護下，保護其新的殖民咖啡產業，還是在拉美有九個國家當時「主要依賴」咖啡出口的前提下，繼續從拉丁美洲的獨立共和國免稅進口咖啡？[7] 特別是對於那些在巴西解放前後的幾年裡大量投資咖啡的拉美國家人民來說，這是一個迫切的問題。

鑑於咖啡在西半球的經濟和政治的重要性，在布法羅的泛美博覽會上，咖啡已成為「特別受到關注」的議題。他們的計畫是用一種比「以往任何類似展覽」都重要的方式來頌揚咖啡。在各個共和國的畫廊，以及在食品大廳中心向下延伸的一英里長的展覽中，有三分之一皆以咖啡為其特色，展示了從「開花到杯裝」的步驟。令北美觀眾特別感興趣的是咖啡樹的開花和結果——「因為它的美，即使是在熱帶地區也無法超越。它那深綠發亮的葉子和純白、芬芳的花朵，儘管花期短暫，但與成熟的果實搭配一起，給人一種耳目一新的畫面效果。」[8] 咖啡展覽的「有效性」在於把西半球描繪成一種天衣無縫的經濟合作，商業即自然，這一主題與整個博覽會的主題相吻合。一八九三年芝加哥為哥倫布世博會建造了一座「白色城市」，而布法羅則為泛美世博會規劃了一座「彩虹城市」：邊緣是深色調和較貧窮國家，中間是淺色調和富裕國家，而在最中心，則是「最高核心」，一座三百七十五英尺高的白熾燈「電塔」，由附近的尼亞加拉大瀑布供電，塔頂則是白色的「光明女神」。[9]

然而，自然團結的象徵幾乎掩蓋了表面下的緊張氣氛，這一緊張氣氛在一九〇一年九月五日的總統日展覽上終於爆發。當天的節目安排了威廉姆．麥金利（William McKinley）總統發表演說。麥金利在一八九六年以戰爭英雄的身分競選總統，他的競選活動彰顯了一種非凡的勇氣。在安提塔姆戰役（Battle of Antietam）中，他的俄亥俄軍團因整天的戰爭而幾乎筋疲力盡，十九歲的麥金利駕駛著一輛補給車，穿過聯邦軍的哨兵，將一大桶的熱咖啡——「士兵們身體最主要的慰藉」——送到聯邦軍隊的手中。[10]美西戰爭後，這個綽號「咖啡比爾」的人再次滲透敵人的隊伍，把咖啡送到隊友的身邊，這回是以島嶼殖民地的形式。

在布法羅一個陽光明媚的星期四，麥金利在五萬人面前登上了舞臺。距離他輕鬆贏得連任已經六個月。他準備的演講內容是「一生中最重要的轉捩點」，因為這場演說旨在解決圍繞博覽會而產生的問題和緊張局勢。[11]「博覽會是進步的守時者」，麥金利開始了他的演講，他站在插滿了鮮豔旗幟和彩旗的舞臺上，腰桿挺直，右手插在褲袋裡，左手拿著講稿。「它們記錄了世界的進步；它們激發人們的精力、進取心和智力，並激發人類的天才；它們走進了家庭；它們拓寬和照亮了人們的日常生活；它們向學生開啟了強大的資訊庫。每一次博覽會，無論規模大小，都有助於向前邁進一步。」總統當時思索著博覽會將會給歷史帶來什麼樣的改變，而他已經做出了一些貢獻。

麥金利長期以來一直支持徵收保護性關稅，以支持美國工業的發展，從某種角度來看，美西戰爭（Spanish-American War）是透過其他手段延續這一政策的希望，因為新的殖民地可以作為美國出口的專屬市場和美國進口的來源，就像歐洲帝國一樣。然而麥金利利用博覽會的機會改變了他的想法。他說，關稅已經培育了美國的工業，導致國內市場的過度增長，造成貿易過剩，導致了股市崩盤和全國性的蕭條。「我們絕不能沉浸在幻想的安全感之中，以為我們可以永遠賣掉所有東西，而只買很少的東西或什麼都不買。」他說，「我們應該從我們的客戶那裡拿走他們的產品，只要我們能夠使用而不損害我們的產業……」總統做出結論說到，「上帝和人類已經將各國聯繫在一起，沒有一個國家能再對其他國家無動於衷。」[12]由於美西戰爭和美國新的咖啡生產殖民地，使得事情更加複雜化，產業的所有權成為懸而未決的問題。

雖然可以把對咖啡的希望寄託在菲律賓，但波多黎各才是問題的關鍵。在西班牙的統治之下，咖啡栽種在島上蓬勃發展：種植園占地二十萬英畝，年產量達六千六百萬磅。種植園主是菁英階層和中產階級的重要組成，他們雇用了島上大部分工人階級。[13]儘管波多黎各咖啡在西班牙的售價約為每磅十五美分，而同樣的咖啡在美國市場上的售價卻只有每磅八美分。[14]一八九九年一場破壞性的超大颶風，加劇了波多黎各咖啡在西班牙市場的損失。波多黎各種植者對重建的前景感到絕望，同時為了在開放的美國市場上競爭，他們要將生產成本包括工資削減一半，因此只得向新政府求援。「我們是這個偉大國家的一部分」，波多黎各種植商安東尼奧・馬里亞尼（Antonio Mariani）辯稱，「國家的職責是保護當今屬於美國的咖啡，而不是允許她的領土在受到憲法及其光榮旗幟的保護之下，仍繼續處於如此可怕的境地。」[15]對於在西班牙統治下養育的波多黎各咖啡種植者來說，帝國意味著保護。

馬里亞尼說得有道理。歐洲帝國，例如德國，利用對咖啡的進口稅來增加政府收入，並鼓勵自己殖民地的咖啡種植和經濟發展，而這些殖民地如果管理得當，也將成為工業產品和消費品的可靠市場。在美國殖民政策的大背景下，對咖啡實行關稅保護的想法並不牽強。波多黎各的糖和菸草在美國市場享有良好的保護，為什麼咖啡不能？一九〇〇年的《福勒克法案》（*Foraker Act*）概述了波多黎各受美國管轄的條款，為該島的咖啡種植者提供了有限的關稅保護，對進口到該島的咖啡徵稅，進而為當地種植者保留了本地市場。最後，麥金利總統本人也表示他看好波多黎各的咖啡。

在他的泛美博覽會演說晚會上，麥金利總統和第一夫人將觀看展覽會光明女神的戲劇性照明。[16]第二天早晨，他將搭乘火車前往尼加拉大瀑布，瀑布的巨大能量被轉化為電力，照亮了彩虹城和電塔。稍後，總統在傍晚將返回博覽會與公眾見面。當他與聚集在一起歡迎他回來的人群握手時，麥金利被一個無政府主義者近距離射中腹部兩槍，受到了致命傷。這位無政府主義者在總統希望透過更自由的貿易來補救經濟的衰退中，失去了他在工廠的工作。[17]但在暗殺事件發生稍早，麥金利結束演講離開舞臺後，開始步行參觀場地時，曾在波多黎各館停下腳步喝了杯咖啡。[18]結果證明他的這個舉動並無法改變什麼。麥金利在關稅問題上的改弦易轍，預示著美國經濟政策的新時代，而咖啡則是變革的樞紐。展望未來，美國經濟將愈來愈以出口和貿易為基礎，而咖啡作為拉丁美洲可供出售至美國以換取美國製造商品的主要產品，對新殖民地來說至關重要。[19]為了安撫波多黎各的種植園主和放縱菲律賓殖民官員的野心，必須徵收保護性關稅，但這將損害美國購買咖啡的能力，進而削弱美國在其自稱的西半球的地位。

咖啡仍然在美國的免稅清單上，然而波多黎各咖啡種植者從新政府那裡得到的消息很明確：作為美國的一部分，他們在經濟上只能靠自己。實際上，一八九八年當咖啡透過收購殖民地而成為美國的「國內」產品時，它也成為美國第一個作為政治和經濟策略而外包給國外的大眾消費商品。這在中美洲是一個可喜的消息，但在波多黎各卻是一場災難，咖啡果在樹上腐爛，咖啡產業的崩潰導致每個村莊和鄉鎮，普遍遭受「苦難」和「饑餓」。[20]

在泛美博覽會結束、布法羅冬季博覽會閉幕之前，博覽會的特許經營主管和食品及園藝總監弗雷德里克·泰勒（Frederic W. Taylor），用金、銀、銅牌表彰了傑出的產品。其中並沒有波多黎各咖啡獲得獎牌，甚至連榮譽獎都沒有，但薩爾瓦多的湯瑪斯·雷加拉多（Tomás Regalado）將軍生產的咖啡獲得了金獎，聖塔安娜的詹姆斯·希爾生產的圓豆咖啡獲得了銀獎。[21]

對於一個家庭成員不斷增加、債臺高築的男人來說，他的咖啡——尤其是經常被誤認為高價值的摩卡咖啡的品種——在美國受到重視的消息，肯定對他來說是一種解脫，甚至是一種平反，因為它在價格崩潰和市場不穩定的情況下勝出。然而，詹姆斯·希爾的咖啡因其品質而獲得銀獎的同時，人們對美國市場的擔憂已經解除，一場咖啡價值的「革命」正在美國展開，它顛覆了咖啡評比和定價的最基本標準。

從某種意義上說，這場革命無非是美西戰爭的結果，乍看之下，它似乎像是第三次更加複雜的危機。就在詹姆斯・希爾可以合理地斷定他有一塊銀牌來證明他懂得好咖啡的時候，這場革命才剛剛開始，這意味著從短期來看，證明他的咖啡如此出色的標準將不再適用。但是，取而代之的是，這場價值革命不是危機，對於薩爾瓦多的咖啡種植者，尤其是詹姆斯・希爾來說，將是一次巨大的機會。

第10章 饕客

美西戰爭爆發後，舊金山的雜貨商奧斯丁和魯本．希爾斯兄弟，將大量存放在鹽水中保存的奶油，運往仍在菲律賓作戰的美國士兵，以打消菲律賓人認為西班牙下臺意味著獨立的念頭。菲律賓之行並未改善鹽水包裝奶油的新鮮度，於是希爾斯兄弟開始用真空密封的錫罐包裝。十九世紀下半葉，芝加哥開發了真空包裝，正如卡爾．桑德堡將芝加哥描寫成是「世界的屠夫」，在這個城市裡，人們清楚知道為了賺取金錢，得想辦法停止時間，這樣食物就可以在不變質的情況之下運往遙遠的市場。

一旦開始以真空包裝的方式來存放奶油，希爾斯兄弟不免開始考慮用同樣的方式來包裝咖啡，因為咖啡在某種程度上與奶油相似。一八八一年紐約商人法蘭西斯．瑟伯（Francis Beatty Thurber）寫道：「沒有任何一種商品能進入我們的餐桌，除非是奶油，因為奶油和咖啡一樣，味道很容易遭到破壞。」[1]兩種問題都源自於脂肪。一顆咖啡豆的脂肪含量約為百分之十二，

這是烤過的咖啡豆之所以會發出光芒的原因，同樣也是一杯咖啡冷卻後表面有時會出現微小油漬的原因。

在未經烘焙的生咖啡中，固體脂肪被鎖定在植物纖維素的結構內部。烘焙咖啡將脂肪轉化為油脂，並將其釋放到咖啡豆的表面。這種油脂是咖啡香氣和風味的大部分來源，但是一旦暴露於空氣中，咖啡便會在大約一週的時間裡變質，加工處理更會加速咖啡的腐壞。[2]

在真空包裝之前，如同希爾斯兄弟的阿拉伯咖啡與香料處理廠等公司，業務範圍受到了烘焙咖啡新鮮度半衰期的限制。他們把咖啡從舊金山運往距離愈遙遠的地方，咖啡在出售前變質的可能性就愈大。因此，十九世紀時許多雜貨商開始自行烘焙咖啡，並將咖啡以散裝的方式出售，他們從箱內或桶中舀出供顧客一週內使用的咖啡豆數量。其他雜貨店則選擇品牌包裝咖啡，這麼做的最重要原因是，希望能夠藉此有效解決脂肪變質的問題。總部位於布魯克林的阿爾巴克勒斯（Arbuckles）咖啡，將每顆烘焙的咖啡豆全都密封在由糖和蛋清製成的塗層中，成為十九世紀下半葉第一個全國品牌。阿爾巴克勒斯咖啡的包裝方式，適用於長途運送，因此「贏得享譽西半球咖啡的美名」。[3] 波士頓的錢斯與桑柏斯公司將他們的「密封品牌爪哇與摩卡」（Seal Brand Java & Mocha）包裝在一個旋蓋罐裡，罐子上印有拉丁語格言：Ne cede malis，「永不向惡魔屈服」。

一九〇〇年，當奧斯丁和魯本．希爾斯兄弟在舊金山開始使用他們的新型奶油包裝機，將咖啡保存在真空密封的錫罐內時，他們滿懷希望地認為他們已經解決了咖啡的保鮮問題，然而他們根本無從確定他們的解決方案究竟如何。他們的第一個真空咖啡罐的其中一面是金色，上頭印有承諾咖啡可以保鮮二十年的文字；另一面則是鮮紅色，聲稱咖啡可以「永久」保鮮。這些都不是簡單的空話。恰恰相反，罐頭的外觀和內容異常重要，因為罐頭包裝看不見內容物，如此一來，若按照現行的品質標準來看，難以判定咖啡是否好喝。

一旦紐約咖啡交易所的評分員將咖啡豆的所有瑕疵都計算在內，有別於它的等級，咖啡的品質就成了外觀和產地的問題。假設這兩個標準之間有直接的關係：來自特定地方的咖啡豆看起來有獨特的外觀，這也就說明了為什麼世界上任何體型較大的咖啡豆都可以被稱為爪哇咖啡，以及為什麼任何種類的小圓咖啡豆都被稱為摩卡。外觀看上去最佳的咖啡豆通常被認為品質最佳，而所謂外觀最佳的咖啡豆通常是那些「握在手裡最漂亮」，且咖啡豆最大顆、外表最亮、最乾淨的咖啡豆。

從事咖啡行業的人都知道，咖啡豆的外觀與沖泡出來的咖啡味道無關，「一顆明亮、豆子體型較大與外觀較佳的樣品有時充滿了炭木的氣味，而且相對來說沒有味道。」眾所周知，「如果不經過烘焙，以及用沸水沖泡，是不可能準確判斷咖啡的品質和濃度……然而，儘管聽起來不尋常，即使是最大的經銷商也沒有設下這樣的慣例。」評斷咖啡豆外觀的標準之所以存在，正是因為它是一個好用的標準，之所以好用，就在於利用咖啡豆的外觀來作為判斷咖啡豆好壞非常膚淺。

透過外觀評估咖啡可以節省進口商的時間和金錢。這是一種快速判斷麻布袋中咖啡好壞與否的方法，碼頭有成千上萬類似的麻布袋等待運送。進口商只會偶爾花時間烘烤樣品，藉此觀察咖啡豆交到大多數消費者手上時將會呈現出什麼樣的外觀。[4]更重要的是，漂亮外觀的咖啡豆的確很有用，因為進口商無法控制咖啡豆在離開了像「三扇門」這樣的咖啡處理廠後，以及抵達目的地港口之前會出現什麼樣的變化。一袋袋的咖啡豆可能由汗流浹背的騾子馱著從處理廠運往港口；一旦運送上船，它們可能整個旅程都放在船艙裡，或者和其他正在熟成的貨物堆放在一起，吸收「濃郁的異國香味與氣味」。[5]特別是來自拉丁美洲的生豆經常與獸皮（green hides）一起運輸，獸皮是西半球另一項重要產品，長期以來一直都是免稅進口到美國。當獸皮的氣味滲入到咖啡中時，咖啡豆就變成了帶有「皮革味」（hidey），這個詞被更廣泛地用作「酸味」的同義詞。[6]如果一個進口商格外留意這一點的話，他可能會聞一聞一把抓起的新咖啡豆的氣味，以確定它是否充滿這種皮革味，但在意這一點的人畢竟只是少數，因為即使是充滿皮革味的咖啡，外觀通常看起來也足夠好到可以烘焙和銷售。[7]咖啡豆的絕佳外觀的確足以掩蓋最深的缺陷。

但作為品質標準最重要的一點是，它能把最普通的咖啡豆變成最好的咖啡豆。最常見的是巴西咖啡，而且大多數巴西咖啡都是在陽光直射下，種植在相對較低與較為平坦的地面；這些條件通常能產出既大顆又飽滿、光滑且品質一致的咖啡豆。另一方面，巴西咖啡豆享有二流風味的名聲——「里約」（Rio）甚至被用作形容詞「里約臭味」（Rioy），表示一種發霉、「難聞的」味道。為了避免這些聯想，巴西咖啡通常被當作其他東西出售。雖然美國消費的咖啡中有四分之三是巴西產的，但少有咖啡貼上巴西生產的標籤。相反地，許多巴西咖啡被貼上了其他咖啡的標籤。「美國市場上的爪哇和摩卡咖啡幾乎為（巴西）的種植園所生產」，一位十九世紀的咖啡交易觀察家寫道。「這裡不過是用大小不同的篩子，將巴西種植園的產品以假冒的品種名稱加以分類，以便向買家索求更高的價格。」[8]

「摩卡」（mocha）像圓豆咖啡一般呈現獨特的圓形，而「爪哇」（java）咖啡豆的特徵卻更大顆且更具有光澤，其特徵是在漫長海上航行過程中的潮濕貨櫃裡所產生。為了在沒有真品的情況下生產出「爪哇」咖啡豆，人們使用染料和化學品，包括「非常危險的粉末或混合物」替「咖啡豆上色」，此一做法是為了迎合某些消費者的偏見。一八七九年，美國農業部對咖啡中的摻假物和染料進行了調查，在其中發現了鉻酸鉛、硫酸鋇和燒焦的骨頭。[9]這些染料可能粗製濫造，部分原因是許多咖啡交易都是根據「裝在密封玻璃罐子裡」的生咖啡豆樣品所進行，因此咖啡豆從未被經手檢查過。[10]

在講究咖啡豆外觀的標準下，除了爪哇和摩卡之外，其他地方的咖啡處理廠主和出口商沒有什麼理由不嘗試改善他們的咖啡豆的外觀，對於那些能夠逃過檢查的人來說，報酬肯定十分豐厚。例如，詹姆斯．希爾在一九〇一年，在布法羅舉行的泛美博覽會上因其咖啡圓豆（最常被冒充為摩卡的那種）而贏得了一枚獎牌的那一年，「摩卡和爪哇」在舊金山的零售價是三十五美分，哥斯大黎加咖啡是二十五美分，而薩爾瓦多咖啡則根本沒有做廣告。詹姆斯．希爾並不會把他的咖啡當作「摩卡」或「爪哇」出售。但是，憑藉他獲獎的圓豆咖啡，他可以把咖啡賣給進口商，讓他們有機會在舊金山進行販售。[11]根據外觀判斷，詹姆斯．希爾所生產的圓豆咖啡稱得上是優質的咖啡。在布法羅的泛美博覽會後，他獲得了獎牌來證明這一點。但是生產優質咖啡，不僅是獎牌，獎品，綬帶和獎勵的問題。這已經不只是一個值得驕傲的時刻。詹姆斯積欠薩爾瓦多雷諾銀行（Banco Salvadoreño）逾十萬美元，該銀行接管了中美洲倫敦銀行的帳戶。他每年以一千袋咖啡來償還債務，而咖啡的價格卻處於歷史低點，債務比起他第一次借貸時的數目要高得多。[12]在這種情況下，他的咖啡品質成為他個人成功與否的關鍵，而這不僅僅是他自己的問題。看在那些年跟著詹姆斯．希爾在「三扇門」工作的人們眼裡，他可說是為了家庭的利益，竭盡所能地拚命工作，甚至包括從事一些不尋常的事情在內。[13]

第一件不尋常的事情是，詹姆斯．希爾在努力讓自己的咖啡成為最好的咖啡的過程中，他謙卑為懷地做了一件大多數種植者都不會自貶身價的事情。

種植者是一個出了名的驕傲的群體，他們經常自詡為咖啡界的傑出專家。而詹姆斯．希爾則把自己放在學生的位置上。他想做最好的咖啡，所以他不恥下問請教那些知道如何做的人。大英帝國再次成為他取經的課堂，遠方的種植者是他的導師。他與拉丁美洲主要咖啡國家的種植者和處理廠主通信聯繫——不僅包括條件相當的鄰國，而且也包括以高產量著稱的巴西和以品質著稱的哥斯大黎加。

詹姆斯．希爾與巴西的杜蒙莊園（Dumont estate）經理通信，杜蒙莊園為英國一家集團所擁有，這裡或許稱得上是當時世界上最大的咖啡種植園，在超過一萬三千英畝的土地上種植了五百萬棵咖啡樹，引用一八九九年造訪過當地的一位《洛杉磯時報》記者的話，這裡的咖啡樹「修剪得像座花園一樣」。此外，這座花園另外擁有一個有四十英里鐵軌，上面開著德拉瓦製造的火車頭牽引著載有咖啡的貨車箱。擁有超過五千名工人，幾乎全是義大利人，居住在該種植園的二十三個獨立住宅區，該種植園也擁有自己的鋸木廠，藥店和烘焙坊。《泰晤士報》記者看見赤腳的工人在天井裡耙著咖啡豆，在太陽底下晾曬，他們一邊幹活一邊流淌著豆大的汗珠，接著這些曬乾的咖啡豆被送往分揀，在一個「擠滿了義大利女孩的巨大房間裡，年齡從十歲到二十歲以上不等。」他見到其中許多女孩「相當漂亮，她們有著那不勒斯（Neapolitan）農民的大眼睛和古銅色的臉蛋。她們的頭上繫著一條手帕，當你進門時，她們的黑色大眼睛就這麼看著你。」記者注意到這群篩選工也都是光著腳丫子，一邊工作一邊把「粉紅色的腳趾頭」踩進咖啡袋內。[14]

詹姆斯．希爾還與哥斯大黎加一家咖啡處理廠的經理交換信件，哥斯大黎加可能是英國在中美洲最大的利益中心，也是咖啡業的發源地。哥斯大黎加咖啡的第一批研究報告於一八四〇年發表，同年薩爾瓦多也開始以商業化的大規模方式種植咖啡，該國以技術先進的咖啡處理廠而聞名。[15]

在「三扇門」，希爾採用在哥斯大黎加經常使用的混合處理方法來加工咖啡豆，在他的「濕式」處理廠中，使用乾燥的金屬槽來發酵脫殼後的新鮮咖啡果，整個過程與裝滿水的發酵槽原理大致相同。幾天後，當黏稠膠質體脫除之後，水槽將咖啡帶往乾燥的天井，但乾式發酵期似乎給咖啡豆成品帶來了更深、更獨特的味道。

詹姆斯・希爾有機會透過這些通信與其他人交流。尤其是，他有機會與那些經常在薩爾瓦多咖啡區出沒，尋找購買咖啡和出售產品機會的經紀人和進口商交談，這些產品也包括麵粉、化肥、機械和奢侈品在內。這些流動的買家必須判斷商品品質的好壞以此尋找商機。如果和這些人談論他們認為好咖啡的標準和如何生產咖啡，顯然對他而言是一個絕佳的機會，事實上詹姆斯・希爾想做的事對買家來說不啻是一個驚喜——一個令人愉快的、充滿希望的驚喜。

一九〇〇年左右，最具影響力，也可能是最富有、周遊各地尋找咖啡的買家非德國莫屬。德國人在十九世紀中葉大量定居中美洲，與當地許多名門望族聯姻，深入了解咖啡業，並透過德國人的仲介與船運，將大部分中美洲作物輸送到德國消費市場，同樣地，德國產品也因此有機會賣給中美洲的種植者。與德國人競爭的是，愈來愈多將總部設在美國，特別是公司設置在舊金山的買主，這些公司的進出口商都希望提高他們在該地區的地位。[16]

詹姆斯・溫特爾（James Vinter）便是這些周遊各地尋找好咖啡的買家之一，他是一位英國人，代表舊金山麵粉出口商和奧堤斯與麥卡利斯特咖啡進口商，騎著馱著行李的騾子，在中美洲炎熱多雨的地區旅行，他騎著騾子行經哥斯大黎加的聖荷西（San Jose）、尼加拉瓜的馬塔加爾巴（Matagalpa）、宏都拉斯的科馬亞瓜（Comayagua）、薩爾瓦多的聖塔安娜、瓜地馬拉的雷塔盧萊烏（Retalhuleu），一路前往墨西哥，他仔細檢視每個地方和每個人，並判斷能從每個地方找到什麼對雙方有利的商品。[17]

在溫特爾上路之前的幾年裡，他曾在哥斯大黎加的一家咖啡處理廠工作。當溫特爾路過聖塔安娜時，詹姆斯．希爾邀請他的英國同胞到「三扇門」交換心得，當時溫特爾思忖薩爾瓦多是中美洲最適合做生意的地方，「甚至比哥斯大黎加還要好」，他認為聖塔安娜是可能生產出他所見過最好咖啡的地點。溫特爾從他的行李箱裡拿出一些文件，並談及他在哥斯大黎加的經歷，詹姆斯．希爾則拿出他從哥斯大黎加處理廠收集到的一些資料，與他自己處理廠的資料進行比對。[18]

兩人因此取得了互惠的機會。溫特爾對於他在「三扇門」看到的一切，包括乾式發酵法，留下了深刻的印象，他希望薩爾瓦多的其他咖啡處理廠能仿效學習詹姆斯．希爾咖啡處理廠的運作方式，他讓舊金山的雇主發出信函，指導其他處理廠主如何像詹姆斯．希爾那般處理咖啡。詹姆斯．希爾則要求溫特爾請他的老闆們檢查他的咖啡，並提供他們「坦率的意見」，告訴他如何「為舊金山市場改進咖啡」。溫特爾根據自身長期待在中美洲的經歷，認為詹姆斯．希爾這種求好的態度不僅難能可貴，而且也標誌著詹姆斯．希爾是一個很有希望的賭注。溫特爾認為自詡為所謂「萬事通博士」的人，總是惹出最多的麻煩。一九〇四年，溫特爾列出了聖塔安娜最好的咖啡生產者名單——這裡是整個中美洲最好的咖啡產地——他把詹姆斯．希爾的名字列在首要的位置。[19]

然而，儘管「三扇門」的咖啡讓溫特爾留下了深刻的印象，但他卻無法忽視咖啡館主人帶給他一種隱隱不安的感覺。他無法擺脫對詹姆斯．希爾的懷疑，認為他不僅僅是個熱心的學生，他擔心與詹姆斯．希爾打交道，他和他的老闆們可能會在一場更長遠的戰役中失敗。在中美洲旅行時，溫特爾得知許多人對詹姆斯．希爾的看法，而這些看法之中沒有一個是正面的回饋。外加上他在聖塔安娜看到了每一個和詹姆斯．希爾打交道的人是如何謹慎行事。每個人，除了銀行家們，出於某種原因，他們似乎與一般人的看法背道而馳。

詹姆斯．希爾「為家庭著想」而做的第二件不尋常的事，與他在努力學習中表現出的謙遜態度截然不同。在其他人都對低迷的物價保持警戒的時候，詹姆斯．希爾卻採取了大膽的行動，借貸了一大筆錢以名列市場前茅。

一九〇五年聖塔安娜咖啡收成較晚時，買賣也跟著滯後。大多數時候，市場價格在深秋開始回升，但在一九〇六年一月初，溫特爾向舊金山的奧堤斯與麥卡利斯特報告說，市場當時可以說「幾乎沒有任何交易」。事實上，他提到詹姆斯．希爾「是今年聖塔安娜唯一購買各種咖啡果的人」。當其他工廠都相對安靜的時候，「三扇門」卻「夜以繼日地開工」，加上一筆十萬美元的新貸款剛剛撥下來，詹姆斯．希爾用來購買咖啡——這筆貸款遠遠超過他現有的債務。[20] 溫特爾搞不懂詹姆斯．希爾在玩什麼把戲，為什麼他看起來如此有自信，為什麼銀行如此大力慷慨地支持他。

然後，接下來的一個月，在巴西聖保羅的一群種植園主採用了一種新方法，以應對十年前的低迷市場，義大利移民湧入的勞動力將巴西的農作物推向了新的水準。聖保羅的種植者開始以減少咖啡的供應量以提高價格。為此，他們向一群國際金融家借錢，用於購買他們自己的咖啡，並著眼於一旦價格上漲就出售。在新計畫的發源地聖保羅，最大的地產商或許要數杜蒙地產了——當然，該資產由跟詹姆斯．希爾曾有過信件往來者所管理。

隨著聖保羅計畫的消息傳開，經常在中美洲出沒的咖啡買家不免開始擔心咖啡的價格將因此飆升。因為詹姆斯．希爾是唯一一個在經歷了慘澹季節後仍不斷購買咖啡果的人，他彷彿知道咖啡價格即將上漲，他很快便發現自己處於非常有利的地位。

詹姆斯．希爾在聖塔安娜的貨源壟斷，與此同時，來自世界各地的需求量也不斷增加，除了舊金山，他還在哥本哈根、溫尼伯、多倫多、澳大利亞、紐西蘭，特別是法國進行銷售。[21]憑藉「他的預做準備」，詹姆斯．希爾的品牌——「松樹林」（El Pinal），其名取自處理廠上方一座山峰的名稱——供不應求。溫特爾在給舊金山的一封信中承認，詹姆斯的咖啡豆外觀特別「漂亮」。由於世界各地對詹姆斯所提供的咖啡強勁的需求，溫特爾因此知道奧堤斯與麥卡利斯特將很難取得咖啡，儘管他已經與詹姆斯建立了友好的關係，而詹姆斯也曾做出某些保證，但是溫特爾曾向他的老闆抱怨，詹姆斯的行為「恰恰反映出他的天性」。[22]

就在那一刻，溫特爾相信他終於看穿了詹姆斯．希爾。「我一直非常嚴謹地注意著」，溫特爾寫信給舊金山，比往常更正式地說明，「現在我準備向你證明，詹姆斯．希爾的咖啡顏色」，他接著說，「下回返回舊金山時，我會把過程詳述給你們知道，松樹林商標出產的咖啡是經過人工染色，雖然……你用手帕擦拭，甚至用濕潤的手帕都無法去除色澤。」贗品的複雜程度只是讓溫特爾對自己更加得意。「這的確是非常巧妙的做法，我想我已經找到了其中的過程，等我返回舊金山，我會來試一試……」[23]即使詹姆斯．希爾在咖啡上動了手腳，溫特爾仍把詹姆斯．希爾的咖啡列在最優秀的等級。

然而，就在他公布這些指控的時候，溫特爾接連收到了四封來自他的老闆的信，表達他們急於獲得一些詹姆斯．希爾的松樹林咖啡。溫特爾回答：「由於你們看起來需求急迫，我認為最好替你們爭取到最低價格，當今法國對詹姆斯．希爾咖啡的需求量很大。」[24]溫特爾錯失了機會，他提出的指控沒再出現。即使這些指控真實無誤，也不再重要，至少在舊金山是如此。

一旦他們在二十世紀初開始用錫罐真空包裝咖啡，希爾斯兄弟公司就更容易獲得爪哇和摩卡咖啡。他們不再需要神奇咖啡桶、有色粉末甚至是圓豆咖啡來證明。相反地，他們可以簡單地在罐子上寫上諸如「爪哇和摩卡」的字眼，在他們推出的第一罐咖啡中這樣的字眼共出現了五次：兩次用加大與加粗字體展示，三次出現在較小的說明文字中：「我們保證這是美國包裝的最好等級的爪哇和摩卡。」這個保證並不像聽起來那麼簡單，不僅因為裡面的咖啡幾乎可以肯定不是爪哇和摩卡咖啡——或者至少不是唯一的咖啡豆類別——更因為希爾斯兄弟正在開發他們自己對於「最好」的定義。

奶油、牛奶和雞蛋的經銷商特別敏感地注意到了，透過外觀判斷咖啡品質的侷限性。任何一個敲開過臭掉的雞蛋或喝過酸牛奶的人都知道，外觀並不是新鮮度的最可靠指標。希爾斯兄弟正是根據他們作為雜貨商的經驗，在十九世紀末，開始以無法憑藉外觀判定品質的標準來給予咖啡評價。他們從飲用咖啡的角度出發，開始評估咖啡豆的品質：它的香氣、它的味道，以及咖啡豆在「杯中」的特性。希爾斯兄弟是美國第一批以這種方式評估咖啡價值好壞的咖啡進口商和烘焙商，不過新的品質標準很快就流行起來了，[25]特別是在舊金山，這具有絕佳的商業契機。

在橫跨中美洲地峽的運河被切斷之前，舊金山的進口商和烘焙師們努力與紐約、紐奧良和歐洲港口競爭大西洋貿易的份額。他們享有獲得來自拉丁美洲太平洋沿岸的咖啡的特權，但這些咖啡在手感上並沒有表現出良好的標準。中美洲的咖啡生長在相對較高的海拔、陡峭的山坡和陰涼的地方，與巴西的咖啡相比，中美洲的咖啡豆尤其顯得較小、較粗糙和不規則，而且品質並不穩定，因為種植園和咖啡廠出產的單次數目，跟出產數目較為龐大的杜蒙莊園一年的產量相比都還要小。

由於在外觀的標準下屈居劣勢，舊金山烘焙師發明了一個新的標準。這個新標準來自於新的分析方法，並以新的品質語言來表達。這個嶄新的方法就是杯測，它以外觀為出發點，卻不是最後定奪咖啡好壞的標準。首先是對於生豆的目測評價，然後是對烘焙豆的目測評價，最後，才是真正的測試：沖泡、聞香、品嘗。

在以高等級實驗室風格營造的標準之下，企業試圖對感官體驗訂定出客觀化的標準。所有經過測試的咖啡經過烘烤、研磨，然後分裝在一個圓桌邊緣的杯子裡。在每個杯子中加入標準體積的水，加熱到沸點以下，然後讓混合物浸泡一段時間。咖啡沖泡好後，專家測試員便開始工作。

他的工具是一把湯匙：他將湯匙浸入杯中，將咖啡渣推到一邊，將液體送往唇邊，然後喝下，每一口都要在嘴裡含足夠長的時間，才能充分感受到咖啡的味道。然後他再將咖啡吐進一個專門設計的銅製杯具中。專家從不把咖啡吞下肚。接著開始判斷：「咖啡是否具有醇度、光滑、濃郁、帶有酸味或醇厚；是否帶有酒味，或是味道中性，粗糙的或具有里約臭；是否帶有發霉氣味、泥土氣味、炭木氣味，或青草味；或者是髒臭、酸味、泥味，或者苦澀。」[26]有了杯測之後，判斷咖啡的價值好壞，不再光憑檢查咖啡豆的外觀和計算它的缺陷。現在的問題變成是，從名詞中衍生出形容詞來描述喝一杯咖啡的體驗。沒有固定的數據標準，只有靈活的新詞彙。

杯子測試從舊金山發源，然後往東傳播，成為二十世紀初美國評估咖啡的通用標準。咖啡烘焙機的功能不斷增強，咖啡的傳播得到了進展，一旦咖啡烘焙商解決了新鮮度的問題並擴展了市場，更多的咖啡烘焙機將發展成為重要的消費品牌。在美國，咖啡杯測的興起有明顯的好處。當理想品質的摩卡和爪哇咖啡，在離家更近的地方被發現時，咖啡品質的地圖也因此重新繪製。

「當烘焙師開始檢驗咖啡的口味時，咖啡的價值當然發生了革命性的變化。」也因此增加了與拉丁美洲咖啡貿易的商業利害關係。來自中美洲的咖啡尤其如此，舊金山商人在那裡擁有最大的經濟利益。在此之前，那些「生長在聖塔安娜火山上的咖啡豆，因其咖啡豆的體積較小而不受歡迎。」但「很快就帶來了溢價，自此之後，需求大增。」[27]

杯測的結果為咖啡市場帶來了新的類別區分：「巴西」與「淡味」。起初，標示為「淡味」的咖啡，是指來自巴西以外的其他地方的咖啡，巴西以生產非淡味的咖啡而「聞名於世」。[28]但隨著時間的演進，由於有必要為了貿易合同的目的而定義這一類別，「淡味咖啡」被正式化為專有名詞，並有了更具體的涵義：明確表示出是「杯中帶有甜味」的咖啡。[29]這些咖啡比巴西咖啡具有「更多的醇度，更多酸度和更好的香氣」，具有「獨特的個別特徵」，其生產條件比巴西咖啡更加多樣化。[30]巴西咖啡被認為是「價格低廉」的咖啡，而淡味的咖啡愈來愈以「品質」而聞名。[31]

將淡味咖啡定義為「杯中帶有甜味」的優質咖啡，與真空密封咖啡罐的興起是相輔相成的，其理由畢竟是為了保持風味。特別是由於罐裝咖啡比散裝咖啡豆價格更貴，一位舊金山咖啡商推斷，「高調宣傳的真空包裝咖啡必須有獨特的風味，才能保證永遠受到公眾的青睞。」而獨特的咖啡，又必須有大量的淡味咖啡成分，他預測。「大量的真空包裝咖啡……將意味著美國對淡味咖啡的進口量增加。」[32]淡味咖啡中，巴西咖啡被用作「填充物」，構成了品牌中所使用具有特色的混合咖啡「風味」。

然而，即使來自拉丁美洲的優質「淡味」咖啡（包括在聖塔安娜火山上生產的咖啡）在美國咖啡貿易中獲得了價值，卻未能贏得公眾的認可。諷刺的是，部分原因在於旨在消除美國錯誤標示的法律——一九〇六年《純淨食品和藥品法案》。

該法案的直接目的是，保護美國的消費者免受製造商生產不實的商品——不論豬肉或是牛肉中摻雜不實的成分，或是所有「摻假、貼錯商標，或有害人體」的產品。這種強調在很大程度上改變了該法案的指示：它禁止撒謊——例如，將薩爾瓦多咖啡標示為摩卡咖啡——但該法案卻並未嚴格要求誠實：它並沒有要求薩爾瓦多咖啡必須以薩爾瓦多咖啡的名稱出售。

《純淨食品和藥品法案》通過後，希爾斯兄弟公司就不能再以「最高等級的爪哇和摩卡咖啡」的名義銷售真空包裝咖啡，但他們不必具體說明商品的內容物。相反地，他們將他們的頂級真空包裝產品重新命名為「最高等級真空包裝」。幾年後，他們再度更改名稱，這一次則是大家耳熟能詳的「紅罐牌」（Red Can Brand）。[33]隨著品牌變成了易開罐，易開罐就變成了咖啡的代名詞。雖然希爾斯兄弟不再聲稱自己銷售的是真正的爪哇和摩卡咖啡，但他們仍然保留了他們為第一個真空易開罐創造的商標形象——有個身穿阿拉伯服飾的阿拉伯人拿著咖啡杯啜飲咖啡。這便是「饕客」（The Taster）咖啡的由來，他的雕像仍然矗立在希爾斯兄弟咖啡廠的院子裡，如今該廠成為賓夕法尼亞大學華頓商學院在舊金山的校園。

《純淨食品和藥品法》並沒有規定咖啡染色是違法的。相反地，它特別允許使用「無害的著色劑」。然而，隨著爪哇和摩卡的出現，以及基於「杯中的甜味」的嶄新品質衡量標準，咖啡豆的顏色和尺寸不再那麼重要。與咖啡豆的大小或顏色不同，「杯中的甜味」來自於咖啡果熟成時所產生的糖分以及處理廠的細心照料。它來自於在特定的條件下，在世界的特定地區，在培育、收穫和處理咖啡的過程中所做的特定類型的工作——例如，詹姆斯．希爾的乾式發酵過程。這樣一來，當它成為太平洋沿岸和美國各地的新標準時，真空密封咖啡罐既保留並突出了中美洲獨特的生產條件，也使得這些條件和這些地方從混合咖啡和品牌名稱背後消失。

在這個無人知曉的地方，詹姆斯．希爾把他的種植園、處理廠和他的家庭更直接地聚焦在加州。真空密封咖啡罐的興起，增強了他為舊金山市場改良咖啡的動力，於是他把孩子們送到那裡學習。

第11章 傳承

一九一七年九月十日，一個多雨的星期一，當時詹姆斯・希爾的小兒子十三歲的費德里科・希爾（Federico Hill），搭乘太平洋郵報的老舊單層船「帕拉號」駛入舊金山灣。費德里科——或者說，他在出發前兩天匆忙在英國國籍的緊急證書（Emergency Certificate）上寫著，「弗雷德里克・希爾」，出生於薩爾瓦多的英國人——他舒適地乘坐頭等艙旅行，口袋裡帶著五百美元，儘管他獨自一人旅行，卻不會說、讀或是寫英語，且預計要離開家鄉七年。

兩週前，費德里科在薩爾瓦多的阿卡胡特拉港登上了帕拉號。在舊金山，他以為會有一群人在碼頭迎接他。加州帕洛阿爾托市卡斯蒂利亞學校的校長瑪麗・洛克伊小姐，她的學生，費德里科的姐妹艾麗西亞和瑪麗亞・希爾，以及他父親在鎮上的代理人，咖啡進口商漢姆貝格・波爾希摩斯公司的愛德華・波勒穆斯（Edward Polhemus）。詹姆斯・希爾在兒子上船之前就給愛德華・波勒穆斯寫了信，雖然沒有提前多少時間，但還是請他去接應和照顧這個孩子。波勒穆斯已經負責照顧費德里科的四個兄妹——哥哥海梅和愛德華多（Eduardo），妹妹艾麗西亞和瑪麗亞——並替他們在加州安排學校等相關細節，這方面他知道該怎麼做。

波勒穆斯隨即寫信給舊金山灣天使島的移民事務專員，表示他願意承擔照顧「薩爾瓦多一位富有的英國咖啡種植者詹姆斯先生之子的責任」。他承諾費德里科將按照他父親的意願進入學校就讀，確保他的公司願意支付法律規定的任何保證金，並要求移民檢查員盡快「核發男孩的簽證」。為了幫助費德里科通過審核，詹姆斯．希爾替他的兒子寄去一份由聖塔安娜的家庭醫生開具、經律師公證的健康證明，並提供了自己的證詞：「他的父母都是強壯健康的人，他大部分時間都生活在戶外的咖啡種植園中。」儘管如此，由於費德里科未滿十六歲，且無人陪伴，美國移民檢查人員還是將他列入要接受檢查和進一步調查的名單中。他從帕拉市一上岸之後，又登上了一艘渡輪，渡輪將他帶回舊金山灣，來到天使島上的美國移民站。他在美國拘留營中的一個鋪位裡度過了第一個晚上，等待特別調查委員會的聽證會。

第二天審查會開始時，愛德華．波勒穆斯依約前來，並被傳喚為證人，他解釋，他幾乎處理了詹姆斯．希爾在舊金山的所有業務，他讓審查會明白，他十分看重自己承接的業務。「我們非常樂意」，波勒穆斯說，「接下他交辦給我們的事。」

就費德里科．希爾而言，他並未表現出這次旅行有帶給他絲毫不安的跡象，儘管他要待在一個他從未到過而且不會說該國語言的國家整整七年。相反地，出現在三人特別調查委員會面前的男孩是「一個衣著整潔的年輕人，顯然很有修養」。費德里科透過翻譯交代了自己的狀況，他從哪裡來，要去哪裡。費德里科說，五年來他一直在薩爾瓦多求學。但那裡「沒有大學可以讓我繼續我的學業」，所以他來到舊金山「完成我的學業」。他解釋說，他的父親支付了他的旅費。

「你父親從事什麼行業？」特別調查委員會問道。

費德里科肯定地回答：「簿記員」。

「可以仔細說明他的工作嗎？」

「他在聖塔安娜從事簿記員、咖啡商和咖啡種植者的工作。」鑒於他的文質彬彬，他的外貌和他的氣質，以及他的父親是個具有身分地位的人，證人愛德華・波勒穆斯在社會上也有一定的影響力，特別調查委員會毫不猶豫地讓年輕的費德里科・希爾「直接」進入美國。[1] 他在美國的教育就這樣展開。

毫無疑問，正如毛里西奧・梅爾迪（Mauricio Meardi）所說，薩爾瓦多「在教育方面非常落後」。梅爾迪是一位義大利移民，他主宰著薩爾瓦多東部的商業化農業，也是該國最富有的人之一，但在一九一七年九月，他同時擔任保母的職務——護送他的兩個孫子（分別為十歲和十二歲）從薩爾瓦多到舊金山，打算送他們上學。他們三人是和費德里科・希爾一起乘坐同一艘帕拉號抵達舊金山。當他的孫子們接受特別調查委員會舉行的審查會時，梅爾迪承認他不知道要替他的孫子們報名哪一所學校。他「沒有充分研究過這個問題」，主要是因為他認為應該把孩子送到歐洲去接受教育。他說一旦戰爭結束，他的孫子們也確實會前往歐洲。在此期間，他計畫在舊金山或附近「找到合適的地方」，在找到之前，孩子們將和他一起住在凡尼斯街（Van Ness）的黎塞留（Richelieu）旅館。[2]

詹姆斯．希爾同意毛里西奧．梅爾迪認為薩爾瓦多的教育水準大大落後的觀點，甚至在小學畢業後沒有合適的地方可以教育他的孩子，但他並不同意梅爾迪對於歐洲教育的看法。一九一二年，他陪同他的大兒子海梅和愛德華多到舊金山，讓他們在那裡開始上學，從那時起，他們就在海灣附近的一些寄宿學校學習。[3]

費德里科帶到舊金山的五百美元，是曼薩尼塔男子學校（Manzanita Hall School）第一年學費的一半，該校為一八九一年史丹佛校長戴維．喬丹（David Starr Jordan）的助手所創，目的是將學生送進大學。[4] 曼薩尼塔學校還具有以下優勢：帕洛阿爾托（Palo Alto）在卡斯蒂利亞女校（Castilleja School）附近，費德里科的姐姐就讀於此。費德里科的長兄海梅曾在該地區另外兩所學校上學：聖拉斐爾（San Rafael）的塔瑪爾派山（Mount Tamalpais）軍事學院，一九一二年該校是西方唯一仍提供騎兵和砲兵訓練的學校；以及一九一一年歐內斯特．羅傑斯（Ernest A.Rogers）所創辦成立的蒙特祖瑪山男子學校，該校位於洛斯加托斯（Los Gatos）外的聖塔克魯茲山脈（Santa Cruz Mountains）上的一個梅園的農舍中。[5]

羅傑斯的第一份工作是在塔瑪爾派山軍事學院，但是他之所以離開是因為他對於如何「從男孩子身上培養出一個男人」有不同的想法，這句話取自蒙特祖瑪山的座右銘。蒙特祖瑪人的成長是建立在嚴格的健康和紀律的基礎上的，不允許喝咖啡或任何其他刺激物，並且需要定期做家務，積極的自我管理（學生制定規則並執行規則）以及道德教育的目的，旨在使菁英之子做好準備。[6]許多學生從曼薩尼塔和蒙特祖瑪進入史丹佛大學就讀，但希爾家的男孩們則處在不同的軌道上。正如費德里科在審查員面前所說的那樣，他們來到加州學習如何在聖塔安娜從事咖啡商人和種植園主的工作。從某些方面來說，他們的父親是對的，舊金山的確是學習此道的最佳地點。

到了一九一七年夏天，費德里科（Federico）將名字轉化為英文拼音的弗雷德里克（Frederick）時，在舊金山所發生的事影響薩爾瓦多咖啡區甚鉅。這個城市的影響力來自於太平洋沿岸的咖啡貿易，正如愛德華·波勒穆斯在審查委員會面前作證時所說的那樣，舊金山渴望與詹姆斯·希爾有生意上的往來，也渴望擁有其他人的生意。舊金山將發展成為美國西部的商業之都，再加上，雖然歐洲帝國一直在努力鞏固自己在美洲的商業力量，該市的咖啡烘焙師在咖啡杯測和真空包裝方面發現的優勢，成功增加了從歐洲帝國，特別是德國手中贏得中美洲咖啡作物控制權的有利形勢。

多年來，舊金山商人對於德國人透過與當地人通婚而在中美洲取得強勢的地位自嘆不如。

對於嫉妒的美國咖啡商來說，拉美人在生意上偏向家庭的「感情色彩」，給了德國公司在購買咖啡和出口方面的決定性優勢，同樣重要的是，德國公司在出口方面也享有優勢。在本世紀之交之前，舊金山已成為美國中美洲咖啡的最佳市場，但每年卻僅能分到相對較小的收成：每年約二十萬袋，而咖啡收成有時是這一規模的十倍之多。[7] 一八九九年之後，當總部設在漢堡的科斯莫斯航線（Kosmos Line），開始提供通向美國太平洋海岸的蒸汽運輸服務之後，舊金山與中美洲咖啡貿易的這一部分優勢也開始顯得愈來愈脆弱。

一八九九年十二月十四日，在離開漢堡三個月後，第一艘科斯莫斯航線蒸汽船「坦尼斯號」（Tanis）駛入舊金山灣。這是一艘「出色的運輸船」，能夠「以非常划算的耗煤量達到十四節的速度」。舊金山的報紙報導說，這位原名叫舒爾茨（Schultz）的德國人船長，在他經常往來的西班牙語港口被稱為「友善的船長」（El Simpático Capitán）。船上裝著兩千噸的貨物，價值七十五萬美元。坦尼斯號在美洲大陸太平洋沿岸的所有港口接貨，邊走邊卸下德國製造的貨物。除了坦尼斯號之外，科斯莫斯公司另將伏龍尼亞號（Volumnia）、哈托爾號（Hathor）、奧克塔維亞號（Octavia）和盧克索號（Luxor）投入太平洋航線。[8] 這對舊金山的商人和船運公司而言似乎是個不祥的預兆。

由於其在中美洲的地理優勢受到了威脅，太平洋郵輪公司（Pacific Mail Steamship Company），對於科斯莫斯航運侵占航線的反應，與對付詹姆斯．奧提斯（James Otis）和霍爾．麥卡利斯特（Hall McAllister）的方式一樣——打一場價格戰。咖啡是中美洲出口商必須出口的產品：這是唯一數量大到足以改變運輸公司收入的產品。

最終，太平洋郵輪公司甚至提出運輸咖啡，「不僅不收費，而且還要支付託運者一筆費用，以換取運送其貨物的權利。」[9] 漸漸地，運往舊金山的優惠船運費用，不僅將中美洲的咖啡貿易與德國之間的距離拉開，而且也拉開了與紐奧良和紐約之間的距離。

一九一四年之後情勢出現轉變，大西洋航道遭海軍封鎖切斷，歐洲銀行業務因戰爭遭到凍結。舊金山的商人們充分利用了這一優勢。愈來愈多的進出口公司派代表到中美洲巡迴考察，了解每個種植園和種植者，從觀察和交談中評估誰是可靠的客戶、誰能生產出好咖啡。

眾所周知，在舊金山，精細的杯測結果決定了中美洲咖啡的價值，不過結果也「因種植園而異」，以至於「相鄰的種植園裡，若以杯測作為衡量咖啡品質的標準，每磅咖啡的價格可以相差三到五美分」。

從咖啡杯測的優劣來看，僅僅從世界的某個地區、某個國家，甚至該國的某個地區取得咖啡是不夠的。杯測的結果來自於各個種植園，來自於各個種植者的實踐。在中美洲旅行的舊金山買家，除了像十年前詹姆斯．溫特爾為奧堤斯與麥卡利斯特所做的那樣，試圖判斷種植者的信譽和可信度，更試圖從每個種植園和每個咖啡處理廠的狀況來預測咖啡的品質。

在戰爭年代，舊金山商人開始採用商業真空包裝，收集了自己對中美洲每一個種植園和處理廠的「深入了解」。那些吸引舊金山代理商和進口商目光的種植園和處理廠主人，找到了現成和熱切的買家。[10] 等到世界大戰結束時，舊金山商人控制了中美洲咖啡貿易。他們以直接購買的方式購買的咖啡是十年前的五倍，每年一百萬袋，占美國進口量的百分之十二，並且持續增加。[11]

希爾家的男孩們在加州學習如何打理自己：打理自己的種植園、處理廠以及學習如何吸引舊金山的咖啡進口商和烘焙商的目光。從蒙特祖瑪畢業後，詹姆斯・希爾的長子海梅・希爾放棄史丹佛大學，而是選擇去了位於薩克拉曼多（Sacramento）郊外果園裡的加州大學大衛斯農業學校。除了在大衛斯分校學習，一九二〇年春，海梅還在加州大學柏克萊分校從事「特殊工作」以「幫助他管理薩爾瓦多的咖啡種植園」。[12]

咖啡種植園在柏克萊大學有什麼值得學習的地方？其實，自一八七四年尤金・希爾加德博士（Dr. Eugene Woldemar Hilgard）被聘請到加州大學建立農業科學時，咖啡即是首要議程之一，當時正值小麥繁榮的高峰期。嚴肅而固執的希爾加德是這個職位的不二人選。他曾在德國包括本生（Bunsen）實驗室在內的一流實驗室接受過培訓，並曾在密西根州的大學從事商業化農業的嶄新領域研究，內戰期間，他還在密西西比州幫助李（Lee）將軍的軍隊採購鹽和硝酸鹽。在他的職業生涯結束之前，希爾加德被譽為「美國土壤科學之父」。[13]

然而，在抵達加州後不久，希爾加德就發現自己要傳達一個壞消息。在內華達陡峭的岩石山坡上，他發現了一種被許多人懷疑是咖啡的灌木，並帶到柏克萊的實驗室進行徹底的研究。希爾加德發現這種灌木不是咖啡，而是加州沙棘，在某些方面與咖啡非常相似——結出的鮮紅色漿果與咖啡樹枝上的漿果幾乎一模一樣——卻不像咖啡一樣具有商業價值的特性。不幸的是，咖啡並非加州的原生植物。

然而，這一點並沒有阻止加州人嘗試種植咖啡。十九世紀下半葉，許多拉丁美洲的共和國家都開始生產咖啡，與此同時，加州人也對咖啡懷抱著希望。他們受到了佛羅里達州、路易斯安那州和德克薩斯州等南方棉花區解放後，建立咖啡種植園的計畫的激勵和鼓舞，急切地寫信給農業部，要求取得種子。於是，希爾加德接到了一個新的任務：讓咖啡在加州生長。

他於一八七七年開始進行一些實驗，使用從費城商人那裡購得的從賴比瑞亞取得的種子，並在大學中進行了早期試驗。第二年，他增加了從瓜地馬拉和哥斯大黎加購得的種子並展開種植。希爾加德也提供了瓜地馬拉的種子在南加州進行試驗，一些懷抱希望的種植者報告說從夏威夷科納（Kona）地區獲得的種子成功發了芽。一八七九年，這些實驗看樣子充滿展望，以至於加州農業協會（California State Agriculture Society）認為，在加州當地生產咖啡已是不可避免的結果。然而咖啡樹卻從未因此開花結果。

一八八〇年代中期，希爾加德清楚地知道，即使是最有希望的種植區，咖啡樹也無法忍受霜凍的侵襲。在河濱地區種植了四年的六棵咖啡樹所遭遇的失敗，尤其令人失望。當最後一棵咖啡樹在一八八八年，也就是巴西廢除奴隸制的那一年死去時，希爾加德再一次為加州的咖啡農業寫下了悼詞——但他又一次為時過早了。[14] 加州不會有咖啡作物，至少在氣溫上升之前不會有，但是，正如希爾家的孩子們將會學到的，對於在樹上到處生長出咖啡豆的種植園主來說，這是很有價值的教訓。

淘金熱之後，小麥的繁榮改變了加州的地景，隨後小麥的蕭條也是如此。一八八〇年代，該州的糧田已經高度機械化，以致產量超過了全球需求。價格下跌鼓勵了土地所有者將資源轉向新作物：甜菜，蔬菜，尤其是果樹和葡萄。一八八八年，隨著冷藏車的出現，中央谷地的聖華金（San Joaquin），薩利納斯（Salinas），薩克拉曼多（Sacramento），聖塔克拉拉（Santa Clara）等地的果園和小樹林成為加州的新金礦，這些地方出產橘子、檸檬、李子、梨子、葡萄、蘋果、無花果、棗子、杏子、橄欖等。

一八七九年，果園作物僅占加州農業產值的百分之四。五十年後，果園作物占百分之八十。[15] 隨著加州成為世界果園之都，它也成為重要的果園學研究中心，即果樹栽培學。在戴維斯的大學農場裡、在薩克拉曼多附近的果園裡，以及後來在柏克萊大學，海梅．希爾透過對果園的研究，對咖啡有更深一層的了解：從果園到種植園，從一種核果研究到另一種核果。

希爾家的男孩在加州的研究接續了父親的想法，跨越了聖塔安娜火山，呼應他的希望和憂慮，男孩們代替父親提出他的問題。在柏克萊就學期間，海梅．希爾在筆記本上記錄了父親、教授和自己三方的對話。這些複雜的對話，也是海梅．希爾在加州大學就學期間試圖找出的最重要問題——源自於他父親對於咖啡的農學實驗。

加州咖啡樹種植實驗始於一九一〇年的一個午後。兩年之後，詹姆斯．希爾才把長子送到加州，當時詹姆斯．希爾受邀在德國朋友費德里科．博克勒（Federico Bockler）的種植園裡吃午飯，地點就在聖塔安娜郊外、查爾丘阿帕小鎮附近。博克勒娶了一位著名政治家的女兒，透過這層關係，瓜地馬拉的前總統贈予他一些咖啡樹苗，這種咖啡樹苗不同於薩爾瓦多常見的咖啡樹苗，是一種被稱為común或typica的阿拉比卡樹種。

博克勒取得的外國幼苗是一種被稱為波本（Borbón）或波旁（Bourbon）的阿拉比卡品種，是以馬達加斯加海岸外的島嶼（現在的留尼旺島）所命名。兩個世紀前，法國人曾在該島通過法令引進咖啡。波旁咖啡是由耶穌會神父帶到瓜地馬拉，在巴西也有種植。就歷史上來看，它的市場價值部分來自於它的種子類似摩卡，部分來自於它的產量極高。博克勒在他的種植園一角種植了波旁咖啡，他告訴詹姆斯．希爾，他希望從那些樹木中得到的咖啡，是標準阿拉比卡咖啡的兩倍或三倍。

詹姆斯．希爾很感興趣，他從博克勒那裡買下當年收成的波旁咖啡，然後再送入「三扇門」處理，他還想從收成中取出一些咖啡果種植在自己的種植園裡。當然，任何一個種植者都會渴望將收成提高三倍，但在這種情況下，並沒有那麼簡單。這不是一個單純的乘法問題，有時還會用上減法。波旁咖啡的產量當然比薩爾瓦多種植園最常見的阿拉比卡品種高，但它同時也被認為品質較低劣——也許是由於波旁咖啡在巴西種植，使得波旁咖啡與巴西咖啡的差異廣泛受到重視。

事實上，詹姆斯．希爾在處理完從博克勒那裡買來的收成後，他把一些處理好的波旁咖啡送到他在里雅斯特（Trieste）、布來梅（Bremen）、漢堡（Hamburg），以及在舊金山的代理商。詹姆斯・希爾從歐洲聽到了好消息，波旁咖啡經過烘焙後，呈現出歐洲人喜歡的咖啡豆顏色。但從舊金山得到的反應並不樂觀，因為有了杯測和真空包裝之後，咖啡的外觀愈來愈不重要。舊金山的進口商告訴詹姆斯・希爾，如果他開始生產波旁咖啡，他將會毀掉這個國家對於咖啡品質的聲譽。[16]

這不但得從長計議，而且得冒著風險。一方面，如果咖啡的產量足夠多，才足以彌補較低的品質。如果詹姆斯・希爾可以將咖啡收成的數量增加三倍而不會降低三分之二的品質，他仍然可以領先。他在四個種植園種植了波旁咖啡，其中一個種植園的土壤似乎已經枯竭，咖啡的收成也不理想。

當種植波旁咖啡的消息傳到聖塔安娜附近時，當地人的反應與舊金山的想法一致。在聖塔安娜火山上種植以低品質咖啡豆著稱的咖啡樹，威脅到了整個地區的聲譽。貸款給詹姆斯・希爾的銀行對他的做法非常困擾，他們匆忙組織了一個調查委員會，加派兩名銀行的辦事員和一個咖啡種植者協同前往察看他是否失去了理智。

然而，當第一批咖啡作物成熟時，結果比詹姆斯・希爾所希望的要好，每棵樹的產量大約是他從標準阿拉比卡樹上得到的產量的四倍。[17]事實證明，波旁樹比典型的薩爾瓦多阿拉比卡更耐寒，在其他品種難以生存的氣候條件下——高海拔地區的溫度比理想的溫度要低，而低海拔地區以前被認為太熱，不適合種植咖啡——也能茁壯成長。[18]

波旁樹的耐寒性使得愈來愈多薩爾瓦多的土地開始種植該品種的咖啡。詹姆斯．希爾開始買下老舊、不賺錢、產量不多的種植園，將它們改為種植波旁品種的咖啡樹。在這片新的土地上，新的樹木生產出更大產量的作物。在一個以品質著稱的地區種植以數量著稱的咖啡樹，從某種意義上說，詹姆斯．希爾將薩爾瓦多的咖啡巴西化，生產出淡味的咖啡。隨著其他種植者的效仿，咖啡爬上了更高的山坡，並深入到火山和周圍的山腳下，波旁咖啡成為薩爾瓦多最重要的栽培品種，以至於在幾十年內，它被稱為「全國咖啡」。[19]

種植波旁咖啡也讓詹姆斯失去了他願意想盡辦法生產最好咖啡的初心，曾幾何時，如何種植出最好的咖啡不再是他一心想要解決的問題。從咖啡種植學的角度來看，新的問題可能更加複雜。因為儘管波旁咖啡擁有可以大量生產的優點，但它還有另一個可能意想不到的不利因素。在咖啡以散裝出售並以外觀來判斷好壞的時代，波旁咖啡豆的小尺寸，基於它與摩卡相似的基礎，曾是一種優勢。但當杯測和真空包裝興起之後，使得外觀不再那麼重要時，波旁咖啡豆的小尺寸便成了不利因素。雖然波旁品種的咖啡樹確實比其他品種的咖啡樹可生產出更多的咖啡果，但由於它的咖啡豆種子較小，這也意味著需要更多的波旁咖啡果才能夠生產同樣數量的咖啡，換句話說，進入國際商業市場的咖啡是，以重量而不是以每批咖啡豆的數量來衡量。對於典型的薩爾瓦多阿拉比卡咖啡來說，五百磅的咖啡果可以生產出一百磅可供出口的咖啡生豆。而要生產同樣的一百磅咖啡豆，波旁品種的咖啡樹則需要生產六百磅的咖啡果。因此，海梅．希爾向加州大學的教授們提出了一個新的問題，那就是如何增加每顆波旁咖啡豆的種子體積，使五百磅成熟的波旁咖啡果，與標準阿拉比卡品種咖啡一樣能夠生產出一百磅可供出口的咖啡生豆。[20]

海梅．希爾在加州試圖解決這個問題。他利用他在果樹栽培學方面的訓練，假設土壤中的每一種化學成分都對應著咖啡樹生長的屬性：鉀肥（potash）對果實的發育有幫助；氮（nitrogen）對葉子的發育有幫助；磷酸（phosphoric acid）對根部的發育有幫助；石灰（lime）對樹幹和樹枝的發育有幫助。但他沒有發現任何一種化學物質能夠增加種子的大小。問題恰恰出在咖啡不同於加州果園作物的栽培方式。李子的種子是一個得丟棄的果核，水果種植者沒有興趣增加果核的大小。而咖啡則恰恰相反：咖啡豆正是種子，是唯一有價值的部分。海梅與他的教授們一起研究，得出結論：增加種子體積的唯一方法是，提供給咖啡樹更多生長所需的一切，而唯一的方法是使土壤更肥沃、更有傳導性，增加咖啡樹的根部所需要吸收的東西——水、化學肥料和環境養分。[21]

此時，海梅．希爾雖然距離聖塔安娜三千英里，但他遇到了和他父親在種植園裡遇到的同樣的問題：關於洞的問題。種植園的土壤每年需要翻動兩次，這意味著得挖二十七立方英寸的洞，裡面要塞滿雜草和豆藤等綠肥。每英畝三百個洞，在這個過程中，每個種植園有超過百分之七的土地會被挖掉。坐在北加州的辦公桌前的海梅認為，如果父親能夠增加每一個孔洞的大小，將更多咖啡樹所需的一切養分加進土壤中，或許能增加波旁咖啡豆的體積。但海梅擔心，這種改變在聖塔安娜是不切實際的，甚至是不可能的，因為，正如他父親多次告訴他的那樣，他很難找到人來做這項工作，更難的是讓他們把事情做對。

現在談論工廠化農場已是耳熟能詳。這個詞抓住了現代農業經營的巨大規模和範圍，針對植物和動物的天性進行微生物干預和基因改造，以及以高產量和低成本為目的，將農業的基本勞動過程進行機械化和自動化。值得一提的是，在不貶低非人本性工業化後果的前提下，將農場描述為工廠的本意原是指兩者的確有異曲同工之妙。

在大蕭條最嚴重的年代，也就是凱瑞・麥克威廉姆斯（Carey McWilliams）開始擔任《國家》（*The Nation*）雜誌編輯的二十年前，他在洛杉磯擔任過勞工律師。他的辦公桌上碰到的案例讓他不禁要問，為什麼看起來如此平靜的加州風景會產生如此激烈的勞資衝突。麥克威廉姆斯開始「長時間泡在圖書館裡」，並「深入聖華金谷地，親眼見證……田野間和勞工營裡到底發生了什麼事。」在農業這個「安靜」字眼的表面之下，他發現了一場喧囂的「大規模、集約化、多樣化、機械化」的競賽。麥克威廉姆斯在其一九三九年出版的《田野工廠》（*Factors in the Field*）一書中，描述了從一八七〇年左右，在加州淘金熱開始放緩之後，出現一類新的「工業農業主義者」接管了加州的土地和經濟。他們讓水倒流，從荒地上變出花園，並在此過程中變得像酋長一樣富有。他們非凡的權力和財富，取自一支「悲慘……被恐嚇……饑餓、赤貧的」

農民工隊伍，而最新的一批新來者總是與前一批人對立。這支「農業無產階級」在州內寬闊的山谷中，追逐著艱苦的工作和勉強足夠的食物和住所，他們組成了「比任何一個在這個國家聚集起來的偉大工業更雜亂的隊伍」。正如麥克威廉姆斯所說，從農場轉變為「農場工廠」，等同於「對農場勞動力剝削」的故事。[22]

然而，在加州大學的農業推廣專案中，農業勞動是一個鮮少被提及的課題。在海梅·希爾就讀期間，絕大多數的課程都集中在植物和土地的研究上，而不是人。在一九二〇至一九二一年，大學內新的或正在進行的研究項目中，沒有一項涉及勞動。而在大學農業實驗站免費提供的五十多份告示和小冊子中，只有一份與勞動有關。[23]然而，所有的種植者都清楚一個事實——就像每一個咖啡種植者都清楚一樣——沒有勞動力、沒有對勞動力的有效控制和管理，就沒有農場和農業。

加州大學大衛斯分校的農業課程中，並未包括有關勞工的內容，部分原因是加州已經擁有一套完善的思想體系來管理農場工人。正如凱瑞·麥克威廉姆斯所發現的那樣，它涉及種族和族裔界定的社會群體之間的對抗。「白人勞工」——愛爾蘭人、挪威人、丹麥人、德國人、波蘭人和奧地利人——反對「義大利和葡萄牙勞工」、「黑人勞工」、「墨西哥勞工」、「印第安勞工」、「日本勞工」、「印度勞工」、「中國勞工」，以及任何新來加州尋求不那麼艱難生活的群體，並產生對立。

然而，加州大學的一位教授理查·亞當斯（Richard L. Adams）確實在此框架內看到了改進的空間，並在他的學術研究中提出了農場勞動的問題。[24]亞當斯是戴維斯和柏克萊農業推廣部門的一位相當受歡迎的教師，他認識到勞動力問題是農場成敗的關鍵。一九二一年他對這一問題的權威性論述出版，當時海梅．希爾住在大學宿舍裡，正為波旁咖啡豆體積過小的問題百思不得其解，並想知道如何將他的學術見解在聖塔安娜火山上付諸實踐。

亞當斯教授來自麻塞諸塞州的多爾賈斯特（Dorchester）。一九〇五年從波士頓大學畢業後，二十三歲就搬到加州去賣殺蟲劑，隨後他被州內兩家最大的工廠化農場主人聘為經理：斯普雷克爾斯糖業公司（Sprecels Sugar Company）和米勒與勒克斯（Miller and Lux）公司。第一家是德國移民克勞斯．斯普雷克爾斯（Claus Spreckels）在薩利納斯山谷（Salinas Valley）經營的甜菜製糖企業，他控制了加州和夏威夷很大部分蔗糖的種植和提煉。第二家米勒與勒克斯公司也是德國移民所建立。一九〇〇年，他們在舊金山的養牛、屠宰、肉類包裝業務是全國二百家最大的工業企業中唯一的農業企業，其勞動力是按種族和民族劃分的嚴格結構所組成。[25]

亞當斯對於勞工問題的研究方法是基於他在該領域的經驗。他替兩家公司從事的垂直整合工作，使他的思維指向了不同於加州傳統的種族與民族競爭模式。

相反地，他認為加州的多元化社會歸因於其獨特的特徵。「黑人勞工」樂於「駕馭馬匹和騾子」，卻慣於「說謊」；「墨西哥勞工」講「和平，有點孩子氣，相當懶惰，沒什麼野心，不過卻相當忠誠」，但「並不特別擅長擠奶」；日本人是「熟練的工人」，但「不喜歡操作機械」等等。亞當斯認為，即使是在同一個農場裡的同一個操作過程中，種族之間的差異性使他們能夠勝任不同的工作。他的書中包括了如何「處理」不同種族的簡短指南：對墨西哥人講究禮貌、對日本人提供他們喜愛的泡澡浴缸、對黑人得有耐心。[26]

一方面，即使是對於詹姆斯．希爾這樣將種植園和處理廠結合起來的種植者來說，亞當斯這種關於種族的階級特徵和能力的看法，在薩爾瓦多也有其執行上的限制。與加州相比，薩爾瓦多種植園的種族和民族多樣性較少。管理者有時是外國人，包括許多種植園主自己在內也是外國人，除此之外，外來的勞動力則較少。只有莫佐，即「印第安勞工」，在種植園的日常工作中從事勞動，舊金山一位咖啡進口商用亞當斯的話來形容：「土生土長的印第安人，生活非常節儉，對他們不需要付出太多心力，但他們的工作能力也相對有限。」[27]莫佐克勤克儉，需要的少，付出的也少。對於希爾家的男孩來說，這正是他們對於加州的咖啡研究中的問題，如同他們在聖塔安娜的父親一樣。然而，即使沒有顯著的種族和民族多樣性，薩爾瓦多的咖啡區也有其他重要的社會分工，可以按照亞當斯教授指出的那樣加以利用。隨著時間的流逝，詹姆斯．希爾為此制定了新的策略，這讓他與火山上的其他種植者有所區分。

從軍事學校到農業學校、果園到種植園、男孩到種植園主，從來沒有人想過詹姆斯．希爾的兒子們會從事其他行業。一九一七年夏末，當天使島特別調查委員會詢問年輕的費德里科．希爾，他在加州完成學業之後有什麼打算，這名十三歲的孩子自信地回答：「我要返回聖塔安娜。」[28]他保有孩子的天真，相信父親有能力讓他在這個世界上占有一席之地。

第12章

咖啡樹洞

一九二〇年三月二十八日，在一個新的耕種年開始時的一個寧靜的星期天，詹姆斯・希爾的三個兒子前往加州的學校就學，而他坐在他的辦公室裡思考數字。他面前那張紙上的數字代表著人。理論上，每個人都按詹姆斯・希爾的要求按時完成工作。這些想像中的勞動人口的堅定可靠，是詹姆斯得以用數字來加以思考的原因，他的辦公室宛如會計室，而他成了一名簿記員。

詹姆斯・希爾的辦公桌上還有另外一個額外的問題。他在聖塔安娜火山上購買了超過一百五十英畝的土地。新土地毗鄰他現有的兩個種植園，其中一個是他於一九一二年收購的，另一個則是一九一四年。三個種植園共同構成了一個超過五百英畝的廣闊土地，該契約將在當天傍晚起草。

新的土地上已經種植了咖啡，但種植的咖啡並沒有達到詹姆斯・希爾的標準，所以他要重新來過，種植波旁咖啡，盡可能種植很多。由於預料到所有權的轉移，詹姆斯・希爾正在計畫下一步的工作。從一九二一年春季開始，他要在一年之內種植四萬二千棵咖啡樹。

詹姆斯・希爾就這樣種植了四萬二千棵咖啡樹。在一九〇五年最後一次對這塊土地進行測量時，它的評估面積為一百六十八英畝。土地的主人（很快地將成為前主人），說這塊地遠比丈量出的更大，但詹姆斯・希爾相信測量師，而不是一個失去對土地控制的前主人。

這塊土地並不適合種植咖啡。因為地勢相對較低，只高出海平面兩千英尺，所以很熱。由於天氣炎熱，太陽把表層土壤中的大部分水分烤乾，使其變得乾燥和充滿沙質。為了解決炎熱和土壤乾燥的問題，詹姆斯・希爾在咖啡樹之間留出了額外的空間。在山坡上大面積種植，每英畝大約種植兩百五十棵樹。一共是四萬二千棵咖啡樹。

從這個數字，可以簡單地計算出在種植四萬二千株咖啡樹的前一年，所需要完成的工作量。首先，每棵樹都要挖好一個洞。詹姆斯・希爾希望在雨季到來之前挖好這些洞，這樣新挖好的土地就可以吸收水分，雨季通常在五月底左右開始。所以，到三月底，詹姆斯・希爾大約有兩個月，或者說五十個工作日來挖四萬二千個洞。在五十個工作日內挖四萬二千個洞，意味著每天要挖八百多個洞。這才完成了一半的工作。

另一半工作則是播種，這些種子經過一年將長成為幼苗，種回洞裡。這部分的工作講究細膩，而掘地挖洞則粗暴得多。為了生產出四萬二千株健康的咖啡樹，詹姆斯・希爾計畫將八萬顆種子播種在特別精心建造和培育的苗圃中。

最後需要完成的任務是標示新種植園的邊界，但在詹姆斯・希爾看來，這只是一種形式，因為將這片土地標記為自己的財產，最重要的方式是通過挖掘、種植和耕作。[1]只有正確管理新土地，才能真正將種植園變成自己的。正是基於這樣的目標，在其他工作一起進行的同時，詹姆斯·希爾還雇請了一個團隊，開始在新種植園裡建造廚房。

正如大批舊金山商人在薩爾瓦多咖啡區尋找珍品，詹姆斯·希爾把種植園看成是種植園主掌握咖啡種植的生動體現，進而也是他對咖啡品質的展現。管理不善的種植園在詹姆斯·希爾眼裡就像缺乏主人的種植園，讓人覺得浪費了一片大好的土地。當他自己的種植園中部分土地也缺乏照料時，他擔心自己的名聲也會遭到抹黑，因為鄰近農場相較之下乾淨得多。[2]

這不僅僅是一個面子問題，種植園的外表和狀況影響了種植園主在代理商和銀行家心中的地位。所以在他給即將收購的荒蕪種植園蓋上章之前，詹姆斯·希爾會繼續用那個他即將買下土地者的名字來稱呼這片土地，那個失去土地、娶了一個身無分文的聖塔安娜女子、令人匪夷所思的德國律師德內克。

艾爾伯托·德內克並不是唯一在大戰期間失去土地的聖塔安娜農場主。一九〇六年，聖保羅的種植者開始將農作物從市場上撤下後，咖啡價格從十年前的危機中逐漸恢復。然而，巴西的價格控制系統有時也被稱為「價格穩定化」，也因此產生了次要的、適得其反的結果：實際上助長了拉丁美洲其他地區咖啡產量的增長。巴西種植者在世界市場價格上取得的進展，再次使咖啡成為一種可行的出口作物，而他們停售的咖啡則被其他地方的新種植所取代。例如，到一九一四年，薩爾瓦多的咖啡生產量比前十年的平均水準增長了百分之二十五。[3]這種補貼性供應擴張的結果是，當一九一四年歐洲市場因戰爭而中斷時，咖啡價格再次下跌，甚至比以往更加嚴重。所以一九一七年當美國參戰時，紐約的咖啡價格比起一個世紀以來的價格都還要低，這也是通貨膨脹的原因。[4]由於價格如此低廉，許多種植者難以支付他們的抵押貸款。反過來，抵押貸款持有者雖然虧了錢，卻取得了被當成抵押品的種植園，導致土地集中在愈來愈少的人手中。例如，詹姆斯・希爾的鄰居吉羅拉斯（Guirolas）一家，擁有薩爾瓦多雷諾銀行的大部分股份，而詹姆斯・希爾本人則曾積欠該銀行十多萬美元，一九二〇年他還欠這家銀行約兩萬五千美元。一九一四年戰前，吉羅拉斯夫婦擁有三個咖啡種植園。十五年後，他們擁有的種植園數目高達二十個。[5]

儘管詹姆斯・希爾感到自己龐大的債務壓力，甚至為了工作而錯過了小女兒茱莉亞的生日慶祝活動，但他仍比多數鄰居更平順地度過了戰時的經濟動盪。或許他的表現不如吉羅拉斯夫婦，但他們手中握有的種植園沒有一個曾經是他的。相反地，他在一九一二年至一九一九年期間，在戰時經濟衰退的低谷中，將自己的種植園從五個擴大到十一個。[6]種植波旁咖啡樹為詹姆斯・希爾帶來了一定的優勢，使他能夠將氣候不怎麼適合種植阿拉比卡的低窪地，改造成高產的咖啡種植園——如同他分別在一九一二年與一九一四年收購、與德內克土地毗鄰的兩個種植園所做的。詹姆斯・希爾擴張種植園的時間很可能反映出小型種植園主遭遇到的挫敗，他們的儲備能力因戰爭而被拉到極限。

戰爭加速了不利於小型種植園主的趨勢。土地整併在少數人手中逐漸成為聖塔安娜的咖啡貿易結構中的一個常態。舊金山的進口商在戰爭期間接管了愈來愈多薩爾瓦多作物，他們喜歡咖啡杯測中的甜味，並以高價作為回報。杯子裡的甜味來自於每顆咖啡果成熟時產生的糖分。而果實的成熟度差異，非單純的依賴果實發育階段，更取決於勞動力的數量：特別是在咖啡果成熟的高峰期間，得在有限的時期採摘咖啡果，並將咖啡果磨成咖啡豆。最有可能生產出杯中帶有甜味的咖啡種植者和處理廠主，則是那些有能力支付收成以及將咖啡加工成商品所需勞動的人。這便是舊金山商人在聖塔安娜火山上想要尋找的珍品——豐收、財富、勤奮的咖啡業跡象——景觀與處理廠中的秩序。

結果，薩爾瓦多那些沒有令人印象深刻的種植園和處理廠的小型咖啡種植園主，經常得費盡千辛萬苦取得協助收成的資金來源。而當這些小農場主需要籌集資金時，卻得被迫向更富有的鄰居借錢，這些鄰居素以貸放「短期高利貸款」著稱，著眼於獲取更多的土地。[7] 高利貸再加上全球咖啡市場價格的意外下跌，或是收成不如預期，都可能帶來災難性的傷害。對於咖啡小農來說，失去土地的威脅迫在眉睫，毗鄰的龐大種植園的興旺發達不言而喻，以艾爾伯托・德內克的例子來說，這裡的龐大種植園指的正是詹姆斯・希爾的種植園聖塔羅莎（Santa Rosa）。

三月二十九日星期一，早上八點開始舉行儀式——通常工作在六點開始——詹姆斯・希爾和他的兩名最好的手下一起前往接管德內克的種植園。詹姆斯・希爾特別召集了這兩個人，因為他相信他們能夠將他在紙上表達的訊息忠實地執行於土地上。他在前一天便向他們表明了明確的數字，他們的出現表示了他們同意他的計畫。每天挖掘八百個洞，而這只是開始。

週一早上，詹姆斯．希爾的其中一個副手、種植園的管理員伊萊亞斯．萊昂（Elias de Leon）現身種植園。一九二〇年三月，是萊昂在詹姆斯．希爾的手下工作的第八年，這是他第三次擔任管理員的職務。這份工作給了他廣泛的權力掌控種植園的一切。但德．萊昂卻發現這項高階職務並非一個輕鬆的差事。

一年前，一個名叫沃勒斯（Wohlers）的人來到了聖塔安娜。傳聞他很懂得咖啡，所以當詹姆斯．希爾增加種植園的時候，他便聘請沃勒斯作為種植園的專家。沃勒斯的任務是負責在種植園裡巡邏、監督、檢查、糾正和彙報，而詹姆斯．希爾對他寄予很高的期望。

然而，伊萊亞斯．萊昂認為沃勒斯是個傻瓜。特別是，他認為沃勒斯破壞了擴展工作所需的細節。沃勒斯對萊昂也抱持相同的觀點，兩個人相互指責對方是傻瓜，所以他們無法融洽相處，與他們一起工作的人都可以看出或讀得出來，種植園的日誌本該用來記錄他們在擴張工作上的進展，卻變成彼此指責侮辱的來源。最終證明萊昂的看法沒有錯，他卻百口莫辯。詹姆斯．希爾嚴厲地責備他的管理者——難道他不知道，與其指名道姓罵人，不如提供必要的證據來證明自己的觀點？

伊萊亞斯．萊昂在詹姆斯．希爾手下做事至少八年。當然，八年的時間已經足夠讓他了解詹姆斯．希爾判斷事物的標準所在：產品減去成本、產出減去投入、計算咖啡收穫的磅數、出口的袋子、獲得的價格和獲得的利潤。當然，八年的時間也足夠使萊昂知道這些標準足以戳破沃勒斯所說的話，進而省去了他前往（「三扇門」）辦公室，告訴他的老闆他遭到愚弄的事。[8]萊昂畢竟經過一番算計，因為萊昂可不會總是對他認為是個蠢蛋的人保持緘默。當然，當談到佩德羅．波拉諾斯（Pedro Bolaños）時——他是詹姆斯．希爾他們這一夥人中，第三個前往接管德內克土地的人——萊昂並沒有羞於開口，不過這似乎絲毫未影響詹姆斯．希爾對波拉諾斯的看法。

一九二〇年三月，佩德羅．波拉諾斯像月亮中的星星一樣閃耀。他負責管理詹姆斯．希爾的種植園聖塔羅莎，該種植園一側與德內克的土地接壤，他和妻子住在那裡。這是詹姆斯．希爾選擇波拉諾斯前來領導德內克種植園的其中一個原因，卻不是唯一的原因。波拉諾斯並不是替詹姆斯．希爾工作最久的員工——而是杜維格斯．梅迪納（Eduviges Medina），他被安排負責另一個重要的擴建項目，一個名為「貯藏」（La Reserva）的種植園。然而佩德羅．波拉諾斯近來的表現卻愈來愈像個出類拔萃的佼佼者。

詹姆斯．希爾對其他管理者的最大期望，無非是希望他們能夠按照他的要求去做：把他的命令傳達給他們手下的人，並透過他們傳達給種植園。但佩德羅．波拉諾斯不同，他積極主動，深思熟慮，細心而又實事求是。詹姆斯．希爾甚至向伊萊亞斯．萊昂建議讓佩德羅．波拉諾斯的工作表現可以作為其他人的榜樣。在聖塔羅莎苗圃中生長了一年的咖啡幼苗綠葉成蔭，令人印象深刻，這正是詹姆斯．希爾想要在所有苗圃中見到的。

佩德羅．波拉諾斯的突出特點也在於他的眼界，他對每件事都很感興趣，他所做的紀錄和送出的報告都十分縝密詳細。詹姆斯．希爾坐在辦公桌前，讀著波拉諾斯每天從聖塔羅莎傳來的工作報告，不必離開辦公桌就能夠看見完成哪些工作，還有哪些工作待辦，以便他隨時將當日的報告轉化成第二天應該下達的命令。在這些方面，佩德羅．波拉諾斯和他的兄弟埃內孔（Enecón）皆表現得十分出色。

詹姆斯．希爾相信家譜。當他找到一個他信任的管理者——能讀會寫，誠實且願意學習的人——他會想要知道這個人是否也有兄弟可以雇用。[9] 於是，詹姆斯．希爾讓埃內孔．波拉諾斯負責一個叫做「阿尤特佩克」（Ayutepeque）的種植園，而讓佩德羅．波拉諾斯同時負責兩個種植園，除了他手上現有的聖塔羅莎管理職，另外再讓他管理德內克這個名譽掃地的前主人名下的土地，讓種植園裡隨處都能見到詹姆斯．希爾展現他的種植技巧的證明。

咖啡種植園可以說是由一個個在土地上鑿出的洞所組成：施了肥的洞、幫助吸收雨水的洞、種植了遮陽樹的洞、種植咖啡苗的洞。對於種植者來說，沒有什麼比這更基本、更麻煩的事了，咖啡種植這一行預示了這一個一個洞的存在。問題是，除了明顯的例外，這些洞可不會自己鑿開。

一方面，這些洞的品質對於種植者來說是十分有用的。因為土地上的洞是不會說謊的，所以挖洞的工作在監督之下，很容易就能看出挖了些什麼、剩下些什麼要做。另一方面，基於同樣的原因，挖洞對於種植者來說同樣問題重重，由於負責挖掘的人感到痛苦的關係，這份工作肯定是人類學會討厭的第一個工作。雖然有很多洞需要挖掘，周圍在尋找這類工作的人卻不多。詹姆斯．希爾懷疑這些人之所以躲開是因為他們不想要那份工作。這是波拉諾斯在面對德內克這片土地時遭遇到的第一個問題。

波拉諾斯被指派在兩個月內挖掘四萬兩千個洞，如此一來，每天得挖超過八百個洞。但波拉諾斯需要挖的洞的數量並不是他面臨的唯一挑戰。雖然這項工作已經夠龐大了，但詹姆斯．希爾想把洞鑿得更大，然而要做到從事這項工作的人不會注意到其中的差別。種植的標準尺寸洞口四面約為一瓦拉，三十三英寸，但詹姆斯．希爾問波拉諾斯是否可以完全比照海梅．希爾在加州研究的那樣，把每個洞都挖得比正常的大些——一立方碼，三十六英寸，而不是三十三英寸——並且不打算告知挖掘者其中的變化。詹姆斯．希爾認為一個強壯、體力充沛的人一天可以挖二十四個這樣的洞，而一個普通體力的工人可以挖十六個洞。如果把強壯的工人和普通工人混在一起——低於平均水準的工人不在計算之列，因為如果波拉諾斯認真執行他的工作，他不會雇用任何體力低於平均水準的工人——這份工作需要四十個人，平均每人挖二十個洞，每小時大約挖兩個洞，一天就能挖出八百個洞。

然而，出於某種原因，波拉諾斯幾乎在一開始處理德內克的種植園時，他的詳實報告很快就進入「三扇門」的辦公室，因為挖洞的數目明顯不足。波拉諾斯甚至連他需要的工作人員的一半都未找齊。有一天，他派了十六個人到德內克的種植園挖洞，數目不到四十人的一半。更重要的是，這十六個人總共挖了兩百五十六個洞，根本沒達到詹姆斯．希爾期望一天所要達到數字的三分之一。這只是縝密報告的其中一個問題：佩德羅・波拉諾斯顯然並未完成主子交辦給他的任務。詹姆斯・希爾不必離開他的辦公桌，就能看出數量與他的計畫不符。他計算了一下，打了一份報告，然後把這個壞消息傳回給波拉諾斯。按照波拉諾斯的工作進度，得花上七個月的時間才能夠挖出四萬個洞。詹姆斯・希爾想在兩個月內完成，他認為，佩德羅・波拉諾斯是個有頭腦的人，他會知道上哪裡和如何找到所需的人力從事這項工作。

當詹姆斯・希爾自己從事監督，比如挖洞這類工作時，他是按照任務分配來進行。任務制度是薩爾瓦多種植園最常見的勞動管理形式，且如同維多利亞時代英國的許多工廠一樣採取計件工作制：完成一個給定的任務就能獲得一個給定的工資。偉大的英國工人階級歷史學家湯普森（E. P. Thompson）寫道，對雇主和雇員來說，任務制度的價值在於使工作在人類尺度（human scale）內更易理解。[10] 對於詹姆斯・希爾和他所雇用的人來說，這裡所指的就是工作和食物的比例。

詹姆斯・希爾種植園的工資分為兩個部分：金錢和口糧。完成一項工作任務所賺取的口糧通常是由兩個厚厚的玉米餅，加上每個玉米餅上頭所能放上的豆子數量組成。此外，詹姆斯・希爾還提供咖啡，多半是用那些品質不夠好到銷往國外的咖啡豆所沖泡。他花費了低廉的成本供給這些食物。在德內克這片種植園挖掘四萬兩千個洞的過程中，詹姆斯・希爾估計得支付六百多美元的工資，但他計算出的口糧成本還不到這個數字的一半。[11] 然而，雖然口糧的成本較低，但對詹姆斯・希爾和為他工作的人來說，在某些方面卻更有價值。

首先，食物的供給提供了一個日常結構。假設勞動者能夠在一個工作日內賺得兩頓飯飽。倘若任務規模計算得當，工作能力出眾的勞動者，能夠在一天的工作過程中完成三個工作項目，就能夠換取三頓飯的溫飽。同樣的道理，如果任務的規模較小，勞動者可以在一天內完成四個專案或是以上的任務，賺得四份或四份以上的口糧，那麼將使資源浪費，任務也因此得做出相對應的調整。

口糧的價值之所以超出其成本，通常是因為以此作為獎勵的手段。當遇有緊急工作必須完成時，詹姆斯．希爾會利用食物而非金錢來吸引人們去做，而每完成一項任務就提供額外的半份口糧：一個玉米餅和豆子。額外發放的食物總是在早餐時提供，這是一種雙重激勵，因為只有在早上六點之前到達種植園的工人才有資格吃早餐——六點整停止供應早餐，開始工作，全年皆在六點開始。如果人們對早餐的玉米餅表現出很大的興趣，也就是說，如果他們看起來特別餓，管理人員會在五點三十分到五點四十五分之間發放多餘的玉米餅，以確保工人們能在六點準時開始工作。即使有剩餘的食物，沒有依約出現的人也吃不到。[12]

用少量早餐迫使人們按時上工，突顯了食物在種植區的重要性。在薩爾瓦多廢除公有土地所有權後，隨著愈來愈多的私人土地落入大型咖啡種植商手中，愈來愈多的薩爾瓦多人喪失了養活自己的方法。為了求得溫飽，他們被迫替他人工作，出賣勞力以換取食物。在資本主義統治下，這一不爭的事實在聖塔安娜的種植園裡隨處可見，因為在咖啡種植園賺取的現金工資，購買食物的能力有限。

一九二〇年代，聖塔安娜火山的農業逐漸由大型種植園主導。火山周圍的山腳下點綴著一些小村莊，其中也包括市場或商店，但聖塔安娜和松索納特的大型商業中心，距離大多數種植園有數英里之遠，而且地形崎嶇。城鎮之外最大的商業形態便是種植園本身。在這種壟斷的條件下，種植園主透過支付被稱為 fichas 的貨幣工資，來加強對火山上生活的控制。一些種植園主將毫無價值的外國貨幣重新加以利用，而另一些種植園主則從加州或德國訂製金屬片，在上面印有種植園的標誌、種植園主的姓名縮寫、圖像或一個簡單的數位——任何可以將其標示為專有貨幣形式的東西，貨幣僅在它們的種植園內的商店中才有效。詹姆斯・希爾至少發行了兩種面額的 fichas，一種是銅製的，另一種則是黃銅製材質，後者還打上了孔。[13]種植者將商店作為其種植園主權領域的延伸，作為每日工資賺取的口糧，在許多情況下占據種植園勞動者很大一部分的工資比例。

另外還有一點突出了咖啡工人依靠種植園口糧維持生計的程度。在詹姆斯・希爾看來，星期天正是外出尋找在德內克種植園挖洞所需的額外人手的最佳時機。除了在收穫季節，星期天是休息日，人們會在這一天外出活動，同樣重要的是，這一天不會提供食物。在這一點上，相比星期天更好的時機便是星期一的早晨，距離在種植園吃完最後一餐後整整三十六個小時。只有在饑餓的星期日和星期一早上，需要工作求得溫飽的人才會進入詹姆斯・希爾的種植園，成為他的雇員。

為了把德內克種植園的挖掘工作做好，詹姆斯・希爾希望佩德羅・波拉諾斯能找來四十名強壯、勤勞以及饑腸轆轆的勞動者，他們會在早上六點之前裹著一件塵土飛揚的印花布，頂著黎明前的寒風出現在種植園，在太陽升起之前吃上熱氣騰騰的玉米餅早餐，然後再開始新的一天的工作。當然，這樣的人並不是唯一餓醒的人，挖地也不是他們唯一需要從事的工作。

無論詹姆斯．希爾在從英國來到薩爾瓦多之前，如何設法了解薩爾瓦多和薩爾瓦多人的情況，這個地方和人們的某些事情還是讓他感到驚訝。其中之一就是女人。

在曼徹斯特棉花製造業的高峰期，婦女占據該市工廠勞動力的一半以上，有時甚至高達三分之二。[14] 薩爾瓦多則不同。雖然許多婦女在咖啡廠做篩選工，但這種專門的工作只持續到收穫季節，大約是十一月到二月之間。詹姆斯．希爾驚訝地發現，一年中的其他時間，婦女都不工作。相反地，正如他在一九二七年對美國記者亞瑟．魯爾所解釋的那樣，她們「什麼也不做——只是照顧嬰兒，為丈夫做飯，在自己的地方打雜。」多次為人父的詹姆斯．希爾當然明白，這種家務勞動並非「無所事事」。然而婦女們「圍著她們的地方轉」的家務勞動，並未替他的種植園做出直接貢獻，在這一點上，他看到了錯失的機會。於是，他告訴魯爾，他「不斷地催促她們工作」。很快地，他的種植園裡就聚集了「很多」婦女在他的種植園裡工作。[15]

「不斷催促她們工作」：這句話描繪了一幅奇怪的畫面。詹姆斯．希爾聲稱自己不僅是火山上最早讓婦女在他的種植園裡工作的種植園主之一，也是最早跳脫任務體制，讓人們按日工作的種植園主之一。我們沒有理由懷疑這些說法。據報導，在詹姆斯．希爾到來之前，[16] 婦女工作和人們按日工作在薩爾瓦多都是例外，而非常規，這讓許多種植園主深感挫折。更為重要的是，這兩種主張是相輔相成的勞動管理制度，讓婦女在種植園工作與按日分配工作彼此相得益彰。

正如詹姆斯．希爾希望德內克種植園能找到身強體健的男人替他挖洞一樣，他也有他認為最適合女人的工作。例如，一旦德內克種植園的洞挖好之後，就必須在洞裡塞滿綠肥——雜草、樹葉和其他植被，上午砍伐雜草，下午則填入洞內，然後蓋上泥土，這樣整個混合物就能隨著時間腐爛成肥沃的種植土壤。施肥是婦女的工作，她們被認為身體比男人羸弱。由於這個原因，她們的勞動價格也因此較為低廉，一般而言，她們的工資只有男人的一半。只有在特別緊急的情況下，詹姆斯．希爾才會讓男人和女人彼此從事同樣的工作，通常會把女人完成後的工作交給男人，反之亦然。讓女性工作，節省了詹姆斯．希爾判斷為非常適合女性的所有工作費用。節省的用度尤其顯著，因為這些最重要的工作是按日而非按照分配的任務。

例如，改造德內克種植園的另一半工作是，在苗圃裡養育和照料咖啡幼苗一年，然後將咖啡幼苗重新種植在已經在洞中發霉的肥沃土壤中。脆弱的芽苗和幼苗很容易因為工作馬虎或匆忙而受到傷害。詹姆斯．希爾按日分配這項工作，使得任務系統所建立的高效率激勵機制不再適用。他任用一名監督員負責監工，取代以糧食為基礎的任務制管理，每二十五名婦女中就有一名監督員，而該名監督員向來為男性，如同在處理廠裡監督檢查和分類咖啡的篩選工的監督員始終為男性一樣。把這種細膩的工作留給按日工作的婦女，彌補了監督的費用，同時也賦予了男性監督員一種權力，如果他監督從事同樣工作的男性恐怕將不會享有這種權力。

婦女相對低廉的工資使她們成為格外有價值的雇員。正如詹姆斯・希爾希望有盡可能多的篩選工在裝運前對豆子進行檢查和分揀一樣，他也希望確保在需要時有婦女從事其他重要的工作。當他知道即將有適合婦女的工作到來時，他有時會給她們配給——一天三餐，而非兩餐——甚至在還沒有實際工作要做之前提供，目的是確保自己有「充足」的人力。

不過，在他的種植園裡工作的女人，有些事情遠超過詹姆斯・希爾所能理解。他那裁縫的眼光已經注意到，婦女們到種植園去時，經常穿著色彩鮮豔的棉布衣裙，並且把一部分收入用來買仿製的絲襪，幹活時就穿在衣服底下。由於婦女們光著腳幹活，她們的長襪經常被樹枝和刷子勾破了。詹姆斯・希爾看到她們光著的腳和腿從破襪子上的洞裡探出頭來，他擔心如果他的女雇員們可以如此自在地這樣破壞她們的襪子，也許代表她們覺得自己賺取的收入多到足夠她們這麼做。[17]

一開始，婦女們「什麼都不做」——除了照顧她們的孩子，為丈夫做飯，無所事事。隨著愈來愈多的婦女來到詹姆斯・希爾的種植園，根據他的定義，她們開始有正事可做，從前總是無所事事、做飯和照顧孩子，現在有了工作和咖啡。但是房子、丈夫和孩子該如何是好？

對於一個在十九世紀中葉的世界童工之都曼徹斯特長大的人來說，詹姆斯・希爾對童工的評價並不高。他發現他們不夠強壯，也不夠聰明，無法把事情做好。有一次去檢查德內克種植園的洞口施肥情況時，他看到一個八歲的女孩艱難地舉起鋤頭，另一個女孩肩上扛著兩把鋤頭漫無目的地走來走去，想要尋找使用鋤頭的地方，[18]這樣的「工作」不僅不值得付錢，而且她們的馬虎還可能因此損壞咖啡樹。特別是在收穫季節，詹姆斯・希爾禁止雇用十四歲以下的兒童。但他仍為孩子們保留了一個角色，尤其是保留給他最優秀、最忠誠的員工的孩子，那就是送信員的工作，將「三扇門」的備忘錄傳遞給遠方種植園的管理員。在種植園中長大的孩子們，他們的父母在那裡工作多年，本能地了解這裡的地形。孩子們能成為優秀信使的另一個原因是，他們在很大程度上依靠父母提供食物和住所。如果詹姆斯・希爾雇用的年少送信員未能送達，至少他知道在哪裡可以找到他們。

兒童是聽話的員工，因為他們的行跡可循，但年長的員工也有其長處，因為他們不易被人察覺。詹姆斯・希爾對雇用老弱多病的人從事任何需要真正工作的職務不感興趣。但老弱病殘者在種植園裡確實有了用武之地，因為這些勞動力可以用低價買到。詹姆斯・希爾雇用老人做間諜：在種植園裡雇用老人做間諜，在處理廠的篩選工中雇用中年婦女做間諜。當這些間諜提供了一些有價值的資訊時，他就給他們幾個硬幣作為獎勵。[19]

然而，詹姆斯．希爾吸引人們到他的種植園工作，並讓他們按照他的指示工作，以獲得他提供的工資和口糧的權力是有限的。在聖塔安娜火山周圍的數百個種植園中，每一個種植園都受到同樣日期和季節的支配，這意味著他們對勞動力的要求即使不完全相同，也是重疊的。詹姆斯．希爾的鄰居們也都必須在差不多的時間完成同樣的工作，由此產生對勞動者需求的競爭推高了勞動力成本，也限制了種植園主讓人們按命令工作的權力，因為附近總能找到其他工作。

有一些方法可以解決鄰里間的競爭問題，只是這些方法並非萬無一失。一九二一年夏天，詹姆斯．希爾計畫每天在德內克種植園種植兩千棵樹，咖啡價格的下跌使得精打細算變得更加重要。詹姆斯．希爾採取主動攻勢，寫信給鄰近的農場主，包括他的銀行家安傑．基羅拉（Ángel Guirola），他的想法是組織一個推動降低工資的計畫。種植者們一致同意每立方瓦拉挖十二個洞，這樣一天的工作量就會增加到二十四個洞，遠遠超過詹姆斯．希爾認為一個中等體力的人一天能挖十六個洞的工作量。他們另外達成協議，按日工作的婦女一天的工資應該是一點五薩爾瓦多里亞爾（reales），或者一毛五分錢。[20]

這樣的聯盟協議並未持續多久，因為在當時種植戶之間的合作是例外而非常規。[21]更常見的情況是，詹姆斯．希爾不斷調整他支付的工資、調整工作與食物的比例，在有緊急工作要做的時候提供早餐玉米餅，如果沒有工作要做的時候取消早餐，完善調整了滿足為他工作的人的需求，以及他們為得到這些東西而被迫從事的工作之間的關係。這一切都根據工作所需而做，女人在某些時候可以得到早餐，男人則是在其他時候可以得到早餐，遇上特殊情況的時候，當詹姆斯・希爾需要盡可能動用許多的勞動力時，他就會提供那些和父母一起來到種植園的孩子們一半的口糧，希望能把孩子們對父母的依賴變成父母對他的服從。

這是一種不近人情、精心算計的管理方法——也是詹姆斯・希爾與世界上技術最先進的雇主和政府所共有的特徵。

第13章 玻璃籠子

一八九六年三月的一個清晨，在康乃狄克州米德爾敦的衛斯理大學，校園內的奧蘭治賈德自然歷史博物館（Orange Judd Museum）展出的野牛標本、恐龍足跡化石和埃及木乃伊中，一位年輕的達特茅斯畢業生史密斯（A. W. Smith），走進了在場的新聞記者所描述的「玻璃籠子」。這個所謂的籠子實際上是一個銅牆打造的房間，鍍了鋅和木頭，上頭鑲嵌了玻璃窗，長七英尺，寬四英尺，高六英尺半。史密斯作為衛斯理電力實驗室的助理已獲准休假，他打算在裡面待上十天。[1]

當門在他身後關上時，二十四小時的嚴密觀察使史密斯成了焦點。白天，五名身穿實驗室白袍的男子輪流從窗口望向他。他們看著他舉重鍛鍊，看著他坐在桌前進行報紙上所說的「嚴酷的腦力勞動」，即學習以德文書寫的物理學書籍，看著他「過著呆板閒散的生活」，看著他吃著透過特殊入口餵給他的嚴格飲食。早上七點三十分，史密斯的照顧者給他送來了早餐：燕麥片，二十一克。牛奶，一百五十克。糖，二十克。麵包，七十五克，奶油，二十克。焗豆，一百二十克。中午的午餐：一百二十五克漢堡，一百二十克馬鈴薯泥，七十五克麵包，二十五克奶油，一百二十五克蘋果。六點半，吃了一頓清淡的晚餐：二百五十克波士頓黑麵包和五百克牛奶。再加上他想要喝的水。每天晚上，由三名新的觀察員組成的小組，看著史密斯躺上他的小床，進入睡眠。玻璃籠內的空氣溫度每隔幾分鐘就會被記錄下來。所有進入和離開史密斯身體的東西也都被記錄下來。例如，三月二十四日星期二，史密斯並未吃完所有的奶油。[2]

這個「玻璃籠子」是由衛斯理學院教授威布林．阿特沃特（W. O. Atwater）所設計。一八六九年，阿特沃特在耶魯大學取得化學博士的學位。在德國結束博士後研究的工作之後，一八七三年他開始在衛斯理學院任教。一八七五年，衛斯理學院組織了美國第一個由國家資助的農業實驗站，由阿特沃特擔任主任。十二年後，他被任命為農業部全國實驗站辦公室主任。阿特沃特在這個職務上貢獻他自己的專業：人類營養科學，特別是圍繞他在奧蘭治賈德大廳（Orange Judd Hall）的地下室所進行的研究——卡路里——來塑造美國農業的發展。[3]

卡路里源自古老的「熱量」概念——這種無形的液體曾被認為可以將熱量從一個物體帶往另一個物體——卡路里是十九世紀初在法國首次使用的計量單位，以作為蒸汽機效率的指標。[4]一八四〇年代能量守恆的發現，清楚表明了卡路里可以有許多其他的應用。正如熱力學第一定律的作者赫爾曼．赫爾姆霍茲在一八五四年所說的，「在上個世紀……我們還不知道消耗的營養和其產生的能量之間如何建立起聯繫。然而，既然我們已經學會了從蒸汽機引擎中找出機械力的起源，我們因此可以探究在人的身上是否也有類似的情況。」這個問題不僅是哲學問題，同時也是生理學問題：人類是特殊的生物，還是和機器一樣的運行原理？赫爾姆霍茲懷疑是後者，但他也認為證明這一點的實驗非常複雜，以至於難以達到。[5]

四十年後，情況發生了變化。營養學和飲食科學已經在歐洲，尤其是德國建立了良好的基礎，德國的研究重點是勞動家庭的飲食。與此相反，直到一八八五年遇到愛德華・阿特金森（Edward Atkinson）為止，阿特沃特的實驗在美國幾乎沒有引起注意。阿特金森是波士頓的一位實業家，他也曾資助過激進的廢奴主義者約翰・布朗（John Brown），他本人也積極反對奴隸制，認為奴隸制在經濟上效率不彰。[6]阿特金森從營養學中看到，在不增加工資的情況下改善勞資關係的可能性——實際上則是透過飲食需求和食品的價格，對工資進行反向的思考。[7]在阿特金森的贊助下，阿特沃特多次前往德國考察營養學方面的最新研究。一八九四年，阿特沃特用農業部提供的一萬美元，開始在衛斯理學院以他在慕尼克見到的模型，打造了一個所謂的「呼吸卡計」（respiration calorimeter），只是體積更大，通風更好，這樣他的研究對象就可以在裡面待得更久，實驗也可以擴展到人類生活的更多面向：工作、學習、休息、吃飯和睡覺。[8]

根據所有的跡象來看，史密斯待在阿特沃特設計的呼吸卡計內部非常舒適，與世隔絕。溫度是根據他的喜好設定的，功能表也是他自己選擇的。雖然他原本的計畫是在裡面待上十天，但最後史密斯還是熬到了十二天半，創造了新的紀錄。當四月四日星期六下午三點開門，史密斯走出來時，儘管體重瘦了兩磅，不過精神相當好。[9]

史密斯在呼吸卡計上創造的紀錄，將是阿特沃特十年來在衛斯理學院進行近五百次類似的實驗之一。[10] 雖然阿特沃特以道德的角度來說，堅決反對過度放縱，但他的實驗並非為了給人類的飲食設定上限，也不是為了建立一個健康或好看的特定標準。相反地，他感興趣的是「當將普通食物餵給人類這個發動機時，我們能從食物中獲取多少能量和熱量？」[11] 呼吸卡計是一種用於測試能量守恆熱力學定律應用於人體的裝置。正如《芝加哥論壇報》（*Chicago Tribune*）解釋的那樣，「主要目標」是「為了能夠確定人體吸收和支出的平衡」，並「以物質和能量的形式」來表達這種平衡。[12] 其結果是為了量化食物和能量、人類需求與其能力之間的關係：生命被簡化為數字——卡路里。

弄清能量與食物之間的關係，有助於讓人體的內部機制的運作變得清晰可見，進而為一個老問題提供答案，這個問題在美國已經有了新的意義：究竟是什麼促使人們工作？

三十年前，即一八六四年底，紐約出版商阿爾普頓（D. Appleton）出版了一本關於能量守恆的入門書。這本書集結了先前在歐洲發表過的論文——在歐洲，這一個概念被提升為一種新的「能量福音」——為了讓美國人了解，編輯愛德華．尤曼斯（Edward L. Youmans）將此概念吹捧為「本世紀最重要的發現」和「一切科學的最高法則」的最新理論。[13]

尤曼斯後來在一八七二年創辦了《大眾科學》（*Popular Science*）雜誌，他與廢奴主義編輯賀瑞斯・格里利（Horace Greeley）是摯友。[14]他在純樸的環境中長大，一部分時間待在紐約州北部的一個農場裡，還有部分是在曼哈頓的貴格教會中成長，但年輕時曾在歐洲旅行的經驗，讓他對歐洲的科學界有些了解。旅行使他相信，美國人需要比他們原先對能源的認知有更深一層的了解，他認為能源是一種思考世界的方式，對商業、政治和社會都具有革命性的影響。尤曼斯將有關這一主題的最重要的作品集結成一本書，他想為「大眾提供有用的服務」。[15]

正如尤曼斯所看到的那樣，美國遠遠落後於歐洲正在進行的有關熱力學的理論和實驗工作。儘管如此，他還是希望美國人在將科學應用於實際的方面能走在前面，這要歸功於美國人性格中一個突出的「特性」。[16]儘管美國因「過於實際而受到廣泛指責」，但其「產生了一種工作能力，能夠把這個深奧的問題，從貧瘠的土地轉化為富有成果的探索領域。」[17]

尤曼斯對於能量擁有潛在豐碩成果的想法明確，這也正是他集結文章的依據。值得注意的是，他蒐羅了包括羅伯特・梅耶的三篇論文，卻未收錄焦耳的任何一篇論文。在某種程度上，這是一個令人驚訝的選擇，因為焦耳的理論目標明確實際：他想製造更加精良的發動機。相比之下，正如許多批評家所指出的那樣，梅耶的方法則是較為偏向形而上學。然而，儘管焦耳的工作重點放在發動機上，但梅耶的理論重點則是放在人體上。愛德華・尤曼斯以美國人的思維方式，開始思考身體內部結構的運作，他認為人體內部的工作機制是熱力學科學最有前途、最具有潛在「成果」的領域，梅耶選擇爪哇作為實踐他的理論的地方。

尤曼斯選擇在他的文集結尾的那篇論文，指出了他希望美國人能夠接受能量觀念的方向。

這篇文章的作者是威廉·卡彭特（William Carpenter），英國動物學家和內科醫生，文章標題為「關於體力和生命力的相互關係」。哲學家們錯了，卡彭特寫道：「生命力是『生命』的各種形式和表現形式，並非一種無形的『精神』的展現，而是一種可以用熱力學術語來理解的現象，就好像身體本身是『一個全力運轉的棉花工廠』。」卡彭特解釋，一家棉花工廠是一個由各種不同操作組成的相互關聯的系統，這些操作皆源於一個單一的來源：從太陽中獲得的能量，儲存於煤炭，通過蒸汽機釋放出來，「這是我們機械動力的發源；是我們整個微觀世界的生命力」。同樣地，雖然人體的運作看起來具有多樣性，但事實上，它們與處理廠的嘈雜工作一樣，都是來自同一個來源：取自於太陽、儲存在食物中的能量。[18] 卡彭特引用梅耶的觀點，透過植物追蹤來自太陽的能量，並以食物的形式進入人體，將人描繪成將能量轉化為工作的另一種「工具」。[19] 尤曼斯在《解放宣言》發表後的隔年寫道，人與棉紡工廠之間的比擬，雖然複雜卻終將實現，深深吸引了他。[20]

一八六四年，尤曼斯開始思考關於管控的問題，這個問題還只是學術上的假設。從個體推論到其他個體，他認為相同的原理也適用於社會，如同將熱力學理論重塑為民法。這個邏輯成立的可能性，在於一個普遍的真理：每個個體以及每個集體皆共用的一個真理。正如對食物的需求和可用性，決定了個體的工作潛力一樣，對食物的供應也決定著社會的生產力和生存。這個論點顯而易見，但挑戰在於如何取得適當的平衡。沒有食物，一個社會如同一個人的身體一樣，什麼也做不了，但過多的食物也是有害的。尤曼斯認為，在個體的身體中，「消化系統的過度運作，將使肌肉和大腦系統疲憊不堪」，在整個社會中也是如此。他寫道：「我們愈來愈意識到，人類的狀況和文明的進步，是人類受力量控制的直接結果。」而控制人的最直接力量是食物和飲食，甚至比立法更有效，特別是考慮到「社會的生產、分配和商業活動」。[21]

這個理論正巧呼應了當時的時代。能量的概念透過食物反映至個體和社會整體，使人淪為生產勞動的工具，就像奴隸制根植於將人類視為物體的律法一樣，這在美國被視為非法，並且在世界各地正逐漸減少。[22]換句話說，能量為解放時代提供了一種新的思維方式，不再將人作為物來思考，以及如何驅使他們工作。重要的是，能量是一個關於人如何工作的概念，它不是源自不平等的前提——比如美國奴隸制的種族邏輯——而是源自人類普遍平等的前提：人人皆需求溫飽。

從某種意義上說，德國哲學家弗里德里希．尼采是愛德華．尤曼斯的噩夢。尤曼斯將羅伯特．梅耶等人的思想，轉化成他認為能推動繁榮和文明進步的治國原則。尼采也接受了梅耶的「將生命和能量的整體性視為一種偉大的宇宙和諧」的觀點，但他將這一思想導向另一個方向。[23]

一八七二年尼采對希臘戲劇《悲劇的誕生》的研究中，描述了人類的兩種存在模式：以理性、明晰和紀律為特徵的阿波羅式，和以感性和狂野為特徵的酒神式。一八八一年尼采讀了梅耶的文章後，對這些概念有了新的認識。他把酒神世界重新想像成「一個充滿能量的怪物，沒有起點，也沒有盡頭；一種不可移動的、厚顏無恥的巨大能量，它既不增加也不減少，它不消耗自己，而只是改變自己，一個沒有開支或損失的家庭，但同樣沒有增長或收入……永遠自我創造……永恆的自我毀滅。」[24]酒神的形象與崇拜阿波羅的生產主義的「能量福音」，形成了鮮明的對比。在當時，「沒有收入」的能量幽靈如同末日預言。

生產主義的觀點將商業與善良相提並論。根據能量福音的理論，提取、集中和應用潛藏於自然界中的能量以達到有利可圖的結果，是「需要達到道德上的最高目的」。[25]包括愛德華・尤曼斯在內的許多福音傳教士，都受到時間和能量即將耗盡的恐懼所驅使。一八五〇年左右，德國數學家魯道夫・克勞修斯（Rudolf Clausius）和英國工程師威廉・湯姆森（William Thomson）（後來的開爾文勳爵）提出熱力學第二定律，主要是基於法國軍隊工程師薩迪・卡諾（Sadi Carnot）先前提出的理論，該定律指出，任何系統中可用的能量都會隨時間而減少。這種趨向非生產力的衰落被稱為「熵」（entropy），作為機會喪失和資源浪費的指標，它成為那個時代定義之下的焦慮之一。[26]

自十九世紀中葉出現以來，「熵」已演變為無序和混亂的常用代名詞，但它最初是對世界末日的一種令人不寒而慄的預言，羅伯特・梅耶等人也預見到這一點。[27]一八四八年梅耶在自己發表的一篇題為《天體動力學》（*Celestial Dynamics*）的文章（該篇文章於一八六五年由愛德華・尤曼斯重印）中寫道：「每一個燃燒體和發光體的溫度和亮度，都會隨著它輻射光和熱的程度而降低，最後，如果它的損失無法從這些能動性的其他來源得到彌補，就會變得冰冷和不發光。」[28]從短期來看，熵意味著機會的喪失。從長遠來看，它意味著太陽的「熱寂」（heat death），這一預言成為維多利亞時代一個根深柢固的觀念。[29]「熱能是我們宇宙中最傑出的共產主義者」，一八六八年蘇格蘭物理學家鮑爾弗・斯圖爾特（Balfour Stewart）和英國天文學家諾曼・洛克耶（Norman Lockyer）在一篇廣為流傳的文章中寫道，「它無疑將會終結當前的體系。」[30]熱力學第二定律，把時間的流逝描述成一個零和遊戲：能量與熵。生命是提高生產力的機會，卻相對耗費時間。生產主義者認為，在光與熱熄滅之前，需要的是「一個非常精密的組織」，如此才能充分利用即將消亡的太陽的最大一部分能量。

阿特沃特在衛斯理學院的呼吸卡計，是一種透過具體說明投入和產出、食物和能量的關係來完善生產主義秩序的精巧工具。它是以能量、卡路里為單位給出數據，無須轉換：五十卡路里的食物提供五十卡路里的工作所需的能量。以食物衡量能量，以能量衡量食物，有助於實現愛德華・尤曼斯所設想，需求和能力之間的適當平衡：提供個體足夠的食物，來推動生產活動，但又不至於奪走大腦和肌肉的力量。「當今的生理化學將人體視為一種機器」，阿特沃特寫道，「人體不會為自己創造任何東西，無論是物質還是能量；一切的東西都必須藉由外在的物質……如同蒸汽機一樣，它只是使用提供給它的材料。人體的化學合成物和其能量，是經由食物轉化的化合物和能量。」將「身體的日常收支」透過「一種化學運作的記帳方式」，以能量來統計，人類生活的各個方面都可以透過這種成本核算的方式來管理。[31]

這聽起來像商業計畫書是有原因的，商業一直是阿特沃特的最初實驗場。在他建造呼吸卡計之前，他已經展開了田野工作，研究麻塞諸塞州和康乃狄克州磚匠的飲食和勞動產出。在這個行業中，由於磚塊的重量是一個常數，所以計算所做的總工作量、移動固定重量和固定距離所消耗的能量相對容易。呼吸卡計實驗室針對此方法加以改進，它超越了食物和能量關係的一般理論，走向了一個詳細的指數，將食物的種類和能量的種類進行了交叉參照。

這項涉及一萬多個受試者的數百項研究中，對特定食物和特定任務進行了評估。[32]到了一九一〇年，已經可以確定「一磅牛排、一個雞蛋或蔬菜湯提供給人體系統的能量……的絕對數字。」[33]最先以這種方式評估的食物目的是「為了避免在勞動者飲食中使用肉類而特別關注的食品：豬油，橄欖油，牛油，奶油，花生醬，棉籽產品」——廉價、高效的脂肪和蛋白質替代品。[34]同樣的道理，呼吸卡計實驗室最早的一個版本，是一個經過特別設計的改良版，設計成「實驗物件可以在進行日常工作的同時，記錄操作中所消耗的能量。」[35]還有一個正在開發的版本，它的大小足以容納一個四口之家。[36]正如愛德華．阿特金森所願，這些實驗最終使人們有機會找出如何利用最少的金錢完成一定量的工作。

商業上，卡路里也受到了政府的重視。工人和家庭的能源消耗和支出，是具有深遠的國內和地緣政治影響的問題。在未來，卡路里不僅可能用於計算和調整生活成本的運動中，而且從一開始，阿特沃特就懷抱著期許，希望卡路里的計算，能夠幫助美國在這個以人口增長和帝國間資源競爭為特徵的世界中，取得穩定和繁榮的地位。為此，阿特沃特藉由他在美國農業部的職位，以圍繞成本效益的卡路里計算這一優先事項塑造了美國農業。[37]

在企業和政府的手中，呼吸卡計不僅僅是用於實驗和研究的科學儀器，更是透過以卡路里為單位的各種形式的身體活動，甚至是不活動，來闡明「任何人從事腦力勞動和體力勞動的可能性」，呼吸卡計幫助建立了一個更像呼吸卡計本身的世界，一個無法避免的能量世界。[38]透過卡路里（透過呼吸卡計的視窗）可以見到能量是人體最基本的功能。

二十世紀之交的歷史學家亨利·亞當斯（Henry Adams）所撰寫的一篇文章中，懷疑能量觀念的崛起開闢了人類歷史的新紀元。亞當斯自己與熱力學的接觸改變了他對世界如何運作、歷史如何發生的看法。當他以能量為中心研究過去社會的紀錄時，亞當斯開始在他曾經看到「意志線」（lines of will）的地方看到了「力線」（lines of force）。[39]

這對於一個長期擔任哈佛大學歷史教授，同時也是總統的曾孫和孫子的人來說，是一個深刻的轉變，他傾向於透過領導人的生活來審視歷史時期。在一九〇二年寫給朋友的一封信中，亞當斯思考了這對新世紀整個社會的意義：「我們創造並建立了一種新的哲學和一種新的宗教」，他預測，「象徵偉大的能量宗教的大 E（Energe），與象徵人類微小能量的小 m（man），我認為這種新的哲學和宗教將持續存在。」[40]能量是巨大的獎賞，而生命本身已經貶值。

第14章 饑餓的種植園

在飲食豐富多產的薩爾瓦多，饑餓對咖啡生產的重要性自是不言而喻。一八八五年，當美國國務院正在調查中美洲的商機時，外交官莫里斯・杜克（Maurice Duke）向準種植者保證，將提出一個完善的解決方案，以解決如何驅使勞動者工作的問題。身為咖啡種植園主的杜克解釋，當咖啡種植園的一名工人的進度落後於規定的速度時，「該名工人的食物被扣留，很快就使他即便不情願也願意幹活。」[1]種植園主知道，意志習慣性與胃部相連，在此指導原則下，他們迫使食物和工作產生一種不對等的連結關係。他們之間的等式徹底顛覆了人類的身體：饑餓為工作提供能量，饜足則產生懈怠。人們會為了吃飯而工作，而不是為了工作而吃飯。

饑餓往往被理解為遭遇經濟危機或災難性的後果，例如饑荒。事實上，饑餓是所有資本主義經濟的基石，儘管在一些資本主義經濟中，饑餓離底層很遠，而且通常看不見。資本主義下的饑餓與工作之間的關係，標準解釋通常聚焦於土地私有化。原則上，在將公共資源轉變為私有財產之後，求得溫飽的唯一方式是，在市場上出賣勞力以換取工資，然後用該工資購買食物。按照這種說法，資本主義是透過一種經濟神論（economic deism）來運作：土地私有化啟動了饑餓的時鐘，伴隨每個工作日滴答滴答地前進。

實際上，事情並沒有那麼簡單。詹姆斯．希爾作為種植園主的每一天，問題都因為饑餓並非源自土地私有化所造成的結果，而變得複雜。相反地，能量的消耗超出了土地的負荷。即使在公共土地被廢除後，想要填飽肚子卻不想勞動的可能性，仍然存在於為了遮蔽咖啡樹而種植的果樹上的果實中，同時也在種植園的偏僻角落裡蔓延開來，這些植物可能是腰果、芭樂、木瓜、紅酸棗、無花果、火龍果、酪梨、芒果、車前草或是番茄，也可能是咖啡樹周圍用來覆蓋地面，以防止土壤受到氮氣侵蝕的豆類植物，以及以豐富咖啡生態系統的化學物質為食的動物。

竊取種植園的食物是一種犯罪，其歷史與種植園本身一樣悠久。早在薩爾瓦多開始種植咖啡的時代，勞動者便開始學會尋找「果樹充足」的種植園，並學會如何自行果腹。一九二七年詹姆斯．希爾告訴記者亞瑟．魯爾，享用種植園樹上水果的做法非常普遍，如果種植者的土地上種植了結石纍纍的果樹，他還不如直接在圍籬上開個洞，反正那些饑腸轆轆的勞動者也肯定有辦法自己動手。詹姆斯．希爾把這一點當作替他工作的人沒有私有財產概念的證據：他們把生長在咖啡樹旁的果實看成是「像陽光或雨水一樣再普通不過的天賜之禮」。然而，這個結論卻與這樣一個事實相矛盾：勞動者經常在果實還是青澀未熟的時候就把它們從樹上摘下來吃掉，讓種植者驚歎於當地人強悍的消化能力。[2] 顯然，勞動者知道在果實成熟之前，隨意享用果實的價值在於——在炎熱、饑餓的工作日中補充身體所需的糖分與水分。

每當陽光普照，咖啡種植園就不免飽受威脅。在單一栽培的咖啡莊園中，不乏找到營養的食物，不論如何匱乏，哪裡有食物，哪裡就有可以逃避工作的自由。土地私有化是造成饑餓的必要條件，饑餓迫使人們進入種植園和咖啡處理廠工作，但這並非充分必要的條件。除了土地私有化之外，如何駕馭薩爾瓦多人生產咖啡的意願，所需要的是生產創造饑餓的種植園。

一些種植園主透過最直接的手段——暴力和它所滋生的恐懼——來製造饑餓。更準確地說，有些種植園主利用他們可以使用的最直接的手段，將這個權力下放給他們的種植園經理和監督者，使得種植園主得以避免直接施加暴力。外交家兼種植園主莫里斯・杜克（Maurice Duke），在描述一個遭舉報的工人「食物被扣留」時，使用了被動語態。當種植園主試著與暴力保持距離時，他們的副手透過毆打、刺傷、揮動大砍刀，和類似的威脅來保護財產。[3]

殘酷的懲罰帶給人殺雞儆猴的效果。一名工人從聖塔安娜種植園偷竊兩串芭蕉時被抓。當他拒捕時，卻遭到槍殺。另一名聖塔安娜種植園的種植者，在他的種植園裡種植了一片橘子樹，或許是為了生產少量作物送往當地市場販售。當他的監工發現一群工人採摘的是橘子而非咖啡時，他朝其中一個人的頭部開槍。[4] 據說附近另一個種植園的一名監工，將一名偷摘芒果吃的十歲少年毆打致死。[5]

從某種角度看，這些因食物而引起的殺戮，不過是將私有財產的原則推到了合乎邏輯的結論。把主人和莫佐、種植園主和工人、富人和窮人、吃飽的人與饑餓的人區分開來，使得私有財產標誌著生與死的界限。土地私有化後建立的地契網絡，既支撐了薩爾瓦多的咖啡經濟，也為薩爾瓦多社會注入了「暴力文化」。由於火山上擁有如此多競爭性的咖啡種植園，這種暴力行為也讓肇事者付出了代價，迫使工人前往其他種植園，進而將濃厚的對抗情緒帶往日常生活，有時還會將這種對立的情緒報復到老闆身上，而工人自己手上同樣握有大砍刀。這種風險不僅僅是假設而已。一九一〇年，當聖塔安娜種植園的管理者扣留一名工人的食物，作為對其怠工的懲罰時，無法求取溫飽的工人拿出刀子反擊。[6] 種植者的憂心其來有自，也可以說是咎由自取。

詹姆斯．希爾採取了不同的方法。一九二七年他向亞瑟．魯爾解釋，他被稱為「體貼（delicado），因為他對待他的樹木和他的工人比起鄰里的雇主更加周到。」[7] 我們有充分的理由相信這種說法。與那些使用肢體暴力和蓄意傷害，來強制執行保護自身財產行為的種植園主相比，詹姆斯．希爾希望他的種植園以良好的工作場所著稱，在他需要工人時吸引他們前來替他工作。他不鼓勵以直接的肢體暴力作為他的種植園的管理策略，他特別雇用那些不會對底下的人動粗的管理者。[8]

然而根據證據顯示，如果詹姆斯．希爾在一九二〇年代末被稱為聖塔安娜火山上的「體貼」雇主，是因為他確實改頭換面了。

儘管咖啡生產過程中許多日常暴力事件已經消失在歷史中，但弗洛倫帝諾・迪亞茲（Florentino Díaz）一案卻令人印象深刻。它之所以令人印象深刻，部分原因在於它的不尋常：因為此一個案的懲處超乎尋常，甚至在薩爾瓦多咖啡史上成了出了名的殘暴紀錄。

迪亞茲是西班牙人。一九一〇年，他剛到薩爾瓦多，在詹姆斯・希爾的一個種植園裡擔任監工。在那一年的收割期間，迪亞茲抓到一個名叫米格爾・埃爾南德斯（Miguel Hernández）的年輕工人偷了一袋咖啡。接著，迪亞茲命令三個與埃爾南德斯一起工作的人將他吊死。在一大群工人的注視下，這三名工人把繩子綁在埃爾南德斯的脖子上，把他吊起來。迪亞茲和三名施以絞刑的工人遭到逮捕，並被指控犯下謀殺罪。當地報紙記載了迪亞茲面臨的困境，引起了薩爾瓦多西班牙人的同情，並因此得到一名辯護律師替他辯護。在審判期間，律師傳喚了幾位醫生出庭作證，他們證明埃爾南德斯並非死於絞刑，而是出於驚嚇或某種肢體攻擊致死。此案的理論符合迪亞茲的辯護策略。他辯稱他並未意圖殺死該名男子，只是想給他一個教訓。迪亞茲在法庭上表明了悔意，並且崩潰倒下，接著被送往醫院，在審判進行時，他躺在醫院中「瀕臨死亡」。最後，他覺得自己無所畏懼。迪亞茲被無罪釋放，而執行他的命令的工人則被判有罪。[9]

也許詹姆斯・希爾因為迪亞茲一案而改頭換面，而詹姆斯・希爾之所以改變，也或者是因為時間久了，他變得更加體貼周到。一九一二年後，薩爾瓦多以西班牙著名的國民民兵為藍本，建立了國民警衛隊，其人數更勝於先前的國家員警部隊。四百多名軍人被要求接受至少一年的軍事訓練，外加上一年的專業訓練，才能夠被派往咖啡種植區的大型種植園。他們「常駐」於種植園，進而減輕了監督者、管理者和種植者大部分直接執法和紀律的負擔。詹姆斯．希爾和其他種植者經常要求在收穫期間，派駐一隊國民警衛隊隊員在他們所屬的種植園裡全天駐守。[10]

或許，詹姆斯．希爾之所以改變，是因為他開始尋求一種不同的方法，來防止盜竊和加強他的財產安全。從某種意義上說，這種新方法比起直接採取暴力的手段「更體貼周到」，也更微妙。這是對薩爾瓦多咖啡工業的一種「合理化」方式，因為它將控制機制，從直接的身體暴力領域轉移到了思想領域。詹姆斯．希爾在他的種植園裡制定和實行工作紀律的方法，成為後來「三扇門」的輻射狀標誌的來源。在阿波羅的標誌之下，詹姆斯．希爾設計了一套勞動管理制度，反映出生產主義的能量福音，將饑餓、食物和工作連接在一起，形成了一個高效的咖啡工廠。為了維持人類基本需求的壟斷，驅使人們從事咖啡生產的工作，他重塑了他的種植園的生態環境，將太陽的能量導向咖啡生產，餵養他的樹木、讓他的工人餓肚子，並生產相同數量的咖啡和饑餓。這就是詹姆斯．希爾把人變成「工薪族」的方法，也是他把人變成「從屬於他」的手段。

一個足以成為傳奇，卻貨真價實的家族故事，闡明了詹姆斯．希爾讓饑餓成為種植園生產方式的新穎之處。他已故的岳父名叫狄奧尼西奧，也就是蘿拉所繼承的咖啡種植園的建立者，聲稱從征服者手中繼承了西班牙的遺產。從某種意義上來說，他的種植園符合尼采關於狂野不羈「能量怪獸」的想法，因為他在咖啡樹旁邊種植了紅酸棗——一種當地的小樹果，味帶甜酸，狀似李子——創造了對在那裡工作的人來說，一種既誘人又難以控制的食物來源。[11]

在未成為狄奧尼西奧的女婿之前，詹姆斯．希爾也許曾對亞瑟．魯爾說過，「他的工人們」對「私有財產沒有什麼概念」，把他們在種植園裡發現的果實，當作「太陽和雨露一樣，是上天賜予的尋常禮物」來吃，而詹姆斯．希爾幾乎不願意承認太陽和雨露是共有財產。

當詹姆斯．希爾看到自己的土地上有一棵火龍果樹時，他下令將其砍掉；當他看到番茄樹和黑莓灌木叢雜亂無章地生長時，他下令將它們連根拔除；當他見到一棵碩大的無花果樹，這在中美洲是一種受人尊敬的樹，它的寬大樹叢提供了一個陰涼的地方，經常被用來作為室內家庭空間的延伸，他告訴萊昂把樹木砍伐成木板。[12] 詹姆斯．希爾並未種植果樹，而是選擇種植南洋櫻（madre de cacao）為他的咖啡遮陽。南洋櫻原產於中美洲，後來傳播到世界各地，作為種植園的樹蔭使用。它之所以適合這個用途，是因為它可以迅速生長到三十英尺或更高的高度，遠遠高於咖啡樹；有助於將氮送回到土壤中；它的葉子是填充洞裡的優良綠肥；雖然它的莢果可以餵養牛隻和其他反芻動物，但人類不能食用，甚至有毒。詹姆斯．希爾以擁有該地區最好的遮蔭樹而聞名。[13]

覆蓋在咖啡樹底下的是豆子。豆類植物如同南洋櫻樹一樣，能夠將氮氣送回到土壤中，傳往根部，將土壤固定在火山的陡峭山坡，並提供一層遮蔭，幫助保持地面的濕度。但這些豆類植物並非簡單的豆子。不同的品種適合種植園不同的用途。在新樹附近，詹姆斯．希爾種植了豇豆（cowpea），也就是黑眼豌豆，特別有利於肥沃土壤。在陡峭的坡地，他種植豇豆或刀豆（jackbean），它們的根部很深，可以防止水土流失和侵蝕。

這些豆類不僅可以製造出色的堆肥材料掩埋入肥料洞裡，而且還是重要的糧食作物。考慮到這一點，詹姆斯．希爾下令萊昂盡快在豆莢一成熟時就收割。詹姆斯．希爾曾經見到人們試圖將收割的豆莢搬運走。[14]他曾見過雞隻在咖啡苗圃附近啄食豇豆，所以他提醒他的種植園管理者們，養雞違反長期以來的規定，任何碰巧在種植園裡出現的雞隻都屬於種植園主的盤中飧，而非其他人果腹的食物。[15]

在某些人流龐大的地區，詹姆斯．希爾種植了第三種豆子：原產於亞洲的虎爪豆。與南洋櫻相反，虎爪豆在二十世紀初被引入中美洲，種植於聯合水果公司的大西洋海岸香蕉種植園。它非常適合種植在咖啡苗圃周圍、公共場所、種植園邊界、所有的公共道路和圍欄上，因為它長得又快又高又粗，形成了一道天然的圍欄，其細密的絨毛外層摸起來令人發癢。最重要的是，它基本上不能食用。除非精心調理，煮沸後再煮過一次，否則虎爪豆會讓服用者產生嘔吐和痙攣性腸痛，在最壞的情況下，會導致急性神經性中毒。[16]雞隻當然也不能吃它。詹姆斯．希爾在公共道路與他的私人土地的邊界種植虎爪豆，沿著他的土地邊界標識出了他的饑餓種植園疆域。透過保護樹木、植物和家畜，詹姆斯．希爾將他的土地邊界延伸到了陽光普照的聖塔安娜。

至於野生動物，曾經被認為是薩爾瓦多最後的「饑餓食物」的猴子、犰狳和食蟻獸，以及可能會捕食雞群，或是互相捕食的大貓、土狼和狐狸，這些動物在二十世紀上半葉隨著咖啡的興起而「滅絕」。[17]薩爾瓦多的咖啡產量增長的同時，也造成了該國動植物的削減，反過來也造成其文化和飲食的衰弱。火山高地轉變成單一種植咖啡的地方，使得薩爾瓦多勞動人口的飲食變成了毫無特色的玉米餅和豆子。

但話說回來，為什麼明明要向如此豐富多樣、需要時刻警惕才能抑制的野生作物宣戰，卻只配給工人每日三餐、每週六天同樣的兩種食物呢？如果目的是吸引人們到種植園工作，何不想方設法善待他們，來贏得他們的服從，為什麼不改變配給，提供一些已經在火山上生長的食物呢？考慮到要根除和扼殺這些豐富的野生食物來源所需要的工作和資源，為什麼只提供一頓又一頓的玉米餅和豆類食物？一五二四年當西班牙征服者抵達薩爾瓦多時，這片土地當時並非他們離開時的經濟死水地區，相反地，該地區——當時劃分為兩個主要省分，庫斯卡特蘭（Cuscatlán）和伊箚爾科——擁有十幾萬人口，而且十分富裕。然而，對於那些與數量較小的原住民群體一起取得成功的皮皮爾族印第安人（Pipil Indians）來說，這不是一個好消息，因為財富的增加吸引了西班牙帝國的注意，這樣的關注也帶來了剝削。

大約一千年前，皮皮爾人從現在的墨西哥向南遷移，在火山峰之間的肥沃盆地建立了繁榮的定居點，包括令人印象深刻的可可種植園。他們用可可作為交換的媒介以及支付稅收和貢品的貨幣，並與遠在墨西哥的其他原住民進行交易，或許是換取棉花和黑曜石。[18]征服者在原住民原有的財富基礎上建立了殖民地經濟。征服之後，西班牙人用武力控制了經濟作物，而疾病又在炎熱的沿海低地流行，許多印第安人到高地避難，在陡峭的火山口廣泛種植了玉米。[19]

可可雖是貨幣，但玉米卻是維繫生命的命脈。玉米大約在九千年前於現在的墨西哥南部的野草中被馴化。當玉米與生長在該地區豐富的野生豆類搭配時——豆類大約在同一時間受到馴化——這兩種植物提供了完整的、可維持生命的蛋白質。[20]然而，大約三千年前，中美洲人開始在烹飪前用石灰和水的鹼性溶液處理玉米時，玉米的地位超過了豆類。這個過程被稱為「糊化」（nixtamalization），有助於軟化玉米粒，並將胚芽與玉米殼分離，使其更容易磨成糊狀並揉成麵團。經過處理的玉米粒更容易消化，且更富有營養，更能夠取得菸鹼酸、鈣和胺基酸。[21]糊化的玉米也更能夠快速烹煮，而且經常被做成玉米餅，在當地的廚房裡用土製的平底鍋烘烤。

伴隨玉米的糊化烹調技術的傳播，玉米成為古代奧爾梅克（Olmec）社會的基礎，形成了後來的原住民文化，包括瑪雅人（Maya）和阿茲特克（Aztec）文明，這兩種文明為後來的薩爾瓦多地區帶來了深遠的影響。[22]正如瑪雅聖典《波波爾沃赫》（*Popol Vuh*）中所記載，狐狸、土狼、鸚鵡和烏鴉帶來玉米，進貢給當時正在創造世界的神靈。西穆卡娜女神（Xmucane）將玉米磨成糊狀，然後將其塑造成人類的肉身。[23]同樣地，在阿茲特克那瓦特（Nahuatl）語中，tonacayo 除了表示人類的肉身，也可以用來表示玉米，而數字一，ce，則是由另一個代表玉米的單詞 cintli 衍生而來。[24]

西班牙人將印第安人的玉米圓餅命名為玉米餅（tortillas），即小餅之意。在中美洲，皮皮爾人在熟悉的墨西哥玉米薄餅上做了一個變化，變成一個厚實的、約等於圓盤尺寸的玉米餅，和早餐的鬆餅差不多大。它不是用來包裹豆子，而是撕成碎片用作盛食物的勺子。除了玉米和豆子，皮皮爾人還種植了南瓜、番茄、辣椒、花生、酪梨，以及一些根莖類作物，他們還照料生長在其定居點周圍的當地果樹。

玉米和豆類在中美洲印第安人的飲食中扮演了一個重要的角色，卻不容易種植和方便取得。[25]外加上玉米不會在野外繁殖，僅在種植和飼養的地方生長。更糟糕的是，由於單靠玉米或豆子不足以維持人類的生命，這些作物的相互依存使依賴它們的人們更加脆弱。

另一方面，玉米和豆類確實具有共同的特性，使它們成為幾千年來繁榮和複雜文明的基礎。玉米和豆子可食用的部分，可以很容易地進行乾燥和長期儲存。一旦經過乾燥的程序，小而顆粒大小均勻的穀物，變得容易測量，並在標準化的容器中分成均等的數量包裝，同樣地也可以在必要時進行分裝。因此，它們可以很容易地從甲地運往乙地。此外，這兩種作物都是難以祕密種植的作物，它們在陽光下茁壯成長，從地裡探出莖稈，向徵稅者宣告預期收成的範圍和時機。換句話說，玉米和豆子是理想的稅收糧食，容易受到中央集中管理。在中美洲的原住民帝國中，玉米和豆子經常被當作徵稅和貢品來徵收，而在農業社會中，豐富的糧食供應是財富和權力的一種異常重要的形式。[26]美洲的古帝國與後來的咖啡帝國也都是如此。

詹姆斯．希爾在火山上剷除野生食物的同時，也藉由在種植園裡搭建的廚房，加強了對作為糧食的玉米和豆子的控制。聖塔安娜周圍的一些種植園主允許勞動工人在自己的住處做飯，但對詹姆斯．希爾來說，中央廚房是完善經營種植園的關鍵。當詹姆斯．希爾收購德內克的種植園時，他不僅開始為咖啡樹挖洞和建造苗圃，另外還開始建造新的廚房，這是他將這片土地變成繁榮種植園計畫的一個關鍵部分。[27] 種植園廚房的作用如同在聖塔安娜火山上建造咖啡工廠的機房，就像任何機房一樣，它們配備了精密的儀錶，測量和記錄整個機具的運行情況。

廚房本身十分簡樸：一個帶有爐具的小棚屋，地面上設有一條溝渠，用來輸送石灰和水的溶液，這些溶液用來將玉米分解成麵粉，做成玉米餅。唯一需要的設備是一個烹煮玉米餅的平底鍋，和一個煮豆子的鍋子。玉米餅經由徒手捏製而成，拍打成手掌的大小和形狀，而豆類則可以用任何東西攪拌，只要它是乾淨的，詹姆斯．希爾最不希望見到的是，他的廚房無法滿足他用金錢換取勞動工人的溫飽。[28]

廚房儘管簡樸，卻記錄了詹姆斯．希爾的種植園應該消耗的食材多寡。廚房如果管理得當，準備和供應的食物數量與種植園的工作量將能夠互相配合。因為玉米和豆子的數量很容易控制分配，所以記錄這些食物消耗的數量很簡單。當數字與告示不一致時，詹姆斯．希爾便會親赴廚房，或者讓他的監工伊萊亞斯．萊昂去廚房一趟，檢查廚師們做了多少食物。因為他知道替他工作的工人可能會餓肚子——他們享用的是他提供的三餐——詹姆斯・希爾可以透過廚房追蹤這些數字，所有的食物都是在廚房內烹煮的。他可以藉由清點供應品、供應的餐點、工人的數目、完成的工作，並確保這些數字加起來符合生產的順序。

詹姆斯・希爾能夠追蹤他的廚師做了多少餐點，因為他趁著價格優惠的時候從國際市場上購得食物，然後透過一個集運系統將食物送到他的種植園。玉米和豆類從火車站運出後，存放在「三扇門」，根據預期所需運往種植園。[29] 一旦進入種植園，食物就被放在穀倉中的鐵桶裡，並在穀倉注入有毒的二硫化碳殺蟲劑。[30] 看守糧倉和廚房的皆為廚師，她們向來都是女人。

廚房和廚師在詹姆斯・希爾於火山上所設計的阿波羅式生產秩序中非常重要，不僅因為它們標誌著食物與工作的關係，而且還因為作為餵養飢餓的工人們的地點，它們成為社交生活的中心。作為社交生活的中心，廚房同時也成為消息傳遞的中心和進入種植園工作的門戶。當詹姆斯・希爾想在他的種植園裡找人或是尋找某樣東西時，他會率先選擇去廚房。[31] 他認為當廚師清一色都是女性時，他和他的副手們能夠有效地從廚房獲得重要資訊，男性管理者在性別文化權力的支撐之下，能夠方便地進行任何必要的審訊。而詹姆斯・希爾對忠誠的獎勵是，即使種植園裡沒有其他工作可做，也要讓廚師們可長年領工資。

除了集中分配和準備食物本身，詹姆斯・希爾還試圖控制食物生產的原料，並非所有的原料都能輕易地晝夜鎖在鐵桶裡。例如，廚師們用石灰處理玉米後，這些玉米將被研磨成製作玉米餅的麵團原料，而石灰同時也是重要的農業供應原料。將石灰撒在地上，在挖掘和耕種時與泥土一起翻動，能夠調節土壤的酸鹼性，使得咖啡樹的根部變成酸性。

為了杜絕未經授權的烹飪和飲食，詹姆斯．希爾試圖嚴格管理石灰在他的種植園裡遭到偷盜，但一些管理者沒有意識到這一點，只是把石灰放在地上，讓任何人都可以拿走。這在因為管理員佩德羅．波拉諾斯和他的妻子住在毗鄰的聖塔羅莎，而沒有二十四小時值班經理的德內克種植園尤其成問題。於是，詹姆斯．希爾想出了一個不同的辦法，以保護他的石灰不會被家族的廚師竊走。他讓伊萊亞斯．萊昂將石灰堆成一連串的白色小火山，然後在每一個小火山堆上撒上一層深色的泥土。光滑的圓錐體，加上石灰和泥土之間鮮明的顏色對比，發揮了警報系統的作用，阻止偷盜。這不過是種植者個人的幻想：一連串無法竊盜的火山堆。[32]

第15章 愛在咖啡種植園

如果可以的話，詹姆斯．希爾肯定會雇上幾隊人馬，在聖塔安娜火山周圍圍上木頭框架、嵌上銅板和鋅板，然後雇用更多的人，穿著實驗室的大衣站在大箱子外面，記錄在裡面工作的人的能量消耗和支出，在他們工作的時候密切觀察他們，在精確指定的時間給他們餵食不超過規定的配給。然而在沒有火山大小的呼吸卡計的情況下，除了簡單地計算配給的供應量和任務完成量外，詹姆斯．希爾還發展了某些方法和技術，使他能夠按照嚴格的標準來衡量工作，以確保他的命令得到執行。

詹姆斯．希爾首先檢視的是工作本身，透過身體在土地上留下的印記，來衡量身體的肌肉努力的程度。按任務分配的工作，比如挖洞，用這種方法很容易評估，但更精細的工作，包括按日分配的工作，就很難判斷了，對於這類工作必須有更精細的標準。詹姆斯．希爾向亞瑟．魯爾解釋，當一個「工人」按日挖洞時，他希望看到工人能夠挖開大約十八英寸深的洞口。詹姆斯．希爾為了說明，便將他的「粗壯手杖」刺進柔軟的泥土中，使手杖筆直地豎立起來。要是少於這個深度，「只是隔靴搔癢，稱不上真正的耕種」，工人也會知道這個規矩。[1]

當詹姆斯．希爾看著工人們工作時，他也會測量他們的呼吸。如果他聽到人們在工作時說話——或者更糟的是，聽到他們在談笑——他就知道他們沒有努力工作，因為他們並沒有上氣不接下氣，便讓他們進行計件工作，以證明自己賺到了該有的配給。

最後，他還建立了一個更微妙的第三個標準，它綜合了詹姆斯．希爾對工作本身、聖塔安娜火山上的大氣條件，以及人類呼吸和新陳代謝的認識。當「工人」開始盡心工作，詹姆斯．希爾預計他們會在半小時內逐漸發熱。如果他看到任何一個「工人」在勞動半小時後還穿著外套，他就會找點事讓這個人做。詹姆斯．希爾知道這個工人將會拚了命地認真工作，因為他是以汗水來衡量他們的工作態度。[2]

然而，即使他能用這些方式監控勞動者，但對詹姆斯．希爾來說，工作情況比起配給更難掌握。這也是即使是管理最好的種植園和實驗室裡的呼吸卡計之間的關鍵區別之一。種植園工人一般而言，並不像史密斯那樣熱衷於遵守規則。此外，他們的人數遠遠多於監工，而監工本身並非冷漠與客觀，也不總是值得信賴。

在戰後擴張土地期間，一天，詹姆斯．希爾外出勘察正在進行的工作，他看到一棵酪梨樹枝葉繁茂，聳立在一排、苗齡約一年左右的咖啡樹苗之上。詹姆斯．希爾看到這棵老樹很失望，但並不驚訝。他在其他地方也見過同樣的情況，那些體型龐大的老樹枝條上掛滿了成熟的果實，以至於它們有可能折斷並壓垮生長在下面的咖啡樹。他在其他地方看到黑莓叢和番茄樹沿著地面茂密生長，吸取本該用於咖啡樹的肥料養分。這根本與他所設想的，設計精巧阿波羅式的咖啡生產秩序背道而馳。詹姆斯・希爾在他的種植園裡看到這些可食用的植物都變成了浪費、無序、損失——他看到他的土地、資源和勞動力都變成了咖啡以外的東西。[3] 他已經下令把所有的果樹都砍掉，但它們卻仍然屹立在那裡，罔顧他的命令，他知道問題的癥結所在：賄賂。勞動者試圖賄賂管理者，以保護某些偏僻的果樹，如此一來，便不乏有食物可吃。[4]

阿波羅式的精巧設計，若要將聖塔安娜火山變成咖啡工廠，所需要的不僅僅是砍伐果樹和在地上種植有毒植物。有些規則只有在強制執行時才會見效，而這些規則需要監督人們彼此之間的關係，將新的、商業性的優先條件強加在更古老的社區、團結和親密關係的形式中。

在土地私有化和咖啡興起之前，在薩爾瓦多獲取食物和資源的機會來自於所屬的財產：特定的印第安人社區、村莊、鄉鎮和城市、家庭。這種歸屬感意味著求取溫飽的來源。公有土地轉變為私有土地和咖啡種植園，並未立即切斷這些舊有的社會關係，也沒有根除根深柢固的分享習俗，但它確實使許多原本可以分享的食物成為非法。

隨著咖啡在薩爾瓦多的興起，資源和人口都集中在種植園，因此，人們需要時就去種植園。當他們需要工作時，他們就到親戚朋友工作的地方去。當他們需要飲水時，他們會走上一段很遠的路，從他們認識的人那裡的廚房取水。當他們需要一個可以遮風避雨的地方時，他們就問住在種植園的家人和朋友，是否可以在他們的小房間裡替他騰出空間。隨著咖啡種植園占據了更多的土地，雇用了更多的人，薩爾瓦多農村地區的人們，甚至是那些生活在種植園體系之外的人，愈來愈多的基本需求和個人欲望皆受到種植園主的規範和法律的制約。

然而，種植園主的規範和法律，在某些方面也同樣受制於為他們工作的人的需要和欲望。

佩德羅・波拉諾斯從德內克的種植園傳來的數字，表明了有些事情似乎不太對勁。波拉諾斯聲稱，女工們每天可以替三十個洞施肥，比起詹姆斯・希爾預計的二十五個洞多出百分之二十。波拉諾斯本意是想突顯他的績效，但他的老闆卻把它理解為問題的所在，他提供的數字，詹姆斯・希爾懷疑過度樂觀，所以他打算走出他的辦公桌，親自去查明。

當詹姆斯・希爾來到德內克種植園後，他發現佩德羅・波拉諾斯在雇用大量婦女給洞口施肥的同時，還雇用了一些十歲以下的女孩。他的想法是，女孩們透過工作可以自己賺取配給，而不必分享父母的那一部分。分享食物是成年人保護兒童的最重要方式之一，他們不僅保護自己的孩子，也替親戚朋友的孩子提供庇護。廚師們認識的孩子向來伙食不錯，種植園管理者和他們的妻子認識的孩子也總是吃得很好。詹姆斯・希爾在照顧自己孩子的生活時，著眼於家族企業的興旺發達，他知道為他工作的人也都是如此疼愛和保護孩子，他認為這種愛的形式超越了他所能規範的範圍，因此他想到利用這一點，於是經常雇用廚子和管理者的孩子作為他的傳信使。

然而這不僅僅是完成任務和領取配給的問題。當詹姆斯．希爾在德內克種植園檢視他分派給佩德羅．波拉諾斯的工作時，他碰巧撞見一個年輕女子，她放下鋤頭，從一群正在準備為咖啡樹苗挖洞的婦女身邊離開。當詹姆斯．希爾攔住她時，她說她是在執行上司的命令，但詹姆斯．希爾卻從她的故事中聽出了一個謊言。他知道，這位在佩德羅．波拉諾斯底下工作的主管只是個男孩，年紀或許太輕不適合管理年輕的婦女。他還留著男孩的髮型，直直地垂在臉上。詹姆斯．希爾認為，這個年輕女子對他或對別人來說一定很特別，她的態度告訴他，她心知肚明。[5]

父母對孩子的愛是一回事，但浪漫的愛情在種植園裡是不容許存在的，因為它打破了饑餓、工作和食物的相連機制。詹姆斯．希爾前往德內克種植園之後，他開始懷疑波拉諾斯受到戀愛中的人們所蒙蔽。[6]

將火山上的勞動者聯繫在一起的束縛不僅是出於需要和愛，也包含了尋找消遣。一起工作的人在工作之外會以自己的方式聚會。他們一起打牌，一起喝酒，一起休息，一起聊天。從種植園主的角度來看，這些活動和聚會所形成的關係將會延續到工作，使得工人本身之間，以及詹姆斯．希爾期望建立管理者與工人之間忠誠度的工作更加困難。

薩爾瓦多種植園的管理階層中，有很大一部分是外國人：例如，名譽掃地的德國農業專家沃勒斯和西班牙監工弗洛倫帝諾．迪亞茲。理論上說，雇用外國管理者的好處之一是，避開情感的糾葛，出生地、語言和文化的差異——在許多情況下還包括身體上的特徵——也就是避開移情作用，例如，減少命令一個人必須絞死另一個人的困難度。

同樣地，在詹姆斯．希爾的種植園裡，擔任主管職務的薩爾瓦多人，肯定比外國人多。在日常工作中，管理者和工人之間的隔閡經常難以徹底執行。因此，詹姆斯．希爾採取了一些措施，來灌輸和增加這種有益的情感距離。正如他尋求避免暴力的管理者作為一種紀律策略一樣，詹姆斯．希爾也試圖從他地雇用管理者，希望避免預先存在的社會連結。當這一切不可能辦到時，詹姆斯．希爾試圖教導他的管理者盡可能保持冷漠的態度，指示他們切斷自己與工人之間的人際牽絆，以免他們基於情感的因素，無法推動命令。[7]

因為詹姆斯．希爾底下的管理者皆為男性，他特別擔心管理者們與女性下屬之間的關係。待在種植園裡的女性向來被稱為寄生蟲（arrimadas）——白吃白喝的人、乞丐、重擔。詹姆斯．希爾發現有一群人經常在他的廚房周圍遊蕩：磨玉米的廚師、管理者的妻子，再加上兩個眾所周知、在種植園間徘徊求人幫忙的女人。在種植園之間遊蕩的婦女，總是被懷疑是在用性交易來換取特殊待遇，她們現身時總是被視為麻煩。

不管他們在多大程度上受到咖啡以外的其他優先事項的影響，詹姆斯．希爾的管理者的個人和家庭生活，削弱了饑餓、工作和咖啡彼此交相影響的機制，詹姆斯．希爾下達的命令，在

「三扇門」原被奉為圭臬，最後卻轉變成虛與委蛇、敷衍應付。一位管理者把他的母親帶到詹姆斯・希爾的一個種植園裡和他一起生活，老母親一住下來便開始對人頤指氣使，要求他人服侍她，似乎把種植園當成她自己的。另一位管理者堅持雇用他的兩個小姨子，再加上她們的家人，從事廚房工作。詹姆斯・希爾發現有的婦女在他人的種植園工作，卻住在他的種植園裡，最後他發現這些婦女支付租金給種植園的管理者，而管理者則利用不屬於他的建築物，以房東身分做起生意。

詹姆斯・希爾知道他對性的控制力有限。他也很清楚他的管理者有機會用食物和恩惠來換取性，而這是那些控制窮人和饑餓者獲取基本資源的人的特權。詹姆斯・希爾只能威脅要開除那些允許自己腐敗的人，並希望這個威脅能有效遏止這類行為在他的種植園出現，把那些對生產沒有貢獻的人拒於門外，而盡可能留住每一個對生產有貢獻的人和事。[8]

詹姆斯・希爾在要求他的管理者遵守這樣的規則方面，遭遇了困難。當他不得不一次又一次地重複命令時，他感到很沮喪。當他不得不一次又一次地重申對他來說再平常不過的事時，他的內心不由得生起憤怒——這點表明了詹姆斯・希爾的管理者們所身處的複雜處境。他們在種植園所擁有的特權地位，與作為丈夫、兒子、情人、朋友和同袍的角色之間取得平衡是多麼困難，也許，他們並不樂意見到他們的老闆把他們的人當作「從屬於他的工人」。

問題在於佩德羅・波拉諾斯究竟是被他底下的人給愚弄了，還是他愚弄了自己——不論答案為何，要是後者只怕情況更糟。

波拉諾斯對德內克種植園的管理剛開始不當時，詹姆斯・希爾原本願意給他一點好處。即使是他也很難記下波拉諾斯的一切工作，這也是為什麼他單獨找來一組木匠在德內克種植園建造新廚房。而當詹姆斯・希爾開始不滿意佩德羅・波拉諾斯的工作成效時，起初他試圖根據這個人過去的良好工作紀錄，樂觀看待這一切。[9]

但詹姆斯・希爾的耐心很快就被磨光。在大戰之後繁忙收購和擴張的歲月裡，佩德羅・波拉諾斯開始崛起，他手中管理的土地比起詹姆斯・希爾的其他管理者都還多，差不多有三百五十英畝，而在他底下的工人數目也最多——高峰期管理的工人數目，甚至是所有在詹姆斯・希爾的種植園內工作人數的三分之一。儘管波拉諾斯擁有足夠的訓練和判斷力，他知道該如何重整德內克種植園，也知道該如何計算出正確的方法，但在這片廣袤的土地上，在數百名工人中，他走錯了路。他找到了他所需要的人，來填補德內克種植園的漏洞，但後來他卻迷失了方向。

一天，詹姆斯・希爾前去德內克種植園查勤，但到處找不到佩德羅・波拉諾斯。他去問波拉諾斯的妻子，他的妻子說他和婦女們在給洞口施肥。施肥的婦女們則說他和苗圃裡的婦女在一起。當詹姆斯・希爾去苗圃時，並沒有看到他。於是詹姆斯・希爾就停在原地，吹了三聲口哨，等待著。他等了十五分鐘，每當周圍幹活的婦女們踩到一棵樹苗時，他就不免一陣緊繃。接著，他前往種植咖啡的地方，又等了一會兒。然後，他又去尋找他在附近的三個規模較小的種植園，但沒有人告訴他任何關於佩德羅・波拉諾斯的消息。[10]

失蹤意味著形跡可疑。當他開始更密切地監視佩德羅・波拉諾斯工作的同時，詹姆斯・希爾得出的結論是，波拉諾斯在工作方面的表現開始出現不足之處：那便是他的不在場。在一次視察波拉諾斯管理的種植園時，詹姆斯・希爾在路邊見到一些柴堆。從遠處看，這些木柴看起來沒什麼問題，但當他上前看個仔細時，他發現這些堆放在這裡的木柴象徵了波拉諾斯職涯的一個隱喻：這些木柴的中間是空心的。佩德羅・波拉諾斯有能力吸引人去工作，卻不能讓他們把事情做好，詹姆斯・希爾開始相信，這兩件事是相關的——波拉諾斯之所以總能讓很多人為他工作，是因為他讓他們做得比他們應該做的還要少，然後替他們掩飾。[11]

佩德羅的弟弟埃內孔・波拉諾斯的問題又是另外一回事。埃內孔負責接管詹姆斯・希爾的「阿尤特佩克」種植園，但他的行事步調較慢，無法按部就班，更糟糕的是，他似乎不關心種植園的一切。[12]在埃內孔的監管之下，種植園發展得非常緩慢，有時似乎不進則退。[13]由於重重問題成為常態而非例外，詹姆斯・希爾覺得「阿尤特佩克」種植園乾脆改名為「懶人園」。[14]

有時，詹姆斯・希爾會以種植園本身的問題替它們命名，有時則是以他對該種植園的期望替它們取名。當詹姆斯．希爾最終要替德內克種植園重新命名時，他選擇了一個既充滿見證之意，又帶有願望的名字：「聖伊西德羅」（San Isidro），農場工人的守護神。這正是種植園所需要的——要不是找到優秀的工人，再不然就是希望奇蹟發生。

詹姆斯．希爾的確學到了教訓。

正當波拉諾斯兄弟在老闆面前逐漸失寵之後，詹姆斯．希爾的老員工杜維格斯．梅迪納則展現了他的忠誠。梅迪納原本負責監督撒石灰的工作，而撒石灰的工作是在「貯藏」種植園（另一個正在擴張的種植園）進行培土和挖洞之前的工作。鋪撒石灰一直是婦女的工作，每天的工資大約是十美分。但是，當婦女們把手伸進她們攜帶的石灰袋時，中和土壤中酸性物質的苛性化合物，燒灼並剝落了她們手掌的皮膚。她們鋪撒在地面的石灰，在她們行經時，燒灼並剝落了她們腳掌的皮膚。婦女們不想再受到皮膚燒灼的傷害，至少不想為了這麼一點錢再被燒灼一次，因此她們要求每天薪資得增加到十五分錢。

詹姆斯．希爾不想聽到婦女們手腳脫皮的事，也不想聽到十五分錢的事。如果婦女們燒傷了自己，那是因為她們沒有用足夠的水來澆灌石灰。如果因為現在缺水，整個工作應該在年初就做，那時雨水充足，工作也可以較便宜的代價完成，而不會出現如今的抱怨和遭遇到的困難。

杜維格斯．梅迪納老是跟工人在工資問題上發生糾紛，為此詹姆斯．希爾經常責罵他，不過這次他倒是靈機一動。當女工們拒絕按照慣例的工資工作，而把石灰閒置在一旁，路過的人都能偷到石灰並把它變賣成食物時，梅迪納想出了一個解決辦法，能夠節省成本，但需要較多時間。這位老練的管理者求助於一支勞動大軍，這批勞動者在希爾的種植園裡向來不甚起眼，不過倒是挺適合做些輕鬆的差事。他雇用兒童來撒石灰，而這份工作是他們的母親拒絕的差事。

也許詹姆斯．希爾希望他的種植園像呼吸卡計一樣運作：隔離室裡只有為他賣力工作並賺取食物的人，夜以繼日被一群與他們的世界隔著一段距離的監工所監管。但最終種植園並不是呼吸卡計。詹姆斯．希爾的「工人」從事的工作，超過了呼吸卡計所能夠檢測的範圍，他對於工人的期望，對於透過玻璃籠子的窗戶看著外面世界的孤立工人來說，根本不可能辦到，工人的眼裡只看得到將自己關在裡面的人。他們確保自己的孩子吃飽、他們與鄰人分享飲水、他們幫家人找工作，給家人一個家。他們為了愛和性而把自己交給對方，他們讓自己歸屬於對方的方式，在在駁斥了詹姆斯．希爾每次談到「他的工人」時，所表達出的主宰幻想。他們所做的事情，毫無疑問正是人類和蒸汽引擎之間的差異所在。他們拒絕工作，他們關心彼此。他們決定如何生活，而他們對彼此關懷的倫理逐漸成為一種政治。

第16章 關於咖啡的事實

一九〇五年，威廉・尤克斯（William H. Ukers）三十歲不到，便開始著手寫書、旅行和收集材料一年。回到紐約家中後，他遍尋附近的圖書館和博物館。凡是自己去不了的地方，他就派輔助人員或委派研究助理去歐洲挖掘資料，特別是倫敦和阿姆斯特丹的藏書。經過七年的研究，尤克斯開始整理他所收集的材料，即使材料仍不斷湧入。六年後，他開始寫作。在寫作的過程中，新的問題層出不窮，他花了幾個月的時間試圖解答。經過四年的寫作，一九二二年春天快五十歲的尤克斯，終於追查出他想要找出的事實。六月，《關於咖啡的一切》（*All About Coffee*）付梓出版。

這本書由「茶葉和咖啡貿易雜誌社」（Tea and Coffee Trade Journal Company）出版，該公司還出版了一份月報，是當時咖啡界的兩份貿易報紙之一。另一份是《香料磨坊》（*The Spice Mill*），一八七八年由紐約咖啡烘焙商賈貝斯・伯恩斯（Jabez Burns）創辦。尤克斯在《香料磨坊》展開了他的記者生涯，一九〇二年他升格為編輯。他於一九〇四年離開，接手《茶與咖啡貿易雜誌》（*Tea and Coffee Trade Journal*），與《香料磨坊》強調的雜貨業主題不同，該雜誌更注重國際貿易。[1] 每個月，尤克斯在撰寫他的咖啡著作的同時，也在撰寫、編輯和出版同一主題的雜誌。

撇開貿易期刊不談，咖啡在文學作品中的地位，尚未與其在美國生活中的重要性不相上下。尤克斯在他的前言中指出，《關於咖啡的一切》是四十多年來美國出版的第一本關於咖啡的嚴肅著作：自一八八一年法蘭西斯．瑟伯的《從種植園到咖啡杯》（*From Plantation to Cup*），以及在此之前一八七二年小羅勃特．休伊特（Robert Hewitt Jr.）的《咖啡：它的歷史、栽培和用途》（*Coffee: Its History, Cultivation, and Uses*）以來，這是第一本。尤克斯十分慷慨。事實上，他的書打破先例。作品橫跨了近八百頁大字體、雙欄小字，另外加上十七幅彩色插圖、五百幅黑白插圖、一百幅肖像畫和三十幅地圖和圖表。尤克斯最引以為傲的特色是「咖啡年表」，標註了四百九十二個具有歷史意義的日期，成為「全世界主要咖啡種植種類的完整參考表」；以及「咖啡書目」，包括一千三百八十個參考文獻，是本書索引前的最後一部分，索引本身橫跨二十八個三欄頁。

儘管威廉．尤克斯知道關於咖啡的一切，但也有一些關於咖啡的事情——其中包含一些最重要的事情——他似乎所知不多。在他的書中，有兩個篇章是以查爾斯．特里格（Charles W.

Trigg）的署名所發表。尤克斯曾委託特里格撰寫〈咖啡豆的化學〉和〈咖啡飲料的藥理學〉，這些主題的複雜性和難度以及它們的利害關係，需要仰仗具有專業性的權威。

特里格是一名受該國培訓的化學工程師。根據他的職業，他也許稱得上是該國即溶咖啡的權威。一九〇一年，在布法羅泛美博覽會上，以日本可溶性茶葉粉為藍本製造的可溶性咖啡首次公開亮相，第一款廣泛銷售的零售產品則是以來勢洶洶的品牌名稱 Red E 而聞名。特里格曾在匹茲堡的梅隆研究所（Mellon Institute）從事過學術研究。當一九二二年《關於咖啡的一切》出版時，他在底特律的「國王咖啡產品」（King Coffee Products）公司擔任首席化學家的職位，在那裡他研究兩種在美國工業城市具有明顯價值的產品：一種叫做「粉狀咖啡」（Minute Coffee）的即溶咖啡，和一種叫做「咖啡萃取」（Coffee Pep）的咖啡飲料系列。[2]

特里格在《關於咖啡的一切》一書的章節裡，展現了他的商業導向。他寫道：「考慮到咖啡的普遍程度，加上咖啡與普通人日常生活的密切聯繫，我們所擁有的關於咖啡的化學成分和生理作用的準確知識卻相對較少，這不免讓人感到驚奇。」[3]他在此並未將「驚奇」用在正面的意義上。「從文獻中挑選的一些說法，大意是說咖啡既是『生命的靈藥』，甚至也可是一種毒藥……這真是一種可悲的事態。」特里格接著說，「我並不打算向消費大眾宣揚和傳播準確的知識。」[4]言下之意似乎是為了宣揚其他的東西。

可以說，該國反對咖啡的最大聲浪莫過於查爾斯·波斯特（C. W. Post），他是一位穀類食品大亨、道德宣揚者、康復的神經衰弱症患者。神經衰弱症是十九世紀末美國的一種常見疾病，這種病症的表現為症狀性衰竭，使患者虛弱到需要臥床休息。一八九〇年，波斯特的情況變得每況愈下，當時他已經三十多歲了，運氣不好。為了尋找治療方法，他前往密西根州的戰溪市，入住約翰．凱洛格（John Harvey Kellogg）的療養院。凱洛格是咖啡的忠實反對者，他認為咖啡和茶葉一樣，「為美國人民健康帶來嚴重的威脅。」神經衰弱症在美國流行的背後帶出的更大隱憂是國力的衰弱。凱洛格認為咖啡會讓人上癮，它會吸走美國人的活力，導致他們早衰。凱洛格療養院的早餐，提供他自己的專利穀物混合物和他所謂的焦糖咖啡——由麵包皮、麥麩和糖漿製成。

對於多數神經衰弱者來說，療養院是沐浴在陽光下的絕佳療養地點。除此之外，波斯特還承襲了凱洛格的想法。一八九二年，身體已經痊癒的波斯特在戰溪市也開設了一家自己的療養院，取名為維塔旅棧（La Vita Inn）。為了供給所需，他開始自製強身的食物，包括在一八九五年，他研發出一種咖啡替代品，稱之為波斯敦（Postum）。不久，他開始向雜貨商販售這種混合物，帶著一個可攜式爐子一家一家地銷售產品，每到一家店都要沖泡一壺自家產品。配方要求沖泡二十分鐘，有足夠的時間竭力推銷。「沖泡好之後」，波斯特宣稱，「波斯敦具有咖啡的棕色色澤，味道則是貼近淡味的爪哇咖啡。」更重要的是他的健康訴求。「它能夠造血」，波斯特開始募集資金準備將「波斯敦」推向大眾市場時，打出這樣的銷售口號。

為了推廣混合了糖漿的烘焙穀物，波斯特和之前的凱洛格一樣，把咖啡當作毒藥。廣告中警告喝咖啡的人當心喝出「咖啡心臟」、「咖啡神經痛」、「腦衰竭」、失明、潰瘍、腦損傷、消化不良、工作時間減少、精力不足、貧窮、晦暗和痲痺。到了一九〇二年，波斯特自己習慣喝咖啡——打出的廣告替他賺得一百萬美元。一九〇五年，波斯特的女兒瑪喬瑞（Marjorie）舉辦了一場奢華鋪張的婚禮之後，威廉・尤克斯在《茶葉和咖啡貿易雜誌》上發表了一篇嚴厲的社論，哀歎「易受矇騙的美國大眾」，為波斯特女兒的婚禮付帳。[5]

「說出咖啡的真相」——這是威廉・尤克斯給查爾斯・特里格的任務，這意味著要把波斯特放在科學的位置上進行審視。[6]「攝取咖啡之後，能替身體帶來一定的刺激」，特里格在《關於咖啡的一切》中寫道。「它作用於神經系統……增加精神活動，加快感知能力，進而使思路更加精確、清晰，讓腦力工作更容易，而不會帶來任何後續明顯的沮喪。肌肉將會更有力地收縮，增加其工作能力，而不會出現任何導致工作能力下降的次級反應。」看見對方列舉出咖啡的益處之後，特里格接著將他對咖啡的指控羅列出來：失眠、神經緊張、痛風、成癮。[7]他承認有些人欺瞞自己，認為咖啡不會對他們有害，然而百分之一到百分之三的美國人，他們的神經「非常緊繃」——如同查爾斯・波斯特一樣到了神經衰弱的地步。「因此」，特里格合情合理地得出結論，「如果一個人滿足於自認隸屬於不正常的少數，並且沒有被謬誤的推理說服而相信咖啡不會對身體造成傷害，那麼他就應該減少消費咖啡，或者別去飲用咖啡。」[8]

不過，咖啡科學的核心仍有一個模糊不清的地帶，特里格無法解決。在反駁波斯特時，他引用了多個實驗室的實驗結論，即飲用咖啡將會導致「工作能力的提高」。然而，雖然效果很明顯，但原因卻依然模糊：現有的實驗並無法確定為什麼喝咖啡會提高工作能力。儘管他很想澄清關於「飲用咖啡對於人體系統的影響」所提出的「令人遺憾」的矛盾，但特里格無法解釋咖啡、人體、能量和工作之間關係的確切性質。[9]雖然威廉・尤克斯在多數科學問題上都聲稱是特里格的意見，但尤克斯在其詳盡的研究過程中，提出了一個他認為正確的解釋。尤克斯在他的序言中寫道，咖啡是「人類能量和人類效率的必然結果」。它是「人類機器所知的最值得感激的潤滑劑。」[10]

今天，對我們而言，咖啡因一詞的確非比尋常，不過它在一開始出現時卻再平凡不過。多數美國人每天都在飲用咖啡因——占比或許高達百分之八十——「無論從哪個角度看，它都是世界上最讓人上癮之藥物……唯一一種能使人上癮的精神物質（psychoactive substance），它克服了世界各地的阻力和反對，幾乎在任何地方都可以自由獲得，不受管制，無須銷售執照，以藥錠和膠囊的形式在櫃檯上出售，甚至添加到為兒童準備的飲料中。」[11]然而在兩個世紀以前，在咖啡因發現之初，它卻再平凡不過，宛如是自然提供給我們的一道崇高且複雜的大門。

約翰・歌德（Johann Wolfgang von Goethe）是拿破崙時期歐洲最著名的知識份子，在他生命的最後，他能在腦海中描繪出全世界緊密相連的無形聯繫。他拒絕笛卡兒提出的心靈和身體分離的說法。他也反對牛頓的想法，即宇宙可以被切割成獨立的部分，每一個部分都可以與其他部分分開分析。相反地，歌德尋求的是他所預見的整體性，一個「各部分如何共同運作」的具體例證。[12]他在談話中告訴一位朋友：「在自然界中，我們從來沒有看到任何孤立的東西，而是看到所有的東西都與在它之前、在它旁邊、在它下面和在它上面的其他東西相互聯繫。」[13]他的思想指明了科學發展的方向。一八四七年德國醫生赫爾曼・赫爾姆霍茲提出了能量守恆定律，他認為歌德預見了這個理論概念。[14]

一八一九年，七十歲的歌德曾是咖啡愛好者，他把一盒來自摩卡港（port of Mocha）的咖啡豆送給一位他認為「前途似錦」的年輕人——一位名叫弗里德利布・朗格（Friedlieb Runge）的醫生，並給他一個挑戰：弄清楚咖啡豆裡面含有什麼，它們是如何運作，它們有什麼作用，它們與更廣闊的世界有什麼無形的聯繫。當時，人們對咖啡對人體影響的原因和本質還不甚明瞭：它使幾個世紀以來以體液系統為基礎的醫學思想變得撲朔迷離，而現代醫學還剛剛處於起步階段——例如，路易士・巴斯德（Louis Pasteur）甚至尚未出生。

朗格接受了歌德的挑戰。經過幾個月的工作，他分離出一種生物鹼，以植物為基底，並把它稱為Kaffeine——德文中「咖啡」的化合物，加上接尾詞ine，代表拉丁文中「存在於自然界」之意。[15]有一段時間，這一發現受到了嚴格的執行。當一八二七年從茶葉中分離出一種類似的生物鹼時，它被稱為theine，即使後來它被證明與咖啡因的化學性質相同——現今認為咖啡因是在植物中演化出來的，作為對某些有害生物的殺蟲劑和對某些有益生物的興奮劑。[16]朗格在商業化學領域方面取得了不錯的成績，其中一個里程碑是他從煤焦油中合成藍色染料的開創性成就，這讓紡織製造商用其製造的副產品給布料染色，並迫使世界各地的染料生產者——包括薩爾瓦多在內——轉向其他經濟作物。[17]

化學分析替咖啡的功效帶來了新的啟示。人們發現咖啡含有三種「有效成分」或「原因」。除了咖啡因之外，咖啡還含有咖啡酮（caffeone）以及咖啡酸，前者是它的香氣和味道的來源，後者的酸的成分，也有助於使咖啡產生味道。這些發現確立了咖啡的固定定義，對食品業產生了重要影響，使其日益關注替代品和純度。一位咖啡商寫道：「這些元素各自擁有其優點或力量，並在咖啡產生的一般效果中發揮作用。」這三種「有效」的成分共同賦予了咖啡作為一種商品的「個性」。[18]

然而，即使「咖啡」的定義圍繞在這三個「有效成分」所形成，它們在人體中的作用和效果仍只是猜測與眾說紛紜。咖啡因到底有什麼作用，又是如何運作？「咖啡作用於橫膈膜和腹腔神經叢，在那裡，透過無法計量與分析的發散擴散到大腦」，一八三九年歐諾黑・巴爾札克（Honoré de Balzac）寫道，「然而，我們可以推測的是，神經系統的液體傳導了這種物質所釋放的電，它在我們的身體裡找到或刺激了這種物質。」[19]多年來，科學一直擺盪在既明確又模糊的地帶。距離朗格對咖啡的發現經過一個多世紀後，一位調查者統計了七百多篇關於咖啡的科學文章——這些文章由「化學家、生理學家、心理學家、營養學家、醫生和食品檢驗員撰寫，事實上，當中任何類型的科學家，他們與食品和飲食的製備、分析或效果並沒有任何關係。」[20]其中二百三十二篇，足足有三分之一的文章集中在咖啡對身體的影響上。他們的研究結果，正如查爾斯．特里格所感歎的那樣，往往互相矛盾。

即使阿特沃特的呼吸卡計，以前所未有的精確度測量人體的運作，咖啡對人體帶來的效果也是模糊的。儘管德國對工人飲食的研究曾試圖解釋咖啡對勞動能力的貢獻，但阿特沃特將咖啡和茶與其他食物區分開來，將咖啡因對人體的影響與一杯咖啡所含的少量熱量——來自脂肪或精油——脫鉤。在研究「一個普通人，比如說一個機械師或日工，從事相當數量的體力勞動」所必需的食物時，阿特沃特承認許多受試者經常飲用咖啡，但他為了「簡化計算」，他在最後的能量計算中沒有把咖啡考慮在內。[21]「茶和咖啡」，他寫道，「並不符合我們使用食物這個詞時意義上的解釋。」所謂的食物為當「物質被攝入身體時，要嘛形成組織，要嘛產生能量，或者兩者兼而有之。」[22]他知道咖啡對身體起了作用，特別是針對呼吸和新陳代謝方面，「它具有振奮作用，有時可能幫助消化」，但他無法從卡路里的角度來理解這些作用，使得咖啡看起來很可疑。阿特沃特得出結論說：「也許我們大多數人不喝茶或咖啡會更健康。」他在實驗室裡堅持此一原則。[23]當史密斯在呼吸卡計中苦讀德國的物理學論文，以了解他的身體不得不遵循的規律時，他只有水和牛奶可以喝。

阿特沃特對咖啡所持的保留意見，得到了鍍金時代另一位先鋒弗雷德里克．泰勒（Frederick Winslow Taylor）針對工作中的人所做的研究的認同。在二十世紀初的幾十年裡，工廠機械化、人工照明和標準化的工作時間，使工作中人體的生理限制，看起來像是無限制的工業生產力的最後一個巨大障礙，也是一個亟待解決的問題。在一八八〇年代開始的一個著名的時間和運動的研究中，泰勒分析了工人的動作，以設計出最有效的方式來完成被賦予的工作，減少工人疲勞，使每個工作日的產出最大化，並將生產成本硬生生降到最低。在他的個人習慣和他標誌性的「科學管理」系統中，泰勒強調一致性、穩定性和清醒性是最大限度地有效利用「自己身體力量」的關鍵。因此，他避免使用各種興奮劑和麻醉品，包括酒精、菸草和咖啡，因為他擔心這些東西會破壞基本的生理功能，導致效率低下。[24]

咖啡的名聲被相互矛盾的意見和說法所蒙蔽，咖啡並不完全符合阿特沃特和泰勒所提出的關於人體機制的概念。因此，美國負責研究工作和量化勞動科學研究的最負盛名的兩個人，加入了凱洛格和波斯特這兩個人的陣容——他們向來主張享用穀物類早餐，而反對飲用咖啡。

咖啡與健康、能量和工作之間的關係儘管惱人，不過巴西的種植者們相信他們可以解決這個問題。一九一八年三月，歐洲、非洲和亞洲正在進行戰爭，種植者們拿出一百萬美元，另外十五萬美元來自美國咖啡烘焙商，在紐約成立了咖啡貿易聯合宣傳委員會（Joint Coffee Trade Publicity Committee）。[25]咖啡委員會的任務是透過宣傳英國復辟時期的雇主、下東區的血汗工廠工人、辛格縫紉機公司的高層主管、查爾斯・特里格、威廉・尤克斯和巴爾札克等許多人們已經本能地知道的事實：咖啡是工作的恩賜，用以提高咖啡的需求，進而提高價格。

咖啡委員會的大部分資金都花在費城的艾爾廣告公司（N.W.Ayer）身上，該公司在《好管家》（*Good Housekeeping*）、《星期六晚報》（*Saturday Evening Post*）和其他雜誌上刊登廣告，每個月的訂閱人數超過一千三百萬。[26]「作為一個國家，我們需要能維持身體和大腦高效率的食物。」為此，咖啡正提供了這樣的功效。「數以百萬計健康且精力充沛的美國人最喜歡的飲料……幫助男人和女人經受得住曝曬與艱苦的工作。」[27]其他廣告則是咖啡對於「雜貨商」、「機械師」和「管理者」日常生活活力方面貢獻的證明，其中最後一則廣告說明了，自從該名管理者在一天將要結束後喝了杯咖啡，他「現在四到五點的工作，比我以前整個下午所做的工作都還要多。」[28]

除了雜誌廣告外，咖啡委員會還出版了自己的手冊資料：一份通訊報，每月向全美從事咖啡行業的兩萬七千人發送；還有六本小冊子，在一九一九年至一九二五年期間向美國學校和家庭發送了一百五十萬份。其中一本名為《咖啡有助於提高工廠效率》（*Coffee as an Aid to Factory Efficiency*）的小冊子，講述了在克利夫蘭的WS泰勒公司所經歷的轉型。

一九一八年，在其創始人和同名人去世的第二年，泰勒公司開創了一項實驗。公司重新打造旗下位於上層大道（Superior Avenue）的金屬廠裡的一個房間，作為咖啡廚房，在午餐時間「提供員工咖啡，而且是能買到的最好的咖啡，咖啡上面再加上真正的奶油，成為克利夫蘭最優質的咖啡，不以成本價販售，而是完全免費。」泰勒並不是第一家向員工發放咖啡的工廠，但這種福利的優勢還是「沒有得到應有的重視。」該公司的助理財務主管迪斯布羅（E. P.

Disbro）解釋，免費咖啡很難說是一種贈品或「福利」。[29] 相反地，他說，任何「沒有遵循這些原則的廠房，都無法將產能利用到最大。」（十九世紀末，隨著人們普遍接受各種工作都需要從太陽中獲取能量的觀念，人們習慣於把工廠稱為廠房。）[30]

在泰勒的工廠裡，迪斯布羅已經精打細算過了。他知道公司的咖啡成本：約莫是兩百美元的投資資金，其中大部分用於購買三台三十五加侖的過濾器，再加上日常開支約二十美元。這二十美元包括二十二磅咖啡，六加侖奶油，再加上「製作和服務的女服務生的工資」。這足夠分給五百個想要喝咖啡的人——他們每個人支付二十五美分，購買一品脫大小的白色搪瓷杯，當他們在泰勒的公司任期結束之後，可以把杯子交還給公司，拿回他們的二十五美分。這個杯子足以盛裝「相當於兩杯大分量的早餐飲料」，這意味著泰勒每天午餐時間要供應大約一千杯咖啡，每杯咖啡的成本約莫是兩便士。咖啡的成本之所以「高於平均成本」的原因是，「公司購買的是最好的咖啡，並在供應咖啡的同時，添加大量的純奶油。」然而，儘管免費贈送咖啡的成本較高，但迪斯布羅堅持認為提供咖啡的服務是「增加工廠效率的貢獻之一，而且獲得了回報。」

免費咖啡所付出的成本，就連公司的財務主管迪斯布羅都難以量化。他無法確實「用美元和美分計算他們的投資究竟獲得了多少回報。」他也不相信供應咖啡直接導致總產出的增加。相反地，咖啡在「保持產品的完美標準」方面得到了回報，幫助公司避免「工人的精神和體力」在日常工作中下降。在其他的金屬產品中，泰勒還製造了金屬絲網，用來將木漿壓製成紙。「一個疲憊不堪、喪失活力的工人會造成生產缺陷，如果任由這樣的缺失發生，不僅會影響泰勒公司的聲譽和誠信，而且也會影響買到不完美產品的造紙廠，並影響與這類不完美結果接觸的所有人。」泰勒的工廠提供咖啡這樣的服務，正是因為管理者們得出結論：「咖啡能夠刺激消化器官，使人一整天『維持最佳狀態』。」並使得「清晨制定的標準能夠穩定地」維持到下午。這是一個複雜的計算，將人類的心理和體能橫跨一段時間，以咖啡有效對抗疲勞的微妙工程。

咖啡的品質也是一個變數。「依靠廉價或摻假的咖啡將永遠無法維持生產標準。」迪斯布羅警告那些想要效仿泰勒的工廠經理。「這是一個與機制相關的問題，不論如何重視維持所提供咖啡品質的必要性都不過分。在我的觀念裡，給工人們供應劣質咖啡，就像給一台非常脆弱的機器購買劣質油一樣愚蠢。」[31]

即使強烈支持以咖啡作為「幫助工廠提高效率」的特點也是模稜兩可，這也因此形成咖啡貿易聯合宣傳委員會的第三個工作要務。除了廣告和出版物之外，咖啡委員會另外捐贈了大約四萬美元給麻省理工學院生物系的著名成員撒母耳．普萊斯考特（Samuel C. Prescott）。當時和現在一樣，麻省理工學院的研究與商業利益緊密相連，而後來升遷為科學院院長的普萊斯考特也總能募集到大筆資金。一九一四年，他在哥斯大黎加建立了聯合水果公司（United Fruit

Company）的第一個香蕉研究實驗室。[32]

為了研究咖啡，普萊斯考特在劍橋成立了一個「咖啡研究實驗室」。他的任務有兩部分。首先，他要「盡可能地增加我們對這種飲料的化學和生理作用的知識，這種飲料已被世界重視。」其次，他想要「提倡管家、餐廳經理或任何與供應這類飲品的相關人士，如何以最佳方式沖泡咖啡這種飲料，使它在香氣和味道上能被廣為接受。」[33]關於第二個問題的研究，主要藉由每天沖泡咖啡，並將其提供給實驗室的工作人員和他們在校園裡的朋友。經過三年的努力，普萊斯考特研製出了一個有利於宣傳的配方，即經過麻省理工學院認可的「完美」咖啡：新鮮研磨的咖啡豆，水低於沸騰的溫度幾度，以及一個用於沖泡咖啡的玻璃容器。[34]

對咖啡委員會來說，幸運的是，普萊斯考特對咖啡的「生理作用」的研究更加大膽。他審閱了數百篇文章，「確信沒有一個調查小組從足夠廣泛的角度來進行這項工作。」[35]因此，任何對咖啡有負面看法的人，找到的都是「論述咖啡對人體有不良影響」的文章，而任何希望得到背書的人，讀到的文章則是咖啡是世界上「最有價值的飲料」之一：「一種迅速擴散的刺激物……〔它是〕支援……系統的適當力量，能激發衰弱的能量，提高耐力」，儘管它「在任何意義上都稱不上是一種食物。」[36]普萊斯考特的成就是，擴大了對咖啡的「觀點」，直到過去對於咖啡的負面看法——特別是咖啡與食物、卡路里和能量的可疑關聯——開始看起來偏向正面。

普萊斯考特對於咖啡的洞察力與哥倫比亞師範學院霍林沃斯（H. L. Hollingworth）教授的看法不謀而合，一九一一年他曾帶頭重塑科學方法，協助美國企業。這個企業就是可口可樂公司，它被美國農業部化學物質局局長、《純淨食品和藥品法》（*Pure Food and Drug Act*）的主要草創者哈威．威利（Harvey Washington Wiley）告上了法庭。威利對咖啡沒有意見——事實上，他把咖啡宣傳為「美國的國家飲料」——但他認為，如果父母知道他們的孩子喝下一瓶可口可樂後攝入的咖啡因量，他們將會感到怒不可遏。一九〇九年，在威利的指示之下，政府人員攔下了一輛卡車，卡車上載滿了四十大桶和二十小桶準備從亞特蘭大的工廠，運往查塔努加（Chattanooga）裝瓶廠的可口可樂糖漿。兩年後，美國與這四十大桶和二十小桶可口可樂糖漿對簿公堂。根據《純淨食品和藥品法》，可口可樂公司遭指控銷售標示不實的飲料，這種飲料不僅標示錯誤，既不含「古柯」（Coca）的成分也不含「可樂」（Cola），而且由於添加了咖啡因，對健康有害。[37]

為了證明自己的觀點，政府「召集了基本教義派人士，他們辯稱飲用可口可樂會導致……男女同性戀者的性行為不檢點，並誘導男孩手淫。」[38]為了捍衛自己的觀點，可口可樂公司委託了一項關於咖啡因的科學研究。霍林沃斯在哥倫比亞大學的博士生導師、心理學家詹姆斯．卡特爾（James McKeen Cattell）拒絕了這項委託，但霍林沃斯需要錢——無論如何，他後來寫道，他「還沒有什麼神聖崇高的地位足以保護。」[39]

假設再明確不過。早期的測試，包括查爾斯．特里格在《關於咖啡的一切》一書中所做的調查，發現在飲用咖啡之後的十五至二十五分鐘，神經活動明顯加快。根據這些發現，之前所有的研究都得出了「咖啡因具有能夠刺激肌肉工作的能力」的結論。但樣本量很小，實驗條件沒有得到嚴格控制，最重要的是，對所觀察到的刺激作用的解釋仍只是推測性質。[40] 霍林沃斯為了追求實證的嚴謹性，在曼哈頓租下一間有六個房間的公寓，挑選了十六名受試者，其中包括十男六女，大部分是研究生和修讀大學的妻子；要求他們在四十天的測試期間戒掉所有其他刺激性飲料，包括啤酒，並保持規律的飲食和睡眠時間，然後開始對他們進行認知和運動神經的測試。認知測試近似於辦公室工作：顏色命名、對立面命名、加法、編輯和反應時間；運動測試近似於測試反應能力：用左手將一根金屬棒穩穩地插在孔中，不碰觸到其他地方，盡可能快速地插入三個孔中的一個，並用右手用金屬棒在金屬板上盡可能快速地敲擊四百下。同時，其中一個受試者被安排參加一個不同的實驗課程，反映了美國工作場所的勞動分工。她的任務是將維多利亞時期藝術評論家約翰．羅斯金（John Ruskin）的《芝麻與百合花》（*Sesame and Lilies*），一篇論述男女的獨特能力和職責的文章重新打字輸入。

霍林沃斯「很清楚」，甚至痛苦地意識到「商業公司資助的調查結果有失信於人的傾向」，因此，霍林沃斯採行雙盲研究的方式來進行試驗：調查對象和調查人員都不知道受試者是在試驗組還是在對照組。其中一個星期，受試者並未接受任何試驗。第二週，他們都喝下了奶粉沖泡的牛奶。接著開始接受咖啡因的劑量。

四十天的實驗結束之後，位在查塔努加的試驗進行得很順利，但霍林沃斯突然獲得從紐約傳來的一個好消息。咖啡因改善了受試者在每項運動測試中的表現，而且在飲用後很快就有明顯的改善。在認知測試中，正面的效果顯現得較慢，但持續時間較長。唯有這件事霍林沃斯還是說不出原因。「工作能力的提高是由〔咖啡因〕產生的，這一點得到了明確的證明。」他在文章中總結：「藥物效應」是真確無誤的。「但是，這種能力的提高基礎，是來自藥物的作用或使之可用的新能量供應的導入，或是讓可用的能量得到更有效的利用，還是消弭了對次要傳入衝動的抑制，或是削弱疲勞感使得個人的工作表現提高，似乎沒有人知道。」[41]

最後，霍林沃斯的證詞並未在審判中發揮作用。聯邦法官在此案中裁定，因為咖啡因是可口可樂原始配方的一部分，它不是添加劑。相反地，咖啡因是飲料「不可或缺的」成分：「可以說，去除咖啡因，產品將會缺少一個基本元素，無法給消費者帶來……最典型的效果……從其使用中獲得的最有特色的效果。」[42]訴訟遭到駁回。然而，霍林沃斯的發現確實對咖啡業產生了重要的影響。

為巴西—美國咖啡委員會工作的撒母耳．普萊斯考特，抓住霍林沃斯關於咖啡因「藥物效應」的證明，作為理解咖啡「生理作用」的關鍵。普萊斯考特辯稱咖啡不是一種食物——它比食物更好，它提供了食物的一些正面作用，卻不包含某些負面作用。這就是咖啡因的好處。「它是目前已知的最有用的興奮劑之一，因為相對較小的劑量就能立即產生作用，而且合理使用咖啡因不會產生麻醉或是抑鬱的作用。」換句話說，咖啡的價值恰恰在於它不受消化和新陳代謝的過程和時間尺度的限制，也就是它並不受阿特沃特用卡路里來衡量、透過身體將食物轉化為工作能量過程的限制。相反地，咖啡的刺激作用避開了一般的新陳代謝過程，立即成為身體的可用之物。它是一種即時能量的形式——一種能量藥物。

普萊斯考特總結說，咖啡「透過更劇烈的收縮，增加了肌肉工作的能力，也增加了腦力，因而加快了感知，並提高了腦力持續勞動的能力。」[43] 普萊斯考特在讚美咖啡能增加肌肉和腦力的持續勞動而不奪走任何力量時，暗示了咖啡為體力和智力工作提供能量，而這種能量並不是來自任何其他來源或形式的能量的事先轉換。這意味著，咖啡飲用者不再受制於熱力學定律的影響，能量和工作、消耗和支出定律的約束，而這些定律支配著宇宙的其他部分。

除了對咖啡科學文獻的新穎解讀，普萊斯考特還為咖啡聯合委員會做了一個新的實驗。首先，他在麻省理工學院的團隊從咖啡中分離出咖啡因，將其乾燥成晶體，並將晶體溶解在水中，製成超飽和溶液。然後，科學家們將橡膠導管插進三十隻兔子的食道，將咖啡因溶液倒入牠們的胃中，直到兔子死亡。普萊斯考特計算出，導致兔子致命的咖啡因劑量相當於一個一百五十四磅的人喝一百五十到兩百杯普通咖啡的劑量。

為了確定純咖啡因的溶液沒有歪曲結果，普萊斯考特的團隊用新鮮沖泡的咖啡重複了實驗，並採用一種優質的中度烘焙巴西咖啡來沖泡。當他們發現兔子的胃容量太小，無法積累致命劑量的咖啡因時，研究人員將咖啡濃縮後再次嘗試。但兔子還是沒有像餵食純咖啡因的兔子那樣死亡。普萊斯考特得出結論，咖啡的飲料形式似乎在保護喝咖啡的人不受咖啡因的任何負面影響。

對於試圖挽回戰後低迷的咖啡市場的巴西—美國咖啡委員會來說，普萊斯考特的研究在一九二三年隨後出現的廣告宣傳中獲得了回饋。「閱讀這位著名的科學家對咖啡的看法」、「關於咖啡的事實」、「咖啡給人帶來舒適和靈感」、「最後的證明」、「咖啡是一種安全和理想的飲料」，一份完整的報告隨後被寄給了全國各地的醫生。[44]

事實證明，鼓勵美國人探索飲用咖啡的安全範圍上限是很容易的。在戰後幾年裡，考驗「人類機器」喝咖啡競賽的門檻成為「體育鍛鍊」的最新趨勢。

一九二六年，來自明尼蘇達州福爾斯的理髮店搬運工葛斯·康斯托克（Gus Comstock）在十小時內喝下了六十二杯咖啡，締造了一個似乎不太可能被打破的紀錄。但隨後來自德克薩斯州阿馬里洛的史崔帝（H. A. Streety），在九小時內喝下了七十一杯，刺激康斯托克再次嘗試。

一九二七年一月一日早上七點，康斯托克坐在福爾斯的卡達茨酒店（Kaddatz Hotel）大廳裡，喝下第一口咖啡。不到一個小時，他一口飲盡了十八杯咖啡。中午左右，醫生給他做了檢查，除了體溫略有上升外，宣布他很健康。兩個小時後，在喝了七個小時的咖啡後，康斯托克喝完了他的第八十五杯咖啡，聚集在大廳裡的人群為他歡呼。據《紐約時報》報導，「他大口飲盡咖啡，顯得十分費力」，但他覺得自己像個英雄。[45]

第17章

美國處方

儘管美國在世界大戰後咖啡的飲用量增加，但價格並沒有像薩爾瓦多許多人期望的那樣高漲。到了一九二一年，二十世紀初開始的價格長期低迷已進入第三個十年。它不僅使小農和艾爾伯托·德內克等疏於注意的種植者，失去了他們的種植園，甚至連詹姆斯·希爾這樣成功的種植者也面臨了經濟的挑戰，薩爾瓦多政府幾乎破產，因為政府的大部分收入來自於咖啡的出口稅。然而，增加稅收無異於招致政變，埃澤塔兄弟的命運證明了這一點，所以政府選擇削減開支。支付給英國和美國修築鐵路和其他基礎設施公司的款項，也因此得延長給付。政府官員的工資也積欠未付。由於國內外許多款項皆逾期未付，距離薩爾瓦多政府倒臺的日子似乎近在咫尺，美國國務院並不樂見這樣的結果。[1]

在大戰期間和大戰結束後不久，美國銀行家如舊金山的咖啡進口商，在以前由英國和歐洲銀行主導的拉美國家取得了進展，其中包括薩爾瓦多在內。[2] 美國國務院積極鼓勵拓展新業務，目的是鞏固美國在西半球的勢力，防止戰後的歐洲帝國主義捲土重來。也有人擔心墨西哥的革命運動——始於一九一〇年針對牟取暴利獨裁者的反抗，更導致一九一七年制定了一部對於外國企業並不友好的新憲法——會在該地區蔓延開來。一九一七年俄國十月革命之後，布爾什維克主義興起。在這種情況下，一九二一年薩爾瓦多政府要求其債權人之一，聯合水果公司的創始人、中美洲國際鐵路公司的負責人麥納·基斯（Minor C.Keith）申請一筆八位數的銀行貸款，以支付該國現有的債務，並為一些新的鐵路建設和經濟發展提供資金，這對華盛頓來說不啻是一項好消息。

然而，該計畫在華爾街並不受到歡迎。紐約的銀行家們對曼哈頓下城咖啡交易所多年來的市場動盪有十分切身的體會，他們有理由懷疑中美洲的咖啡生意是一個不可靠的賭注。面對銀行家們的懷疑，基斯求助國務院將此筆貸款視為一個投資機會。他向華盛頓遊說與薩爾瓦多政府進行無須經過國會批准的票據交易——該法案授權國務卿任命一名海關督導，來監督薩爾瓦多的對外貿易（同時從海關收入中抽取一定比例來償還貸款），並規定貸款人和薩爾瓦多政府之間的任何糾紛，都將交由美國最高法院首席法官進行仲裁。基斯申請的薩爾瓦多貸款計畫取得了美國政府兩個部門的授權擔保後，他便將提議帶回到華爾街。[3]

這種類型的貸款安排已經存在一個固定的模式。與薩爾瓦多之間簽訂的合約，是戰後美國國務院為拉美政府提供的少數「控制貸款」之一。由聯邦政府作為擔保人，美國銀行提供資金支援對美國有利的拉美政府作為回報，拉美人被迫接受這些條件和偶發事件——包括由國務院任命的顧問對其經濟進行監督，並在許多情況下進行經濟改革。其未明言的涵義是拖欠貸款將因此讓美國有權進行軍事干預。[4] 儘管國務院否認這一點，但美國已經在海地、多明尼加共和國、尼加拉瓜、古巴和波多黎各部署了美國軍隊，構成了一個既定的政策聲明。

這些「控制貸款」的設計者，將華爾街的財富與華盛頓的權力和權威結合在一起的就是，人稱「貨幣醫生」的普林斯頓大學經濟學家愛德溫．凱默爾（Edwin Kemmerer）。正如一九二八年《紐約時報》所報導的，[5] 在愛德溫．凱默爾於一九二〇年代在拉丁美洲聲名鵲起之前，他分別在一九〇三年、一九一七年和一九一九年於菲律賓、墨西哥和瓜地馬拉工作過，他利用「美國處方」治療「罹病國家」。一九二〇年代，他和他的學生，以及政府和銀行業的朋友，為了幫助包括薩爾瓦多在內的五個拉丁美洲國家，安排了貸款。[6] 這些貸款包含了經濟方面強制性監督與改革的意味。

「貨幣醫生」實為一個恰如其名的綽號。凱默爾治療「罹病國家」的方法，與他在衛斯理學院時所見到的生理學和營養學實驗相似。一八九五年秋天，他來到康乃狄克州的校園，此時正值阿特沃特開始用呼吸卡計進行試驗。一八九六年三月二十八日星期六，在大一學期即將結束時，凱默爾參觀了阿特沃特的實驗室，目睹了史密斯在呼吸卡計中創下的紀錄，並使用阿特沃特安裝的電話系統與史密斯交談。[7]

同一天，凱默爾參加了美國郵政局長威廉．威爾遜（William L. Wilson）在校園裡舉辦的講座，主題是「政治是一種責任」。威爾遜作為來自西維吉尼亞州的民主黨國會議員，已經在全國嶄露頭角，和許多南方民主黨人士一樣，他也是一個自由貿易的推崇者。一八九四年，美國的經濟處於嚴重的蕭條之中，威爾遜提出了一項具有爭議的關稅法案，降低進口關稅以刺激對外貿易和美國出口，同時利用和平時期的第一筆所得稅，來彌補政府收入的預期損失。稅率是以收入超過四千美元的百分之二作為標準，這只影響到最富有的十分之一的人口，卻足以使得該法案成為菁英階層憎惡的原因，威爾遜開始對他們狹隘的私利感到不滿。「經濟和金融問題，需要如同我們的祖先在戰場上表現出大刀闊斧的精神一樣」，威爾遜在衛斯理說，「我們現在的金融體系是拼湊的……大學生、受過教育的人和商人必須走上臺前。他們不能袖手旁觀。」[8]凱默爾有整整一年時間，一直是一個勤奮的學生。平淡無奇的日記中毫無熱情地記錄著他在書桌前投入的時間。然而，他卻被威爾遜「出色」的演講所感動，第二天，他在米德鎮的阿特沃特家拜會了郵政局長。[9]

在他的經濟學家生涯中，凱默爾響應威爾遜的號召，將阿特沃特呼吸卡計的邏輯發展為國際金融治理體系。他為拉美國家政府開出的「美國處方」，是建立在債務、紀律和出口這三個部分的基礎上：注入借貸的資金，同時進行由上而下的改革，從貨幣和商業政策到刑法，所有這些改革的目標皆是為了增加出口生產。[10]這個想法是以透過良好的政府和管理，可以有效地將資金注入國民經濟，使其流向效率最高、生產力最強的部門。凱默爾和他的顧問們在貸款合約中寫下的條件包括任命一名海關督察，人選通常是凱默爾在美國的助手，他與接受督導的國家之間的關係，如同呼吸卡計實驗室裡的監測器監看著裡面被觀看的主體一樣。[11]在他的職業生涯早期，凱默爾甚至推動西半球發展單一貨幣——一種金融卡路里——以釐清一個國家的經濟進出口之間的關係，用以支持西半球的商業發展。[12]

這是講究精確的呼吸卡計思維。投入更多的東西，並確保它被正確使用，就有可能得到更多回報。然而這種對稱性，並不僅僅來自凱默爾在衛斯理學院經歷的巧合。大一之後，他開始選修經濟學課程，這門根植於金融和政治的新思想學科，鼓勵一個對金融和政治感興趣的學生，把呼吸卡計看作是一個完美的世界。[13]在過往歷史大部分時間裡，經濟學隸屬一個更大的道德哲學研究領域。道德哲學根植於倫理學，而非方程式和法律，在一個特定的社會中如何使用和分配資源，並努力尋求將習俗、地方和文化的特殊性納入考慮的答案。在此傳統之下，價格往往被稱為「價值」，物品被稱為「商品」的事實得以延續。

約莫一八七〇年以後，隨著經濟學被重新定義為一門精確科學，客觀性使得特殊的考慮因素變得不必要，該領域在其背景和倫理方面的問題，基本上消失了。這種轉變的關鍵是，新近提出的能量概念和相關的熱力學定律。[14]該學科創始人之一的英國經濟學家阿爾弗雷德・馬歇爾（Alfred Marshall），將新的經濟科學總結為「對人類日常生活事務的研究」。這句話通常是指日常生活如同商業行為，基本原則是利用資源創造財富和「滿足……欲望」，[15]不過反過來理解更具有啟發的意義。當經濟學家們開始把商業當作日常生活來研究時，經濟學就成了一門「客觀」的科學，它建立在一套普遍規律的基礎上——它的運作原理如同人體。

科學經濟學家對身體的概念來自熱力學。一八七四年威廉・傑文茲（William Stanley

Jevons）寫道：「生命似乎只是一種特殊形式的能量，以熱能、電能和機械力作為表現。」傑文茲是曼徹斯特大學邏輯學與道德哲學教授，他是數學經濟學的先驅人物，因其太陽黑子決定商業週期的理論而更為人所知。「看起來，大腦的償付機制被摸索出來的時刻將會到來」，傑文茲寫道。「難道不應該把在蠻橫的物質運動中，顯而易見、不可抗拒的規律統治，延伸到人類心靈的微妙感覺？……如果是這樣的話，我們所誇耀的自由意志便形成了一種幻覺，道德責任就成了一種虛構，精神不過成了物質能量更奇特的表現形式的一個名稱而已。」傑文茲本人對以科學的名義，將所有「存在的奧祕」還原為能量形式的做法抱持懷疑的態度，部分原因是他能看到它的走向。在唯物主義「即將到來的宗教」中，人的意志被鑄成了一個有效的「非實體」。[16]在新科學經濟學中，「日常生活事務」指的則是機械化工業。

借用熱力學的觀點，將人體視為一種以能量為基礎的機制，使科學經濟學家能夠寫出新的人類行為法則。這在過去一直是一個棘手的問題，卻不無道理。人們總是違背和反抗各式的規律，早期的經濟思想已經對這種「非理性」、反叛，和偶然的可能性採取一種防範措施。然而，能量科學已經確定了人體無可避免遵循的熱力學定律，在十九世紀的最後幾十年，這些定律被轉化為現在被稱為新古典經濟學的基本原則。[17]其中首先是工作的絕對必然性。

人們常說，新古典主義經濟學並不具備生產的核心理論，它絲毫不關心雇主如何單獨或集體地組織他們的企業和利益，以驅使他們的員工工作。從某種意義上來說，科學經濟學家沒有必要去問是什麼驅使人們工作，因為關於人類日常生活的嶄新熱力學概念已經給出了答案：驅使人們工作的是他們自己。身體的機械結構令他們別無選擇。為了生活，人就得工作和吃飯，彼此相互牽連。為了推廣這一原理，吃飯的需要被重新描述為消費的欲望，即是將邊際效用最大化。這個類比再明顯不過：效用之於經濟科學，如同能量之於物理學——無所不在的力是每一個行為的媒介，並成為不可打破的法則。[18]在新古典主義經濟思想的世界裡，人被簡化為一種機制，消費的需要驅使著生產。

現實生活並非如此簡單。正如世界各地像詹姆斯．希爾這樣的雇主努力製造饑餓，使他的工人不得不工作一樣，經濟學家的工作是在政府部門中找到制定政策的人，實地執行他們的學科法則。正如呼吸卡計讓工作看起來是人體的一種自然功能一樣，愛德溫．凱默爾的「控制貸款」，也假定出口是健康經濟的自然產物。要做到這一點，所需要的就是控制本身：在民族國家的層面上，消除框架外的世界、根除替代選項，在全球市場上排除無法直接兌換成現金的非生產性的飲食、生存、活動的可能性。而這便是督察的工作，也是伴隨著金錢而來的改革。

一旦薩爾瓦多的貸款獲得美國政府的批准，美國銀行家開始看好基斯的提議。一九二二年，紐約查塔姆費尼克斯國民信託銀行（Chatham Phoenix National Bank & Trust of New York）投入了六百萬美元，資金源自收益率高達百分之八的債券。這筆交易以海關收入為擔保，包括咖啡出口稅，這項協議賦予銀行、債券持有人和擔保人——美國政府——使詹姆斯．希爾和其他種植者因此取得資金。這也為麥納．基斯帶來了巨大的利潤，以至於國務院認為巨額利潤簡直「不合情理」。但愛德溫・凱默爾認為這些條件很公平，因此得以成立。[19]除了現金之外，薩爾瓦多因此得到一名新的美國海關督察、一位新的美國農業局長，和一個來自美國菁英員警部隊的新國民警衛隊專員。

起初，薩爾瓦多的菁英們反對美國海關督導的想法。當地的銀行家，特別是聖塔安娜西方銀行的班傑明・布魯姆（Benjamin Bloom），歷來負責為政府安排融資——此舉不啻為「敗壞此國政府的風氣」，誠如一位美國駐薩爾瓦多的外交官所說——他們憎恨競爭。[20]但是，薩爾瓦多國民議會批准了這筆貸款交易，因為有一些法案到期，而且這筆錢可以用來修築公路和鐵路，開闢從前難以進入咖啡生產地的道路。[21]

威廉・倫威克（William W. Renwick）被查塔姆費尼克斯國民信託銀行選為薩爾瓦多的海關督察，美國國務院批准了他的任命。倫威克的新工作使他的地位與「高級專員」並無二致，他向銀行和國務院報告薩爾瓦多經濟的日常運作情況。[22]他取得的大部分來自咖啡出口稅的收益，每磅兩美分，即每袋約兩美元。

事實證明，接待倫威克並不像許多薩爾瓦多人所想的那樣麻煩。他絕不是那種拉丁美洲人厭惡的類型，「衣冠不整、鬱鬱寡歡的外國人，看上去他只要待在家裡，就能得到你們這個小國家不得不付給他的十分之一工資。」相反地，倫威克是一個「身材纖瘦、開朗、大方，一個勇往直前，並試圖對這個國家有所貢獻」的美國青年。[23]他謙虛，態度專業、不卑不亢。他雇用薩爾瓦多人為他工作，並對他們進行了良好的培訓。[24]多數日子的下午，他都待在鄉村俱樂部，在高爾夫球場的一個安靜的角落裡練習球技，光憑這點就足夠令人印象深刻。他和他的妻子與薩爾瓦多人和僑民都交了朋友。他有足夠的自由和靈活性與愛德溫．凱默爾一起前往智利，並在凱默爾正在進行全面經濟改革時，擔任海關徵收諮詢專家。[25]倫威克還自願免費為薩爾瓦多政府擔任經濟顧問，他的工作非常出色，薩爾瓦多人不斷給他更多的機會。[26]

能幹的倫威克並不是薩爾瓦多政府在貸款案後唯一聘請的美國人。一九二三年九月，加州的農業顧問弗雷德里克．泰勒（Frederic W. Taylor）搬進了聖薩爾瓦多國家辦公室，開始致力於從根本上加強該國的出口經濟。

當這份工作在洛杉磯的春天傳到泰勒手中時，他立刻把它看作是自己職業生涯的頂點。他在愛荷華州長大，曾在家中的苗圃工作。年輕時，他曾在商業農業領域擔任過一系列職務，最終在一九〇一年升任為在布法羅舉行的泛美博覽會上的園藝、林業和食品展區的主管，以及特許經營部主任，他曾頒發銀獎給詹姆斯．希爾的圓豆咖啡。布法羅的發展非常順利，因此泰勒被任命為一九〇四年聖路易士世界博覽會（St. Louis World's Fair）的農業和園藝部主任。

博覽會的工作使泰勒的事業進入了國際軌道。一九一一年，他被任命為菲律賓的農業主任，愛德溫．凱默爾年輕時也曾在菲律賓工作。泰勒抵達菲律賓後，立即發現了一個關鍵的農業和社會問題。稻米是主要的主食作物，雖然菲律賓很適合種植稻米，但實際上他們卻仰賴進口大量的稻米。由於「整個省分……種植糧食以外的作物」，菲律賓人完全依賴市場維持生計。

由此造成的局面是潛在與不穩定的，不利於美國的統治，在美國跟西班牙和菲律賓—美國戰爭之後，美國統治的條款仍在制定中。泰勒的解決方案是計畫增加百分之二十五的稻米產量。在減輕糧食供應壓力的同時，他還努力提高主要出口商品的產量：馬尼拉麻、椰子和糖。

在菲律賓之行結束後，泰勒為美國熱帶地區的公司擔任私人農業顧問。一九二〇年，他前往薩爾瓦多，為紐約的一家橡膠公司考察一些土地，在那裡待了很久，給薩爾瓦多的菁英們留下了深刻的印象。一九二三年春，美國的貸款即將敲定，泰勒在薩爾瓦多的聯絡人聯繫了他，並向他說明貸款的條件之一是農業改革。[27]他們要求泰勒在國家宮殿設立一個辦公室，並開始將薩爾瓦多的農業建立在「科學」的基礎上——這意味著重塑該國的地貌，以幫助償還貸款，即使咖啡價格仍然低迷，甚至更糟。[28]

泰勒熱情地回應，儘管他對咖啡幾乎一無所知，但咖啡是迄今為止薩爾瓦多最重要的作物，一九二一年占該國出口的百分之八十，而且還在不斷增長。[29]他在布法羅給詹姆斯．希爾和其他人頒發獎章的依據是咖啡豆的外觀，而不是咖啡種植的專業知識，這不是他的專業經驗。儘管咖啡在菲律賓有著悠久的歷史和巨大的潛力，但它從來都不是美國優先考慮的問題。

儘管如此，泰勒相信，他在菲律賓的工作「大大提高了總體效率」，為他前往薩爾瓦多做好了準備。他要求一萬美元年薪，加上額外的開支費。儘管工資低於他的正常水準，他解釋，他「非常願意從事這項特殊的工作，因為我看到了如何能夠完成這項工作，以及它對貴國的巨大價值。」[30]他於八月從洛杉磯啟程。

泰勒在薩爾瓦多的頭幾天感到非常熟悉。他對他在國家宮殿二樓的新辦公室特別滿意，「私人休息室毗鄰一旁，桌上放著電話，一切都十全十美」，他在抵達後不久在寫給家人的信中寫道。[31]安頓下來後，泰勒開始環視全國。他發現咖啡和第二種作物——糖，狀態都很好。但其他一切，包括玉米、大豆、大米、馬、牛和豬的狀況則是遠遠落後，這並不奇怪：「這無疑是因為咖啡和糖的種植掌握在大地主手中，他們有能力花費必要的資金來生產好的作物，而其他作物大部分是由〔小農〕種植，他們不會挑選種子，沒有現代化的工具來整理土地或耕種作物，也沒有好的公畜來進行飼養。」[32]部分原因出在缺乏科學訓練，即使在菁英中也是如此。於是泰勒在美國公開招聘人員，特別是尋找加州大學的畢業生。[33]

在國內待了大約一年後，泰勒向美國一家農業雜誌的編輯報告說，他「發現這項工作非常有趣」。他解釋，雖然「作物有些不同，但在許多方面與我在菲律賓所做的工作非常相似。」[34]這些作物之所以不同，部分原因是薩爾瓦多政府對增加糧食生產興趣不大，就像泰勒在菲律賓所做的那樣。相反地，政府希望增加出口生產，這是海關收入的來源，可以使該國避免貸款違約。特別是，薩爾瓦多政府希望建立第二出口作物，以免咖啡生產過程發生不測——例如十九世紀末時，咖啡葉銹病傳到了曾為咖啡重要生產國的菲律賓。泰勒的工作是圍繞出口需求和海關制裁，以建立薩爾瓦多的農業經濟。[35]二線出口作物多樣化使得單一栽培變得合理。

泰勒負責監督，並將薩爾瓦多那些沒有種植咖啡的農村地區加以改造，使之成為出口商品生產的實驗室。他安排從夏威夷進口鳳梨和椰子種子，從加州運來一些牛，並從「產糖大國」

獲得了「最好和最有利的品種的種子」，他還與哈威—火石（Harvey Firestone）公司通信，討論是否有可能在墨西哥的恰帕斯建立一個像火石公司那樣的橡膠種植園。黃麻遭到淘汰，因為它在印度的生產成本非常低，但另一種用途廣泛的熱帶纖維黃條龍舌蘭（henequen）的產量大幅增加，泰勒認為「菲律賓群島的馬尼拉麻，提供了一個前景看好的試驗領域。」[36]實際上，泰勒把薩爾瓦多的農村地區變成了環太平洋地區的經濟縮影。

然而，與泰勒在「科學基礎上」重建薩爾瓦多出口經濟計畫的關鍵部分——棉花相比，這些新作物都微不足道。泰勒從加州運來了兩百噸阿卡拉棉花種子，這種品種在加州的帝國谷生長茂盛，足以種植兩萬英畝土地，而這些土地大部分位於地勢低窪的沿海地區，而且溫度太高，不適合種植咖啡。[37]他幫助總部設在聖塔安娜的西方銀行——由全國最大規模的咖啡投資者班傑明．布魯姆所經營——學習棉花融資業務，他還幫助當地地主學習棉花種植。[38]在他工作的頭一年，泰勒就收到了近五萬英畝棉花的種植和許可證申請，他加緊取得更多的種子。」[39]「至少有十幾個大地主來和我談棉花的事」，他向總部回報，「這裡的人對棉花很狂熱。」[40]

儘管並非所有的早期種植都能成功，但棉花是泰勒對薩爾瓦多農業迄今為止最具影響力的貢獻。隨著波旁咖啡的種植從火山下蔓延到海拔較低、溫度較高的地區，棉花從低矮的沿海平原爬上內陸和上坡。兩種作物的相互發展擠壓了糧食生產，特別是薩爾瓦多最重要的主食作物玉米。[41]一九二二年至一九二六年，泰勒待在薩爾瓦多的期間，玉米價格翻漲一倍，豆類價格則是高於一倍，大米價格更是翻漲了三倍。該國開始進口愈來愈多的糧食。[42]

儘管泰勒的工作很辛苦──他常常覺得自己一個人在做整個團隊的工作──他很大地改變了地景，但他並沒有像倫威克那樣融入薩爾瓦多。地主們抱怨泰勒對於棉花種植沒有系統化的說明。咖啡種植者抱怨他把農業部提供給咖啡種植的資源挪開了──從農業部並未公布詹姆斯・希爾最後一次訪問巴西時對巴西咖啡的研究報告就可以看出這一點。[43]泰勒申請薩爾瓦多賭場（該國最主要的社交俱樂部）候選會員的資格，卻遭到拒絕。[44]當他和其他千餘名賓客一起參加一場集團婚禮時，他覺得「痛苦不堪」，於是提前離開。[45]

被拒於社交圈之外是一回事，泰勒基本上一笑置之。然而，他也發現自己成了抗議和示威活動的目標，而這些抗議和示威活動並不是那麼容易被忽視。「面對美國我感到極為痛苦」，一九二七年新年剛過，他在給家人的信上說到。「星期天在國家宮殿前，有一個反對美國行動的集會，雖然集會的組成份子大部分是由年輕人所組成，年齡約莫高中上下，但他們的人數很多，大概有幾千人，而且他們製造了很大的噪音，並揮舞著攻擊美國佬（Yanquis）的旗幟。」[46]泰勒知道整個中美洲和加勒比海盆地的反美情緒日益高漲，他也知道在薩爾瓦多貸款成為了一個引爆點，只不過他不是很明白這件事變成引爆點的原因。「我們到這裡來是應他們的要求」，他寫道，「去做他們想做，而他們自己沒有能力去完成的事情。」[47]

最重要的是，泰勒想家了。他的妻子瑪麗恩帶著他們的孩子留在洛杉磯，他在她預定抵達薩爾瓦多之前的兩個月，便開始規畫她第一次訪問薩爾瓦多。[48]當泰勒有機會接受一家橡膠公司提供的一份工作，允許他在一九二七年春天、他的合約生效之前回家時，泰勒抓住了這個機會。

他在聖薩爾瓦多給妻子發了電報，告知他的行程：「哥倫比亞第十一號將啟航，哈利路亞。」[49]

弗雷德里克·泰勒的離去，並沒有平息薩爾瓦多日益激烈的反美抗議活動，人們的仇恨日漸深刻。泰勒的返鄉信裡提出了一個問題，這個問題提到了一九二〇年代美國劍拔弩張的外交關係。美國在國外，特別是在拉丁美洲事務中所扮演的積極角色，是在改善還是在侵蝕美國在世界上的地位？美國，長期以來一直在努力將自己與歐洲在美洲的征服和殖民傳統區分開來，難道也成了帝國主義嗎？

這是一個奇怪的問題，考慮到美國在近二十年前，即西班牙—美國戰爭之後，在西半球和太平洋地區獲得了少量的殖民地。然而，問題的核心不是殖民地，而是美國如何在它沒有正式統治的世界，特別是拉丁美洲，展現美國國際權力和財富的戰略基礎。愈來愈多的「美國佬」對所有的事情都要插手。美國在拉丁美洲的投資總額在一九一四年至一九三〇年間增加了三倍多，從十五億美元增加到五十多億美元。[50]美國對尼加拉瓜的軍事占領——在世界大戰前就已經開始——也許是這個問題最明顯的例子，卻不是唯一的例子。除了尼加拉瓜之外，美國海軍陸戰隊還不止一次占領海地。多明尼加共和國的經濟在一次貸款違約和海關接管後，受到了美國的控制。美國公司，特別是聯合水果公司已經把加勒比海西岸的國家變成了「香蕉共和國」，現在更加上貸款計畫。

除了泰勒的農業改革外，薩爾瓦多的貸款還資助了基礎設施的改善，包括鋪設城市街道和修建道路，以便更有效地將出口產品運往沿海地區，以及提升警力。一九二三年，也就是貸款協議敲定的那一年，美國在華盛頓召開了一次中美洲事務會議，迫使與會者簽署了一項條約，不承認任何以武力奪取政權的政府，並提議加強每個國家的軍事員警部署——這兩種方式都是為了支援友好政權。作為計畫的一部分，薩爾瓦多與尼加拉瓜一起簽署了由美國軍方訓練其國民警衛隊的協議。[51]第二年，也就是一九二四年，薩爾瓦多政府有了錢，就開始擴大國民警衛隊的人力，為那些想延長任期的老兵提供經濟上的獎勵，並為其在執行任務時的「英勇行為」提供賞金。[52]並不是所有薩爾瓦多人都同等重視這項提案。

一九二三年至一九三一年期間，「貨幣醫生」愛德溫．凱默爾還負責監管哥倫比亞、厄瓜多、玻利維亞、智利、祕魯、墨西哥和瓜地馬拉的貸款和經濟改革。[53]對一位在拉丁美洲有豐富經驗的傳教士和歷史學家撒母耳．英曼（Samuel Guy Inman）來說，凱默爾的「控制貸款」，即使考慮到豐厚的回報也不值得在民眾的不滿中付出代價。一九二四年七月發表在《大西洋月刊》（*The Atlantic Monthly*）上的一篇題為〈帝國主義的美國〉的文章中，英曼從道德和戰略兩方面的立場反對「美元外交」。「在二十個拉美共和國中」，英曼寫道，「其中十一個共和國現在的金融政策交由北美指導……這些南方國家中有四個國家的經濟和財政生活，透過大量貸款和特許權與美國緊密聯繫在一起，賦予美國資本家享有特殊的好處。」他預言，由此產生的「怨恨和敵意」將導致美國在世界上的地位下降，使其國力衰弱和墮落。「這種『美元外交』的持續，意味著我們國家將走向毀滅，如同埃及、羅馬、西班牙和德國」，英曼預言道，「以及所有其他以物質財產而非以對正義的熱情來衡量其偉大的國家一樣毀滅。」[54]

英曼的駭人預測，引起了根深柢固的利益集團憤怒的回應。拉美國家的民族主義領導人，驕傲地對他關於美國占主導地位的假設提出了質疑。致力於促進西半球合作的泛美聯盟主席則堅持認為，美洲國家間的關係從未如此強大。在薩爾瓦多的貸款中，占有股份的德裔美國銀行家里斯曼（F.J.Lisman）寫了兩封批評信，其中一封寄給《大西洋月刊》，另一封則寄給國務院，他特別反對英曼對美國提供金融援助一事的消極看法。[55]

也許對「帝國主義美國」最全面的反駁是來自美國國務院本身，一份來自薩姆納・威爾斯（Sumner Welles）的異議。威爾斯曾在國務院和華爾街工作過，不過他本人極力反對帝國主義。相反地，他曾在一九二二年因擔心美國軍隊正在成為美國商業利益的附屬品，而暫時退出國務院的職務。威爾斯認同英曼憂心的事，即使他對英曼的看法感到質疑。「美國是帝國主義嗎？」威爾斯在給英曼的一封回信中的標題提到，一九二四年九月他的回信發表在《大西洋月刊》。針對英曼關於美國貪婪形象的看法，威爾斯認為，美國的「美元外交」受到「絕大多數願意承擔責任的拉丁美洲人歡迎，因為他們從事的是具建設性和生產性的活動。」針對英曼對美國海外勢力的影響力將逐漸衰退的預言，威爾斯堅信伴隨商業活動增加的後續效應將獲得積極的結果。「這幾乎是不言而喻的」，他信心滿滿地說道，「國與國之間的商業發展將使人們更清楚地認識到彼此間的相互優勢和共同需要。」[56]

即使誠如威爾斯所寫，咖啡市場的變化也在考驗著這樣的一個理論。

第18章 咖啡問題

從銀行家的角度來看，基斯為薩爾瓦多安排貸款的時機有如久旱逢甘霖。一九二一年當基斯安排這筆交易時，全球的咖啡價格大約是每磅十美分，將近四分之一世紀的時間都停留在這樣的價格。一九二三年貸款最終拍板定案時，咖啡價格每磅高於十三美分。一九二四年，咖啡價格來到了十七美分的高點。一九二五年，全球的咖啡平均價格達到每磅二十二美分。[1] 在這些價格上，美國債券持有人幾乎可以保證兌現他們百分之八的回報。自一八九六年詹姆斯·希爾開設「三扇門」以來，長期籠罩市場的蕭條似乎宣告結束。

價格的提高對詹姆斯·希爾來說同樣是件好事，他所生產的咖啡數量比以往任何時候都還要多。直到一九二三年，也就是他買下德內克的土地三年後，他把這裡交由佩德羅·波拉諾斯負責，並開始種植波旁咖啡，自德內克種植園改名為「聖伊西德羅」種植園之後，仍尚未收成。但在一九二四年，隨著咖啡價格的上漲，詹姆斯·希爾首度收成了近六千磅可出口的咖啡豆。第二年，收成了一萬磅。一九二六年，咖啡的收成數量來到一萬七千磅。「貯藏」種植園在經驗老道的管理者杜維格斯．梅迪納管理之下，詹姆斯．希爾的收成，從一九二〇年只收成了一千磅豆子，六年後成長為這個數目的十倍。[2] 一九二六年，詹姆斯．希爾以每磅二十五美分的價格賣出了一大批作物，數量超過三百萬磅，這是他從事咖啡種植三十年來，第一次能夠將債務降到接近零。他開始嚐到「自由的滋味」，而他知道這個功勞要歸功於他的「巴西朋友」。[3]

詹姆斯．希爾指的不是巴西—美國咖啡貿易聯合宣傳委員會（Brazilian-American Joint Coffee Trade Publicity Committee）在美國開展價值百萬美元的促銷活動。咖啡價格的急劇上升，並非來自更精良的科學研究、更有說服力的廣告，或工廠裡咖啡飲用量的增加。而是聖保羅種植者早在一九〇六年便開始的價格控制計畫革新的結果，當時他們利用跨國借貸的方式，向銀行家和商人借貸了超過一億兩千五百萬美元來購買他們自己的咖啡，並將其存放在紐約和歐洲的倉庫裡，直到價格上漲。當時，巴西人和他們的金融家將這種策略稱為「價格穩定措施」，收到的成效也較預期好一些，但在美國這種方式則被譴責為一種壟斷。

一九一一年，全球的咖啡價格翻漲了一倍，內布拉斯加州參議員喬治．諾里斯（G. W. Norris）要求聯邦單位介入調查，他聲稱這個「咖啡信託」（coffee trust）讓美國咖啡飲用者每年損失三千五百萬美元。一年後，美國總檢察長起訴了把錢借給聖保羅種植者，由美國、英國、德國、法國和比利時銀行家組成的財團——種植園主和巴西政府本身則不在美國的管轄範圍內。一九一三年，本著解散托辣斯（trust-busting）的精神，認為行政部門出於外交考慮而拖延行動，諾里斯參議員於是推動了一項法案，授權沒收價格受到操縱的咖啡。[4] 咖啡在美國遭查獲後，咖啡託管行動轉移到了巴西。

一九一四年世界大戰爆發，凍結了國際資金，排除了對市場的大規模干預，但戰後，巴西種植業者轉變了方式，重新開始。一九二二年，當巴西—美國聯合委員會（Brazilian-American joint committee）在美國推廣咖啡消費的同時，巴西的聖保羅州成立了「咖啡永久保護」（Permanent Defense of Coffee）機構。兩年後，也就是一九二四年，「咖啡保護計畫」在全國擴大發展，建立了十一個倉庫能夠存放三百五十萬袋，約莫五億磅咖啡，美國立法者根本拿他們沒有辦法。[5] 一九二六年，全球的咖啡價格再度翻漲一倍，開創了一個世紀以來的紀錄。[6] 對於整個拉丁美洲的咖啡種植者來說，巴西對咖啡的保護獲得了上帝的應允，但在美國商務部長赫伯特．胡佛（Herbert Hoover）的眼中卻是一場災難。

鑒於赫伯特．胡佛面對大蕭條時採取的手段，他在美國歷史教科書中被描述為在危機面前無能，在苦難面前冷酷無情的人。在很多方面，這對於一個在入主白宮之前就被國際社會譽為「偉大的人道主義者」來說，不啻是一種既怪異而又諷刺的對比。他的頭銜主要來自於想要解決世界各地饑餓的問題。

胡佛是史丹福大學首屆畢業生中的一員，主修地質學。一八九五年畢業後，他作為一名採礦工程師，在美國西部、太平洋彼岸的澳大利亞和亞洲開始從事利潤豐厚的工作。複雜的採礦工作——從地底開採難以取得的資源，並將其提供給社會使用——為他的政治生涯奠定了典範。胡佛給企業和政府都帶來了一種強有力的進步時代的特有信念，即世界可以透過勤奮的規畫和專業知識的應用得到改善。「這是一個偉大的職業」，他在回憶錄中如此描寫工程的偉大。「看著在科學的協助之下，一個虛構的想像躍於紙上，的確令人著迷。接著這些想法在石頭、金屬或能源中實現。然後，它給人們帶來了工作和家庭。提高了人們的生活水準，增加了生活的舒適度。這無非是工程師的最高榮譽。」[7]

一九一四年歐洲戰爭爆發時，胡佛開始參與公共事務。他被任命為比利時救濟委員會（Commission for Relief in Belgium）主席，努力為陷入英國封鎖的平民爭取到十億美元的糧食和物資，以打擊德國的士氣。「我自己並不相信糧食封鎖」，胡佛在他的回憶錄中說道。「我不相信盟軍擁有如此自信，相信這會是有效的武器。我不相信讓婦女和兒童挨餓會是最佳的方式。最重要的是，我不相信下一代發育不良的身體和畸形的心智會是重建文明的基礎。」[8]一九一七年美國參戰時，胡佛被任命為美國糧食管理局（United States Food Administration）局長，負責平衡國家的基本需求和戰爭的緊急需求。和平結束後，他擔任歐洲救濟和復興管理局（European Relief and Rehabilitation Administration）的職務，負責管理、分派近乎五年遭受戰爭破壞的中歐地區的糧食分配和其他緊急物資。

胡佛繼續與饑餓作戰，即便這已經稱不上是他的工作。一九二一年，他受到沃倫・哈丁

（Warren Harding）總統任命為商務部長。那年夏天，胡佛，一個專心致志的反布爾什維克者，讀到了一份關於席捲俄國的饑荒的報告。他藉此機會表明資本主義也可以展現同情心，發起了一個為期兩年的大規模救濟運動，每天為一千一百萬人提供食物，並將數百萬人從饑餓中解救出來。[9]

胡佛對那些忽視生活水準和社會福利等更大問題的資本家毫不留情。一九二五年，胡佛再次擔任商務部長，這次是在喀爾文・柯立芝（Calvin Coolidge）的領導下，他再次帶領了一場成功的運動，反對大英帝國控制了全球的橡膠供應，以人為拉抬的方式提高了橡膠的價格。

咖啡不同於橡膠，因為咖啡生產國並不是為了統治遙遠的殖民地，並進而達到全球帝國擴張，而是擁有自己的政治選民和經濟事項優先的主權國家。然而，咖啡如同橡膠，正如胡佛所解釋的那樣，它是「政府大規模侵入貿易活動的另一個例子……在國際商業和關係中日益增長的威脅。」[10]胡佛說，美國的咖啡飲用者不會「坐以待斃」，只因為他們是「不事生產」的公民——此處的「不事生產」意指咖啡。[11]

當他的辦公室被美國咖啡烘焙商抗議巴西咖啡種植者發起「咖啡保護計畫」的信件所淹沒時，胡佛迅速採取了行動。他派副手前往巴西，試圖藉由談判終結這項計畫。他發起了國會聽證會，並制定了咖啡抵制計畫。如同他在橡膠方面所做出的巨大影響一樣，他開始研究在西班牙—美洲戰爭中獲取的島嶼殖民地進行國內咖啡生產的可能性，自此以後，美國「允許這些殖民地的咖啡工業開倒車。」[12]

巴西的咖啡保衛戰給美國本土咖啡生產帶來了新的活力。一九〇六年，巴西的第一輪物價穩定措施開始實施時，波多黎各咖啡種植者曾向國會請願，要求徵收進口稅，以刺激波多黎各、菲律賓和夏威夷生產咖啡。波多黎各的糖也是實行類似的關稅保護，使該島的產量增加了四倍，咖啡種植者希望展現，他們在同樣的待遇下也有機會可以做得很好：即便是「每磅五美分的小額稅」也會有不同的結果。[13]

二十年後，伴隨著巴西的咖啡保護政策全面生效和價格飆升，這種可能性開始顯得更有吸引力，甚至是明智的。一九二六年初，威廉．尤克斯寫信給赫伯特．胡佛，重新探討了在「美國的旗幟下」生產咖啡的可能性：在波多黎各、夏威夷、維京群島和菲律賓殖民地，以及在美國占領下的其他地方，包括海地和古巴。[14]尤克斯本人在研究《關於咖啡的一切》時，曾到菲律賓旅行，那裡的美國農業官員告訴他，「光憑民答那峨島就有足夠的土地」用以供應全世界的咖啡。[15]然而，這對拉丁美洲來說並不是一個令人感到愉快的前景，胡佛成為拉丁美洲咖啡種植園主的「夢魘」。[16]

胡佛急於對抗巴西的物價穩定措施，不僅是因為他反對貪婪、壟斷，和基於道德理由的政治干預市場。橡膠和咖啡的共同點在於，它們活生生地說明了，美國人的生活如此依賴遠在美國邊境之外的熱帶地區原料。橡膠是偉大的美國汽車工業與世界市場的銜接點，除了「對工廠效率的貢獻」之外，咖啡已成為美國經濟能夠從更廣闊的世界獲取利益的關鍵樞鈕。自二次世界大戰爆發以來，美國食品雜貨業已完全圍繞著咖啡進行了重組。

購物最初在美國雜貨店裡意味著一種社交活動。典型的商店是一個大約五百平方英尺的空間，通常為雜貨商所有，並透過共同的語言、文化、傳統和品味與附近的居民緊密相連。十九世紀下半葉，這些商店將原本多樣化的農產品、乾貨、肉類和乳製品貿易結合在一起，出現在那些不再擁有市中心市場的城市裡。在一兩名店員的協助下，雜貨商站在櫃檯後方幫助顧客，傾聽、建議、挑選、分裝、稱重、包裝、清點、打包和找零。[17]

鄰里雜貨店服務的顧客數量相對較少，通常為步行範圍所及的部分居民，因此他們依靠最常銷售的商品，尤其是咖啡，獲得穩定的利潤。對這些小雜貨商來說，銷售咖啡有利可圖，意味著零售價要有高於批發價的可觀利潤，這是支付經營成本的必要條件——其中包括在店裡等待顧客、送貨上門、賒帳等成本。多數雜貨商透過推銷散裝咖啡來增加利潤，散裝咖啡的批發價格比包裝咖啡便宜，而且可以混合和稀釋，以滿足幾乎所有顧客的偏好和價格。在第一次世界大戰之前，達成這種高利潤銷售對於附近的雜貨商來說並不是問題，因為他們一般不會在價格上相互競爭。[18]

不過這種情況在戰爭期間發生了變化，當時食品價格的上漲，使小型獨立雜貨店特別容易受到嶄新、集中化管理、由數百或數千家商店組成的垂直一體化連鎖商店的競爭。連鎖商店與小雜貨店的咖啡利潤出現競爭的情況越發常見，連鎖商店在價格上切斷了小店的生意，其中最具競爭力的莫過於被稱為大西洋和太平洋茶葉公司（Great Atlantic & Pacific Tea Company）的龐大咖啡生意——簡稱A&P。

即使在一八六三年，當A&P還是曼哈頓下城眾多茶葉店的其中一家商店時，它已經自稱「前所未見」。[19]歷史學家理查・泰德洛（Richard Tedlow）曾描述過，為什麼茶葉在當時是「一個雄心勃勃的雜貨商可以專注其上」的好生意。茶葉種植園和美國商店之間的距離遙遠，而且傳統上將產品從一個地方運到另一個地方的過程中涉及許多業務，這意味著茶葉的零售價格通常很高。A&P透過垂直整合找到了優勢，將茶葉進口商、烘焙商、批發商和零售商的功能集中在一起，且售價經常比其他雜貨商的茶葉價格高出三分之一。

茶葉的成功助長了其商店的增長。A&P在二十世紀初就已經擁有兩百家分店，到一九一四年來到了六百五十家。這些早期的商店類似於獨立的社區雜貨店。它們以客戶服務為基礎：接受訂單、打包、賒帳、送貨上門。但在一九一四年之後，A&P公司開發了一種名為經濟型商店（Economy Stores）的新形態商店，旨在壓低價格以抵禦戰時的通貨膨脹，公司開始以更快的速度發展：從一九一四年的六百五十家店，到一九一五年的一千五百家店，一九一六年增加到三千兩百五十家店，一九二三年來到九千三百家店，到了一九三〇年已接近一萬六千家店。[20]

隨著A&P的擴張，茶葉逐漸遭到淘汰，但咖啡卻大行其道。咖啡的生意好做的原因和茶葉當初興起的理由如出一轍——因為它是傳統的高利潤產品。而咖啡的生意甚至比茶葉更好，因為在十九世紀下半葉，咖啡已經成為一種更受歡迎的飲料。一九〇八年，A＆P在澤西市開設了自己的咖啡烘焙工廠。十年後，A＆P在轉向經濟型商店的形態之後，成立了一個國際分公司——美國咖啡公司（American Coffee Corporation），在巴西的桑托士（Santos）設有辦事處，並開始每年進口數百萬磅的咖啡，用於其烘焙工廠。到了一九二一年，A＆P每年的咖啡零售量超過四千萬磅，成為全球最大的咖啡企業——最大的進口商、烘焙商和零售商。

咖啡在A＆P的擴張中起了重要作用。經濟型商店在一定程度上削弱了小雜貨商的咖啡生意。A＆P經濟型商店的布局和設計，壓低了成本和價格。這些商店是「小型、低租金」的空間，「擁有適度的固定設施」。[21]經濟型商店每週補貨兩次，商品的周轉次數至少是獨立雜貨店的四倍。為了加快定期盤點和庫存工作，A＆P將商品的擺放和貨架位置標準化。商店只接受現金，不接受賒帳，也不替顧客送貨。在這些嚴格的標準程序之下，經濟型商店可以利用最少的員工來經營，通常只需要一位經理和一個補貨員，顧客則採取自助方式。

這些出於經濟考量而縮小的空間設計，也塑造了A＆P的銷售模式。隨著商店規模的縮小，包裝也跟著愈來愈小，顧客需要購買的次數也跟著增加。[22]經濟型商店還引導顧客購買利潤最高的商品。這是成功零售業的一個不變原則，但A＆P以一種新的方式實現了這一點。獨立雜貨商透過友善的服務販售商品，自助經濟商店則是透過限制選擇來達到銷售的目的。經濟型商店只銷售A＆P旗下的三款品牌咖啡：「八點鐘」（Eight O'Clock）是最便宜、最受歡迎的品牌，堪稱全球最暢銷的咖啡；「紅圈」（Red Circle）是中價位的咖啡品牌；「博卡」

（Bokar）則是其中最頂級的咖啡品牌，它的名字代表了波哥大（Bogotá）和哥倫比亞卡塔赫納（Cartagena）周圍的產地所生產的咖啡。沒有神奇的咖啡箱，沒有琳琅滿目的貨架，沒有具體說明咖啡的種類。取而代之的是一個小型陳列櫃，裡面塞滿了一袋袋的A&P咖啡。到了一九三〇年，為了供應近一萬六千家商店，A&P每年透過紐約和紐奧良進口超過一億磅的生咖啡豆，並在全國七家工廠進行烘焙、研磨和包裝。[23]沒有人比A&P賣出更多的咖啡，也沒有人賣得比它更便宜。

其他連鎖雜貨店，包括美廉坊（Safeway）、克羅格（Kroger）和國民茶葉（National Tea），在第一次世界大戰結束到經濟大蕭條開始的十年間相繼出現。少數人開始進口、烘焙和包裝自己品牌的咖啡，如同一九二六年美廉坊被美林投資銀行（Merrill Lynch）掌控後的經營策略。[24]因此，到了一九二九年，小型的社區雜貨店失去了大約一半的咖啡生意，獨立雜貨店平均只向百分之四十一的顧客出售咖啡。[25]隨著咖啡的價格在一九二〇年代中後期上漲，即使是那些仍忠於社區雜貨店的顧客，也選擇連鎖商店消費咖啡，因為在連鎖商店消費可以替他們省下十美分。

A&P和其他連鎖店十分依賴巴西咖啡，使他們創造出低價格的咖啡品牌，因此他們強烈反對巴西提出的咖啡保護計畫。A&P的咖啡進口和烘焙業務總裁貝倫特．弗里爾（Berent Friele）竭盡全力說服赫伯特．胡佛，美國公民不應該每年向巴西支付兩億美元的「咖啡稅」——這是價格控制計畫的淨成本。[26]但是，儘管A&P的主管們並不喜歡巴西的咖啡保護措施，因為它提高了他們的原料成本，不過這對他們來說不無好處，他們可以用比任何人都還要低廉的成本和價格進口咖啡。沒有人比獨立的雜貨商和小型咖啡烘焙商更清楚這一點，他們聲稱A&P本身就是一個壟斷者。[27]然而，這些獨立雜貨商的論點並未造成太大的影響，因為A&P與巴西不同，他們是那種利用市場的力量試圖為美國購物者壓低價格的壟斷商——而這正是商務部長赫伯特．胡佛衷心贊同的壟斷者。[28]

胡佛的辦公室每收到一封抗議信件，要求商務部長採取一些手段，以對抗巴西的咖啡保護計畫導致咖啡價格提高，就會收到另外一封信要求他不要去打壓咖啡價格的提升。

第二類信件最常來自咖啡進口商，他們與巴西的咖啡保護措施有很大的利害關係。當然，A&P同樣也為進口商——事實上，A&P是全國最大的咖啡進口商——不過他們卻與一般進口商不同。A&P為自己的利益進口咖啡，如同雜貨商一樣只賣給所屬的消費者。在這件國際事務中，A&P公司表達了折扣雜貨商的觀點——壓低種植園的價格導致商店內的銷售價格跟著降低。另一方面，多數咖啡進口商從詹姆斯．希爾這樣的種植商和處理廠主那裡買進咖啡，然後賣給希爾斯兄弟這樣的烘焙商，從銷售中抽取一定比例的利潤，因此全球的咖啡銷售價格中，創造的利潤有部分進了他們的口袋。然而，如果說這種明顯的經濟利益，提供了美國咖啡進口商一個強烈的動機，驅使他們寄了成堆的信件到商務部部長辦公室，那麼那些寫信的人則提出了一個令人信服的理由，那就是還有其他更重要的事也處於岌岌可危的境地。

以太平洋沿岸為基地的進口商特別有權大聲疾呼。他們的交易很大部分是與中美洲相互往來，因此他們會從獨特的角度看待咖啡價格問題。

如果所有的咖啡都是一樣的味道，將無人能夠與A&P相互匹敵。但是，A&P的咖啡事業建立在與巴西之間的交易上。巴西種植了大量價格與品質較為低廉的咖啡，在相對平坦、低矮的地勢，在充足的陽光下，在普遍把關比中美洲更寬鬆的訂單之下，生產出的咖啡成為A&P商業模式的基礎。這麼一來，便為中美洲和哥倫比亞向來以「杯中甜味」著稱的高品質淡味咖啡的零售市場留下了一個機會。由於咖啡保衛戰的緣故，中美洲咖啡的價格與巴西咖啡的價格一起被推高，而這正是詹姆斯・希爾對他的「巴西朋友」充滿感激的原因。然而，這些被推高的價格，並不意味與中美洲的高品質淡味咖啡的烘焙商和進口商的利益相衝突。

相反地，以總部設在舊金山的希爾斯兄弟為例，為了因應連鎖雜貨店和A&P經濟型商店的興起，他們將咖啡的價格定得很高，以顯示其品質的獨特性。一九一二年，希爾斯兄弟提供了二十三種咖啡出售，每磅價格從「皇家」（Royal）的十八美分，到「花式東印度提明戈」（Fancy East Indian Timingo）的三十三美分不等。每一種咖啡都能夠以四種不同的研磨方式加工成中顆粒、細顆粒、粉末或是全豆咖啡——並被包裝在一磅重的真空罐，或一百五十磅重的鋼桶的容器中。總而言之，希爾斯兄弟的顧客有上千種選擇，每種價格和數量的咖啡都有。[29]除了咖啡，希爾斯兄弟也販售茶葉和香料，這些傳統上與咖啡搭配的進口商品。

在經濟型連鎖商店的壓力下，希爾斯兄弟開始精簡其業務。一九一四年，他們停產了含有菊苣或穀類的混合咖啡，開始「專門銷售含有充分甜味的飲用咖啡」。[30]兩年後，他們關閉了香料和萃取部門，然後在一九二三年春關閉了茶葉部門。[31]隨後，他們停止販售低價的混合咖啡，然後是關掉散裝咖啡的生產線，直到他們販售的全都是高檔、真空包裝的「紅罐」（Red Can）咖啡。[32]一九二六年，希爾斯兄弟開設了一家新的烘焙和包裝工廠，該工廠「設計和建造的唯一目的是，生產以真空罐包裝的高檔烘焙咖啡。」[33]希爾斯兄弟與 A&P 的經營方式恰好相反，他們專注於生產高品質而非價格低廉的咖啡。

隨著希爾斯兄弟和包括佛格斯（Folgers）在內的其他舊金山的咖啡烘焙商，將高品質作為其經營咖啡事業的核心基礎，這些品牌逐漸以販售與巴西不同產地的咖啡而作為區隔。在巴西的咖啡保護計畫導致價格上漲的高峰期，佛格斯刊登了一則廣告：「這次試試中美洲的咖啡」、「在所有進口到美國的咖啡中，不管是什麼品牌，超過百分之七十的咖啡都來自同一個地區，有著相同的口感。大自然使佛格斯的咖啡與眾不同。因為它生長在另一個完全不同的地區——中美洲的高火山地區。」[34]

巴西主打的是價格，而中美洲講究的是品質。對於廣告來說，區別在於「大自然」一詞。但當中美洲的咖啡經銷商向胡佛提出提高咖啡價格的理由時，他們講述了一個更複雜的故事。特別是進口商主動向胡佛和美國的咖啡飲用者宣傳的另一個地區，即中美洲的「高火山區」。他們詳細介紹了咖啡種植園的工作和生活條件，然後向胡佛提議不要再對抗巴西試圖提高的咖啡價格——他們聲稱，如果以人道主義著稱的胡佛，能看到中美洲發生的情況，如果美國那些懷抱善意的咖啡飲用者能看到那裡的生活，他們就不得不承認，咖啡價格在翻了一倍甚至更多之後，價格仍處在驚人的、不公義的，甚至是低價到不能再低的地步。

要想讓美國的咖啡飲用者以及他們在政府中的代表跳出價格的思維，進而去思考比起家庭預算更廣泛的框架，根據一套國際的，甚至是全球的，而非狹隘的只以國內的思考框架來考慮價格與價值的問題，欠缺的是什麼？

第一批「講究品質」的咖啡進口商，試圖將中美洲的咖啡種植者，與進口巴西咖啡的壟斷商對手做出區隔。舊金山商人詹姆斯．波勒穆斯（J.H.Polhemus）——愛德華．波勒穆斯的兄弟兼合夥人，曾在舊金山照顧詹姆斯．希爾的孩子——在一九二五年給赫伯特．胡佛撰寫的信中說道，「回顧過去七十五年與中美洲和墨西哥之間往來的咖啡生意，種植者向來處在掙扎的邊緣。」

相較於美國在巴西所扮演強盜男爵的角色不同，波勒穆斯以詹姆斯．希爾的形象勾勒了一個人物。中美洲的「種植園主有很多來自歐洲國家」，他解釋，「不難想見他們一開始並沒有足夠的錢，否則他們不會離開自己國家的舒適生活，到熱帶去，砍伐叢林，與印第安人一起工作，在不健康的氣候中冒險……由於火山爆發或由於商業革命遭遇失敗，切斷了他們的信貸和出口的可能性，或由於莊稼歉收或價格低迷，他們多年的工作因此付諸東流。」正如波勒穆斯所描述的那樣，種植園主的生活是由一個一個的問題所組成：「勞動問題、農業問題、交通問題、健康問題、家庭問題、政治問題」，再加上個人所遭遇的一切困難，來到了地球的另外一個嶄新的國度，重新開始一個「殘酷」的事業。

然而，種植者的問題並不是問題的關鍵。波勒穆斯引用最近的墨西哥革命和俄國的布爾什維克革命，指出咖啡價格的上漲來得正是時候，「因為勞工堅持要分享繁榮」。他認為這並不是一件壞事。如果「以低於國家勞動報酬的咖啡種植園工作者」，賺取了更多的錢，那麼他們就能賺到更多的錢，就能買到更多的美國產品。[35]美國和拉丁美洲的經濟緊密相連，前者的繁榮取決於後者的繁榮。高昂的咖啡價格對喝咖啡的人來說不啻是筆划算的生意。

波勒穆斯的信件在赫伯特．胡佛的辦公室裡引發了一場辯論，因為它觸及了美國媒體所說的「咖啡問題」的核心：廉價咖啡的代價是什麼，這又是對誰來說？[36]拉美種植園嚴峻的生活和工作條件，什麼時候侵入了美國的生活？又或者，反過來說，什麼才是咖啡的「好」價格，甚至是「正確」的價格？怎樣的價格足夠讓咖啡種植園的工人過上好日子，並能買得起美國貨？這並不是什麼新觀點，一個世紀以前，英國的廢奴主義者就曾想像過，解放將使被奴役者變成英國商品的絕佳消費者，但鑒於墨西哥革命和布爾什維克革命，以及中美洲日益高漲的反美情緒，這個觀點仍非常吸引人。

正當胡佛和他的幕僚對此事展開調查時，其他進口商直接轉向美國大眾大聲疾呼。這裡似乎有理由認為他們應該記取教訓。另一方面，薩姆納．威爾斯（Sumner Welles）說得對，美國在中美洲日益增長的經濟利益，引發了人們對「另一個」美利堅合眾國的好奇心。來自「叢林」的產品充斥了「每一家雜貨店」，中美洲尤其成為美國人迷戀的對象，既浪漫又充滿了戰略的意義。[37]嶄新的印象主義遊記標題，同時捕捉了冒險和統治的精神：《穿越中美洲的吉普賽人》（*Gypsying Through Central America*）；《中美洲的彩虹國度》（*Rainbow Countries of Central America*）；《北美洲的南國之境》（*The Southland of North America*）。

最後一本遊記的作者是以紐約出版商「普特南之子」（Putnam's Sons）創始人命名、同時也是出版商孫子的喬治・普特南（George Palmer Putnam）的作品。一九一二年，普特南與他的新婚妻子，克雷奧拉蠟筆公司的女繼承人陶樂絲・賓尼（Dorothy Binney）一起前往中美洲旅行。他們的蜜月期正好趕上巴拿馬運河建設的最後階段，該地區將更加緊密地與美國聯繫在一起。普特南寫道：「就美國而言，運河實際上意味著中美洲的重新發現。」如同那些最初的征服者一樣，普特南的發現正符合他所尋找的形象。他在獻給妻子的記敘中寫道「一次愉快的熱帶旅行的紀念品」，遊記並在運河開通前一年，即一九一三年，由家族經營的出版社付梓出版。[38]

對普特南來說，中美洲是一個有待修繕的地方：「一片充滿無限可能、問題獨特和責任重大且鮮為人知的土地。」[39]可能性、重重問題與重大責任皆同樣屬於美國所有：可能性的金色光輝，給重重問題投下了迫切的光芒，使普特南與其他具有類似經歷的人，對責任充滿了的深切構想。這樣的觀點使得普特南很難深入中美洲生活的核心，即使他採取了行動。這是因為他是以家鄉的角度來看待一切。

普特南一月抵達薩爾瓦多時，正值咖啡收穫期，他前去探訪杜伊納斯（Dueñas）家族擁有的咖啡種植園和咖啡處理廠。一個世代之後，杜伊納斯家族與希爾家族建立了聯姻的關係。在種植園裡，受雇檢查和分揀剛磨好的咖啡豆的婦女和童工的工資，「大約是每天十五美分」，普特南寫道，「除了這筆豐厚的工資外，每名工人每天還可以吃兩頓飯，中午一頓，晚上再吃上另外一頓飯。早餐顯得奢侈則省略了。」

印第安人的兩頓飯是每人每頓吃兩個玉米餅，上面盡可能堆放著黑豆，或是白腎豆，以滿足食用者所需。由於玉米餅的直徑約為五英寸，有計算概念的讀者不難算出所需要消耗的豆子數量。

餐點皆由年長的婦女製作。廚房是一個漆黑的房間，只有門和一扇窗戶可通向院子。另一邊由石頭製成的檯子上，升起四、五個炭火堆，宛如打鐵匠的店鋪。火堆上滿是粗製濫造的烤架。在這裡，玉米餅，類似美國人熱愛吃的鬆餅，不斷烘烤著。享用者喜歡這種質地堅韌而且不加鹽巴的麵團所製成的餅；盛裝著尚未烹調的玉米麵糊的陶罐，被小心翼翼地保管著，暗示了玉米餅受到重視的程度！

當然，在廚房內的烹調量中，豆子占了很大的比重，熱氣騰騰的大鍋子在小火上烹煮著，所有人饑腸轆轆地巴望著鍋子。「玉米餅和白腎豆！」簡直是他們的信仰……

> 用餐者魚貫報到，分食著分配到的餐點，他們的身上帶著嚴格的標籤，所以想要吃「霸王餐」幾乎是不可能的事。他們一隻手端著分配到的餐點，另一隻手抓起大把的鹽巴準備撒在豆子上。他們對於鹽巴的用量十分驚人。可以肯定當地人會用上滿滿一大湯匙鹽巴撒在一碟豆子上。[40]

普特南以美國人的眼光看待中美洲，他忽略了食慾和需求之間的區別，忽略了品嘗墨西哥捲餅和饑餓之間的區別，忽略了想吃第二份食物和食物不夠之間的區別，忽略了脫水和營養不良的人們身處烈日下在種植園工作時，渴望鹽巴的原因：是因為鹽巴是調味聖品，還是為了補充礦物質？種植園的供水是嚴格配給的，飲食說得輕描淡寫一點就是單調乏味。總的來說，普特南認為薩爾瓦多是一個「值得造訪且給人帶來正面樂趣之地。」[41]

那些與咖啡問題息息相關的咖啡進口商，試圖教會美國人如何思考中美洲種植園的生活。卡爾（E. A. Kahl）替格雷斯（W. R. Grace）從事咖啡貿易，並擔任舊金山綠色咖啡協會（Green Coffee Association）的副主席，他認為美國人應該在巴西的咖啡保護機制之下，支付給他們更多的費用，因為巴西的咖啡保護機制幾乎沒有將市場長期以來的「饑餓價格」向上提升。

一九二五年，卡爾告訴舊金山的家庭主婦聯盟（Housewives' League of San Francisco），「如果以接近我們一般日薪的價格生產咖啡，那麼烘焙咖啡的價格大概落在一點五美元一磅」，約莫當時零售價格的三倍，「我的看法是，儘管咖啡生產國顯得無能」，卡爾對主婦聯盟說，「他們不可能再繼續抵制這個時代的精神，必須要求體面的工資。」[42]

卡爾描繪出咖啡飲用者的生活，和咖啡工人的生活之間的鮮明對比。他寫道：「我們這些曾多次到咖啡生產國旅行的人，皆留有深刻印象，在許多地區，勞動者和他的家庭成員除了用麵粉袋製作衣物之外，就連玉米和香蕉這類食物都沒得吃。」「我們相信，適當地開導……購買咖啡的大眾，不必為了想要喝到廉價的咖啡，而以犧牲生產國近乎奴隸似的勞動力為代價，毫無疑問，過去我們是在此基礎上，喝到我們認為的廉價咖啡。」[43]

一九二六年五月初，被美國占領了十五年之久的尼加拉瓜爆發了內戰，咖啡問題變得更加迫切。由奧古斯托．桑迪諾（Augusto César Sandino）領導的叛亂黨派，向美國安插的「賣國」保守派總統宣戰，並透過代理領導人選向美國宣戰。卡爾和他的進口商夥伴指出，「生產國家的勞動者的宿命」與咖啡問題息息相關，而與咖啡工人的命運聯繫在一起的，包含美國在廣泛世界中的地位，也包含美國日常生活的物質享受。[44]愈來愈多的咖啡飲用者似乎可以接受更高的咖啡價格，或者願意承擔支付更高咖啡價格的風險。

隔年，即一九二七年，紐約出版商阿爾弗雷德．諾普夫（Alfred A. Knopf）出版了一本關於咖啡的新版經典小說。當時，這本書在美國鮮少有人讀過，但諾普夫希望這種情況會有所改變，因為這本小說所描寫的故事獲得了嶄新的意義。一八六〇年《馬克斯．哈弗拉爾》（*Max Havelaar*）在阿姆斯特丹首次出版，便被譽為荷蘭最偉大的小說，小說的主題寫的是關於爪哇殖民時期種植制度下的「凌虐」——爪哇每戶家庭被要求生產固定數量的咖啡或其他出口商品。書中主要人物馬克斯．哈弗拉爾，被塑造成是爪哇最後一個誠實的荷蘭人。他成為作者愛德華．戴克爾（Eduard Douwes Dekker）筆下的代理人，戴克爾曾長期在荷屬殖民地擔任公職，並以穆爾塔圖里（Multatuli）的筆名出版作品，穆爾塔圖里的拉丁文之意是指「我已經受了許多苦」。一八三八年，戴克爾在十八歲時就來到了爪哇，他在那裡的殖民管理部門服務了近二十年，最後遭到無情解雇。他的書，是一本偽裝成小說的紀實紀錄，目的是為了供出一切事實。

戴克爾想要將《湯姆叔叔的小屋》（*Uncle Tom's Cabin*）轉移到咖啡種植園中。《湯姆叔叔的小屋》是一八五二年作者哈莉葉．斯托爾（Harriet Beecher Stowe）對美國奴隸制度控訴的典型例子，她的書著重在客觀陳述而非諄諄教誨，著重情感描寫而非長篇大論。戴克爾則是嘔心瀝血地在他的作品中描述出爪哇的問題。爪哇當地的「酋長」遵從殖民管理者的命令，將他們的子民出賣給荷蘭帝國政府。當酋長和官僚們撈了不少油水時，一般爪哇民眾卻在挨餓。「才不過幾年前，整個地區都死於饑餓」，戴克爾寫道。「母親們變賣自己的孩子，只為求得溫飽，如此行徑形同吃下自己的孩子。」[45]

這兩部作品都不是藉由說教來達到目的。斯托爾為了廢除奴隸制度而寫，而戴克爾則是為了維護荷蘭的統治而寫。他認為他的小說能夠使政府改變治理爪哇的政策，否則將可能引發起義而失去這塊荷屬殖民地。[46]

在新版書中，諾普夫邀請勞倫斯（D. H. Lawrence）撰寫導讀，將該書置於描述歐洲帝國主義高漲時代的歷史意義之上。勞倫斯寫道，戴克爾提出的警告在荷蘭以外的地方敲響了警鐘，甚至一直迴盪到現在。在這一點上，戴克爾比起斯托爾更具有優勢：廢除奴隸制度的主題已使得《湯姆叔叔的小屋》的熱度「退潮」，然而帝國主義的頑固不化卻使得《馬克斯・哈弗拉爾》這本書更貼合當代。作者以憤恨不平的筆觸描寫腐敗的殖民地官僚、買賣血汗商品的商人，以及饑不擇食的饑民，令這本書讀來充滿了新鮮感。勞倫斯坦承，《馬克斯・哈弗拉爾》彷彿是「一針強心劑」，卻也是不可或缺的藥劑，因為「社會的通病」仍「一如既往般嚴重」。[47]

專欄作家西蒙・斯特倫斯基（Simeon Strunsky）在為《紐約時報》評論這部新出版的作品時，也認為這部作品出版的時間點再合適不過。「荷蘭政府不僅在前些時候才遭遇了爪哇的暴動」，斯特倫斯基寫道，並提到了一九二六年在該島西部發生的共產主義叛亂。「白人統治低等民族的普遍問題，本質上和戴克爾七十年前發現的問題一樣。」諾普夫版本的《馬克斯・哈弗拉爾》，反映在中美洲的問題上，可以被解讀為帝國統治的一個實例，尤其在戴克爾的書引起熱議之後。他的書引起強烈的回響，一八七〇年「耕種制度」遭到終止，爪哇卻仍是荷蘭的領土。然而，生於俄國布爾什維克革命的批評家斯特倫斯基，並不完全相信這樣的比喻。「說起白人的『帝國主義』和『剝削』」，他寫道，「陷入了一種肥皂盒修辭……實際上的問題比起這個更為複雜。」[48]

然而，使農業顧問弗雷德里克·泰勒如此慶幸逃離薩爾瓦多、在胡佛的辦公室裡因此引發爭論、導致卡爾試圖向主婦聯盟解釋的複雜問題，同樣也成了激勵亞瑟·魯爾前往中美洲的原因。「關於中美洲的革命，人們說得很多」，一九二八年魯爾寫道，「然而這些農業國家真正悲慘的革命是，一個多世紀前降臨到西方世界大部分地區的工業革命，這部分不該怪罪任何人，任何一方都無法阻止這樣的事發生。」[49]

當魯爾造訪「三扇門」時，詹姆斯·希爾已被公認為是這些問題的權威。在美國關於咖啡問題的廣泛辯論中，威廉·尤克斯在《茶與咖啡貿易雜誌》上增加了對中美洲種植園現況的相關報導。他開始發表來自詹姆斯·希爾的第一手派遣資料「勞動者通訊」，有些是以署名，有些是以「種植園主」的筆名發表，還有的則是以匿名的方式。

一九二七年四月，希爾的報告看起來並不樂觀。該年的收成很少，這是從事咖啡行業三十年來，最短的一次收穫季。咖啡樹的產量還不到他上一個年產量的一半，預告了來年的收成也不會很好。「預言家」曾預測，一九二七年將是有紀錄以來最乾旱的年分之一。鑒於咖啡「需要高達一百英寸以上的降雨量」，詹姆斯．希爾解釋，「乾旱年與我們祈禱的結果完全相反。」同樣令人不安的還有新的勞動力問題。「我們無法降低工人的工資」，詹姆斯．希爾語帶抱怨說，「我們只要試著降低工資，他們就另謀他處。」許多人在美國提供貸款資助的築路項目中找到差事。另有跡象顯示，勞動者開始追求的，不僅僅是更好的工資。「整個中美洲似乎活在社會主義思想下」，詹姆斯．希爾寫道。他希望咖啡價格進一步上漲，能有效抑制咖啡的成本，但他擔心更有可能出現相反地情況。

明顯可見的是「所有跡象皆顯示了危機即將到來」，詹姆斯．希爾繼續說道，「汽車的價格大為降低，儘管其中有些車齡只有一年，並未大幅折舊。土地的價格也在下降，有些人開始出售房屋，因為他們發現咖啡價格下降以及收成微薄，無法滿足他們養家活口的期望。」不過，種植園主們還是從經驗中學會了如何在困難中求生存。「這裡的人」，詹姆斯．希爾解釋，「當遇上了什麼威脅的時候，就會賣掉城裡的房子，住到種植園裡，在那裡他們吃的是土地上種的東西，身上穿的是破舊的衣物。在事情獲得解決之前，他們不會選擇離開、不會強迫人們留在任何職務上，身無分文時，他們節約用度；所以當困難時期過去，不會遺留下任何明顯可見的影響。」[50]

當亞瑟．魯爾抵達聖塔安娜時，他想了解更多關於勞工動亂的情況。詹姆斯．希爾領著魯爾在「三扇門」附近散步時，詹姆斯．希爾告訴魯爾，他從「他的工人」口中聽到愈來愈多的反對意見。「他們以前幹的活所領的工資比起現在還要少」，詹姆斯．希爾抱怨。「如果他們願意，他們可以做兩倍的工作，但他們天生懶惰，一旦他們填飽了肚子，就什麼也不在乎了。儘管縮減他們的工時，他們確實增加了工資……然而，現在你很難讓一個人願意赤腳踏在乾燥的地面工作——他們會抱怨石板太熱，咖啡豆傷了他們的腳！」

十年前，魯爾曾在俄國推翻沙皇專制政府革命的最初階段來到俄國，他在一九一七年五月出版了一本關於俄國革命的著作。六個月後，布爾什維克起義並推翻了政權，魯爾向希爾提起這個話題。「布爾什維克主義？哦，是的。」詹姆斯．希爾回答，「它正在蔓延。工人們星期天舉行了聚會，顯得異常興奮。他們說：『我們給咖啡樹挖了洞！我們清理掉雜草！我們修剪樹木！我們採摘咖啡！那麼是誰來收成這些咖啡呢？是我們！』」在這一點上似乎存在了一個小小的誤會，魯爾聽到的「收成」，很可能是帶了曼徹斯特口音的「擁有」之意。詹姆斯．希爾知道「他的工人們」愈來愈把自己當成地主。「他們甚至自認擁有了那些最令他們滿意的土地」，他繼續說，「因為他們喜歡這裡的氣候，或者認為這裡的咖啡樹狀況較好，產量將會更高」，詹姆斯．希爾最後說，「這樣下去，總有一天將會有大麻煩出現。」[51]

一九二八年，亞瑟．魯爾的書《中美洲人》（*The Central Americans*）出版。該書扉頁的插畫是一張冒煙的火山照片。

同年五月，詹姆斯．希爾與妻女們一起前往紐約，在前去巴黎避暑的途中，他在《茶葉和咖啡貿易》雜誌社的辦公室裡與威廉．尤克斯聊了起來。詹姆斯．希爾仍舊精神抖擻，由於他在前一年的許多預測並沒有實現，尤克斯在一篇標題為「薩爾瓦多的良好條件」的文章中，引用了他們談話的內容。隨著巴西咖啡的保護運動持續進行，特別是歐洲買家願意以高價購買薩爾瓦多咖啡。詹姆斯．希爾認為強勁的市場「至少還能維持一年」，而他希望「咖啡烘焙界能找到合適的穩定價值，並設法提高價格……以使所有人都能過上體面的生活。」[52]

當時，總統候選人赫伯特．胡佛的想法也大致相同。他已經放棄反對提高咖啡價格的抗爭，他清楚知道，「咖啡價格的崩潰，將對巴西的競爭對手造成莫大的傷害」，包括出產淡味咖啡的中美洲國家。[53]

第19章

革命種子

認識米蓋爾．馬爾莫（Miguel Marmol）的人都說，他出現在這個世界上就是為了製造麻煩。一九〇五年七月四日，早在他在聖薩爾瓦多郊外的伊洛潘戈湖（Lake Ilopango）附近出生之前，就已經惹出了麻煩，當時記錄他存在的最早的證據是，他未婚的母親桑托斯被趕出了家門。最後，生下了米蓋爾．馬爾莫這麼一個其貌不揚的孩子，使桑托斯的恥辱加倍。[1]

當桑托斯跟兒子提到他的童年時，她告訴他，他們之所以能活下來，是因為人們與他們分享食物。在特別饑餓的早晨，桑托斯會在爐子底下點燃一個小火堆，跪在火堆前祈禱。最後，果然，鄰居會過來對她說，「桑托斯，我有一些剩餘的麵團，妳要不要用它來做一些玉米餅？」當她無法透過其他途徑獲得食物時，他們就從附近的農場偷水果、釣魚，或從垃圾堆裡撿些吃的。回首往事，米蓋爾．馬爾莫得出結論：饑餓的童年對他來說是個正面的經驗，這說明了在面對困難時，「為什麼我們窮人總有堅韌的意志。」但小時候，他就夢想過一種不同的生活。

看著鳥兒從高空飛過，他想像著飛到墨西哥，飛到已知世界的邊緣。[2]

一九一六年，十一歲的米蓋爾．馬爾莫到湖邊從事漁民的工作。他先是和一群人一起捕魚，這些人使用毒藥和炸藥，並付給他「整夜工作後兩三條魚的報酬」。然後他和他那沉默寡言、酗酒、殘忍的繼父一起捕魚，他的母親因為饑餓而嫁給了他。在捕魚兩年後，米蓋爾．馬爾莫「徹底脫離他的童年」。他到國民警衛隊的軍營裡當一名家僕，然後應徵入伍，並取得一支步槍和五十發子彈。不久，他開始受不了警衛隊同袍對他的敲詐勒索和折磨，不得不懷疑「繼續在警衛隊以養活自己是否正確。」他的母親不希望他到種植園工作，他也沒錢讀書當老師，於是他選擇成為學徒，找個教他如何做鞋、如何看待這個世界的人。[3]

在鞋廠裡，馬爾莫和他的老闆費利佩．安古洛（Felipe Angulo）一起翻看報紙。一九一九年的薩爾瓦多報刊「充斥著對發生於遙遠國家革命的宣傳」，但老鞋匠告訴他，不要相信他所讀到的一切，俄國發生的事情與薩爾瓦多並不像地圖上那麼遙遠，這正是報紙上之所以充滿煽動的原因。在為費利佩．安古洛工作時，米蓋爾．馬爾莫自幼帶著「嚴重偏見」，看待「這世界和所有事物的看法，受到了毀滅性的打擊。」他開始認為，「身為人的無可比擬的能力便是……為每個人的自由和幸福而努力。」

同時，他開始認為薩爾瓦多的治理者，即一八九四年推翻埃澤塔兄弟後，一群種植園主取得了政權，負責管理這個國家，「卻把這個國家當成種植園」來管理，光憑這點就值得與之抗爭。[4]

在大戰結束後的幾年裡，馬爾莫作為政治組織的發起人，開始與咖啡種植園主組織的政府作對。這項抗爭因為選舉失利而告終後，他便前往聖薩爾瓦多的人民大學（People's University）就讀，這是一所一九二四年由工會聯盟成立的免費學校——時間點是在美國的貸款案通過之後隔年。在經濟學、法律和政治學課程中，馬爾莫學會了將美國視為薩爾瓦多的第一順位抵押人，以及「我國人民的主要敵人」。他在求學期間，甚至把尼加拉瓜境內抵抗美國占領軍的領導人奧古斯托·塞薩爾·桑迪諾（Augusto César Sandino），視為替薩爾瓦多帶來希望的「人類化身」。[5]

人民大學背後的工會認為他們可以向桑迪諾學習。一九二八年，他們選出代表，與他一起駐紮在尼加拉瓜。其中有個代表是一位安靜、嚴肅、皮膚黝黑、三十五歲的年輕人，他是馬爾莫在人民大學認識的奧古斯丁·法拉本多·馬蒂（Agustín Farabundo Martí），大家都叫他「黑鬼」。

馬蒂的膚色掩蓋了他的家庭財富。[6]他的父親儘管出身貧寒，但在沿海高地積累了兩座農場，占地近五平方英里。然而，馬蒂年輕時卻拒絕繼承地主的生活，並開始對資本主義和帝國主義提出抗爭，為貧苦工人奔走。

當他被選派到尼加拉瓜與桑迪諾一起工作時，馬蒂曾在薩爾瓦多國立大學學習法律，在他被剔除並離開學校之後，他開始在人民大學附近流連。一九二〇年二月，馬蒂身為法律系學生的生涯終告結束，當時他因為參與策畫反抗瓜地馬拉邊境的獨裁統治示威活動，而遭到逮捕。該活動的成員包括薩爾瓦多菁英階層的子弟，所有參與人員都被傳喚到薩爾瓦多總統豪爾赫·梅倫德斯（Jorge Meléndez）面前接受訓話。在梅倫德斯總統以警告的方式解散這群子弟兵之後，他譴責示威活動的領導者，一個平凡無奇的人子，並判處他在一座島嶼的監獄中服刑。然後，馬蒂質問總統，儘管他們都犯下同樣的罪行，但這不意味他們都應該受到同樣的懲罰。梅倫德斯將馬蒂逐出薩爾瓦多，讓他流亡國外——就這樣，馬蒂與法律劃清了界限。

馬蒂在流亡中，邊工作邊學習。他在瓜地馬拉的工廠，從事建築或農場工作。一九二五年，他在未經許可之下返回薩爾瓦多後，馬蒂開始與創建人民大學的工會團體合作。三年後，該團體派他與桑迪諾一起駐紮尼加拉瓜。

馬蒂在與桑迪諾的迂迴之旅中，一路來到了紐約。到了紐約，他與全美反帝國主義聯盟（All-America Anti-Imperialist League）取得聯繫，該聯盟的辦公室設在聯合廣場。該組織正在領導反對美國占領尼加拉瓜的抗議活動，同時這也意味著他們支持桑迪諾，當時他的同父異母兄弟索克拉特斯（Sócrates）在布魯克林從事木匠工作。馬蒂從紐約出發，一路向南，經過古巴、牙買加、貝里斯、瓜地馬拉、宏都拉斯，最後到了尼加拉瓜，最後他於一九二八年六月二十二日與桑迪諾在當地會合。當時桑迪諾的競選活動已節節敗退，但馬蒂卻感到勝利在望。他在寫給一位朋友的信中寫道：「我們對中美洲侵略者的戰爭現在正式開始了。」在尼加拉瓜，從美國手中獲得解放的鬥爭已經開始，希望美洲大陸所有遭受到壓迫的人聯合行動，掃除美國佬帝國主義的最後殘餘。」[7]他的想法遠超出尼加拉瓜當前的處境。

馬蒂的膽識使他成為桑迪諾最信任的副手之一。一九二九年，桑迪諾和他的新任私人祕書馬蒂從尼加拉瓜出發，經過薩爾瓦多和瓜地馬拉，一直來到墨西哥，以確保他們重新集結所需的支持和物資。但在墨西哥，他們發生了爭執，因為桑迪諾與馬蒂兩人最終的目的不同。桑迪諾專注於尼加拉瓜的問題，並與國際共產主義保持距離，他希望民族獲得解放，而非引發一場社會革命。馬蒂試圖說服他兩者合作的可能，但在一九二九年底，他倆在這個問題上產生了分歧。

一九三〇年五月當馬蒂回到薩爾瓦多時，他帶著他在桑迪諾組織中的威信，以及脫離桑迪諾陣營後投向左翼的威望。馬蒂將這些資歷轉變為一場顛覆薩爾瓦多經濟、政治和社會革新運動中的領袖角色，將他在薩爾瓦多缺席的這段期間，那些努力工作的團體的實際理想主義，納入自己的革命遠見當中。在馬蒂缺席的這段期間，這個包括米蓋爾・馬爾莫在內的團體取得了三個重要進展。他們在一九三〇年三月成立了薩爾瓦多共產黨，因為他們認為工會做得還不夠。他們成立了一個國際紅色援助（International Red Aid）分會，從事人道主義工作。他們開始從首都向西區的咖啡種植區推進，在那裡，世界大蕭條的經濟危機使惡劣的條件變得更糟。[8]

全球的經濟大蕭條讓赫伯特・胡佛做了一件前所未有的事——不理會巴西的咖啡保護計畫政策。從一九二九年到一九三三年初，也就是胡佛擔任總統的四年期間，全球的咖啡價格下降了百分之六十以上，從每磅二十多美分降到十美分以下，把前十年的收益一掃而空。價格的下跌使得薩爾瓦多社會的各個階層生活更加沉重，但並非所有人皆如此。外國進口商向薩爾瓦多出口商和處理廠主提供較低廉的農作物價格。處理廠主削減了他們支付給咖啡種植者的預付款。種植者依靠這些預付款來支付工人的工資，因此雇用的工人數目愈來愈少，工資也愈來愈低。勞動階級的人已經習慣於在工資匱乏的情況下節省用度。

在一般的農村地區，失業率或許高達百分之四十。[9] 在咖啡種植園，失業率可能比這個數字還更高。安東尼奧．托雷斯（Antonio Flores Torres）在聖塔安娜郊外擁有一個大型種植園。一九二七年春天，托雷斯平均每週雇用四十五個人，負責為新的咖啡樹挖洞、清理現有樹木周圍的雜草，並為下一季作物預做準備。一九三一年春，他平均每週雇用十九人。[10] 那些繼續從事咖啡工作的人，條件都很差。種植者為了因應價格的下跌而降低工資——通常下降了百分之五十到百分之六十之間，有時甚至高達百分之七十五。[11]

對於在咖啡種植園工作的人來說，解決困難時期的辦法並不像詹姆斯．希爾描述的備用計畫那般簡單——他們只要離開他們在城鎮的住宅，搬到鄉間，換穿上破舊的衣物，享用土地上生長的作物，直到危機過去。勞動階級工人實際上不被允許食用土地上生長出來的食物。

一九二〇年代薩爾瓦多咖啡經濟的增長，使得三〇年代的危機更加嚴重。[12] 這種動盪使得已然成形的土地私有化情形更加牢不可破：「咖啡種植園集中在有能力支付最多費用的人手中。」直到一九二九年，美國駐薩爾瓦多領事在報告中說，「種植園的規模實際上受到了限制，也因此造成產量減少。」但這種情況已經發生了變化：「少數個人和企業透過不時購買小塊的土地，最後形成了大型種植園，這些種植園採用了大規模的生產方式、現代化運輸、改善了勞動者的居住條件、精簡組織，發展完善帳務制度。」[13]薩爾瓦多記者阿爾貝托・馬斯費勒（Alberto Masferrer）證實了美國領事的這份報告。一九二八年他在報紙《祖國報》（*La Patria*）上寫道：「約莫四十五年前，這個國家的土地在大多數薩爾瓦多人之間進行了分配，然而現在土地卻落入了少數業主的手中。」[14]「那些失去土地的人往往拾起家當，動身前往私人莊園的邊緣：在政府的土地上、在公路和高速公路沿線，最後甚至在與首都聖薩爾瓦多市相交的河床上尋找棲身之地。」[15]一些流離失所者每年都會回到種植園，從事收割的工作，以補充他們在其他地方勉強維持的生計。

由於土地集中在愈來愈少人的手中，他們對於收穫作物工人的需求愈來愈大。「大規模生產方式」和「精簡組織以及帳務制度」的結果是產量增加：在一九二九年以前的二十年，咖啡的年出口量幾乎增加了一倍。[16]而在同時期，咖啡的總收入增加了三倍。[17]但咖啡的增長卻犧牲了其他一切，使農村成了單一作物種植區。馬斯費勒比美國領事更深刻地理解這個問題，因為他看到了「精簡組織」對景觀和人們的真正意義所在。

十九世紀時，薩爾瓦多的整個地景幾乎為「一大群茂盛的橘子樹和芒果樹，樹上的果實結實纍纍。」[18]然而，馬斯費勒已經見到咖啡取代了柳丁、芒果、香蕉、玉蘭和其他一切。「如今危機已經不再」，他說，「取而代之的是慢性病和普遍存在的饑餓……薩爾瓦多不再有曾經人人都能享用的野生水果和蔬菜，甚至也不再有人栽種曾經物美價廉的水果。如今放眼所及這裡成了咖啡莊園，咖啡成為唯一的種植作物。」頑強的波旁樹對高溫和貧瘠的土壤有很強的耐受力，正在新的大片土地上茂密生長。「咖啡種植征服了大片土地的景觀令人感到震驚，」馬斯費勒寫道，「它已經占領了所有的高地，現在更向山谷蔓延，取代了玉米、水稻和豆類。它以征服者的方式，散播了饑餓與苦難。」[19]

如同馬爾莫和馬蒂，阿爾貝托・馬斯費勒也想解決饑餓與苦難的問題。[20]馬斯費勒於一八六八年出生於薩爾瓦多。九歲之前，他一直與母親生活在一起，但後來母親把他送到嚴苛的父親和繼母那裡，而繼母則把他送到瓜地馬拉的寄宿學校。馬斯費勒一有機會就逃離了學校，十幾歲就在出口繁榮的中美洲到處旅行，如同幾年後詹姆斯・希爾所做的那樣：先是穿越宏都拉斯和尼加拉瓜，然後是瓜地馬拉和哥斯大黎加。但是，當詹姆斯・希爾前去尋找商機時，馬斯費勒卻看到了無處不在的苦難。他認為，中美洲人生活在「半野蠻和暴政」中，因為他們彼此孤立，被困在自我的生存掙扎之中，太過專注於滿足自身的基本需求，而無法相互幫助或組織政治活動。他開始了記者生涯，目的是向薩爾瓦多人展示薩爾瓦多的真實生活，讓他們知道如何自救。「只要正義對每個人的定義不同」，馬斯費勒在一九二八年寫道，「我們就沒有人是安全的。」[21]

馬斯費勒對於正義的觀念，來自於他將薩爾瓦多民族視為一個單一生命體。他的思想借鑒了歐洲的生命論（vitalism）傳統，這類哲學理論是建立在能源和熱力學發現之後，一種已經少有人探討的思想——即生命是一種有別於所有其他集體現象的一個現象，使人類具有特殊性。二十世紀的生命論倡議者，包括法國哲學家亨利．柏格森（Henri Bergson）強調「心靈能量」或「精神能量」的特殊性，與那些如同阿特沃特一樣，急於將認知和想像力降低為另一個機械化過程的人，持對立的看法。對於生命論者來說，「生命」並非能量，而是宇宙中的最小分母。「時間、心緒、思想、肌肉和神經、肌腱和骨骼、血液和汗水，都受到工作所消耗」，馬斯費勒寫道，「個人僅存的一點轉變成了一般的生命。」[22]把「生命」提升到特殊的地位，是一種吸引人類尊嚴、培養同理心和個人之間聯繫感的方式。

尊嚴和同理心是馬斯費勒改革主義政治的核心，它形成了一個他稱之為「最低限度生命」的計畫。「以改善薩爾瓦多人絕望的生活為條件」而制定的計畫，其中兩個重要的宗旨為「誠實、健康和報酬合理的工作」以及「足夠數量的營養和有益健康的食物」。然後是「乾淨、乾燥和寬敞的住房」、「足夠數量的飲水」、「剪裁合身的衣物」、「衛生設施和醫療照顧」、「方便與平等地獲得迅速的司法保障……免費以及有效的初等教育……〔以及〕充分的休息和消遣。」這是馬斯費勒對於基本生活所需的清單，以及他為普及司法和拯救國家開出的處方。[23]

馬斯費勒的最低限度的生命力根植於觀察和經驗，但他的政治概念卻不那麼實際。他認為，國家的目的在於提供「該國道德、文化以及身強體魄」的條件。反過來說，「充足的食物、住房和衣物」只不過是「一個國家對其人民的責任」。馬斯費勒希望咖啡種植者及其政府能夠聽取他的想法，以新的眼光看待國家的情況，並把他們主張自己所屬的一部分資產分送出來。「Dar〔意旨給予〕是一個神聖的字詞」，他在一九二八年寫道，「包含了創造的奧祕及其標準。」他引用了神學家安妮・貝桑特（Annie Besant）的名言：「生命的法則是給予」。他譴責那些「擁有支票簿般的靈魂和帳本般良知」的人。一九二九年，馬斯費勒組織了一個「生命主義」（Vitalistas）政黨，以「最低限度的生命力」（vital minimum）為其綱領。該黨想出了一個黨徽，並把黨徽畫在他們的旗幟和橫幅上。圖案是一個太陽，其光芒「向外輻射」，加上縮寫「VPT」，即 vida para todos，生活即是一切之意。[24]

薩爾瓦多咖啡種植者對世界大蕭條的危機做出了回應，他們以創新的方式與嶄新的策略，聲稱陽光和雨水為他們所有。隨著波旁咖啡從山上蔓延下來，棉花從沿海平原爬上來，那些還沒有耕種糧食作物的田地都成了破壞的目標。米蓋爾・馬爾莫聽說地主放火燒毀了種植生計作物的田地，並讓牛群在玉米田裡奔逃，造成了更多絕望的人因為饑餓而尋找工作。[25] 隨著薩爾瓦多種植園條件的惡化，兩股意見相左的政治勢力以嶄新的方式合作，其中一方側重於打擊「美國帝國主義」，另一方則側重於阻斷勞動剝削，[26] 馬爾莫在這兩方面都有研究。他將自己的經歷結合起來，開始看出薩爾瓦多「平靜生活下的艱難」。在這股力量之下，他感到「有一股巨大的力量，正等待一個出口，積極抗議不公義和苦難。」而米蓋爾・馬爾莫也愈來愈把「打破傳統、恐懼和猜疑的窠臼」當成自己的要務，因為這些傳統、恐懼和猜疑使勞動者相互孤立。[27]於是他開始發起組織。

由於馬爾莫曾是一名漁民，他以漁民作為他的起始。他知道他們需要什麼：首先是進入被地主圍起來的海灘，這些地主也想擁有湖泊和河流的所有權。馬爾莫在岸邊工作，與種植園周圍的人建立了交情。當他進入種植園時，扔掉了他的禮服襯衫和皮帶，而穿上工作服，著手用麻繩挽起褲子。馬爾莫和他的組織者們與從事咖啡工作的人交談時，講的是種植園的語言，他們推動罷工，要求「在每天的餐點中加入更多的玉米餅，一年四季都有更多的咖啡豆」，以改善工作與生活條件。[28]馬爾莫成功打動勞動者的心，提升了他在薩爾瓦多左翼陣營中的地位。

一九三〇年六月初，就在馬蒂與桑迪諾分道揚鑣，返回薩爾瓦多的幾天後，馬爾莫被選為薩爾瓦多共產黨的代表，參加在莫斯科舉行的紅色國際工會第五次代表大會。他有一千個理由不想去。他從來沒有出過國、他的母親罹病、他還有組織工作要做、他從來沒有見過大海、他害怕一個貧苦農人的想法禁不起國際的檢驗。後來，一個組織裡面的同事告訴他，他是個沒種的傢伙，馬爾莫才找到了勇氣。

他乘坐一艘「比樓房還大」的德國汽船前往漢堡，在潮濕的漢堡，馬爾莫偷偷搭乘一艘俄國貨輪，貨輪在潛艇的包圍下駛入列寧格勒。戰後的列寧格勒是史達林達到快速工業化的五年計畫中的重點，一切卻顯得貧窮、破舊與泥濘不堪。對共產主義下的生活來說，這實在是個令人沮喪的起頭，但馬爾莫認為，他從人們站在碼頭上一字排開的景況中，見到了一些熟悉的景象，那便是他們手中的釣竿始終不見任何動靜。在周圍的農村，以農業集體化的名義強迫農民搬遷，導致普遍的監禁和饑荒。馬爾莫從列寧格勒乘火車前往莫斯科。

在演講中，馬爾莫希望把聚集在莫斯科的所有人，帶回薩爾瓦多的咖啡種植園。他想向他們生動地展示薩爾瓦多的問題，讓他們感受到他所感受到的可能性。

他向來自世界各地的代表講述了詹姆斯・希爾在聖塔安娜的鄰居，吉羅拉斯家族擁有的種植園的日常生活。他提到他們穿著破爛的衣服從黎明工作到黃昏，只為了十五美分的工資，以及玉米餅和豆子的食物配給。他的發言給會議「留下了深刻的印象」。[29]

此後幾天，馬爾莫在大會上與其他拉美國家的代表進行了交談。他們共同規畫了一條通往拉丁美洲革命的道路：「沒收政府竊取的土地，沒收〔種植園主〕侵占的土地……重新分配給農民，外國企業國有化……銀行國有化，刺激工業發展等等。」他們的訴求綱領是基於列寧主義的論述，即「一個小規模但受歡迎的共產黨」，在群眾中擁有領導權，「可以發動革命」。[30]這成為馬爾莫帶回薩爾瓦多的行動計畫的基礎。

但當他回到家時，馬爾莫發現有兩件事發生了變化。第一，薩爾瓦多的左翼陣營在幾個月之內擴大了一倍。並在工業和農業方面贏得了新的陣地。詹姆斯・希爾的朋友和他的姻親拉斐爾・阿約（Rafael Meza Ayau）所擁有的「康斯坦西亞」釀造廠，成立了一個新工會，該工會在農村已經招募到多達八萬名的工人從事農作。[31]第二個變化則是，馬蒂成為人道組織「國際紅色援助」薩爾瓦多分部的領導人，並且在日漸黑暗的日子裡，以一種遭到背棄的領袖魅力領導組織。

隨著薩爾瓦多工人團體的規模和力量的增長，他們引起了新的關注。咖啡種植者敦促國家政府對「外部煽動者」採取行動。美國對西半球興起的布爾什維克主義保持警惕，也推動薩爾瓦多官員進行鎮壓。[32]一九三〇年八月，薩爾瓦多政府禁止集會，以及發送馬克思主義宣傳品，國民警衛隊逮捕了六百名違抗禁令的農民工人。十月，針對商店、個人或當局的示威遊行也遭到禁止，這一新的禁令與第一個禁令有著同樣的效果。抗議和鎮壓集中在聖塔安娜火山周圍。十一月，國民警衛隊接獲命令前去驅散聖塔安娜的一次示威活動，十二月，警衛隊在該市殺害了八名抗議者。一連串的突襲行動掃蕩了一千兩百人，其中包括在十一月二十七日於聖塔安娜遭到逮捕的馬蒂。

馬蒂的獄卒恰巧是無法包容異己想法的人。他們的政治理念永遠站在肅清的一方。他們不希望馬蒂被關在監獄裡，或待在聖塔安娜、聖薩爾瓦多，或者在這個國家的任何地方，所以他們要求他離開。十二月十九日，在馬蒂入獄三週後，一名政府官員帶著一支筆、墨水和一張紙進入他的牢房，讓他寫一封信，要求重新申請護照，且不需要返程簽證。「我的回答是」，馬蒂後來回憶說，「他、要求我重新申請護照的想法，以及這些拿來書寫的東西，應該滾出我的牢房。」[33]官員不再留任，而馬蒂留了下來。

獄卒們半夜返回監牢。他們把馬蒂從牢房裡拖出來，把他送往岸邊，然後把他帶上開往加州的委內瑞拉號汽船，該汽船的船長收取賄賂，把馬蒂帶到遙遠的地方。馬蒂被鎖在甲板下方，乘著船向北航行，經過瓜地馬拉、墨西哥，一路來到洛杉磯西南邊加州的聖佩德羅港（San Pedro）。當他在聖佩德羅上岸時，馬蒂受到了當地左派人士的歡迎，卻被移民官員拘留了兩個星期，移民官員將他送回南下返程的委內瑞拉號。馬蒂始終遭到囚禁，直到船在薩爾瓦多的拉利伯塔德（La Libertad）港口停靠，船長說他可以上岸了。當他上岸後，馬蒂很快就被員警帶走。這次的計畫是把他送到祕魯。在去祕魯的路上，馬蒂決定寧可過著逃亡的生活，也不願意遭到流放。一九三二年二月底，馬蒂在尼加拉瓜跳船，偷偷回到自己的國家。[34]

在馬蒂流亡的兩個月裡，政治局勢發生了變化。薩爾瓦多人在一月選出了新總統阿圖羅·阿勞霍（Arturo Araujo）。阿勞霍出身自一個咖啡種植家族，但他與過去的總統不同。阿勞霍年輕時曾在英國學習工程。他曾在位於曼徹斯特港口的利物浦的一家工廠工作過一段時間，住在一位工會代表的家中，這位工會代表同時也是英國工黨的官員。當阿勞霍返回薩爾瓦多，加入家族咖啡事業時，他沒有把他的種植園當成蒸汽動力工廠，而是當成一個小型的福利國家在經營。他花費數千美元替為他工作的人提供住房、醫療和教育。[35]

阿圖羅・阿勞霍的社會改革思想借鑒了阿爾貝托・馬斯費勒的理念。當馬斯費勒的「生命主義」政黨拒絕角逐一九三一年一月舉行的總統選舉時，阿勞霍採行「最低限度的生命力」作為他的政治綱領。阿勞霍選擇了一名軍人，馬克西米利亞諾・馬丁內斯（Maximiliano Hernández Martínez）將軍，作為競選夥伴，他與馬斯費勒有著同樣的神學信仰，馬斯費勒在選舉中支持阿勞霍，為他的「慷慨和愛心」作擔保。一九三一年的薩爾瓦多，是一個歡迎任何改革的地方，即便改革的範圍很小，最終仍使阿勞霍贏得了壓倒性的勝利。[36]

阿勞霍當選後，出現了改革的可能契機，雖然契機非常微小，因為他已經成為一個負債百萬美元國家的總統，而且當時正值全球咖啡市場崩潰，沒有能力償還債務。薩爾瓦多幾乎所有人都反對接受美國的貸款。左翼的學生和工人反對貸款所附帶的控制條件。咖啡種植園主和處理廠主支付出口稅，償付貸款，他們當中許多人——包括安傑・基羅拉在內，米蓋爾・馬爾莫曾在莫斯科描述過他的種植園——都紛紛建議阿勞霍暫停償付貸款。西方銀行的負責人，班傑明・布魯姆在內的銀行家們，儘管作為政府銀行家的角色已經遭到篡奪，也都表示同意這麼做。

幾乎只有新總統一人保持樂觀。阿勞霍在上任後不久就宣布，「財政狀況儘管嚴峻，但幸運的是，沒有理由絕望。我們依靠的是國家生生不息的力量，我們所需要的不外乎是以充足的現金流通、和平和秩序來運用能量，以便在各個方面達到正常的生產力。」[37] 阿勞霍對於國家「生生不息的力量」的看法，借鑒了阿爾貝托・馬斯費勒的生命論。而總統將能量和流通的現金等量齊觀，使他完全符合美國的經濟思想，以及「貨幣醫生」愛德溫・凱默爾和他的同事們所提倡的經濟科學原則。

薩爾瓦多至少還有一個當權者對經濟抱持積極的態度：那個人便是海關督察威廉·倫威克（W.W.Renwick）。一九三〇年末，倫威克檢視了薩爾瓦多的普遍狀況，並將貸款問題考慮進來。倫威克向紐約報告說，儘管一般的商業活動已經癱瘓，但這些商業活動並非最重要的考慮因素。償還貸款的關鍵是咖啡的出口。咖啡出口的關鍵則是來自種植者驅使人們工作的力量。從這一點來看，「經濟情勢」的確「前景看好」。[38]

然而，經濟之所以前景看好，是因為生產成本低廉；而生產成本低廉的原因的確是種植園的條件。倫威克對這種生產成本低廉的意義，再清楚不過。他的報告還包括向其雇主查塔姆費尼克斯國民信託銀行，也就是薩爾瓦多的主要債權人，提出關於今後管理國家財政的建議。他的首要建議是，「應該從海關收入中提撥一部分，用於支付十一月和十二月的國家武裝部隊的費用，如果可能的話，還應該建立一個足以應付一月開銷的儲備金。我已經向總統提出這個建議，總統向我保證，這麼做不會有問題。」倘若軍隊的費用得以支付，那麼或許可以「平定」動亂，並可以因此降低勞動力成本，貸款或許也能夠得到償付。[39]

阿圖羅·阿勞霍贏得了總統大選，得到了包括受到他的社會和諧願景所動員的農民工人在內的農民勞動者的大力支持。因此，一九三一年三月初他上任後的幾週，才剛強調「和平與秩序」對生產力的重要性的幾天之內，阿勞霍卻也開始使用暴力來穩定秩序，派遣國民警衛隊驅散示威遊行以維持咖啡經濟，這種舉動使他的支持者感到震驚不已。[40]他甚至通過了一項法律，賦予員警和軍隊更大的權力，以武力鎮壓公眾的抗議活動。[41]鎮壓削弱了改革的一切希望，並以其他方式將擴大的薩爾瓦多左派勢力推向政治。

馬蒂在尼加拉瓜跳船後，便偷偷潛入薩爾瓦多，並回到了聖薩爾瓦多和聖塔安娜之間的火山高地——咖啡種植的核心地區。[42]據傳，他是三月二十二日發生在聖塔安娜那場軍隊與民主人士衝突的核心人物。四月上旬，他率領隊伍向聖薩爾瓦多的國家宮殿進行示威抗議的活動。五月三日，他再次被捕入獄。[43]

馬蒂是「天生的鬥士，從未動搖過」，他的朋友米蓋爾·馬爾莫說，「他的攻擊性令任何人皆感到痛苦，這種精神來自他對於遭受屈辱者的絕對認同。」[44]在監獄裡，他開始絕食。在最初的六天裡，政府對大眾隱瞞了馬蒂絕食的事，但後來報紙上刊登了這一消息。數百名他的支持者集會要求釋放他。[45]

阿勞霍總統見到了正在進行的殉難儀式，他擔心自己終將被釘死。五月十二日，在馬蒂進行絕食一週後，美國駐薩爾瓦多的一名高級外交官向華盛頓報告說：「政府很清楚當前的處境」。「我接獲消息指出，當局認為讓馬蒂餓死是個錯誤，他們將採取措施防止這種情況發生……馬蒂是一個聰明的人，對這個國家的某些人來說具有吸引力，他無疑渴望獲得與桑迪諾類似的職位。」[46]一週後，美國外交官再次報告。由於馬蒂「堅持絕食……據了解，目前正對他採取強迫進食的辦法。」[47]外交官使用的語態，呼應了「強迫進食」一詞，作為一個根植於饑餓的經濟體系中的壓制性治理方式。

五月二十日，在絕食十五天後，馬蒂從監獄被送往醫院。五月三十一日，阿勞霍總統下令釋放馬蒂，這回馬蒂自願選擇離開。由於二十六天沒有進食，他在攙扶下走出醫院，他的支持者在門口迎接他，並送上一杯柳橙汁。馬蒂擺了個姿勢讓報社的攝影師拍了照片，便讓眾人抬起他消瘦的身體，將他帶離。當他恢復體力後，馬蒂返回咖啡種植區，在那裡他重新開始了將饑餓轉化為權力的運動。[48]

在咖啡興起期間，薩爾瓦多流傳著一個故事，幾乎每個村民皆信以為真。故事與一種叫做「紅尾蟒」（masacuata）的棕色肥大蟒蛇有關，這種蛇在鄉間地區十分常見。據說，紅尾蟒對人類無害，除了一個例外。據了解，它盤踞在家中育有哺乳期孩子的屋簷下，悠悠地繞著屋柱，直到所有人都睡著為止。然後這條蟒蛇趁著深夜，從屋柱上溜下來，來到母子之間，攀附在母親的乳房上。要是哪個年幼的孩子體型瘦弱，每個人都會說，「他的母親肯定是哺育了一條紅尾蟒。」

這個故事恰巧解釋了薩爾瓦多村裡幼童瘦弱的外觀，甚至有錢人和受過大學教育的人，也一再把這個故事當作茶餘飯後的消遣來說，儘管他們的孩子並不會受到大蟒蛇的傷害。[49]

薩爾瓦多的革命運動便是在市中心的學生、商賈和勞動者之間誕生，並在聖薩爾瓦多和聖塔安娜之間的咖啡種植區發展起來。這裡的咖啡生產地景對組織發起人十分有利。數千年的暴雨，在柔軟的火山土壤上順流而下，在山坡上刻下了深深的溝壑。這些溝壑成了聚集地。晚上，馬爾莫和馬蒂，以及他們的組織夥伴便在隱蔽的山洞裡與勞動工人見面。海螺的號角聲宣告會議的開始，並以油燈和樹上懸掛的紅旗為標誌。孩童們在周圍駐紮看守，並配備了小鈴鐺，要是見到員警或國民警衛隊的人前來，便敲響鈴鐺示警。[50]

有時溝壑裡聚集不到一百人，有時則超過三、四百人。他們帶著所有能帶的食物：「一堆堆的玉米餅、咖啡，必要時甚至還帶著地墊在這裡打地鋪睡覺」，馬爾莫回憶道。在可能的情況下，組織裡的人還會宰殺豬隻或是小牛並烤來和大夥一塊分享。還有玉米粽供享用。由於大部分人皆處在饑餓的狀態，食物成了他們共通的語言。「我們不能只是為了玉米餅而幹活！」這在咖啡種植區彷彿成了一種號召，「總是喚起雷鳴般的掌聲」。[51]

對馬爾莫和他的組織夥伴來說，要去說服鄉間的農民（大多數是咖啡工人）相信存在的問題並不難。「不需要煽動」，馬爾莫回憶說，「無須誇大其詞，也不必特別的強調或花稍的解釋。」馬爾莫所到之處，觸目所及皆是「可怕的苦難」和「向四面八方襲來且普遍存在的饑餓」。[52]薩爾瓦多咖啡種植區的勞動者們對饑餓的了解，如同他們對自己和孩子的身體的了解一樣清楚，他們不再把這個罪過怪罪到傳說中的紅尾蟒。「這些饑餓的孩子們令你心碎」，在一次工會的會議上，一位電工背景的組織發起人說。「他們正是我們起而抗爭的動力。」[53]

當米蓋爾・馬爾莫和他的組織發起夥伴在聖塔安娜周圍的咖啡種植區旅行時，他們發現的不僅僅是「真實的饑餓和真正的絕望」。[54]他們遇到的人習慣於把彼此的需求作為日常生存的問題來考慮。從事咖啡種植工作的人過著一種公共倫理（communal ethic）的生活——分享食物、飲水、住所，照顧孩子，在工作中互相照應——大量將土地私有化的種植園主所訂下的規則，並沒有被打破。共產主義組織將這種公共倫理從種植園，投射到薩爾瓦多邊界所標示的政治空間。

許多工人不識字，所以在咖啡種植園擔任監工的人，因為工作要求他們要會讀寫，因此他們經常充當組織者和工人之間的中間人。[55]討論開始時，組織發起人帶著手繪的地圖和圖片在鄉間巡迴。這些手繪地圖解釋了種植園的世界是如何運作的、可能如何改變，圖片則提供了提問與答案。這些地圖把美國帝國主義放在畫面的中心：「國家城市銀行」（Nacional City Bank）、「聯合水果公司」（Yunay Frute），以及「國際鐵路」。地圖上面的符號包含了美國國旗、美元、英國國旗（the Union Jack）、重炮和軍艦。這顯示了「美帝國主義取代了英帝國主義」，海關收入遭到充公。他們展示了跨越大西洋的電纜線：記載美國報價的電報電纜；將咖啡運往海外市場的蒸汽船，以及將士兵和武器運往相反方向的炮艇。[56]另一幅圖描繪了薩爾瓦多的社會結構，上層結構是資本和資本家，然後是員警和國民警衛隊、總統、軍隊、律師、媒體——最後，下層結構則是窮人的世界。

在組織發起人描述了地圖以及結構圖的意義之後，會議的焦點轉移到咖啡經濟的日常生活上，勞動者們談到了種植園的狀況。[57]討論的結構暗示了因果關係。組織發起人還畫出了權力之外的可能性。他們描繪出他們認為可能實現的世界——「無產階級專政」。首要目標則是糧食生產，種植玉米田和牲畜。一切皆以糧食和肉類作為起點。資源從田地和畜牧場出發，轉移到總體經濟委員會，然後，直接在經濟委員會的管轄下，進入倉庫和商店。所有其他形式的權力，包括工業實力、軍事武力、電力，皆來自於人民養活自己的力量。這幅畫既涉及饑餓的迫切要求，也涉及「壓倒性的民眾要求」重新分配土地——詹姆斯．希爾早在一九二七年就在其種植園的會議上聽到過這種要求。[58]為反對以饑餓為基礎的咖啡種植園生產制度，薩爾瓦多產生的人民共產主義的核心論點是，如果做人就是要挨餓，那麼政府的目標應該是供給而不是剝奪，是飽足而不是饑餓。

「人民專政」使得薩爾瓦多徹底被顛覆，轉變成為饗食天堂。

第20章 紅色起義

勞動人員正以新的方式聚集在一起，想辦法面對大蕭條的危機，但他們並不知道他們的雇主是否也會這樣做，這讓每個投資薩爾瓦多咖啡的人都十分憂心。一九三〇年一月，一位駐聖薩爾瓦多的美國外交官向華盛頓報告說：「普遍存在一種無助的氣氛」。尤其令人不安的是「經商的失敗主義態度」。[1]

事實上，咖啡種植園主正在努力。他們已經開始意識到，自從一八九四年肅清了埃澤塔兄弟以來，他們幾乎壟斷了國家政治，也許他們在政治上已經變得志得意滿。一九二九年底，薩爾瓦多種植業者仿效加州水果種植者的做法，成立了薩爾瓦多咖啡館協會（Asociación Cafetalera de El Salvador），第一次正式將他們的利益組織起來。詹姆斯・希爾一開始就在制定議程方面發揮了他的種植同伴們認為「非常重要」的作用。詹姆斯・希爾對附近的咖啡國家進行了詳細的研究，並與大家分享他的結論：薩爾瓦多的咖啡出口稅大約是哥倫比亞的二十倍；將咖啡運到港口的成本是哥倫比亞的七倍；從薩爾瓦多運輸咖啡的成本幾乎是哥倫比亞的兩倍，而哥倫比亞作為淡味咖啡的主要生產國，是薩爾瓦多的主要競爭對手。[2]

一九二九年十二月十八日上午，咖啡種植者協會聚集在薩爾瓦多賭場（該國最負盛名的社交俱樂部）召開會議，討論這些問題。他們決議由詹姆斯．希爾牽線，在組織內部成立一個小組：仿照巴西在十年前的做法，成立一個「咖啡保護協會」，資金來源是對每袋出口咖啡徵收新稅。詹姆斯．希爾將用這筆錢指導、研究薩爾瓦多咖啡在國內外的生產、銷售和消費所面臨的問題——如同巴西人在美國資助咖啡研究和廣告一樣——並向薩爾瓦多總統和政治當局傳達組織工作的重要性。[3] 咖啡種植者以這些方式將自己的利益組織起來，並加以制度化之後，薩爾瓦多比起從前成為一股更加「強大的政治力量」。[4]

然而，隨著種植園主在政治上的權力愈來愈大，他們的權力也受到了限制。他們更清楚地表達了他們想做的事情，對於自己辦不到的事也有了更深刻的理解。

一九三〇年四月，中美洲咖啡國家代表在瓜地馬拉舉行會議，提出了按照巴西的模式組織咖啡倉庫的想法，倉庫可以儲存咖啡，直到價格恢復，然後在「更有利的條件下」出售。淡味咖啡集會還提議在美國和歐洲宣傳中美洲咖啡，並聘請專家根據弗雷德里克．泰勒在美國工廠中應用的原則，來分析咖啡種植園和咖啡廠。[5] 然而，這個組織除了提出建議外，沒有權力做任何更具實質性的事情，也沒有形成任何獨占聯盟。

同時，國內也遭遇了阻礙。在海關督察倫威克得知薩爾瓦多的咖啡保護計畫制定之後，他向詹姆斯．希爾和他的種植者夥伴傳達了一些不受歡迎的消息。倫威克告訴他們，根據貸款協定的條款，他要收取百分之七十新課徵的稅，這個稅額是為了資助咖啡保護計畫。曾經一度受人敬重的倫威克，成了眾矢之的。報紙上發表了針對他的文章，內容「含有不實指控和惡意言論」，並在菁英圈子裡流傳開來，「這是一場製造不友善情緒運動的一部分」，而這些菁英正是倫威克想要成功討好的對象。[6]

不過，倫威克還有工作要做，而且是與咖啡生產和出口緊密相關，儘管兩者之間的關係愈來愈敏感。一九三一年初，倫威克得知薩爾瓦多的員警和武裝部隊已經一個月沒有發工資了。倫威克心生警覺，前往美國大使館去見美國領事和盎格魯—南美銀行（Anglo-South American Bank）的一位主管。兩位銀行家同意提供七萬五千美元的小額貸款，讓政府度過難關。如果政府能夠展現出財政和社會紀律，他們或許會考慮提供更多的貸款。[7]

薩爾瓦多的銀行曾經熱衷於向政府提供貸款並從中獲利，但現在卻無能為力。在過去，銀行曾向歐洲和美國的大型機構借貸，以資助他們向種植者和政治家們提供的預付款，但一九三一年中期，他們再也無法取得任何一分錢的額外信貸。[8]於是向國外出售咖啡幾乎等同於募集現金的唯一途徑，但隨著價格愈來愈低，這麼做也不再是個好辦法。[9]

十二月二日，執政八個月又零一天的總統阿圖羅．阿勞霍終於被推翻。

推翻政權的首要人物或許是副總統。阿勞霍的副總統，馬克西米利亞諾．馬丁內斯將軍，同時也是戰爭部長——或者應該說曾經是，直到他因為支持阿勞霍的表兄而遭到革職。儘管除了馬丁內斯之外，推翻政權的可能還有其他的人，馬丁內斯卻從政變中脫穎而出，成為總統，雖然這位將軍極力否認他曾在邁向總統之路的政變陰謀中扮演任何角色，不過他的否認並未取信於人。

這場政變在薩爾瓦多國內並未引起太大的抗議。在他下臺之前，阿勞霍正處理一個四百萬美元的預算赤字。然而，政府的基本運作卻缺乏資金。員警和軍隊都沒有得到報酬。阿勞霍未能恢復國家活力，只是提供了更多的暴力和鎮壓，公眾「對他的失敗感到怒不可遏」。眼見未來一年的咖啡收成數量將會減少，且得不到任何緩解。[10]對薩爾瓦多人來說當務之急的是——與究竟是誰給予阿勞霍令人失望的總統任期致命一擊相比之下，更為重要——馬丁內斯將軍將如何擔起身為總統的重責大任。

由於自己的生父不詳，馬克西米利亞諾．馬丁內斯將軍一反傳統沿用他母親的姓氏。但這還不是馬丁內斯將軍最不尋常的地方，他同時享有巫醫，即 El Brujo 的稱號。[11]馬丁內斯不僅是一名軍人，也是一名神祕主義學家。他相信心靈感應、輪迴和靈魂轉世；他兜售治療牙痛、癌症和心臟病的家庭療法；他在首都周圍掛起了彩燈，以抵禦天花的流行；他在電臺上宣揚人有十種感官，生理學家所忽略的五種感官分別是生殖、排尿、排泄、口渴和饑餓；他建議他的選民們，不該讓兒童穿鞋，因為植物和動物都不穿鞋，這樣兒童就可以透過腳底吸收地球的振動。

然而在薩爾瓦多的美國債權人眼裡，這些怪癖並不會導致他在政治上的失格。從華盛頓的角度來看，重點在於馬丁內斯不是把國家財政搞垮的阿勞霍。然而，一九二三年的《泛美條約》（*Pan-American Treaty*）使政治變得更加複雜，該條約旨在阻止西半球的革命，也因此該條約阻礙了美國正式承認馬丁內斯執政的政府。[12]根據該條約，國務院與薩爾瓦多斷絕了外交關係。[13]

由於在國際上受到排斥，因此馬丁內斯想要在國內尋找盟友，果然也讓他找到了很多志同道合的盟友。不論是軍方、咖啡種植園主，或某些特定的左翼人士，都把馬丁內斯視為與其利益相關的潛在手段，儘管這些利益各不相同。[14]由於軍隊已經有一段時間沒有領到薪餉，同為軍人出身的馬丁內斯將軍被寄望有可能解決這個問題。然而，咖啡種植園主已經習慣與總統人選結盟，華盛頓政府甚至懷疑他們參與政變，因為他們急於贏得馬丁內斯的信任，甚至同意出借給新政府所急需的現金。[15]與此同時，左派產生了兩派思想，皆傾向樂觀，儘管原因各自不同。其中一些工人團體的領導人希望與新任總統達成共識，畢竟他並非咖啡種植者出身。而馬蒂則認為，在馬丁內斯的領導下，共產主義組織的條件將變得「更好」，因為他的暴政和亂政將使革命更具吸引力。[16]

馬爾莫、馬蒂和他們的盟友並沒有花太多時間，即向馬丁內斯提出考驗。政變後一週，即一九三一年十二月九日，聖塔安娜火山周圍的咖啡工人掀起了一連串前所未有的罷工。這是該國有史以來第一次勞工協調的停工浪潮，計畫在咖啡的採收期同時進行。幾個月來，組織成員在各個種植園間奔走，傳播消息。他們把目標放在最富有的種植園主，以及其所擁有的最大片的種植園，希望透過高調的行動引發全國性大罷工。馬爾莫發現，工人們對他們傳遞的資訊抱持異常開放的態度，彷彿「種植園和莊園已經是人民所有」。[17]

罷工持續了十天，產生了新的希望。為了尋求民眾的支持作為基礎，馬丁內斯似乎願意談判。他在首都會見了勞工領袖，並向他們保證，他「非常希望從雇主那裡取得讓步，以改善工人的命運。」人們卻在另一個場合聽到他說「骨頭上已生成了螞蟻」，意思是說現有的系統已經腐敗，[18]而這卻也是希望的來源。

然而，與此同時，馬丁內斯似乎也忙著安撫咖啡菁英們。來自聖塔安娜的咖啡種植者協會的成員向他施加壓力，要求他提供「更多、更有效的財產保障，以杜絕布爾什維克和共產黨人在這裡對……生產活動構成嚴重威脅。」種植者們開始每天捐贈數千美元給薩爾瓦多國民警衛隊，以表達他們的支持。[19]當雷加拉多家族的種植園內，九百名工人為獲得飲水和增加工資而罷工時，雷加拉多家族要求馬丁內斯出兵，他也照辦了，並下令開槍。然而，當警衛隊抵達種植園時，他們開啟了與罷工者的溝通管道。國民警衛隊在阿勞霍的領導下殺人如麻，現在似乎扮演了一個和平的角色，這是另一個希望的來源。

另有一些證據顯示，種植園主的態度正在軟化。在聖薩爾瓦多附近，杜伊納斯家族擁有的六個種植園裡，一千兩百名採收工人也協同罷工，爭取加薪百分之五十，採摘的咖啡果每袋從二十美分提高到三十美分。一位咖啡種植者在看到鄰近種植園的工人為爭取更好的食物、工資、工時和童工待遇而舉行罷工後，也跟著向他的種植者同伴發出呼籲。他在聖塔安娜報紙上發表的文章中寫道：「我們不禁要問，雇主們接下來該怎麼做？難道他們要請政府派武裝部隊去槍殺手無寸鐵的印第安人？雇主若抱持這樣的觀點將是愚蠢的。他們意識到暴力不能解決問題的時間愈長，對〔雇主〕而言就愈糟糕。」其他種植園主由於缺乏支付抵押貸款所需的資金，不願意為保護幾乎一文不值的咖啡作物而奮力一搏，乾脆逃離了自己的種植園，而曾經為他們工作過的人則搬進了種植園，接管了種植園。[20]

十二月十九日，美國國務院派出特使前往薩爾瓦多，評估該國不穩定的政治局勢。這位特使是曾在薩爾瓦多任職的美國駐哥倫比亞大使傑弗遜．卡弗里（Jefferson Caffrey）。他的任務是調查馬丁內斯的政權，並審查是否有可能將薩爾瓦多的政治重新建立在憲法基礎上——同時也在國際上具有合法的基礎——最好的情況是說服馬丁內斯將政權讓位給另一位將軍，一位與政變沒有明顯牽連的將軍。[21]十二月二十二日，卡弗里會見了馬丁內斯，告訴他美國在任何情況下都不會承認他的政權。馬丁內斯當時得到薩爾瓦多社會「菁英份子」的支持，他們也希望建立一個強大和穩定的政府，這群菁英份子並不被認為特別明智。然而，他告訴卡弗里，美國的立場並不會受到採納，因為根據薩爾瓦多憲法第五十二條第五款明禁副總統辭職。[22]

就在耶誕節前夕，美國駐中美洲的一名武官將自己的報告從薩爾瓦多發回華盛頓。

> 首先觀察到聖薩爾瓦多街道上昂貴的汽車數量增加了不少……這些昂貴的汽車和赤腳拉著牛車的人之間似乎區別不大……三四十戶人家幾乎擁有該國的一切。他們的生活幾乎可說是富麗堂皇，擁有很多侍從，把孩子送到歐洲或美國接受教育，花錢十分大手筆毫不手軟。我想像薩爾瓦多今天的情況很像法國、俄羅斯，也像墨西哥在革命前夕發生的景況……
>
> 當局似乎意識到形勢的危險性，在與共產主義的影響相互抗爭時，十分提高警覺。唯一對他們有利的一件事，便是人們永遠不會挨餓。窮人總能平白得到水果和蔬菜，還能從咖啡莊園裡偷到木頭，也許還能偷到幾隻雞，所以無論他們有多窮，都不會陷入絕望。此外，由於他們從未擁有任何東西，因此不覺得他們會迫切需要他們從未擁有過的東西……薩爾瓦多的社會主義或共產主義革命可能會向後延遲幾年、十年甚至二十年發生，但是一旦發生，將會是一場血腥革命。[23]

當然，這位武官在一個重要的問題上說錯了。在許多咖啡種植區，窮人不再能夠平白獲取水果、蔬菜、柴薪或雞隻，而且人們對於失去土地的感受非常強烈。

一九三二年一月開始在聖塔安娜出現了「發生暴力的預期心態」。市政選舉原定於一月三日星期日舉行。地方官員注意到罷工的激增，要求派遣部隊出兵，員警沒收了薩爾瓦多共產黨的選民登記冊。在鎮壓期間，共產黨的官員們滿懷希望。他們的政黨綱領禁止童工，十八歲以下的工人每天只能工作六個小時，婦女每天工作七小時，成年男子的工作量則是每天八個小時，失業者可以請領糧食補助，特別是種植園工人，「即使沒有被派遣工作，他們也有權獲得食物和住宿。」種植園的罷工暫告一個段落，如此一來，工人們就可以前去投票。共產黨組織者認為憑藉民眾的支持，他們很可能贏得近百分之五十的選票。選舉當天，投票站的投票率很高，這看來是一個好兆頭。[24]

然而計票時，薩爾瓦多有史以來第一個共產黨候選人的選情表現不佳。來自投票站的報告，尤其是在咖啡種植區的報告顯示，出現了公然舞弊的現象。[25]駐薩爾瓦多的英國高級外交官羅傑斯（D. J. Rodgers）在審視時，對於選舉的結果有不同的看法。他認為，考慮到選舉的利害關係，真正非比尋常的是詐欺行為竟令人難以看穿，「有關當局採取如此公正的手段進行選舉，以至於『共產黨人』幾乎贏得了勝利。」羅傑斯自己也是一名咖啡種植者，他很清楚「共產黨一直不斷壯大」，為此他把罪過怪罪到他的種植者同伴身上。[26]

許多人試圖透過節省勞動力成本，用更少的錢榨取更多的勞動力來擺脫經濟危機。羅傑斯知道，這是一種「不明智的做法」，儘管不像其他人採取的「極不明智的權宜之計」——削減「提供給勞動者的食物」——那樣愚蠢。羅傑斯把他在種植園和政治上的經歷結合，他很清楚饑餓和選舉舞弊共同產生了一種新的「不滿」。

他們激起了「從根本上改變國家經濟結構」的要求。特別是聖塔安娜的工人，他們曾受到「全面解雇」的威脅，隨後被置於嚴密的警戒之下。[27]「在最不受歡迎的種植園主擁有的莊園地區」，羅傑斯說，「動亂最為嚴重。」[28]

選舉遭到竊取後，米蓋爾．馬爾莫在選舉期間觀察到原有的「強烈熱情」因選舉舞弊而被削弱，進而引發了「更多的暴力和不滿」。隨後因此發生了「痛苦的罷工」，政府則將其視為「恐怖的犯罪浪潮」，正如馬爾莫所描述的那樣，聖塔安娜火山成為暴力的中心。[29]在火山北側，軍隊以致命的武器對抗四百名罷工者，打破示威罷工者的防線，並在三天內追捕那些越境逃跑的人，殺害的人數多達六十人。[30]

隨著暴力事件達到更新一層的地步，馬爾莫提議與總統會面，馬蒂也支持他這麼做。馬丁內斯起初同意會面，但一月八日小組成員抵達國家宮殿時，總統因牙痛而無法接見他們，他把頭伸出窗外，展示他綁在臉上的手帕令他無法張嘴說話。[31]在遭到馬丁內斯的拒絕後，馬爾莫和馬蒂只得打道回府。

一月十日，馬蒂在首都召開緊急會議，討論革命的可能性。米蓋爾．馬爾莫也在推動起義，「革命形勢日益成熟」。馬蒂翻查馬克思《資本論》的法文譯本。他愈來愈擔心他所渴望領導的人民會奮不顧身起義，然後遭到屠殺。[32]由薩爾瓦多人民任命的領導者來領導他們革命，似乎是一個「責任」和「榮譽」的問題。[33]辯論持續了一整夜。

一九二〇和三〇年代，薩爾瓦多的左派政治遭斥為「馬列主義簡化論者」的共產主義流派，即使是最具有同情心的歷史學家也是如此認為。[34]這種貶斥低估了馬蒂、馬爾莫和他們所領導的人民，找到適合解決他們困境的補救辦法。正如詹姆斯・希爾把曼徹斯特的一部分帶到聖塔安娜火山一樣，反對咖啡專政的人們也是如此。他們的部分政治理念也在曼徹斯特得到了發展，同時也受到了能量觀念的影響。

當一八四四年恩格斯離開曼徹斯特時，他不再僅僅關注工人的窮困生活。相反地，他想了解他在城市貧民窟看到的貧窮與工廠創造的財富之間的關係。更大的經濟難題的核心是，自身家庭的財富如何與他所描述的「工人階級的狀況」相連結。[35]

在返回德國的途中，恩格斯在巴黎停留，拜訪了一位舊識卡爾・馬克思。他們在巴黎的談話改變了恩格斯的計畫。[36]在接下來的四年裡，兩人在巴黎和布魯塞爾共同生活、學習和寫作，定期返回曼徹斯特進行調查研究，並於一八四八年出版了《共產黨宣言》（*The Communist Manifesto*）。第二年，兩位合作者由於長期缺乏資金挹注，恩格斯只得返回曼徹斯特，在他家的處理廠裡從事簿記員的全職工作。他定期把自己可觀收入的一半，此外還有關於工廠實際運作情況的詳盡資料寄給馬克思，馬克思定居在倫敦，並沉浸在兩人都感興趣的問題上，即貧窮和財富之間的關聯。[37]

這個問題十分引人注目，也很複雜，因為它指出了市場邏輯中的一個漏洞。在自由市場上，當一件東西——包括金錢——換成另一件東西的時候，這兩件東西名義上具有同等價值：這就是使它們能夠相互交換的原因。但是，鑒於這種等值交換，利潤，以及伴隨利潤一起積累的不平等從何而來？是什麼使交易像恩格斯所說的那樣，「能夠持續賣出比買來更貴的東西」：把一件帶有一定製造成本的東西帶到市場上，然後帶著「同等價值」甚至具有更大價值的東西離開，並把其中的差異作為利潤裝進口袋？馬克思認為，利潤不是來自於簡單的欺騙、勒索或脅迫，或使來自於生產和交換之間所經過的時間，更不是來自於一個市場與另一個市場之間的任何品味或時尚的差異性，而是來自於製造事物本身的過程。勞動創造了高於價格的價值——這種「剩餘價值」是利潤的基礎。馬克思認為他對於剩餘價值的理論，是他對經濟分析最重要的貢獻，他在一八六七年，也就是《資本論》第一卷出版的那一年告訴恩格斯，恩格斯也同意他的看法。[38]

包括亞當．斯密和戴維．里卡多在內的主要政治經濟學家，以前的研究已經注意到勞動力價格與其價值之間差異的重要性。然而，他們把這種差異作為解決利潤之謎的終點。相比之下，馬克思把它作為新的探索的起點。[39]剩餘價值本身從何而來，又是如何產生？勞動如何創造出高於自身成本的價值？這些問題推動了一八五〇年馬克思在倫敦進行的調查，構築了《資本論》中所講述的故事。

透過對曼徹斯特的研究，恩格斯對經濟學產生了興趣，馬克思則聲稱，他對經濟學的好奇心是由一八四二年在德國觀察到的一場爭論所引發，當時他正在德國擔任一家報紙的編輯。由於一項新的法律，許多農民因為從森林裡取走木柴，甚至是倒在地上的木頭而被逮捕，然後被關進監獄，最後被迫為地主無償勞動。該法律所制定的基礎，是將大片面積土地劃分為用於商業性農業的較小片私人土地，這是一個較長的過程，消除了窮人的傳統權利，並導致了對生存至關重要的資源私有化：「不僅包括燃料在內，也包含了草料、建材、農具和食物。」森林中這些必需品的供應，曾經使農民能夠「拒絕德國資本主義在工廠中提供的那些工作和剝削的條件。」[40]但是，隨著共同資源被納入私人土地的面積日益擴大，農民逐漸被迫為工資而工作。馬克思在倫敦進行研究時，將過去逐漸私有化的土地和自然資源，看作是剩餘價值的原始基礎：利潤則是其複利。

馬克思在《資本論》中講述的故事，追蹤了從土地到工廠的剩餘價值，仰賴勞動者的身體從事勞動，所得卻進入資本家的口袋。這有助於解釋為什麼馬克思和恩格斯都認為，能量的概念和迅速發展的熱力學領域如此大有可為。兩人皆「仔細研究」了梅耶、焦耳、赫爾姆霍茲、湯姆森、克勞修斯等人的科學著作，以及生產主義「能量福音」的普及作品。在《資本論》第一卷出版之前，馬克思曾參與英國物理學家約翰．廷德爾（John Tyndall）的一系列講座，廷德爾是英國維多利亞時代羅伯特．梅耶（Robert Mayer）理論的主要推動者，他曾在一八六二年宣稱：「沒有一個錘子不是依靠太陽高舉，沒有一個輪子不是依靠太陽而轉動，沒有一個梭子不是依靠太陽拋出去。」[41]能量的發現開啟了一種誘人的可能性：透過固定的方式計算所有經濟生產的投入成本，依據經驗追溯長期隱藏在市場之下的剩餘價值，並利用這種分析建立一個更加公正的經濟體系。針對世界貧富的分化，馬克思想像了一個圍繞著不同原則組織起來的社會：「從根據自己的能力，到根據自己的所需」，他在一八七五年寫道。根據他對公平社會的遠景，商品的定價必須包含勞動價值，如此一來，「〔勞動者〕以一種形式給予社會同樣數量的勞動」——不僅要考慮到勞動時間，還要衡量勞動力強度——「並以另一種形式得到回報」。[42]

馬克思的追隨者，試圖將這些原則轉化為切實可行的計算制度。大約在一八八〇年，烏克蘭物理學家謝爾蓋．波多林斯基（Sergei Podolinsky）提出了一個「經濟熱力學」的理論，即是以能量來分析價值。[43]一八八二年，這個理論引起了馬克思的注意，他寫信給恩格斯，想知道他的想法。恩格斯很感興趣，但認為這個理論不可能實現，因為所需的計算太複雜了，即使可能實現，也是不切實際。例如，波多林斯基的理論並未將太陽為勞動者提供的能量考慮進來，也沒有考慮到空氣中的溫度。[44]相反地，他將提供勞動的身體視為一台簡單的機器，輸入等同於輸出。「身體不是蒸汽機，只會經歷到摩擦、磨損與淚水」，恩格斯寫道，「每一次的肌肉收縮或是放鬆，神經和肌肉都會發生化學變化，這些變化不能與蒸汽機中的煤炭變化相提並論……它們是外部結果，沒錯，但生產的過程卻不是沒有保留。」[45]這些「保留」標誌著這樣一種張力——人類的勞動可以被量化和分析，彷彿身體確實是一台蒸汽機，儘管它肯定不是使共產主義變得如此迫切的原因。

弗拉基米爾．列寧借鑒了恩格斯思想的這一科學層面。作為俄國布爾什維克黨的創始人之一，一九〇八年列寧在大英圖書館花了一個月的時間研究能量的概念，和它在科學思想中引起的「危機」。他的研究根植於一九〇五年俄國革命的失敗所引發。工業勞動者和農民的大規模動員將沙皇政權推向了絕境，但還沒有走到崩潰的邊緣。結果卻是在沙皇的領導下建立了一個立法機構和首相，但更大變革的可能性卻已經遭到軍隊扼殺。「穿著制服的軍人……面對反叛的工人、學生和農民同胞執行國家命令。」[46]造成這個結果的原因，成為列寧和他的布爾什維克同胞探討的重點。

這次調查發展，使列寧和布爾什維克的創始人之一亞歷山大．波格丹諾夫（Alexander Bogdanov）產生激烈辯論。波格丹諾夫認為，革命之所以失敗，是因為群眾沒有做好充分的準備來完成革命。特別是，他們缺乏社會變革所需要的革命意識。這一診斷的依據是波格丹諾夫關於社會是自然向外延伸的概念，而這一概念部分來自達爾文和熱力學。波格丹諾夫在科學方面的閱讀，使他學會了將能量視為一切現象的基礎，無論是自然現象還是社會現象。根據這個熱力學模型，整個社會的變革需要整個社會的努力。意識形態是一種「動力」，一種可用於進行社會變革工作的能量形式。俄國所需要的只是更多的革命文化。波格丹諾夫的建議是建立革命文化，直至人民的心裡準備就緒。[47]

列寧認為這是「拒絕」。這是對科學矯揉造作的誤讀，他嘲笑了「外部世界……反映出我們心靈的一種『屬性』」的觀點。顯然，「我們的思想……反映了外部世界能量的轉化。」[48]只要有夠多的人這樣認為，革命就不可能存在。資本家當然不會等著勞動人民準備好更加賣力工作，並在此期間用更多的食物來填飽他們的肚子——情況恰恰相反。「今天在歐洲，以及某種程度上在俄羅斯，討論得最廣泛的話題是美國工程師弗雷德里克．泰勒的『系統』……泰勒自己也把它描述……〔為〕『科學』。」列寧一九一三年在《真理報》（*Pravda*）上寫道，「這個『科學體系』是什麼？它的目的就是要從工人身上榨取三倍的勞力……他們……無情地耗盡工人所有的力量，並以三倍的速度吸乾這些工資奴隸的每一滴神經和體力……在資本主義社會裡，科學技術的進步意味著勞力藝術的進展。」[49]列寧預言，當資本主義的反對者採取同樣激進的方式——當「少數像帝國安全員警那樣訓練有素、經驗豐富的專業人員組織起來時，革命就會到來。」[50]

當薩爾瓦多共產黨的領導人意識到他們將不得不為爭奪權力而戰時，他們寫信給莫斯科，要求提供資金和武器。[51]

火山的革命準備工作也正在進行。一月十二日，在聖塔安娜，詹姆斯．希爾的長子海梅，將他在美國教育所學到的知識投入工作之中。現年三十一歲的海梅十年前自加州返回家鄉，跟在父親的身邊工作，見證了一九二〇年代的增長與繁榮。自經濟大蕭條爆發以來，他在咖啡種植者協會中擔任領導人。[52]他的父親已經年屆六十歲，而海梅．希爾正逐漸掌管家中希望他繼承的地位。

未來將飽受威脅，海梅翻開了康乃狄克州紐黑文市的溫徹斯特連發武器公司（Winchester Repeating Arms Company）的目錄。他翻了幾頁步槍和手槍的目錄，直到他找到了彈藥。海梅在求學期間就已經知道，子彈是以軟鉛製成，被掏空成錐形的彈頭，碰觸到肉體後爆炸，就像小型的熔岩炸彈爆炸，很可能造成組織破壞、骨折、失血、內臟擠壓、休克、失去知覺和死亡──美國槍支貿易卻開始稱之為「平定力量」（stopping power）。

「平定力量」解決了菲律賓─美國戰爭期間出現的問題。在菲律賓群島作戰的美國士兵，為了鎮壓一八九八年為驅逐西班牙而發起的獨立運動，開始擔憂武器的有效性。戰地報告說，居住在民答那峨咖啡島嶼周圍的穆斯林摩洛人（Muslim Moros）抱著必死的決心，絲毫不受到子彈的威脅。有個人從一百碼外衝向一群美國士兵，身上挨了十槍，然後倒在距離槍手只有五碼遠處，最後因頭部中彈而身亡。[53]

一九〇四年，軍方委託軍械官約翰．湯普森（John T. Thompson）和醫療隊的醫生路易．拉加德（Louis La Garde）少校對這個問題進行研究。

湯普森不久後從軍中退役，並開始銷售他的同名發明──湯普森衝鋒槍，而拉加德卻致力於槍傷的科學施救和治療，一九一四年，他的研究結果以四百頁篇幅出版。「具較佳阻擋力的射擊步槍在某些場合至關重要」，拉加德寫道，「在與野蠻部落或狂熱的敵人交戰時，士兵使用軍隊派發的步槍，因為步槍射擊的效果較佳。碰上像摩洛人這樣的狂熱份子，他們每隻手都揮舞著大砍刀，飛快地跑向前，不知道自己何時中彈……必須使用能最大平定的射擊步槍。」

拉加德和他的團隊透過在芝加哥的畜牧場射殺被綁在柱子上的牛隻，確立了阻擋力主要取決於「子彈的斷面面積，和它在撞擊點提供的能量大小」，他們發現不同類型的槍支和子彈在這些性能標準上存在顯著的差異。最後發現由軟鉛製成的「杯狀子彈」，這種具「阻擋力的子彈」，可以「派發給在灌木叢或叢林中與野蠻部落和狂熱份子作戰的部隊」。實驗表明，圓形子彈「很容易在軟骨和骨頭的關節末端開花擴散」，進而增加了子彈留在目標體內的可能性，將子彈攜帶的「每一個能量」轉化為傷口。[54]

海梅．希爾在溫徹斯特產品型錄的第一百頁上，找到了他要找的東西。他用紅筆在一張九毫米軟頭空心彈的圖片周圍畫了一個整齊的圓圈，他知道這顆子彈可以裝在他的 SIG Brevett Bergmann 半自動步槍上。

在海梅翻閱型錄隔天，一九三二年一月十三日，英國領事羅傑斯在給倫敦的外交大臣信中寫道：「共產主義在種植園區的工人之間日益肆虐。」羅傑斯在報告中提到，「在聖塔安娜、阿瓦查潘（Ahuachapán）和松索納特一帶的西部共和國」，情況最為嚴重。「毫無疑問，現在這已經不是一場旨在提高工資和改善生活條件的勞工運動」。取而代之，將「土地和財產普遍劃分，以及由無產階級統治」成為計畫的目標。實現這一目標的計畫是「屠殺地主，並沒收他們的土地。」

雖然羅傑斯認為「麻煩發生的主要地點，多半是在工人眾所周知受到惡劣待遇的莊園中。」儘管他並未聽說任何英國人所屬的種植園發生過罷工，但這點很難說服人相信。相反地，種植園如果沒有發生罷工事件，將導致「一些種植園主的冷漠和自私，他們認為，由於自己的莊園並沒有發生麻煩，所以不需要與其他種植園主聯合起來採取必要的防範措施。」這種態度著實令人不安，因為在羅傑斯看來，「政府的政策不夠大刀闊斧」，沒有任何機會從種植園主階級那裡獲得真正的支援，「他們很難發起任何事情，而且借貸給前政府的資金難以索討回來。」此外，羅傑斯還在報告中提到，「給付給部隊的工資，已經拖欠了幾個星期。」[55]

馬蒂、馬爾莫和組織發起者已決定起義的日期和時間：一月十六日午夜。接著，卻又立刻提議將起義的時間往後遞延三天，目的是希望得到軍隊中厭倦了無薪給付而想搞分裂的派別的支持。他們再度將起義時間往後順延三天，來到二十二日。

起義的順延使得組織的內部出現了嫌隙，計畫因此洩漏。當這些消息傳回馬爾莫的耳裡時，他立刻前去會見馬蒂，警告他警方知道他的下落，起義的事跡已經敗露。

馬蒂聽了馬爾莫的警告後，卻面露笑容，他笑著要友人別害怕，送給他一包土製炸彈並目送他離開。[56]

一月二十日起義的號召響起，組織發起者用希望獲得自由的人民的聲音寫道：「我們這些工人，他們稱我們為小偷……他們竊取我們的工資，付給我們微薄的工資，讓我們住在骯髒的公寓或臭氣薰天的軍營裡，或在田野裡日夜工作，日曬雨淋。我們被貼上了小偷的標籤，因為我們要求討回他們積欠我們的工資，減少工作日，減少我們給付給富人的租金，他們幾乎拿走了我們所有的收穫，偷走了我們的工作……按照富人的說法，我們並未擁有任何權利，我們應該乖乖閉嘴。」[57]

一月二十日同一天，英國領事羅傑斯給倫敦外交部發了封電報說：「共產黨人全面起義，打算洗劫該市，將帶來嚴重的危險。」[58]事發前一天晚上，他在電報中說，「一大批武裝精良的共產黨人，帶著炸彈準備進攻聖薩爾瓦多，但遭到政府軍驅散。」[59]

到了第二天，局勢變得更加危險。「共產黨人已經制定了詳細的計畫，他們炸毀銀行，占領鐵路和種植園，殺害政府官員、軍官和婦女，洗劫城鎮，建立蘇維埃共和國。」羅傑斯瘋狂地給倫敦寫信。「鑒於英國銀行、鐵路、加拿大電力公司，以及其他英國人的生命和財產面臨著迫在眉睫的危險，我建議與美國政府協商，以採取緊急措施。」[60]

第二天早上，一月二十二日星期五，聖塔安娜火山上空的黎明被灰色的火山灰所籠罩。瓜地馬拉邊境對面的三座火山同時爆發。整整一天，火山濃煙密布，以至於鳥兒在半空中擦撞，寒冬的落葉覆蓋了樹木，覆蓋了聖塔安娜周圍的地面，積了六英寸深。[61]這顯然是一個信號，但誰也無法說明原因。傍晚時分，鞭炮在朦朧的黑暗中劃出明亮的缺口。海螺殼顫抖的呼喊聲在山坡和峽谷中此起彼落。[62]

與此同時，被鎖在大使館裡的美國和英國外交官要求支援。「情況每小時日益惡化」，羅傑斯領事在寫給倫敦的電報中說道，「英國鐵路遭到摧毀，電報線被切斷。」羅傑斯懷疑叛亂份子正試圖將部隊從首都引出，然後再占領首都。「英國人的生命和財產飽受威脅，共產黨人的全面起義已迫在眉睫。」[63]美國駐聖薩爾瓦多大使館的負責人附議：「請派遣戰艦」，他給華盛頓發了電報，「將產生巨大的嚇阻效應，並避免更多流血事件發生。」[64]

英國派遣一艘巡洋艦「龍號」（HMS Dragon）作為回應，戰艦從牙買加出發，美國海軍的一艘巡洋艦和兩艘驅逐艦也從巴拿馬「趕來」。然而，比起美國海軍和英國皇家海軍，距離更接近的是兩艘加拿大的驅逐艦——「斯基納號」（Skeena）和「溫哥華號」（Vancouver），這兩艘驅逐艦恰好從加拿大西部的太平洋沿岸向巴拿馬運河駛去。[65]

第21章 戰爭引爆

一月二十二日星期五晚上八點左右，加拿大兩艘驅逐艦「斯基納號」和「溫哥華號」上的電報員，截獲加拿大皇家海軍美洲和西印度群島中隊總司令發給渥太華海軍參謀長的緊急電報。該電報很快傳給了船上的高級軍官維克多・布羅代爾（Victor Brodeur）司令，「電報內容提到，根據英國外交部收到的情報，由於薩爾瓦多共和國的共產黨可能立刻發動全面起義，待在薩爾瓦多的英國人的生命和財產處於危險之中。」最近的英國船隻「龍號」最快抵達時間還需花上五天。[1]

八點三十分，布羅代爾指揮官與渥太華取得了聯繫。九點時，兩艘驅逐艦轉向薩爾瓦多的阿卡胡特拉港，並加快了速度，希望趕在天亮前到達。

不到三小時之後，薩爾瓦多種植園主憂心的事果然成真。約莫五千到七千名工人，鬆散地分成了幾個陣營，主要武器為手中的大砍刀，推翻咖啡生產的命令，打著「讓工人成為主人」的號召，在採收季節的高峰期起義。當中一些革命者為薩爾瓦多共產黨黨員；「絕大多數」參與起義者，則是在咖啡種植園工作的人，他們決定不再過著從前那樣的生活。[2]

「在一場革命中」，歷史學家塞利特．詹姆斯（C. L. R. James）在其關於海地革命的經典著作《黑色雅各賓》（*The Black Jacobins*）中寫道，「幾個世紀來毫無休止的緩慢積累，至火山爆發時，流星般的四散火光形成毫無意義的混沌，造成毫無止盡的任性妄為和浪漫主義，而觀察者始終把它們看作是來自土地之下的投射。」[3]

一九三二年一月，在薩爾瓦多，革命如同環伺聖塔安娜火山的鐵軌和電報線一樣，貫穿了咖啡經濟的中心。叛亂份子控制了伊箚爾科市政廳。他們讓近期參加市長選舉的共產黨候選人上臺執政，圍捕並監禁了該鎮最富有的十四名居民，然後前往松索納特，攻陷象徵咖啡興起的海關大樓，並殺死了四名警衛。叛亂份子在納維薩爾科（Nahuizalco）附近燒毀了私有土地的所有權狀，闖入商店搶走糧食，並強迫該鎮的老婦人為他們製作玉米餅。[4]

另有其他針對個人人身攻擊的零星攻擊事件發生。[5] 在「三扇門」對面的華尤阿（Juayúa）火山上，數百名手持獵槍和大砍刀的叛亂份子聚集在該鎮的前任鎮長埃米利奧．雷達利（Emilio Redaelli）的家門前——他擁有一家商店，經營一家大型咖啡處理廠，藉由在收穫前預付現金給種植小農，以出口他購買的咖啡。雷達利站在自家陽臺上，手持手槍與暴徒對峙。

對於處於這樣的境地，他一點都不感到驚訝。任何一個從咖啡中獲利的人，內心肯定會想到這一天的到來。幾個月後，一位種植園主坦承，他經常想像他旗下的工人公然反對他的畫面。在他的幻想中，他總是能擊敗他們：「我，總覺得我可以一次解決掉一批印第安人，他們手拿著大砍刀，我則是握有左輪手槍和五十發子彈；我在這群惡棍面前沒有絲毫顫抖，因為我不過將他們視為卑微的小羔羊……」然而當想像中的畫面成真時，情況卻完全不是這麼一回事：「我睜大了眼，看見兩百名暴徒正向著我蜂擁而至，我不得不騎上馬，在一陣混亂之中奔向懸崖邊，撞開圍籬，直到我來到莊園裡與我的兄弟會合。」[6]

埃米利奧·雷達利被困在陽臺上，無處可逃，試圖為了活下來而與暴徒們談條件。「你們想要什麼？」他站在陽臺上問。「錢」，他們如此回答，雷達利轉身進屋裡去的時候肯定滿懷希望。「你們等著，我去拿。」他答應道。眾人等著雷達利返回家中拿現金出來。還沒等他交出錢來，一排石頭便將他擊倒，眾人紛紛踩踏在他身上。

在他們殺死了雷達利之後，叛亂份子占領了他所治理的小鎮。他們把一面紅旗插在鎮中心的柱子上，並讓居民們戴上紅絲帶，互相稱呼對方為同志。他們命令那些習慣於服務他人的婦女給他們做玉米餅。他們洗劫了商店，收集了市政廳裡的所有物品，並開始分發，建立了一個提供衣服、毯子、工具和玉米的政權。孩子們的口袋裡裝了滿滿的糖果。[7]

即使如此，抓拿叛亂份子的行動早已經展開。事實上，逮捕行動在起義之前就已經開始了——起義行動發生時，馬蒂、馬爾莫，和薩爾瓦多共產黨的其他領導人都被關在監獄裡。在初次接獲公開叛亂的消息時，軍隊和國民警衛隊已經從聖薩爾瓦多和聖塔安娜出發，向著遭到圍困的小鎮前進。接手保護大城市的是一支非正規部隊，儘管他們全副武裝。根據「著名銀行家」魯道夫·杜克（Rodolfo Duke）的說法，他提到「成年公民配備了步槍和左輪手槍，並取得射殺他們觸目所及的任何一位共產黨員的特權。」超過「三百名第一家庭的子嗣」——誠如《紐約時報》所言，「薩爾瓦多的貴族之子」——「全副武裝，準備捉拿任何激進份子。」[8]

第二天早上，也就是一月二十三日星期六，加拿大水手在船艦上醒來時，發現自己正處於一團火山灰之中，「火山灰造成的霧霾，使得能見度降到二點五英里左右，造成船艦靠岸困難。」船上的新油漆上黏著一層細小的褐色淤泥，「得花上幾個星期才有辦法把汙垢清洗得不著痕跡。」由於能見度太低，「斯基納號」和「溫哥華號」於中午前後在離阿卡胡特拉港碼頭一英里處下錨，時間比預定計畫晚了六個小時。每艘船上配有兩名武裝人員在輪機室留守，「儘管沒人知道他們的下落，但在必要時他們將可發揮作用。」執行官，即布羅代爾司令的副手，搭乘汽艇上岸評估情況。

當他坐在連接著吊車的椅子，從船上被送往「高聳的鋼製棧橋碼頭」後，「阿卡胡特拉唯一的白人」英國唐寧（H.B.Towning）副領事接見了這位執行官員。唐寧隨即表示，「目前港口本身一切平靜，但前一天晚上共和國境內卻爆發了叛亂。」他在當地並未發現任何直接的威脅，儘管如此，布羅代爾仍準備下達命令，動員兩個排以及兩個機槍組的軍隊成員，總人數約莫一百人。如此一來，他們可以在必要時利用極短的時間部署。一旦確定港口本身安全無虞，布羅代爾司令和一名信號兵，便帶著一盞燈、一個旗子和一把手槍上岸。

布羅代爾在碼頭上「與英國駐聖薩爾瓦多領事羅傑斯先生通了電話。他說明情況已越發不可收拾，並敦促他前往首都，以便親自了解情況。」布羅代爾訂定第二天的計畫後，便安排「五名女難民」，其中四名來自松索納特鎮，還有另一個「在阿卡胡特拉待上幾天」的婦女，將她們帶上「斯基納號」，安置在軍官的艙房裡。

第二天，布羅代爾按計畫上岸，前往首都，並在羅傑斯領事的「緊急建議」之下，由一名攜帶機槍的士官陪同，並將機槍藏在吊床內。布羅代爾一踏上碼頭，他和他的護衛隊就聽到「剛剛收到來自首都的電話留言，要求立即派遣一支武裝隊伍到那裡維護英國的利益。」布羅代爾回電說，「除了羅傑斯領事本人直接提出要求之外，他不會採取任何行動。」接著便掛斷電話。由於羅傑斯並未提出任何進一步的命令，布羅代爾和他的護衛隊準備在兩點離開阿卡胡特拉，想辦法前去會見英國駐聖薩爾瓦多領事。

他們坐上一輛一九一九年的奧弗蘭（Overland）旅行車，這輛車經過改裝，能夠在鐵軌上行駛，時速達到將近四十五英里。一行人來到松索納特鎮的交會處時——右轉可以抵達首都，左轉則可前往聖塔安娜——司機卻拒絕繼續往前行駛，因為「他的友人向他勸說，他不可能活著通過危險區域。」幸運的是，他們「找到另一個願意冒險載他們前往目的地的司機。」

前往聖薩爾瓦多必須花上三個半小時。途中，隊伍在亞美尼亞村停下來，布羅代爾最後終於跟羅傑斯領事通上電話。而羅傑斯則是曾在此期間打電話回阿卡胡特拉港，親自要求「立即派遣一支武裝隊伍到聖薩爾瓦多，保護英國人的生命和財產安全。」他向布羅代爾重申這個要求後，布羅代爾便派遣一個排和兩個機槍小組上岸。士兵們在一個小時內就抵達了碼頭，時間正好是四點三十分。但他們剛登陸，便收到羅傑斯那裡傳來了矛盾的消息：「在得到進一步的指示之前，先別讓軍隊登陸。」於是，軍隊成員和炮手們駕車回到船上，結果剛上船，五點鐘時，羅傑斯又發來電報。「請立即出兵。」士兵們原本已經返回碼頭，結果必須立刻集結成隊，向火車站行進，準備前往首都，卻又遭到英國副領事擋駕。馬丁內斯總統曾下令，「無論如何不允許外國武裝隊伍登陸。」被困在碼頭上的加拿大軍隊開始填裝沙包，萬一獲准前往聖薩爾瓦多，便可以將這些沙包堆放在駛向聖薩爾瓦多的火車上。

傍晚五點四十五分左右，當老奧弗蘭駛入聖薩爾瓦多後，指揮官布羅代爾是在太陽已經下山的情況下，才從羅傑斯那裡得知這道令人困惑的命令。得知羅傑斯是在沒有得到薩爾瓦多政府批准的情況下提出登陸的請求，他感到很驚訝，不過因為已經和美國達成共識，他也因此鬆了一口氣。考慮到美國和英國都沒有承認馬丁內斯的政權，因此登陸「顯然是正確的程序」。羅傑斯領事解釋，他之所以要求部隊登陸，是因為馬丁內斯未能給他一個保護英國人生命和財產安全的「明確保證」，這其中當然包括保護希爾家族、他們的種植園和「三扇門」的安全。聽了這話，布羅代爾命令他的手下留在碼頭上，他則是選擇親自去跟總統交涉。

馬丁內斯總統立刻在國家宮殿內接見布羅代爾，羅傑斯則在一旁擔任翻譯。馬丁內斯堅定地拒絕「允許外國武裝隊伍登陸，且非常明確地表示，他完全掌握了當前的局勢。」布羅代爾向總統保證，派遣軍隊的目的只是為了協助。馬丁內斯向他表示感謝，並再次拒絕援助。布羅代爾回答，「在此情況下，他必須堅持立即並徹底保護英國的所有利益。」馬丁內斯毫不猶豫地答應提供這種保護，並做出安排，不久，「所有英國財產」都在武裝警衛的保護之下，「所有的英國難民」都將躲入英國大使館。[9] 布羅代爾對於他的堅持「獲得總統大力支持」感到滿意，於是命令他的軍隊離開阿卡胡特拉碼頭，返回船上。但由於他聽到了聖薩爾瓦多受到攻擊的傳聞，而且在月光下從首都返回海岸邊「被認為是相當危險的行為」，布羅代爾和他的士官決定留在這裡過夜。

馬丁內斯下令首都在九點時實施宵禁。那一小時後，除了從中產階級地主的年輕成員中培養出來「約莫五百名志願者之外」，聖薩爾瓦多已經杳無人跡。布羅代爾隨身帶著機槍，整夜聽到「零星的槍聲」。第二天上午，即一月二十五日星期一，他離開首都，回到他計畫在本週內停泊在阿卡胡特拉港外附近的船隻上，看看馬丁內斯總統是否確實掌握了局勢。

當天稍晚，美國海軍趕到了，船艦從巴拿馬出發後，以二十五節的非凡速度前進。原本就已經預定以「最大的可用兵力」計畫行動，卻在美軍軍官上岸後，收到禁止離開阿卡胡特拉碼頭的命令，甚至連與港口指揮官交談都被禁止，於是他們準備掉頭離開。據布羅代爾所知，星期二和星期三「並未發生任何重大事件」。火車運輸和電話通訊幾乎正常，薩爾瓦多軍隊和國民警衛隊掌握了主動權，「開始屠殺左派或是右翼的叛亂份子」。

週四，布羅代爾與英國種植園的「共有者」普林先生（Mr. Plynn）一起前往種植園。普林報告了「許多攻擊事件」發生，布羅代爾想親自調查此事。他發現有人「在蒼蠅和汙水環伺的情況下工作」，而其他人則潛伏在附近的灌木叢中，令他感覺事有蹊蹺。布羅代爾的結論是，沒有嚴重的威脅，不過他也看出了問題所在。

> 種植園平時大約雇用一百五十名男子；但在採收季節……得額外雇用大約五百名工人，包括十五歲以上的童工和許多婦女。這些普通勞動者有時每天工作長達十小時，他們的報酬是……十二美分……此外，他們的食物包括一把豆子和幾個「玉米餅」（以玉米製成小而扁平、極難消化的餅）和咖啡；每個工人每天的伙食費最多為一美分。
>
> 看來，直到不久前，這些低下階級的勞動者並未對自己的命運感到不滿，或者至少對其駭人聽聞的工作條件無動於衷——工資低廉、骯髒得令人難以置信的工作環境、雇主忽視勞動者的權益。事實上，這些條件與奴隸制度相差無幾。只不過仍有少數人設法改善自己的生活，他們開始意識到所屬階層的不幸，可以稱得上是不公義的命運。共產主義的原則……對於少數稍具優越感類型的人產生了強烈的吸引力，是幫助他們向這群工人傳播「階級戰爭」的福音。

布羅代爾能感覺到危險：「由於種植園位處偏僻，破壞種植園是世界上最容易的事情。」

然而，他還發現，「關於襲擊英國人所屬種植園的報導……每個案例皆為嚴重地誇大其詞……很明顯，政府對於他們已完全掌握局勢的說法完全是有道理的。」

證據再清楚不過。「在鐵路沿線，特別是在松索納特鎮附近，可以見到許多印第安人的屍體。」布羅代爾在報告中說，至於活著的人，「幾乎每個人都帶著一面小白旗，不斷地揮舞著，以表明他們不是紅軍的身分。目前還不清楚這些白旗是否對於巡邏的部隊產生影響，因為有人發現一具橫躺的屍體，他戴的帽子裡還插著白旗。」

週五上午，一支薩爾瓦多軍隊前往阿卡胡特拉港，並與布羅代爾通上電話，告訴他「已經重新取得和平，共產黨已經徹底遭到擊敗與驅散，其中四千八百人已經喪命。」布羅代爾聽到這個消息，「立即上岸確認大致的說法，並致上他的敬意。」當他登陸時，將軍們熱情地擁抱了他，「他們這麼做只是為了表明他們正在竭盡全力保護英國人的財產和生命。」他們邀請布羅代爾在隔天，也就是星期六，和他們一起前往鄉間，「親眼目睹幾場處決。」

第二天，布羅代爾和三名副手接受馬丁內斯總統的禮遇，享用一頓「非常美味和豐富的午餐」。午飯後，他們登上一輛車，「車上坐滿了武裝人員，每個擋泥板上都有一名武裝員警。」一輛尾隨的車上擠滿了「從頭到腳全副武裝的志願者」。車隊進入了咖啡種植區，布羅代爾注意到，在他們途經的每一個聚落，叛亂的目標皆為一致：保存土地所有權狀檔案的市政廳，以及「富有種植園主逃亡後留下的住宅」全都遭到嚴重破壞。[10] 他看到一個種植園主的房子「完全沒有受到影響，儘管房子兩邊的土地遭到破壞，但房子內的貴重物品，如無價的老家具和畫作都完好無缺。」布羅代爾後來獲知其房屋仍完好如初的種植園主，「對其手下的工人較為慷慨。」

在松索納特鎮附近，布羅代爾和他的副手「目睹五個即將遭到槍斃行刑的印第安人」。其中三名被判刑者「實際上已經自首」，布羅代爾獲知這項消息，「得到的印象是，只要死亡的人數夠多，將刺激剩下的人繼續為爭取條件和更高的工資而鬥爭。」人們認為讓布羅代爾目睹處決過程「實在失策」，由於他與遭到處決的屍體夠近，不免注意到「死者臉上異常平靜的表情……所有被處決的印第安人顯然都樂於犧牲自己的生命，希望他們的殉難能給下一代帶來更光明的未來。」他聽說「在松索納特鎮發生的一個實際案例……一位年輕的已婚孕婦被告知她的丈夫剛剛遭到處決。」她卻回答，「她不在乎，因為她肚裡懷著他的復仇者。」[11]布羅代爾對此也無能為力。當晚，加拿大派遣的船艦獲准在隔日晚上，也就是一月三十一日星期天離開。

布羅代爾在薩爾瓦多的最後一天，特地起了個大早，前往首都通知英國領事羅傑斯他準備離開的消息，沿途中他觀察到「鐵路沿線多了幾具新屍體」。羅傑斯獲知布羅代爾即將離去的消息，「卻也無法提出任何反對意見」，只能對他表示感謝，因為「從英國利益的角度來看，驅逐艦前來援助已經展現了最大的幫助。」雖然羅傑斯起初未能從馬丁內斯那裡得到明確的承諾，但在加拿大人抵達後，「從馬丁內斯總統以下的每一位政府官員」皆不遺餘力地向他表明「政府保護英國人生命和財產的精力和決心。」[12]

會後，布羅代爾和他的三名軍官，受到薩爾瓦多鐵路的英國管理者的邀請，前往聖薩爾瓦多打高爾夫球，並邀請各個船艦上的五十名人員，前往距離內陸幾英里外的一個甘蔗種植園參觀。外出活動結束後，當晚十點四十分，「溫哥華號」和「斯基納號」便拔錨駛離港口。

從他在薩爾瓦多一週的所見所聞來看，布羅代爾不禁認為報紙上的報導有失偏頗。他開始相信，「這場革命完全出自於對印第安人的不當政策」，他認為，這與報刊上對「布爾什維克主義」的報導給予的關注不同。「參加革命的印第安人是否知道布爾什維克主義的涵義，令人感到懷疑」，布羅代爾在他的行動後報告中總結道。「對他們來說，這意味著一個使他們擺脫奴隸制度的組織。」[13]

美國海軍在一天之後，即一九三二年二月一日離開，這也是馬蒂生命的最後一天。當時馬蒂已經在監獄裡囚禁了近兩個星期。他在一月二十日清晨遭到逮捕，甚至在最後的號召之前，即在他計畫領導革命開始的前兩天，他就已經被捕。[14]

馬蒂與阿方索．盧納（Alfonso Luna）和馬里奧．薩帕塔（Mario Zapata）這兩個年輕組織者、學生團體的領導人一起被抓。一月三十日星期六傍晚六點，他們三人在「戰爭委員會」面前受審，罪名是叛國罪。審判只有一個可能的結果，而且只用了不到一天的時間，一月三十一日凌晨一點結束辯論。馬蒂最後發言，對領導叛亂負起責任，並請求對年輕人從寬處理。之後，三人被帶回監獄，度過了一個不眠之夜。馬蒂抽著香菸，薩帕塔不停地來回踱步，盧納則與牧師商議。黎明時分，他們被叫回法庭，被判處死刑。

接下來的日子，被判刑的人獲准接待訪客。他們還必須參加彌撒。兩名年輕男子坦承犯行，但馬蒂在認罪時說，他在聖薩爾瓦多周圍埋設了一千多枚炸彈，而準備繼續作戰的叛亂份子是這個數字的好幾倍。第二天早上，三名革命者被帶上救護車的後座，開往公墓，讓他們「與上帝共同赴死」，並讓他們走到一堵牆前面，轉身面對行刑隊。[15]

第22章 屠殺

軍艦離開後，月亮漸漸暗淡下來，聖塔安娜火山周圍的黑夜隱約讓人覺得不安。正如布羅代爾指揮官所觀察到的那樣，叛亂活動基本上得到了控制，但它並未因此消失殆盡。相反地，它正逐漸在發生變化，「朝夜間的游擊戰方向發展」。在這個新階段，咖啡種植園的「丘陵地帶」對叛亂份子有利，因為他們非常熟悉這裡，可以在天黑後作戰。[1] 每天傍晚，太陽下山之後，鎮上的居民們便迅速返家。[2]

持續的戰爭給薩爾瓦多政府帶來了問題，其彈藥供應「正在耗盡」。他們緊急向美國發出了補貨訂單，但更大的問題是，由於咖啡價格低迷，咖啡的採收季節意外中斷，外加上必須償還美國的貸款，導致政府沒有多餘的資金。[3] 在叛亂開始時，薩爾瓦多財政部長曾提醒威廉·倫威克，政府「鑒於目前的情況，將要求更多的資金」，但倫威克並不願意提供更多的資金。[4] 一月二十五日星期一，英國領事羅傑斯，給英國駐華盛頓大使館發了封電報說：「政府受到攻擊，急需資金支付武裝部隊的費用。」羅傑斯建議英國外交官與美國國務院合作，成立另一個私人聯盟，向馬丁內斯政府提供二十五萬美元貸款。[5]否則，羅傑斯心裡清楚明白，一個「非常不幸的情況將因此發生」。[6]

在等待獲取國際金援的同時，馬丁內斯向他的選民求助。在國家遭遇危機時，利用海關收入支付美國貸款的想法，在薩爾瓦多社會的各個角落遭到了謾罵，但現在只有富人有能力想出辦法，他們利用自己的資金影響馬丁內斯對於叛亂的想法。甚至在加拿大和美國海軍出發之前，總統便邀請了一批商人，「大部分是咖啡種植者」，前往國家宮殿開會，他在會上「闡述了社會面臨的紅軍席捲而來的危險」。作為證據，他提出了一些「在謀反者之中發現的檔案」，並要求商人們「提供經濟援助，以便緊急購買自動步槍。」[7]

在這次會議上，後來成為馬丁內斯總統好友的海梅・希爾要求發言。[8]他滿懷信心地起身，告知總統，「經濟形勢如此蕭條，因此不可能輕易地籌集到所需要的資金，但政府可以暫停償還外債，這是很正確的，因為國家的首要職責是維護國家的生存。」隨後，米格爾・馬爾莫在莫斯科描述過的種植園銀行家安赫爾・吉羅拉（Ángel Guirola），發言支持海梅・希爾的提議。在吉羅拉發言後，「在場的其他人一致支持……暫停償還外債的想法。」同時，「也不乏呼籲對共產黨人判處死刑。」馬丁內斯承諾，他將「用法律上可行的全部力量，懲罰革命黨人」。為此，由於政府「非常需要錢來支付軍事行動的費用……以及購買新的武器和彈藥」，他再次提出「籌集資金購買自動步槍」的要求。[9]

自動步槍使得對抗叛亂的行動變得如此有效，以至於革命本身也在鎮壓的名義之下，被埋沒在歷史中：La Matanza，屠殺。[10]

軍隊和民兵在奪回城鎮後，會將叛亂份子驅趕至鄉間，革命的力量將與促使革命誕生的勢力相互結合。政府的軍隊往往顧不得他們獵殺的對象是否真為叛亂份子。他們是根據外在條件來判斷對方是否有罪：年齡、性別，最重要的是種族。士兵們「大量使用自動步槍」，有些自動步槍架在卡車上，「濫殺十二歲以上的男性」。婦女和幼童也不一定能倖免於難。一月二十九日星期五，政府提供給布羅代爾司令的四千八百人的死亡數字很可能正確無誤。但這只是政府回應的「第一個階段」。[11]

加拿大和美國海軍離開後，殺戮進入了一個新的階段：它變成了「明確的種族滅絕」——「專門針對自我認同為印第安人的群眾」下手。[12]這種身分認同成了一個陷阱。二月初，馬丁內斯政府開始發放身分識別證，允許持有身分識別證者在仍處於封鎖狀態的鄉間穿梭。一位在叛亂中受到威脅的種植園主，告訴在他的莊園裡生活和工作的印第安人，要發給他們身分識別證。結果有五百多人前來領取證件，待他們聚集時，卻遭到了包圍，國民警衛隊的自動步槍開始不停掃射。二月十三日，納維薩爾科市的市長也做了同樣的事情，市政廳曾在起義中遭到燒毀，如今中央廣場變成四百名印第安族人的墳場。[13]放眼整個咖啡種植區，印第安人的顯著特徵被當成了目標：大砍刀，手持農人的傳統工具；白色的棉布襯衫和褲子；「強烈的印第安人特徵」。[14]

印第安人的身分判處了他們死刑，因為在他們身上的特徵一切不言自明。建立在公有土地私有化和消除「落後」生活方式的基礎上，咖啡經濟所屬的種族主義根源，在「印第安人」和「共產主義」成為同義詞的死刑判決中，再次浮上檯面。「每一個印第安人都參加了共產主義運動」，二月一日的《聖安娜報》上，載明了一位種植園主的言論。「忠心耿耿、被我視為家庭一份子的善良莫佐，也是首度加入並為邪惡的事做出貢獻的人……現在，他們親眼見識到自己被政府的行動征服，而政府行動的目的是為了消滅他們……他們想逃避危險。但這卻是他們對自己施加的懲罰。」

這位作者既是對他的種植者同伴喊話，也是為他們道出心聲：「我們希望從根本上消滅這場瘟疫；因為如果不消滅它，它就會重新萌芽……北美在這類事情上的處置，也是如出一轍……他們率先殺了印第安人，因為那些人對任何事物都不會抱持同情心。在這裡，我們對待他們就像對待家人一樣，無微不至，現在你瞧瞧他們的行動！他們的本性是野蠻的。」印第安人、莫佐、共產主義者、野蠻人：種族主義是鎮壓階級反抗的方式。「看來，他們要消滅印第安人了。」鎮壓叛亂期間，一位在現場的美國浸禮會傳教士寫道。[15]

同時，馬丁內斯政府把共產黨的名單，和國際紅色援助慈善登記冊轉為肅清名單。據一九三二年一月訪問薩爾瓦多的一位年輕華爾街律師的報告，士兵們隨身攜帶著「一尺長的冊子」，上面記載著共產主義捐款者的名字，捐款者因此遭到追蹤與逮捕，然後被扔進監獄一兩天，之後，「在深夜把他們帶出去……到一些偏僻的地方，要他們散開，最後用機關槍掃射他們。」他知道這個方式，因為他本人在國內時曾加入「警戒委員會」。[16]

當咖啡種植園成為殺戮場時，居住在那裡的人們為了生存，竭盡所能。許多人往東逃逸，遠離海岸和咖啡種植區，其中一些人越過邊界進入宏都拉斯，在聯合水果公司的香蕉種植園找到工作。[17]無法逃走的人試圖躲藏起來。他們挨家挨戶在地上挖洞，將自家的男人埋在地底下，以保護他們的生命。年輕人脫掉衣服，穿著內褲坐在泥地上，佯裝成孩子。另一些人則在種植園的房屋和穀倉中尋求庇護，卻被種植園主向國民警衛隊告發。[18]一名倖存者說他在聖薩爾瓦多附近做彌撒。牧師「會問我們是否參與共產主義。我說沒有。但其他承認的人，他就在他們的名字旁邊打上一個小十字。後來他們就遭到槍殺。」[19]

處決一直持續到二月底，英國領事羅傑斯估算死亡人數高達一萬兩千人。一隊隊士兵仍在鄉間穿梭，搜尋「逃犯」。[20]羅傑斯報告說，即便如此，許多咖啡種植園主還是「不敢回到自己的莊園，其他南美洲共和國西部的咖啡種植園主也同時招募國民警衛隊駐紮於此。」羅傑斯能理解種植園主的擔心，因為儘管「印第安人〔已經〕被嚴厲的鎮壓手段嚇倒」，但他也看到了「危險」。「印第安人非常溫順」，羅傑斯向倫敦報告說，「但也非常頑強，他們的民族記憶性很強。」[21]

歷史學家經常猜測，馬丁內斯將軍的神學信仰，或許是他下令種族滅絕的主要原因，他對於輪迴和靈魂轉世的信仰使他得出這個結論：認為殺死一隻螞蟻比殺死一個人的罪行更大，因為人將以新的身體返回地球。[22]無論馬丁內斯對於這樣的說法是否深信不疑，他都敏銳地意識到當前的政治和經濟情勢。他清楚知道美國——對於西半球的布爾什維克主義提高警戒，還在為鎮壓尼加拉瓜的民族主義叛亂而奮戰不懈，最重要的是他們身為債權人的身分——正在密切注視著情勢的發展。他也知道，大不列顛英國高度關注其子民和投資的安全。最重要的是，馬丁內斯本身是印第安人後裔，而且他本人外在的特徵，比起他之前擔任總統的許多薩爾瓦多種植園主的特徵更明顯，他知道政治穩定，尤其是反布爾什維克主義，在這個深陷全球經濟和社會危機、史無前例最糟糕的一年中，擁有巨大的國際價值，這場危機甚至動搖了最富有、最強大的政府。[23]

當殺戮仍在持續進行時，薩爾瓦多政府——可能是馬丁內斯本人——雇請攝影師團隊記錄其進展。遭判刑的人靠著牆壁列隊拍照。他們在接受最後儀式之前被拍照，手腕被綁在一起。死者被拍到吊掛在樹上，躺在路邊；被拍到被捆綁在枷鎖上，以便運輸，牛車裡滿載了人，堆在亂葬崗的底部。如同為布羅代爾司令安排的參觀和午餐一樣，死刑犯和死者的照片證明了，如同馬丁內斯所稱，政府已經徹底掌控了局勢。一旦死者被拍了照，他們的工作就完成了。[24]

在大屠殺發生及其紀錄完成之後，薩爾瓦多軍隊開始陸續撤退。留在咖啡種植區維持和平的則是由富人資助的人民自衛隊（Civic Guard）志願軍。他們的首要任務便是埋葬死者。[25]這項工作非常龐大，以至於需要修改管理章程，因為此項章程已經有一定的年代。在國家的指導下，新的埋葬儀式開始進行，國家還因此對此事重新進行了科學方面的研究。在一九三二年二月的第二週，薩爾瓦多衛生部發出了一項命令：

> 新的安葬相關必要的衛生措施……過去屍體埋葬在不同尺寸的壕溝中，長約莫三十公尺，寬一到兩公尺，深一公尺半到兩公尺。衛生部認為，為了因應衛生的問題，有必要統一尺寸。在一個墓穴中不得堆疊超過五十具屍體，如此一來，屍體可以更有效地分解，減少對土壤的吸收。建造兩立方公尺大小的隔離墓，其中放置的屍體不超過八至十具，則是更好的方式。此一消息對華尤阿、納維薩爾科和伊箚爾科市來說特別重要。[26]

「他們在每個地方都挖了大洞」，一位一九三二年事件發生時，正值九歲的倖存者回憶說。「他們在開槍射殺後，把屍體扔下，如同將甘蔗捆成一包。」[27]然而，儘管擁有科學的方法和詳細的說明，但並不是所有的埋葬都按計畫進行。

「馬爾莫，到天井去！」一九三二年一月二十二日傍晚近十點左右，馬爾莫第一次聽到有人叫他的名字時，他靜靜地坐著，不發一語。他在幾個小時前遭到逮捕，被鎖在遠離叛亂中心的聖薩爾瓦多員警總部頂樓，一間悶熱的牢房裡，裡面囚禁的都是一些政治犯。一位友人和獄友要馬爾莫保持安靜，因為員警對那些將要被處決的人開始唱名。這一點不難想像，因為獄卒已經架好機關槍，瞄準牢房的中央，並且不時威脅要朝他們開槍。「那是一種貼近死神的集體感覺」把馬爾莫的精力都吸乾了。

但當米蓋爾・馬爾莫第二次遭到唱名時，他做出了回應，因為他已經厭倦了害怕。「我在這裡，混蛋！」他把自己的一份食物給了那些留在牢房裡的人——「這些牢飯，是一些罪犯的家屬在街上設法給我們弄來的玉米餅、豆子和一些雞蛋。」——然後，他便走向門口。當馬爾莫步出牢房時，他的手腕被綁在背後，他被人從樓梯上催促著走到漆黑的天井，在他看來，這裡將是他的故事就要結束的地方。

一輛卡車駛進天井並停了下來，馬爾莫和其他十七名囚犯被驅趕到卡車的尾端。由於車門太高，他爬不上去，所以獄卒們抓住他被捆綁的手臂，把他扔進車裡。他摔落在卡車的車斗上，落在一個高大、白皙的俄羅斯人的腳邊，這個人在鄉下到處兜售聖人畫像，馬爾莫要求把頭靠在他的腿上休息。俄羅斯人以嚴肅且濃重的西班牙口音「非常熱情」地回答：「躺下吧，同志，不要感到羞赧。」馬爾莫躺了下來，卡車駛出了天井，駛出了首都，然後駛進了鄉間，朝著他的出生地伊洛潘戈湖的方向駛去。

卡車停下來後，月亮完全隱蔽在樹叢後方。馬爾莫和他的獄友從卡車上下來，走進一片漆黑。兩名犯人被帶到卡車前面，在車燈前排成一列。負責行刑的軍官喘著氣，以迅雷不及掩耳的速度，下達命令。前兩名犯人倒下後，行刑者詢問下一個人是誰，馬爾莫再度挺身而出。

米蓋爾．馬爾莫面對行刑隊時，他認為最重要的是他很幸運，因為他將葬在他的出生地附近，靠近他的臍帶被埋葬的地方。高大的俄羅斯人此時也向前一步，說：「我將和馬爾莫同志一起赴死。」人們紛紛將自己的手擺放在背後，馬爾莫的手臂因為手腕上的束縛而流了很多的血，所以當第一顆子彈擊中他時，對他而言幾乎像是一種解脫。他開始向地面墜落時，他意識到自己將要倒下，卻並非是因為命喪黃泉。

當俄羅斯人蒼白的身體倒在他身上時，馬爾莫把自己藏在血泊中，盡量輕輕地呼吸著。過了一段時間，槍聲停止了，他聽到行刑者駕駛卡車離開，把屍體留給掘墓的人去處理。米蓋爾．馬爾莫最後「在巨大的痛苦和重生的感覺中」站了起來。[28]

後來他才知道，他不是唯一一個沒有留在原地等死的人。由於政府負責安葬，許多家庭不知道自己的親人死在哪裡，但這與他們今後將不知道何去何從的命運截然不同。在殺戮最嚴重的地區，倖存者都知道最好不要吃豬肉。「在松索納特省，以及在阿瓦查潘的許多地方和聖塔安娜的一些地方」，一家報紙報導說，「豬肉已經變得惡名昭彰，幾乎沒有價值……這些是因為遺留在田地裡的屍體所致。」[29]馬爾莫還聽說，「人們不時在鄉間看到土裡冒出一隻手骨、一隻腳骨、一顆骷髏頭時，總是感到渾身不對勁。而家畜、豬、狗等動物的口中，偶爾銜著一隻腐爛的手或是人類的肋骨……禿鷲成為薩爾瓦多一年中最豐收的動物，牠們被餵食得很肥，羽毛發出從未有過的光澤，幸運的是，在這之後再也沒有這樣的機會。」米蓋爾．馬爾莫似乎過早做出結論。[30]

要是馬丁內斯的政府沒有受到美國和英國在國際間的認可，他們也不可能借到足夠的錢來支付債務和軍隊的薪餉，而這是維持政府運作最低限度的必要條件，尤其是咖啡價格如此低廉。另一方面，馬丁內斯下達殺戮的命令，使他的留任不僅是一個野心問題，也攸關生存。雖然他對叛亂做出的回應，無疑贏得了咖啡菁英們的支持，他們擔心自己的生命、家庭和生意，但要是馬丁內斯下臺，那些在恐懼中支持大屠殺的人，就會試圖為自己開脫，將整個事件的責任推給他。

因此只要他還在位，馬丁內斯就有很多支持者。在薩爾瓦多，人們散發大量的請願書，請求他繼續執政。[31]而在國際間，根據旨在阻止中美洲政變的條約而言，馬丁內斯所領導的政權是非法的，這對美國和馬丁內斯本人來說都令人失望。雖然屠殺事件仍處於早期階段，但美國也坦承馬丁內斯在執政方面的能力。一九三二年一月二十五日，在叛亂開始三天後，也就是鎮壓叛亂的第一個階段順利進行時，美國國務卿亨利．史汀生（Henry Stimson）感慨地說，正式外交原則阻礙了美國承認馬丁內斯所執政的政府：「此人不僅是總統，同時似乎也是那些令人厭惡的無產階級革命者的反對者……我們無法承認一九二三年他所統治的政府。」[32]在大蕭條的經濟危機中，世界各地民眾不滿的情緒日益高漲，統治和先例的重要性受到高度的矚目，但馬丁內斯的成就意義也跟著受到矚目。[33]

還有貸款的問題。雖然馬丁內斯政府在外交上不被承認，但政府所開出的支票仍必須兌現：儘管美國拒絕承認薩爾瓦多政府，但仍堅持要它償付債務。對馬丁內斯來說，除了前進，沒有別的辦法擺脫這種窘境。在鎮壓叛亂期間，政府、咖啡種植者和軍方之間的聯盟，在某方面達成了協議。薩爾瓦多政府，成為一個專門從事咖啡生產和出口的軍事獨裁政權：軍事獨裁政府強制咖啡生產；咖啡生產為軍事獨裁政權提供資金。這個國家的基礎是建立在殺戮和咖啡生產上。

然而，如果這是國家走向穩定的唯一可行之路，那麼在國際間的地位將顯得岌岌可危。畢竟，以海梅．希爾為首的咖啡種植者，推動馬丁內斯暫時停止支付給美國的貸款。二月二十二日，馬丁內斯恢復還款，正好趕在違約的最後期限。[34]不到一週後，他再次暫停付款——因為國家已經沒有錢了。

由於政治合法性和貸款的問題，與美國相互糾葛，馬丁內斯派出一位最傑出的使者前往華盛頓交涉。一月，他委託哥斯大黎加著名的法學家路易士．安德森（Luis Anderson）替他的政權尋找憲法的依據。安德森的結論是，馬丁內斯獲得了民眾的授權，使他享有執政義務，他於二月前往華盛頓遊說外交官、國會議員和新聞界人士。[35]三月，曾在一九二九年和一九三〇年擔任國際聯盟大會（Assembly of the League of Nations）主席、一九三二年擔任日內瓦常設國際法院（Permanent Court of International Justice in Geneva）法官的薩爾瓦多人古斯塔沃．格雷羅（Gustavo Guerrero）博士要求會見國務卿，提出美國承認馬丁內斯政府的可能性。亨利．史汀生要格雷羅轉達馬丁內斯，要他別抱希望。[36]

然而馬丁內斯並未因此氣餒，因為他已經下定決心。六月初，聖塔安娜銀行家班傑明．布魯姆（Benjamin Bloom）打電話到華盛頓的國務院，解釋說他是代表馬丁內斯將軍來請求美方的承認——或者，如果美方不願承認馬丁內斯的政府，則希望對方可以保證馬丁內斯在執政期間不受到干擾。布魯姆坦承，「馬丁內斯是透過發動政變而上任」，但他強調，「幾個月前……共產黨爆發叛亂時，馬丁內斯的確以出色的方式處理了這一個情勢……而且，他執政的政府十分傑出。」聽完布魯姆的請求之後，接待他的美國外交官解釋，美國「對馬丁內斯個人沒有任何反對意見，我們的立場是原則問題。我告訴他，幾個月前爆發了勞工事件後……我們傾向於認為，一個能夠掌握局勢的人無法得到認可的確是一種遺憾，但情況就是這樣，我們對此無能為力。」[37]

一週後，馬丁內斯宣布他「堅定不移的決心」繼續執政。八月，薩爾瓦多政府償還了它在一月時，「為軍事目的」從當地銀行借來的錢。[38] 十月時，馬丁內斯坐上總統大位，地位顯然不可動搖。「目前看來，〔馬丁內斯政府〕已經獲得了永久性的地位，使其能夠在憲法規定的任期內繼續控制局面」，美國駐薩爾瓦多領事預測說，「除非未來的情勢變化對他不利。」沒有人說得準這樣的事不可能發生，而民眾似乎也未對他的掌權嚴加抗議。這位外交官寫道：「儘管下層階級中存在著相當大的不滿，但由於去年一月政府在鎮壓所謂『共產主義』運動時採取了極其猛烈的措施，目前看來反對派的聲浪暫告一個段落。總體而言可以說，人們普遍認為馬丁內斯將軍以誠實和有效的方式管理該國，他的政權治理方式，普遍高於中美洲其他國家的平均水準。」[39] 貿易制裁很可能會打破薩爾瓦多的軍事與咖啡生產的執政方式，但對咖啡貿易的任何阻撓也會使該國無法償還國務院擔保的貸款，制裁從來就不是一個有效的辦法。[40] 雖然在一九三一年十二月和一九三二年一月，美國曾試圖策畫馬丁內斯下臺，但六個月後，美國國務院放棄了這項行動。馬丁內斯並沒有贏得美國承認他的政權，但他的確贏得了美國的認可。

這為馬丁內斯和種植者打開了一扇門，讓他們彼此合作，且用一種非常規的方法來解決薩爾瓦多的經濟問題：更多的咖啡。一九三二年八月，在革命起義未成、種族滅絕的鎮壓中斷了咖啡採收的六個月之後，在面對現代全球經濟史上最嚴重、最糟糕的經濟危機中，一位美國外交官驚訝地注意到，「咖啡種植的面積實際上卻增加了。」[41] 這對市場來說，並非合理的反應。咖啡的銷售一直非常緩慢，特別是歐洲的銷售量愈來愈少，使得價格因此更低，迫使薩爾瓦多幾乎完全依賴美國市場。[42] 然而，在軍事獨裁的支持下，薩爾瓦多的咖啡種植園主「選擇向底層擴張」。[43]

這是一個冒險的策略，無法保證利潤或人身安全，而且不是每個種植者都有資源或胃口這樣做。然而，當他的一些鄰居在經濟大蕭條的最初幾年放棄了他們的種植園，把他們的儲蓄和生命看得比咖啡更重要——考慮到價格的下跌，這麼做的確合情理——詹姆斯．希爾則因為他所預言的結果而膽戰心驚。在叛亂期間，隨著其他種植園主逃離咖啡區，來到相對安全的城市居住，詹姆斯．希爾已經朝另一個目標前去。一月二十五日，他沒有選擇撤退離開，反而前往「三扇門」，在那裡，他帶著書籍蜷縮在一隅看顧著他的咖啡園，白天工作，晚上看書。[44] 五天後，根據《紐約時報》的報導，一個二十五人的叛亂份子衝進了他的處理廠——儘管根據當時報導，這場攻擊實際上是偽裝的屠殺行動。[45] 殺戮事件發生後，面對他在聖塔安娜火山四十年來所見過的最惡劣的市場環境，已經被譽為「薩爾瓦多咖啡之王」的詹姆斯·希爾，做了一件跟任何人相比都更有膽識的事。

第23章 堆得高，賣得便宜

即使是不毛之地，也有咖啡生長。「當時普遍的問候語」，作曲家葉．哈伯格（Yip Harburg）對斯塔斯．特克爾（Studs Terkel）講述了美國大蕭條初期的情況，「在你途經的每一個街區，也會有一些窮人走過來，問道：『你能給我一角錢嗎？』或者：『你願意拿些什麼換杯咖啡嗎？』」[1]哈伯格把這個問題寫進了歌詞裡，成為「大蕭條的傳頌歌曲」。

當時和現在一樣，窮人和饑餓者最需要的並不是一杯咖啡，但這是他們認為可以得到的東西。廚房裡，「幾個小時的等待只烹煮出一碗糊糊的粥，通常沒有牛奶或糖，或是一杯裝在錫罐裡的咖啡。」失去農場的農村家庭在路邊搭起帳篷，以「松豆和黑咖啡」果腹。[2]在曼哈頓下東區的天主教工人陶樂絲．戴（Dorothy Day）回憶說：「男人們會進來要件衣裳、一雙鞋、襪子或是一件大衣，我們卻給不了這些東西，我們會說：『無論如何都坐下來，喝杯咖啡。還有吃一個三明治。』我們不停地沖泡咖啡。」[3]

所有的咖啡都是對胡佛總統的一種責難。作為商務部長，胡佛曾提出，對抗巴西咖啡保護計畫以及其所造成咖啡價格的提高，但他失敗了。或者，更糟的是，他放棄了。然後在經濟危機後，胡佛並沒有任何建樹，他打破了巴西的咖啡保護計畫，正因為一九二〇年代整個拉美地區以高成本種植了許多咖啡，才會在經濟大蕭條最嚴重的幾年裡有那麼多的咖啡可以喝。「赫伯特．胡佛先生說，現在是消費的時候了」，在一九三二年的大選之年，歐文．柏林（Irving Berlin）的這句歌詞嘲諷道，「所以，讓我們再來一杯咖啡，再吃一塊派。」胡佛到底知不知道民間疾苦？

一九三二年，人們已經不再相信三年前開始的大蕭條會自行結束的說法：這只不過是即將轉向繁榮的另一波經濟週期中的一個階段。似乎只有胡佛本人抱持這種幻想。他的政策受到國家和世界根本沒有發生變化此一信念的限制。他堅持美國將融入全球經濟的願景，而此一願景正迅速落伍，他忠實地相信此一願景的核心信念：以黃金為本位的制度和保護性關稅。[4]

這些承諾使得胡佛無法施展他的政策。受到舊規則的約束，他否決了一項透過政府支出創造就業的計畫，這將是第一個聯邦政府的紓困計畫，黃金本位制有利於平衡預算。他讓道格拉斯．麥克阿瑟（Douglas MacArthur）將軍和六輛坦克瞄準了絕望的失業老兵——他們在華盛頓的泥濘中紮營，要求國會印錢給他們發獎金，而他們實際上已經有十幾年沒收到獎金。在黃金本位的制度下，貨幣供應是固定的。在一千多名經濟學家的反對下，胡佛實現了他在一九二八年的競選承諾，並在一九三〇年簽署《斯穆特．霍利關稅法》（*Smoot-Hawley Tariff*）。該關稅的設計理念是為了保護美國農民，尤其是保護美國農民免受國際競爭的影響，然而此舉卻引發了外國政府的報復，關閉了美國出口產品的海外市場。各個地方的美國人在挨餓，糧食在農場裡腐敗。一支流竄的「失業大軍」已經占領了城市，而現在，農人的起義又威脅到了美國農村。[5]

一九三二年七月，紐約州州長佛蘭克林．羅斯福（Franklin Roosevelt）在芝加哥的民主黨全國代表大會（Democratic National Convention）上接受黨對他的總統提名時，他承諾，包含兩個條件在內的「新政」，他相信美國人民渴望「工作和安全感的保障，勝過一切。」羅斯福提出的，提供人民工作和安全感的保障，正是胡佛沒有辦到的，他將美國陳舊的正統經濟制度的限制性拋諸腦後。「我們的共和黨領導人告訴我們經濟法則——神聖，不可侵犯，不可改變——造成了無人能阻止的恐慌」，羅斯福說，「但當他們談論經濟法則的時候，男男女女正在挨餓。我們必須牢牢抓住這樣一個事實，即經濟法則並非自然生成。它們是由人類所制定的。」法則可以——而且應該——被改變。

儘管在「新政」的歷史上，人們常常忽略了這一點，但羅斯福承諾要改變的第一個「經濟法則」就是關稅。「在成噸的印刷品之中、在數小時的演說中，在華盛頓和每一個州的指責、辯護和樂觀的計畫中」，他在芝加哥發表的演說中提到，「一個偉大、單純、再清楚不過的事實，即在過去十年之中，一個擁有一億兩千萬人口的國家在共和黨領導人的領導之下，透過關稅手段，在其邊界周圍架起了一道堅不可摧的鐵絲網，將我們與世界其他地方的所有人隔離開來……我提議邀請他們忘掉過去，以朋友的身分和我們坐在一起，和我們一起恢復世界貿易。」[6]

胡佛在羅斯福關於更自由貿易的呼籲中，聽到的無非是認為羅斯福的說法「違反了美國的原則」，顛覆了這個國家賴以建立的「美國制度」。[7]他揚言如果關稅這道牆倒了，「城鎮的街道上將會長出草來；數以百計的農地上也將會長滿雜草。」[8]從羅斯福在芝加哥的呼籲，從「被遺忘」的選民的角度來看，一個世紀以來，建立在工業與農業關稅保護基礎上的美國制度，似乎已不再值得捍衛。胡佛不允許自己看到這一點。

當新政於一九三四年六月簽署正式成為法律時，《互惠貿易協定法》（*Reciprocal Trade Agreements Act*）作為羅斯福自由貿易計畫的立法核心，並沒有降低進口商品的任何一分稅收。它甚至沒有廢除遭人唾棄的斯穆特．霍利關稅。相反地，《互惠貿易協定法》——主要是在羅斯福的國務祕書科德爾．赫爾（Cordell Hull）的辦公室起草，他是一位出身田納西州的資深民主黨參議員，那裡的自由貿易和種植莊園一樣古老——做了一些更有效的事情。《互惠貿易協定法》把制定關稅稅率的權力，從立法部門轉移到了行政部門。雖然傳統上國會向來負責關稅的制定，以立法機關所關注的任何地方性問題來影響對外經濟政策，但羅斯福總統現在獲得了單方面提高或降低一半關稅稅率的權力。在總統手中，調整關稅的權力，成為增進美國與世界關係的工具。既要重塑美國經濟以支持外交政策的戰略，又要利用進入美國消費市場的機會，作為在國外談判時有利商業關係的籌碼。增加美國的國際貿易，可望帶來工作和保障，特別是對那些受雇於美國主導產業的人來說，包括大規模生產的製造業，在這些產業中，美國比許多潛在的交易夥伴享有更多優勢。[9]

在大蕭條期間，總統的新關稅權力成為一項價值不菲的工具，因為美國正在與其他雄心勃勃的帝國，特別是英國、德國、日本和義大利競爭全球市場和貿易資源。所有國家皆採取了與羅斯福截然不同的復興戰略。英國對其殖民地實行了限制性的帝國貿易；義大利追求墨索里尼統治非洲的想像；日本為其「大東亞共榮圈」增加了新的領地；納粹德國宣布「從世界經濟中獨立出來」，並建立了一種以物易物的貿易制度，不是以現金而是以可兌換德國商品的代幣支付。[10] 一九三四年，德國與巴西和哥倫比亞簽訂了新的「以咖啡換取機器」協定，這使得競爭的利害關係更加激烈。在國務卿赫爾看來，德國正在「竭盡全力破壞美國與拉丁美洲的貿易關係」。[11]

但是，當敵對勢力在各自的帝國內部收縮或尋求擴張的時候，美國卻採取了不同的做法。[12] 羅斯福考慮到拉丁美洲的重要性，放棄了美國對殖民帝國的野心，宣稱尊重獨立民族國家的主權，因此宣布軍事的不干涉政策，並承諾做一個「友善的鄰居」。海軍陸戰隊從尼加拉瓜和海地撤出，菲律賓計畫獨立。早期的多邊國際經濟和社會發展專案，是透過納爾遜·洛克菲勒（Nelson Rockefeller）主持的美洲發展委員會（Inter-American Development Commission）所實施的。[13]然而，敦親睦鄰的前提是增加西半球的貿易，而咖啡顯然是實現這一目標的「議價手段」。[14]

一八九八年美西戰爭後，美國新殖民地的咖啡生產，有效地外包給拉丁美洲，鞏固了咖啡作為典型的「敦親睦鄰產品」的地位，咖啡因此成為拉丁美洲必須出售，而美國必須購買的最重要商品。[15]一九三四年，羅斯福政府開始努力沿著咖啡貿易路線，重建美國與國際之間的商貿往來，因為那是「一條阻力最小、利潤最大的康莊大道」，也是美國仿效德國之路。[16]德國與拉丁美洲的貿易交易提供的是以物易物，而非現金交易的方式，第三帝國德國的咖啡消費能力受限於進口咖啡徵稅的限制，而美國卻反其道而行。一九三四年羅斯福政府與巴西和哥倫比亞進行關稅談判，然後，總統祭出與所謂的「咖啡小國」的談判策略，透過承諾不對咖啡進口徵稅，在歐洲市場萎縮時，維護咖啡進入美國市場的流動性。[17]

一九三四年後的十年內，美國簽訂的二十九個新貿易協定之中，有一半以上是與拉丁美洲各國所簽訂，貿易和商業模式也隨著新協定的簽訂而改變，藉此鞏固美國在西半球國際間的貿易基礎。[18]

在朝向自由貿易轉變之初，兩年內羅斯福扭轉了美國原有的政策，於一九三四年一月正式承認馬克西米利亞諾．馬丁內斯將軍為薩爾瓦多總統，不僅是為了與薩爾瓦多，也為與其他中美洲各國進行貿易往來開創了一條道路。而這些中美洲國家違反一九二三年簽訂的條約，不顧美國的反對，早已承認馬丁內斯的執政地位。從長遠來看，馬丁內斯的正式受到認可開啟了拉丁美洲政治的「新時代」，在這樣的時代中，「任何具有堅定意志的領導人，皆能夠奪取政權，並保留其執政地位。」[19]而在短期內，薩爾瓦多和整個拉美地區的咖啡種植園主，情願在美國銷售，儘管這意味著他們得接受比德國要求還更加低廉的價格——至少在美國他們可以收取現金，而現金正適合應急。[20]

一九三二年十月，舊金山希爾斯兄弟工廠內的綠咖啡部門的員工，發現全球的咖啡市場發生了「奇特」的變化。[21]

一九二九年二月，甚至早在十月美國股市崩盤之前，咖啡價格就已經全面下跌，而到了同年一月，咖啡價格的下跌開始「變得急劇」。[22]起初，多年來咖啡的防衛戰在經濟危機中不再持續，巴西咖啡價格的跌幅，使巴西咖啡的價格低於中美洲和哥倫比亞的高品質淡味咖啡。[23]因此，仰賴巴西豆的低價品牌咖啡，在雜貨店裡賣得特別便宜。由於不願意使用便宜的巴西豆，希爾斯兄弟只能從強調咖啡的品質著手。他們自豪地成為「為那些要求最好的咖啡的人，提供想要和需要，而不考慮市場波動，值得消費者信賴的咖啡品牌。」[24]

然而到了一九三一年，咖啡價格仍不到兩年前的一半，巴西找到了新的方法來保護他們生產的咖啡。倉庫裡存放了太多不值錢的咖啡，因此每袋出口的咖啡都被徵稅，以支付銷毀另一袋咖啡的費用。咖啡被裝上船，送到海上，然後傾倒在海裡。咖啡堆成與建築物一樣高的體積，然後在烈火中焚燒。[25]總共有將近七千五百萬袋咖啡被銷毀，約莫一百億磅咖啡，將供應量減少到價格開始穩定的程度。[26]

由於淡味咖啡生產的規模很小，缺乏中央協調，無法透過控制供應來推動市場。他們履行財政義務的唯一希望——這一點並未隨著價格的崩跌而改變——藉由販賣更多的咖啡來彌補減少的收入。這正是薩爾瓦多種植園主所採取的行動，他們與馬丁內斯的軍事獨裁政權攜手合作，在一九三二年大屠殺事件後，儘管他們向國外銷售咖啡的選擇愈來愈少，他們還是選擇推動擴大生產。因此，即使在巴西的咖啡市場開始反彈時，淡味咖啡的價格仍持續下跌。諸如希爾斯兄弟等高檔品牌所使用的高品質淡味咖啡，變得相對便宜，甚至便宜到令人吃驚的地步。

這些不尋常的條件改變了希爾斯兄弟購買咖啡的方式。一九三二年後，他們利用低廉的價格，以及薩爾瓦多咖啡種植園主對美國市場日益增長的依賴性，將聖塔安娜火山變成他們在舊金山工廠的供應地。他們利用新的購買力，對咖啡種植園主和處理廠主提出了更高的要求，以滿足他們的特殊規格，即使這意味了得放棄陳舊和既定的工作方式。他們準確地告訴了詹姆斯．希爾他們想要的咖啡製成方式：在露臺上的陽光下慢慢乾燥，在加工處理過程結束後，絕不使用烘乾機，因為烘乾機所施加的熱度會使咖啡豆烘烤太熟，使味道出現改變，並使希爾斯兄弟在舊金山的自動混合和烘焙過程產生偏差。他們告訴詹姆斯．希爾，他們不希望咖啡豆在經過分揀和檢驗後通過拋光機，因為拋光機會產生摩擦，而摩擦產生的熱度會帶出油脂，使咖啡還沒抵達舊金山就變質。而一旦詹姆斯．希爾同意了這些咖啡的製成規格，希爾斯兄弟便以每磅九美分的價格買下一九三三至一九三四年「三扇門」生產的所有產品，一共合計超過兩百萬磅，大約是五年前價格的三分之一。[27]

全球咖啡市場的異常狀況也改變了希爾斯兄弟銷售咖啡的方式。一九二九年，在咖啡價格崩盤之前，希爾斯兄弟出產的一磅紅罐咖啡，零售價格已經攀升到六十美分以上。

然而，一九三一年，零售價跌到只有一半。一九三二年，由於全球的咖啡價格仍持續下跌，希爾斯兄弟在此之前的二十年內，一直致力於將其咖啡的零售價格保持在較高的價格，以顯示其高品質，此時，他們卻轉向高零售價格「宣戰」。[28]銷售團隊負責人寫道：「對一些公司來說，市場的下滑意味著毀滅」，但「對我們來說，這只是為我們進入新的領域、新的用戶，開啟更寬闊的大門，為未來的業務奠定永久的基礎。」[29]市場上這些「奇特」的變化意味著「價格壁壘」是「肯定會下降」，「使用希爾斯兄弟咖啡的家庭以及潛在客戶的數量正在穩定增加。」[30]

不斷地降價，希爾斯兄弟把他們的零售據點從太平洋沿岸推向了中西部：芝加哥、底特律、印弟安納波里斯和克利夫蘭。同時，他們開始計畫在本世紀末將「希爾斯兄弟咖啡王國」的銷售區域延伸到東海岸。一九三二年後，他們從薩爾瓦多購買了高品質、低價格的咖啡，以此來支撐擴張。

而當希爾斯兄弟把他們從詹姆斯．希爾和其他薩爾瓦多種植園主那裡買來的咖啡賣到新的地方、新的州和城鎮時，他們同時也選在新的商店裡銷售。這些商店不僅是新的，因為它們位於新的銷售領域內。更重要的是，它們完全是一種新形態的商店，一種改變了整個美國生活面貌的商店。

一九三八年的一個星期六傍晚，穆札克一家五口開著他們那輛不知道轉賣過幾手的二手車出門，在距離他們的寓所大約三英里遠的地方遇上塞車，車陣看上去就像是前面有房子著火似的。當他們把車停在路邊，從車子裡走出來，擠過已經在現場的人群時，穆札克看到，「發亮的強光」從「兩邊紅白相間的燈光突出，照亮了一棟現代主義設計感的一棟四方白色建築。七十五英尺高的平板玻璃正面掛滿了橫幅……流線型的屋頂上飄揚著一串串的旗幟，五彩繽紛的霓虹燈在三角塔上閃耀著。」他們所走的這條路，引導著穆札克一家進入他們的第一個「盛大開幕的超市」。

當穆札克一家人進去超市後，「發生了意想不到的事」。他們分給孩子們每人一支巧克力冰棒。父親們收到了香菸，母親們則收到了一朵花。超市裡，「巨大的建築物裡堆了滿坑滿谷的食物，占地足足有幾畝地那麼大……〔而且〕塞滿了一千名顧客。」

母親在超市裡逛著時，一個穿綠色罩衫的年輕人向她推來一個輪子狀的裝置，類似於前面內縮的雙層嬰兒車。上頭載著兩個大鐵籃。年輕人突然說道：「女士，妳可以將雜貨放進推車裡。」說著他將另一輛推車推給了她身後的一個女人。

母親推著推車，掙扎著穿過人群。突然間，她睜大了眼睛，然後精明地瞇了起來。「看，爸爸！」她喊道。「我的咖啡！只要十三美分。我在施馬茲（Schmaltz's）雜貨店買的從來沒有低於十九美分。也許我該買下一磅咖啡。」

爸爸爽朗地揮舞著手中的香菸。「也許妳該買個兩三磅咖啡。」[31]

儘管這個小插曲是《週六晚報》（*Saturday Evening Post*）虛構的一幅漫畫，但它捕捉到了當時發生在美國某些地區的真實情況。虛構的穆札克有著滑稽的名字和呆板的英語，他們代表著數百萬來自南歐、中歐和東歐的第二代和第三代「新移民」，他們放棄了附近的雜貨店和連鎖商店，而選擇了大型的嶄新超市。[32]

一九三二年，美國只有不到三百家超級市場。[33] 一九四一年，超級市場的數量已超過一萬家，它們貨架上的食品占全國食品總量的四分之一。[34] 這些嶄新的「超級市場」，比起舊式雜貨店大上二十、三十或四十倍，包括樸素的 A&P 經濟型商店。超市購物並不總是有趣的或是愉快的——擁擠堵塞、急躁的人群和粗魯的員工——但它卻為某些美國購物者提供了難以放棄的東西，尤其是在大蕭條的十年間。「饑荒之年」尚未結束，這些規模和容量龐大的新商店，不僅象徵著繁榮和富足，也影響了人們的購物、飲食、生活和投票方式。[35]

美國的「超級市場革命」源自於基本零售法的創新。[36]這些創新之所以得以扎根，是因為它們補足了美國和全球經濟結構中更深層的變化。一九三〇年代中期，隨著羅斯福政府推動與國外更自由的貿易和國內的大規模消費的同時，超市將外交新政和國內政策轉化為一種令人信服的富足語言。嶄新的「超市」組織原則，與早期的雜貨店形成了鮮明的對比，那就是「以少勝多」。正如這一行的行規所言：「堆得高，賣得便宜」。[37]零售商將這一直截了當的原則，包裝成一個具有吸引力的現代主義風格、家庭規範和日常價值，目的是吸引以虛構的穆札克一家為代表的家庭主婦和家庭成員，他們是不斷增長的大眾消費階層，也是新政的最大受益者。[38]

根據一九三〇年代全球市場的形態而量身訂做的超市銷售原則，使咖啡成為零售商最喜歡的產品之一，可以「堆得高，賣得便宜」。不僅在於超市以低價銷售咖啡——連鎖商店，尤其是A&P經濟型商店也是如此。

這是超市決定如何銷售廉價咖啡，以及銷售何種咖啡的決定因素。連鎖店找到了節約成本的辦法，藉由減少顧客的選擇來降低價格，但在三十年代的反壟斷政治環境中，連鎖商店被當作獨占利益團體而遭攻擊，並受到新的按店徵稅的法規懲罰。

相比之下，超市透過擴大規模來節省成本。新展店的龐大規模，是其低價的一個關鍵因素。連鎖店和超級市場，皆從食品製造商那裡大量採購，比起附近的雜貨店節省了不少成本。但與小型連鎖店不同的是，小型連鎖店為了降低租金，可供儲存的空間極少，而超級市場則有屬於自己的倉庫。食品的存貨可以就地儲存，這就節省了額外的配送費用。一萬磅重的批發商品，不必像連鎖雜貨店那樣，在許多小商店之間分裝和運輸。這種規模最大節省了超市零售商的勞動力成本。

一萬六千家A&P經濟型商店中，儘管將員工數降到最低，仍需要雇請一個經理，與一個相對熟練的工人，來做賬、訂貨和監督。一間超市，即使它的規模是經濟型商店的二十、四十倍，也只需要同樣數量的一位經理，或許再加上一名經理特助。[39]其餘的員工則由相對來說不需要講究技術的工人組成。透過整合倉庫和商店，超級市場利用倉管工人，取代了連鎖店的經理和店員。[40]

與附近的雜貨店和連鎖店店員不同，在新形態超市工作的倉管人員，對食品銷售了解不多，但他們不必了解。超市裡的貨架上所擺放的食品，自有其銷售的方式，這些食品皆列在購物者的清單上：支付廣告費的品牌食物。超市有足夠的空間儲存足夠的品牌，以吸引幾乎所有不同口味、偏好和預算的客人——在許多情況下，咖啡的品牌高達十項或更多，有時甚至超過二十個。[41]

在很多方面，咖啡稱得上是超市的理想產品。首先，優質的廣告品牌通常被包裝在顏色鮮豔的錫罐中，體積輕巧，極適合堆放在超市零售商喜歡的「吸睛」陳列貨架上。[42]其次，作為一種日常飲品，咖啡是每週購物清單的主要內容，這使得咖啡成為報紙廣告和通路中，頗具吸引力的廉價商品。[43]而最重要的是，咖啡是美國飲食中最重要的產品，且毫無例外只在美國以外的地方生產。由於國際市場和咖啡種植國的惡劣條件——種植者和政府是有能力讓人們在這樣的條件下工作的最終決定者——咖啡在美國大蕭條的十年間異常便宜。尤其是名牌優質咖啡，如希爾斯兄弟，它們主要依靠來自中美洲出產的淡味咖啡豆，價格一度比較昂貴。這使得咖啡成為每週兩、三磅的「超值」優惠的完美產品，成為吸引顧客進店並結帳的商品，讓顧客比從 A&P 經濟型商店或街角市場帶更多的食物回家。換句話說，穆札克一家的女主人在踏進超市的時候，看到了「她的咖啡」在打折，因為這正是她「應該」看到的。

在新政的推動下，美國家庭的生活發生了更廣泛的變化，使得在超市大量購物的原則變得吸引人。然而，這只針對某些人而言。幾乎每一批在超市購物的人都有一個共同點：汽車。擁有汽車成為在超市購物的一個基本條件，因為汽車可以把更多的食品帶回家，在此購買兩磅或三磅咖啡的「價值」，勝過在他處購買一磅的咖啡。[44]汽車更開闢了在市中心城外和成熟的商業地區之外，一片未經開發且價格相對廉價的土地，在那裡有足夠的空間來建造一個大型的新商店。不同於在封閉的城市居民區購買食品的便利性和親和力，任何連接「交通便利的公路」的地點都可以成為超市的據點。[45]

透過汽車的擁有數量、基礎設施和房地產發展，超市革命沿著經濟復甦的力道前進，特別是在新政下優先發展的製造業地區。[46]在洛杉磯和紐約市郊區出現後，超級市場迅速向太平洋沿岸和北部及東部城市蔓延。[47]發展的數目卻在「舊南方和部分中西部農業地區」遠遠落後。[48]

一九四〇年人口普查時，調查大約七千五百家超市中，只有百分之一點四，即一百一十三家落在「東南中部」的肯塔基州、田納西州、阿拉巴馬州和密西西比州等地區。新英格蘭地區雖然人口比東南中部地區少，但其超市數量卻是東部地區的六倍。加州的超級市場數量則是東部地區的十五倍。[49]若調查經濟復甦的地區，超市既吸納了新政的收益，又幫助其核心選民，尤其是像虛構的穆札克一家這樣的歐洲移民家庭，從民族工業工人階級，轉變為忠於民主黨的美國白人大眾消費中產階級。在這個過程中，留下的是許多在農業、國內產業和其他美國經濟部門工作的非裔、亞裔和西班牙裔美國人，他們被排除在美國新福利國家的核心利益之外：社會福利保障、集體談判和最低工資。[50]

同時，一九三〇年代新政計畫支持電力化、消費信貸、購屋也改善了美國的廚房，有利於超市大宗購物的消費形態。[51]一九三〇年，只有百分之八的美國家庭擁有電冰箱。到了一九四〇年，將近一半的美國人擁有了電冰箱。[52]咖啡機也發生了類似的變化。一九三二年，爐式過濾式咖啡壺仍是一般家庭常見的泡咖啡方式，高達百分之五十以上的家庭使用。[53]一九三九年，過濾式咖啡壺的使用量開始下滑，百分之三十九的家庭開始使用滴濾式咖啡壺，百分之七的家庭則使用一種新的咖啡沖泡機——西萊克斯（Silex）電動真空咖啡機。[54]

美國的咖啡烘焙師出於品質和數量的考量，鼓勵使用真空咖啡機。藉由沸點的水迅速將咖啡的油脂從咖啡粉中萃取出來，賦予咖啡風味。咖啡沖泡的時間愈長，從咖啡豆中萃取的元素就愈多。利用簡單的平底鍋、爐式咖啡壺或是過濾式咖啡壺，使沸騰的水不斷在咖啡粉上循環，即使延長了煮咖啡的時間，也能夠沖泡出較濃的咖啡。然而拉長萃取時間的同時，也會釋放出更多的單寧，使咖啡變得苦澀。因此，烹煮咖啡的味道，通常比用滴濾壺或以咖啡滲濾壺製作的咖啡更加刺鼻，因為在滴濾壺中，沸水只通過咖啡粉一次，幾乎沒有提取出任何的單寧。在二十世紀的前三十年，多數美國家庭都是以舊式的方式來製作咖啡。他們使用有利於咖啡經濟的方法，透過煮沸咖啡豆來提取咖啡豆的味道。[55]當這種情況開始改變時，咖啡烘焙師，特別是那些經營淡味咖啡的咖啡烘焙師，都表示贊同。「可以確定的是，最令人滿意的咖啡製作方法是法式濾壓壺（French Drip Method）」，希爾斯兄弟發行的小手冊提出建議。[56]「如果你對咖啡非常講究，就用好的濾壓壺。」[57]

此外，咖啡粉的數量也必須加以考量。滴濾壺和咖啡滲濾壺的沖泡時間較短，這也意味著需要更多的咖啡粉才能沖泡出同樣濃度的咖啡。[58]根據希爾斯兄弟的測試，他們得出的結論是，咖啡滲濾壺咖啡機比其他咖啡機至少需要多百分之五的咖啡，才能製作出一杯口感足夠的咖啡。[59]同樣地，滴濾咖啡機的設計也是為了一次製作四到八杯咖啡。如果裝的咖啡只夠煮出兩、三杯，水就會滴得太快，結果咖啡的味道就會變得又稀又淡。[60]

這些新型咖啡機的日益普及，造成「消費者心中的困惑，這比起長久以來咖啡界出現的任何問題都還要大。」[61]在二十世紀的前二十五年，《好管家》（*Good Housekeeping*）曾發表過一些關於咖啡的文章，如〈餐後咖啡〉（After-dinner Coffee）、〈今天的一些咖啡〉（Some Coffees of Today）、〈關於咖啡的一些新發現〉（Some New Facts About Coffee）、〈咖啡的味道〉（Coffee as a Flavor）、〈咖啡的沖泡方式〉（Coffee Brewing in Variety）、〈兒童不該喝咖啡或茶〉（Children Should Not Drink Coffee or Tea）等。[62] 三〇年代新型咖啡機的興起，連帶改變了談話的口吻。讀者們被警告「完美的咖啡不是偶然的問題」，遭到業界指定的專家解釋「我所說的好咖啡！」被嘮叨「為什麼我們不能在家裡喝這樣的咖啡？」被告誡「你可以從她沖泡的咖啡中看出女主人能幹與否。」[63]

國內引發的焦慮，成為機會教育的契機。咖啡業界研究得出的結論是，製作好咖啡的最大障礙是一切從簡。咖啡烘焙師推崇建立一個標準的配方，即每杯咖啡中加入「一大湯匙」的咖啡粉，而希爾斯兄弟則將這一想法向前推進了一步。一九三五年至一九三七年期間，他們在雜貨店設立了展示臺，免費贈送希爾斯兄弟咖啡指南，以及一根塑膠湯匙，並建議使用兩湯匙的咖啡粉，即每杯咖啡沖泡的推薦用量。第一年，他們就在全國各地發放了近兩百萬份咖啡手冊。[64]

大蕭條時代中期，從中美洲進口到美國的淡味咖啡達到了新的水準。薩爾瓦多進口的咖啡，在舊金山取得了最大的收益，這在很大程度上要歸功於希爾斯兄弟增加購買量。[65] 反過來說，一九三六年後，希爾斯兄弟的咖啡處於歷史最低價，在全美的銷量達到新高，公司成為美國最大的獨立咖啡烘焙商，銷量約為五千萬磅。[66]「在我們的銷售歷史上，我們從來沒有為消費大眾提供過如此的價值」，一位希爾斯兄弟公司的執行長在一九三八年寫道。[67] 同年，在紐澤西州埃奇沃特（Edgewater）的哈德遜河上，希爾斯兄弟開始建造一座價值百萬美元的烘焙和包裝工廠，並配備了自己的碼頭，以供應公司新開發的東海岸市場。[68]

與此同時，在舊金山，海灣大橋架設在希爾斯兄弟工廠上方的內河碼頭（Embarcadero）。一九三九年的金門博覽會（Golden Gate Exposition），標誌著這座城市兩座新橋的完工，希爾斯兄弟計畫慶祝一番。他們的想法是籌拍一部電影，講述咖啡從哪裡來，如何來到舊金山，以及如何成為希爾斯兄弟的商品。他們草擬了十萬美元的預算，在舊金山灣中央專門建造的一個遊樂場金銀島上，找到了最佳場地，並開始勾勒電影的輪廓，他們稱之為「杯子背後」（Behind the Cup）。

希爾斯兄弟在十年前曾拍過一部同名的電影。這部老電影在哥倫比亞拍攝，以新聞片的黑白效果講述了咖啡的故事。對於金銀島，他們有一些更「轟動」的想法：新片將不再是黑白影片，並選在一個能突出他們咖啡特色的地方取景。

小魯本・希爾斯（Reuben Hills Jr.）是四十年前在舊金山開創了杯測和真空包裝的開創者的兒子，一九三八年他在咖啡採收季節後造訪薩爾瓦多，作為詹姆斯・希爾的座上賓，他住在聖塔安娜，喜歡他所看到的一切。魯本・希爾斯在旅途中訂製了一雙皮靴，詹姆斯・希爾借給他現金，用當地貨幣支付靴子的費用。回到舊金山後，魯本・希爾斯把買靴子的錢寄還詹姆斯・希爾，並附上一張字條，提到要派他的攝影師肯・艾倫（Ken Allen）帶著攝影機前往聖塔安娜。

當這封信到達「三扇門」時，詹姆斯・希爾的次子愛德華多熱情地回信。他在信中說道，「父親」目前不在家，他去紐約出差，但愛德華多相信他的父親一定會同意。[69]

第24章

杯子背後

薩爾瓦多咖啡種植者，有時會把自己想像成偉大的開創者，一九三二年的大屠殺之後，培養這種形象就更加重要了。這樣的看法來自一九三六年咖啡種植者協會雜誌《薩爾瓦多咖啡》（*El Café de El Salvador*）的一篇文章：

一個種植園相當於一個小國家，由其所有者或由他任命的任何人管理。在這個小國家裡，發展出一個大家庭的生活，其中包括種植園主和所有為他工作的工人，以及他們各自的關係。工人賺取工資，生活在種植園裡，不必支付租金，可以利用周遭隨手可得的東西：木材、水果、飼養動物的牧草和其他副產品。種植園主考慮到自己的社會責任，關心其工人的福利，並在法律規定之外提供免費醫療服務的情況並不少見。[1]

的確，種植園宛如一個國家或一個家庭，是由一連串人們相互之間的關係所組成。同樣地，薩爾瓦多的歷史往往是以家庭為單位而書寫。然而，關於薩爾瓦多咖啡和家族本身最常見的故事，卻與咖啡種植者在雜誌文章中講述的故事大相逕庭。它的重點不在「社會責任」，而是家族的排他性而非包容性權力，尤其是由咖啡種植者、出口商和金融家所組成的「十四個家族」，以及他們的寡頭勢力，他們從一九三二年的危機中脫穎而出，成為馬丁內斯總統治國理政的夥伴，實際上卻是「國中之國」。[2]十四個家族的名單有許多版本，但總是由本地人和移民的名字混合組成。正如一位歷史學家做出的總結，「雷加拉多斯（Regalados）、德索拉斯（de Solas）和希爾」。[3]統治家族的確切數字究竟是大於、小於還是等於十四個——這個數字大到似是而非，也可能小到令人難以置信——在歷史中不過是個存在於學術裡的一個註腳：他們將一個相對平等、和平的地方，轉變成一個現代歷史上最不平等與最暴力的國家之一。

大屠殺後，詹姆斯．希爾將他的咖啡帝國版圖，朝著聖塔安娜火山，向更遠的地方擴張，甚至越過薩爾瓦多進入美國。在世界大蕭條前的繁榮年代，一九二五年至一九三〇年間，詹姆斯．希爾平均每年種下八萬棵新樹；從一九三〇年到一九三五年，他平均每年植樹近十三萬七千株咖啡樹；從一九三五年至一九四〇年間，他每年植栽三十萬株咖啡樹。[4]在一九二九年至一九四一年間，詹姆斯．希爾的耕地面積幾乎翻了一倍，從一千六百畝增加到三千畝地。[5]隨著種植園的擴大，一九三一年已年滿六十歲的詹姆斯．希爾，也出現了健康問題——嚴重的心臟問題，讓威廉．尤克斯甚至在《茶葉和咖啡貿易雜誌》（*Tea and Coffee Trade Journal*）報導——

詹姆斯・希爾將他的家人帶進了他的事業中心。[6] 在這個過程中，詹姆斯・希爾的三個兒子海梅、愛德華多和費德里科不僅成為繼承人，他們還成為父親故事的流傳者，在「薩爾瓦多咖啡之王」去世後，詹姆斯・希爾的名字也因此得以長存。

一九三二年後，詹姆斯・希爾另外延攬家族外的人參與他的咖啡生意，這個人幫助他做了希爾斯兄弟所做的事，不過是反過來：把舊金山變成「三扇門」的介面。

一九三三年經濟大蕭條時期，奧爾特加 &埃米（Ortega & Emigh）公司在舊金山成立，致力於進口咖啡。他們的辦公室設在加州街（California Street），位於舊金山的「綠色咖啡區」（green coffee district），就在內河碼頭附近。負責人是四十歲的保羅・奧爾特加（Paul Ortega）和他的合夥人密爾頓・埃米（Milton Emigh），不過後者並沒有堅持多久。到了一九三四年，也就是奧爾特加 &埃米購買進口咖啡的第一年，埃米已經離開公司。但奧爾特加&埃米仍以一個人的方式繼續營業，這部分要歸功於公司另一位幕後的合夥人。

在自立門戶之前，保羅・奧爾特加曾在奧堤斯—麥卡利斯特公司旗下工作，他後來因為曾在中美洲旅行，對種植園主和種植園有些了解，於是負責公司的咖啡進口的生意。在奧爾特加的幫助下，奧堤斯—麥卡利斯特的咖啡事業發展迅速。該公司後來躋身為舊金山的主要進口商之一，並在日後成為美國最大的獨立咖啡進口商。在一九三二至一九三三年間的咖啡採收季節，奧爾特加曾在中美洲進行了一次長時間的旅行，並在隔年早早返回舊金山。[7] 回來後不久，他便不再替奧堤斯—麥卡利斯特工作，並與密爾頓・埃米和詹姆斯・希爾結盟成合作夥伴的關係。

對於奧爾特加來說，這筆交易是一筆不錯的買賣。在一九三三至一九三四年間的收穫季節，他為賺取佣金所要做的唯一一件事，便是與詹姆斯・希爾之間協調交易，將他所有的咖啡賣給希爾斯兄弟公司。不久，奧爾特加從其他薩爾瓦多種植者和出口商那裡購買的咖啡，幾乎達到了從詹姆斯・希爾購買的數量。[8] 一九三四年，奧爾特加&埃米已經是舊金山咖啡的第六大進口商，進口量為十萬九千袋，總共超過一千萬磅的咖啡，其中七萬五千袋來自薩爾瓦多。排名其後的則是奧爾特加的老雇主奧堤斯—麥卡利斯特，他從薩爾瓦多的進口數量明顯減少。第二年，奧爾特加成為太平洋沿岸的主要進口商，從薩爾瓦多進口了十六萬五千袋咖啡，總進口量為二十一萬一千袋。一九三六年、一九三七年和一九三八年，奧爾特加一直保持著領先地位，他從薩爾瓦多購買多達二十三萬三千袋咖啡，其中包括了詹姆斯・希爾專門為舊金山貿易生產的咖啡，他把專與舊金山往來的咖啡事業取名為「三冠」（Three Crowns），展現他心裡仍惦記著他的三個兒子。[9]

對詹姆斯・希爾來說，與保羅・奧爾特加在舊金山成立的公司做生意，只是他的生意觸角向外延伸的其中一個方式，在咖啡生產和銷售的關係中，他獲取更多的控制權。就在一九三五年收穫季節到來之前，他的注意力完全集中在美國市場上，詹姆斯・希爾再次派他的三個男孩，如今已經長大成人，前往舊金山去研究那裡的咖啡烘焙師的「要求」。[10]

同年，希爾將他的咖啡生意「詹姆斯・希爾咖啡工廠」（J.Hill y Cía.）拆分出不等的股份，並分配給他的新夥伴：他的妻子和孩子。詹姆斯．希爾已經將近六十五歲，但他還沒有準備好退出他的事業。相反地，詹姆斯．希爾的子女成為他的合夥人，賦予他們的家族企業持續發展的權利。詹姆斯．希爾沒有像他妻子的父親狄奧尼西奧那樣，將個別種植園交給子女，而是把整個種植園的部分分給他們。他自己取得百分之二十二的種植園土地。他分給妻子蘿拉百分之二十的土地。每個兒子分得百分之十，每個女兒分到百分之七。女兒分得較少，因為她們可以自由地在聖薩爾瓦多的鄉村俱樂部打高爾夫球，而他的兒子們得要在商場、種植園、處理廠和辦公室工作。[11]這些贈禮都是一種激勵，基於這樣的想法，他的七個孩子每一個都可以從每年至少二十萬磅咖啡的銷售中，獲得淨收益。在豐收的年分，他們每個人可能會得到多達三十萬磅咖啡銷售的收益。家族生產的咖啡愈多、收入與成本之間的差距愈大，他們的股份就愈值錢。

以這種方式將權力賦予他的兒子們，無非意味著確保咖啡帝國的政治，因為這些身為薩爾瓦多公民的孩子們，能夠如同詹姆斯．希爾所期望的那樣擔任職務。事實上，當詹姆斯．希爾在一九三二年革命和大屠殺期間躲在「三扇門」時，是海梅．希爾去會見馬丁內斯總統。當他的父親拒絕擔任咖啡種植者協會的官員時，海梅．希爾被選為祕書，然後是副主席，接著是主席，最後擔任薩爾瓦多的農業部長。[12]

隨著他的兒子們在家族企業中擔任更重大的角色，詹姆斯．希爾自己的工作也發生了變化。多年來，他都是不定期前往海外旅行，而現在，詹姆斯．希爾開始每年都得前往美國一趟，夏天選擇前往舊金山，比該年的咖啡採收季提前三、四個月。即使在一九三二年七月和八月，鮮少有來自中美洲的遊客，詹姆斯．希爾也前往舊金山，住在皇宮酒店。[13] 一九三三年，他「在舊金山度過了四個星期的商務和休閒時光」，然後他在返回聖塔安娜之前，去了一趟芝加哥和紐約。[14] 一九三四年，他再度成為舊金山的「熱門訪客」。[15] 一九三五年，他從舊金山啟程，又去了西雅圖、波特蘭、洛杉磯和紐約。[16] 一九三六年，詹姆斯．希爾乘船到舊金山，然後乘火車橫跨美國到達紐約，在匹茲堡停留，參加美國咖啡協會（the Associated Coffee Industries of America）的年會，一個以促進咖啡消費為目標的貿易團體，並在會上發表演講。[17]

詹姆斯．希爾在匹茲堡的演講準備了發言稿，但當他站到臺前發言時，卻偏離了腳本。他覺得有必要解決公約中出現的主要問題：拉丁美洲國家為鼓勵美國飲用咖啡，對廣告方面的行銷提供補貼，而來自哥倫比亞的代表們則反對補貼，但詹姆斯．希爾卻為提供補貼說話。他提到他個人絲毫不反對繳納每袋十美分的稅款，以資助在美國的推廣活動——他還說，他可以說服薩爾瓦多咖啡種植者協會的其他成員同意採取這項措施。[18] 接著，希爾宣讀了他所準備的文件，闡述「熱帶地區廉價勞工的日子已經結束」的觀點，並警告說，如果咖啡種植者「有朝一日不得不向我們的人支付等同於美國勞工的工資」，咖啡的價格將翻漲四倍以上。他所要傳達的訊息是，咖啡貿易中的每一個利益相關者——政府、種植者、處理廠主、銀行家、經紀人、進口商、託運商、烘焙師和零售商——都應該團結起來，「為了更好的利潤而穩定條件」。這意味著要找到一種提高價格的方法，給勞動者足夠的報酬，以阻止未來更多提高工資的可能性發生。[19]

薩爾瓦多全國已經開始朝詹姆斯．希爾建議的方向發展。軍事獨裁者和咖啡種植園主的結合，產生了專門從事咖啡生產的新國家機構，諸如，研究、教育和宣傳機構。一九三五年，薩爾瓦多政府聘請了一位美國咖啡杯測專家，他開始對所有的貨物進行抽樣和評等分類，按照希爾斯兄弟和其他舊金山烘焙商的標準，來塑造該國的經濟。[20]政府還在聖塔安娜建立了一所種植園監督者學校，詹姆斯．希爾撰寫咖啡農學書籍和小冊子，成為薩爾瓦多農業學校教材，對課程內容提供了重要貢獻。[21]同時，為了鞏固薩爾瓦多咖啡在舊金山日益強大的地位，咖啡種植者協會在紐約設立了推廣薩爾瓦多咖啡的辦事處，哥倫比亞和巴西也跟進這麼做。

該辦事處由羅伯托．阿吉拉爾（Roberto Aguilar）領導，一九三七年一月他離開松索納特鎮的種植園，前往紐約市。[22]

阿吉拉爾來到紐約的時機正好，因為在他開始新的工作不久後，巴西放棄了透過毀壞過剩咖啡，來維持咖啡價格的方法，而是採取以任何價格盡可能出口過剩的咖啡的商業模式。隨著巴西出口的增加，價格從一開始有起色後，再次下跌，而且這次的跌幅高於二十世紀初以來的跌幅。咖啡種植者所能做的就是，試圖刺激更多的咖啡飲用量，而美國是迄今為止全世界最大的開放市場。羅伯托．阿吉拉爾成為為了刺激消費而成立的一個新的國際組織——泛美咖啡局（the Pan American Coffee Bureau）的主席，該組織的資金來源是，向巴西、哥倫比亞、薩爾瓦多等成員國出口的每袋咖啡徵收五美分的稅。一九三八年夏天，泛美咖啡局很快就開始策畫第一次大型廣告活動。該活動被稱為「冰咖啡週」（Iced Coffee Week），目的是向美國咖啡飲用者介紹巴西—美國委員會在一九二〇年代推廣的飲料，但在炎熱的月分裡，這種飲料仍不如銷售人員認為的那樣受歡迎。[23]

薩爾瓦多在促進美國咖啡消費的大量投資——而且透過舊金山進口的薩爾瓦多咖啡數量不斷增加——使得聖塔安娜似乎成為一九三九年希爾斯兄弟為金門國際博覽會（Golden Gate Exhibition）製作的電影「杯子背後」（*Behind the Cup*）的理想拍攝地。肯·艾倫（Ken Allen）也曾執導過希爾斯兄弟早期的電影，一九三八年十月，他乘坐詹森航運公司的蒸汽船「波特蘭號」離開舊金山時，卻不幸感冒。病情宛如一個壞預兆，當船抵達「炙熱的」薩爾瓦多時，咖啡種植者協會的代表依約前來，在港口迎接艾倫，並帶著他和他的助手，加上他們的相機、膠捲和福特旅行車，通過海關。

儘管天氣異常炎熱，而且「在通過必要的員警記錄時手續異常煩人……得登載進出咖啡區各個城鎮的紀錄」，但艾倫依舊保持樂觀。咖啡種植者「非常感謝」希爾斯兄弟選擇在薩爾瓦多拍攝影片，並「不遺餘力地為我解決問題」，艾倫向舊金山方面報告。種植園主帶他參觀全國各地的咖啡種植園，而艾倫已經為這部影片定調了一個主題。採取對比的敘事手法，艾倫在給老闆的信中勾勒出這個主題：「梗概如下。在中美洲的高山上，建立了一個小小的聖薩爾瓦多共和國，但在它的現代公路上，運送著世界上許多優質的咖啡。這裡四周盡是火山，其陡坡上的咖啡幾乎長到了山頂，但它卻是一個充滿奇異對比的城市。在這裡，凱迪拉克和牛車

（Carettas）並排行駛……」[24]牛車和凱迪拉克的差異，構築了薩爾瓦多和舊金山的咖啡故事。

這個計畫有幾個預料之外的缺陷。首先是「現代道路」實際上並不那麼現代。有時艾倫和他的助手不得不下車，推著他們的福特車穿過崎嶇不平的路面。第二個問題是，即使在城市裡，艾倫蹲在安裝在三腳架上的電影攝影機後面，從鏡頭裡往下看，也會讓那些發現自己在鏡頭裡的薩爾瓦多人感到不安。「大多數當地人都在躲避鏡頭」，艾倫報告說。其他人則「像雕象一樣直接站在鏡頭前」。[25]

在首都拍攝了幾天後，艾倫前往咖啡區的中心地帶，在那裡，他發現種植者們熱心地幫助他。起初，這種熱心是艾倫十年前在哥倫比亞拍攝時感到害怕的那種熱情。在聖塔安娜種植園巡視了一圈後，他報告說，「一切都按照預期計畫進行」，這並不是一件好事。「我被迫坐了十二個小時的車程，因為每個〔種植園〕主都想要向我展示他所有的財產。」艾倫專注於這個對比的敘事方式，看不到每個部分與整體的關聯性。「幸運的是」，他報告說，「咖啡協會的主席對這部影片非常感興趣，所以只要我需要他，他都非常樂意為我服務……我們現在有了基礎的進展。」[26]

艾倫所說的工作進展，是將一個種植園的咖啡生產作為電影的場景，與種植園主合作拍攝。艾倫是在咖啡採收季節開始時抵達薩爾瓦多，但他想拍攝咖啡的整個生命週期，從種植到處理的過程。咖啡種植者協會安排了一切，專門建造了一個苗圃，以便艾倫能夠拍攝從種子到培育咖啡樹的工作。為了拍攝咖啡處理廠，艾倫「計畫在聖塔安娜的詹姆斯．希爾先生那裡拍攝露臺，因為它們非常漂亮。」

即使在打造一個虛擬的種植園的過程中，艾倫也嘗到了咖啡種植者緊張的日常生活和工作的滋味。建造苗圃「需要時間」，他向舊金山方面抱怨，他缺乏的正是時間。咖啡樹並不配合拍攝的進度——至少還需要一個星期咖啡果才會成熟。然後，就在艾倫認為他已經準備好在種植園拍攝時，卻意外地下起了雨，為了拍攝場景建造的苗圃也被沖毀。艾倫在小魯本．希爾斯的另一位朋友米格爾．迪尼亞斯（Miguel Dueñas）的種植園裡搭建了新的種植園，「當太陽出來的時候，就會讓人熱得受不了。」[27]

每當艾倫無法拍到他想要的影片時，種植者們便會紛紛捲起袖子助他一臂之力。他發現攝影鏡頭無法穿透成熟的咖啡種植園內的茂密茅草，而且裡面太黑了，看不清他在拍攝的東西，到處都是蜘蛛。「每棵〔樹〕上棲息了幾十隻蜘蛛……很容易碰觸到牠們。」另外，艾倫抱怨說，一層厚厚的灰塵覆蓋了聖塔安娜周圍的一切，使得景致蒙上一層灰而變得黯淡，樹木看上去不過像是「灌木叢」一般。但咖啡種植者再次解決了這個問題。「小夥子們安排留下幾棵沒有採摘的咖啡樹，我們要把它們洗乾淨，這樣你就能夠拍到咖啡的樣貌。」艾倫在小樹林之間的道路上架起相機，只拍攝邊緣部分，那裡洗過的咖啡果閃耀著成熟的紅色光芒。

種植者還為影片提供了一個演員，他負責從事種植園在非採收季節時的工作：挖洞、在苗圃中播種、搬運樹苗、重新種植樹苗、採收咖啡果，以及在處理廠中加工咖啡豆。為了增加一些色彩，種植園主們還另外「安排了一場印第安人的舞蹈拍攝」，艾倫報告說。他們募集了一批工人，讓他們穿上傳統的服裝，並把他們排成一排，使聖塔安娜火山的山峰在背景中上升。在他們跳舞時，艾倫在他的攝影鏡頭後面拍攝。

在真正的種植園裡，主要工作是生產咖啡而非拍攝電影，咖啡的採收工作截然不同，但它的協調和管理卻也同樣嚴格。

一棵結實累累的咖啡樹，紅色咖啡果的螺紋在其深綠色的葉子中閃閃發光，宛如聖誕樹一般。在採收季節，利潤從穩步上升到達巔峰後，便迅速來到衰退期。咖啡的利潤得跟時間賽跑，特別是在中美洲。在巴西，以高產量、低價格模式採摘咖啡的工人，可以在採收季節時在種植園內穩步前行：用手掌或大拇指和小拇指環繞樹枝，一次就把果實剝離，把樹葉、樹枝和咖啡果一下子甩到篩子上或是地上。然而，這種粗暴的方法雖然省時，卻會損害咖啡樹，而且採收的果實成熟度也不均勻。[28]對樹木造成的損害在巴西向來不是問題，因為巴西的咖啡樹多得數不盡，但在薩爾瓦多卻得付出高昂的代價，優質的咖啡種植地向來匱乏，品質勝過數量才是上上之策。在薩爾瓦多等生產淡味咖啡的國家，講究的是咖啡的品質，品質的判定標準則是以「杯中的甜味」來衡量，使成熟度成為種植園內咖啡生產的關鍵所在。

即使在每年的咖啡成熟期，一棵咖啡樹，甚至單單一根樹枝上的所有咖啡果也不會以同樣的速度成熟，因此對於咖啡豆成熟度的重視，讓咖啡採收季必須同時具備謹慎和速度的雙重要求。每到採收季節，這兩個優先事項就變成了工作指令，影響著工作的每一天、每一刻。對於樹上結滿了成熟咖啡果的種植者來說，迅速找來工人並確實採收成了一項緊迫的任務。這意味著咖啡採收工人，要在種植園裡的每一棵樹之間移動，在果實完全成熟的樹枝上工作，並且有效地、精細地篩選：他們得伸出一隻手來固定住樹枝，用另一隻手尋找成熟的咖啡果，並透過拇指和前三根手指的收縮將它們從樹枝上摘下來，每次皆是將手腕快速旋轉四分之一圈來完成，然後將咖啡果丟進穿在肩上、繫在腰上的籃子或袋子裡。[29]詹姆斯．希爾期望他的每個採集工人能在十個小時的工作時間內，根據這種方式採集兩萬顆咖啡果，從早上六點工作到傍晚五點，中午有一個小時的午餐休息時間。經過整整六天的採摘，一個採集工人每天收集兩萬顆咖啡果，最終收集到足夠的數量裝成一袋約一百三十五磅的咖啡豆出口。[30]

隨著採收季節的接近，愈來愈多的咖啡果越發成熟，詹姆斯．希爾雇用了愈來愈多的工人採摘咖啡——在高峰期甚至多達五千人，往往是他一年中其他時間所雇人數的十倍。伴隨人力膨脹至數千人，其中包括許多來自全國各地的移民工人，詹姆斯．希爾增加了他雇用的監督員和監工的數量：每二十個人就分配一個主管監督。採收另外還需要額外的簿記員、信使、運送飲用水的人、廚師，以及數十名卡車司機和裝卸工，他們在每個工作日結束後，將數十萬磅新鮮採摘的咖啡果從火山上運到「三扇門」。

一旦有成熟的咖啡果運送過來，詹姆斯．希爾便將他的處理廠開到深夜，如果不是到半夜的話，也至少開到十一點，因為他發現晚上工作的人比白天工作的人效率高上一倍以上，也許是希望在開始下一個工作日的黎明之前，能上床睡個覺。[31]數以百計的人不斷忙著在「三扇門」

內加工處理咖啡果，然後將咖啡豆送到數百名篩選工手中，這些人負責在將咖啡豆裝袋和運出之前進行分類和檢查。

在這些季節性工人的背後，則是一群小販和討賞的藝人，等著從這些工人身上賺取一些補貼。為了監視每個人，包括他的經理們，詹姆斯・希爾在收穫季節額外雇用了保全，還有數目不詳的間諜。

即便如此，在濃密的咖啡樹叢中，很難有機會近距離監督，那裡的能見度在每個地方都只有十英尺左右。採收的工人很可能把一袋採集來的咖啡藏在樹叢堆中；或者把袋子埋在地底，晚上再回來把它搬走；或者偶爾將一把咖啡果藏在衣服下的袋子裡；或者在其他人去秤重換取工資時，繼續不斷地採摘咖啡果。[32] 盜竊最常見於午後，因為採摘工作已經結束，開始秤重，尤其是在傍晚六點太陽下山之後、在玉米餅和豆子被送上桌之前，因此詹姆斯・希爾告訴他的經理們，在確保其他人都離開種植園之前，千萬不要離開果園，然而，這又是一條難以執行的命令。[33]

在監督員和保全的陪同之下，詹姆斯・希爾在他需要的時間內，利用食物將上千名工人引導到他需要的地方。他把吃飯時間安排在工作日開始和結束時。饑腸轆轆的人準時出現在工作場所，且準時離開，否則他們就沒有食物可吃。[34]

一些種植園主贊助娛樂活動，通常是安排夜間的木偶戲或嘉年華會，以吸引工人在採收期間待在他們的農場，並在非工作時間對他們加以控管。詹姆斯・希爾另外堅持要求他的管理者們，不要在食物的分配上吝嗇，他們要為每個人提供指定的數量：十盎司玉米做成的玉米餅，五盎司豆子，外加一杯咖啡，一日三餐的總成本為六美分。[35]管理者們被指示，孩童作為家庭的一部分，可以獲得一半的食物，儘管詹姆斯．希爾不希望十四歲以下的兒童採摘咖啡，深怕他們會損壞樹木。[36]他還要求管理者們定期檢查種植園的廚房，以確保所有供應的食物都是乾淨和健康的。[37]透過這些標準，詹姆斯．希爾希望將他的種植園與鄰居的種植園區分開來，並使其成為廣為人知的地方，工人們在他的種植園裡可以期待吃得比較好、受到比較好的待遇，並能及時得到全部的報酬。[38]這種聲譽在火山上傳播得愈遠，詹姆斯．希爾就愈能期待吸引更多的工人前來，也能讓他們對工作更加謹慎小心。[39]而一旦收穫季節結束，就會有更多的工人被解雇。

這些計算和焦慮陳腐而緊迫，永無止境，是種植園主生活的真實面，是使人們工作的關鍵，但在任何一部電影中都未呈現。到大蕭條結束和第二次世界大戰開始期間，詹姆斯．希爾和他在聖塔安娜火山上的同伴們已經有效掌控工人，且與世界上任何咖啡區的種植者一樣徹底。一九四一年，美國農業專家查爾斯．威爾遜（Charles Morrow Wilson）在針對全國進行調查後寫道：「薩爾瓦多在頑強的自我發展方面具有明顯的美國天賦，利用體力和規畫，將沉睡的自然資源轉變為更豐富的生活商品和資產。這個印第安人國家，已經相對成功地過渡到了白人的方式和需求。」[40]

一九三九年二月初，肯．艾倫仍在剪接「杯子背後」，此時距金門博覽會在金銀島開幕僅有十天。他遇到的挑戰是，將他在薩爾瓦多拍攝的鏡頭與舊金山希爾斯兄弟公司工廠的鏡頭拼接在一起，他的出資者對於首映會是否成功感到坐立難安。「別忘了給成熟的咖啡果注入大量的紅色——特別是在一些籃子裡的畫面」，一位主管寫信給艾倫，他在洛杉磯忙著修補顏色，「當然，我們的咖啡罐子的顏色也很重要。」[41]紅色是拍攝這部電影的主要色調，是「對比敘事」的統一主題。艾倫在影片中注入了大量的紅色——咖啡果、採摘咖啡的婦女的嘴唇、罐頭——以至於顏色在影片中達到了飽和並流淌出來。

「咖啡是美國人最喜愛的飲料」，當影片開場時，希爾斯兄弟公司的高層主管卡羅爾．威爾遜（Carroll Wilson）西裝革履，端坐在一張光亮無瑕的桌子後面，聲稱「僅美國就消費了近六百億杯的咖啡，成為全球最大的客戶。你是否曾想過咖啡是從哪裡來的，或者在你拿起杯子喝口咖啡之前，發生了什麼事？讓我們一同前往咖啡王國一探究竟吧。讓我們向你展示杯子背後發生了什麼事。」鏡頭轉到中美洲的地圖上，聖塔安娜市被醒目地標出。「遙遠的南方，在中美洲的高山上……在一座火山頂上，充滿了熱帶風情……在咖啡季節開始的時候，我們在這裡發現了歡樂和笑聲。」畫面切入印第安人在火山下跳舞。

在影片展示了聖塔安娜的咖啡種植園和採收季節的處理廠之後，背景又轉到了海灣大橋腳下的內河碼頭，希爾斯兄弟的工廠：綠咖啡部門、杯測室，以及藉由傳送帶移動的麻袋，上頭印有進口商的標記——O & E、舊金山、奧爾特加&埃米——然後畫面轉到大型的烘烤爐，鮮紅色的罐子滾動著經過真空的密封機。這是一個對比的敘事，也是一個永續和合作的故事，「咖啡種植者和咖啡烘焙師攜手將真正的咖啡樂趣帶到你的餐桌上。」[42]

在金銀島放映後的十週，超過九萬人觀看了這部四十分鐘的電影，這是一個「巨大的」人次。[43]希爾斯兄弟公司辦公室收到的評論，表明了拍攝這部電影的花費是值得的。「星期六，在參加世博會時，我有幸參觀了你們的展覽室，看到了題為『杯子背後』的這部電影」，舊金山的維多利亞．帕格尼尼（Victoria Paganini）寫道。「這的確是一個非常有趣的故事。我從未飲用過希爾斯兄弟出產的咖啡品牌，但你的電影打動了我，我今天購買了我的第一罐希爾斯兄弟咖啡。」[44]奧克蘭的喬治．古德曼（George Goodman）則與他的午餐俱樂部分享，「在觀看這部電影之前，我很少想到為製作這種美味的飲料所花費的時間和精力」，他寫道，「我現在能夠理解並欣賞希爾斯兄弟咖啡的完美。」[45]

第25章 戰爭

「薩爾瓦多富含咖啡，卻缺乏印第安人與浪漫。」一九四七年《紐約時報》記者亞瑟・古德弗里（Arthur Goodfriend）在報導中寫道。古德弗里當時正在執行任務，他開著車沿著泛美公路、順著地峽而下，看看西半球的睦鄰政策（Good Neighbor）加上歐洲和日本的全面戰爭所贏得的成果。

拉丁美洲為盟軍提供了關鍵的支援：它是繩索的原料漢麻、彈藥的原料錫、奎寧的原料金雞納，以及咖啡的產地。一九四一年至一九四五年期間，咖啡占美國所有進口產品的近百分之十，其中大部分被用於戰略「防禦區」和食物配給。[1]希爾斯兄弟公司與政府簽訂了一份合約，將一千八百萬磅的咖啡，真空包裝在二十磅的罐子裡，塗上軍隊的單調顏色。[2]部署在國外的美國士兵平均每人每年消耗三十二點五磅以上的咖啡豆，是一般百姓的兩倍。[3]

拉丁美洲的地位對於戰後美國領導的秩序重建十分重要。一九四五年至一九四八年期間，

美國在全球建構權力的制度基礎，便是向全球推展睦鄰政策。美洲國家組織、北大西洋公約組織、世界銀行、國際貨幣基金組織、貿易和關稅總協定、聯合國：這些戰後的貿易和援助計畫，使美國成為一個全球超級大國，其基礎是三〇和四〇年代，羅斯福政府在拉丁美洲開創的經濟和外交戰略機構。[4]在經濟方面，新的全球秩序使更多像咖啡這樣的商品，從世界各地愈來愈多的地方，大量地低價進口到美國，在這些國家中，日常生活和工作正被以精確、艱苦的方式塑造，以適應美國的消費市場。

然而，作為對於「美國世紀」貢獻的回報，拉丁美洲沒有得到任何類似於馬歇爾計畫（Marshall Plan）的援助。在大蕭條和戰爭期間做出的支持工業發展的承諾也遭到取消。相反地，拉丁美洲人透過繼續專注於農業出口，來幫助歐洲和亞洲的重新發展——再度在全球市場中出售咖啡和舊有的熱帶主食，價格也相對上漲。咖啡價格的恢復當然值得歡迎，但對過去二十年壓力的記憶並沒有消失，那些在咖啡方面投資最多的國家和家庭，也在尋找一條更廣闊的發展之路。[5]拉丁美洲人在經歷了半個世紀的咖啡市場波動和十五年不間斷的經濟危機之後，想要更多——他們想要工業化，以及貸款、貿易政策和社會計畫，以支付一切遠景。

亞瑟．古德弗里根據他對薩爾瓦多的觀察，透過一輛在泛美公路上行駛的汽車窗戶向外看，描述他的發現：「汽油每加侖四十三美分，比瓜地馬拉的汽油便宜十美分……拉庫薩迪拉（La Cruzadilla），路邊的休息點，出售鎮上最好的普普薩玉米餅（pupusas）……卡薩斯克拉克（Casas Clark）、奧伯霍爾澤（Oberholzer）和杜埃納（Duena）是鎮上等級最高的三家旅館，食宿費用為每個月六十至七十美元……這裡溫度適宜，中午高溫三十度左右，晚上則來到涼爽的十六度……美國大使約翰和卡洛琳．西蒙斯夫婦盛情款待——他們是唯一親自寄出百姓的撫恤金的外交官……薩爾瓦多雷諾賭場（The Casino Salvadoreno），高手雲集，那裡的屋頂花園舞蹈透出奢華的氛圍，玩家們在地下室的保齡球道創下高分。」[6]儘管人們對於戰後的經濟秩序表達廣泛的不滿，但當一九四八年春天，薩爾瓦多的咖啡種植園主聚集在一起，向他們自己的人致敬時，薩爾瓦多賭場內的氣氛充滿了歡慶。隨著歐洲市場的重新開放，淡味咖啡的價格已經攀升到歷史最高點，約為每磅三十美分，大約是一九四〇年的四倍，而且有充分的理由認為這種繁榮將繼續下去，因為美國的咖啡飲用量也創下新高——每人每年幾乎飲用二十磅咖啡，是詹姆斯．希爾創業之初的三倍多。[7]

六個月前，即一九四七年九月，在採收季節開始之前，中美洲和墨西哥的咖啡種植者在戰後成立組織，以促進雙方的利益，他們在墨西哥的弗洛雷斯堡（Fortín de las Flores）舉行第二次年度會議。該鎮位於「英國之路」（the English road）上，這條鐵路在約莫六十年前曾將詹姆斯．希爾從韋拉克魯斯港（the port of Veracruz）載往墨西哥城。作為年會事務的一部分，種植園主們討論了誰應該獲得該集團頒發的「榮譽證書」（Diploma of Merit），八名成員中，有一位候選人從其他人中脫穎而出。

因此，六個月後，在這一年的採收季節結束後，滿頭白髮的詹姆斯．希爾坐在薩爾瓦多賭場的宴會廳舞臺上。他身穿深藍色西裝和白襯衫，厚實的領帶打了一個整齊的溫莎結，他聽著他的種植園夥伴們慶祝他的生活和工作。他們表彰了他對咖啡的奉獻、處理廠的成長和發展，以及他為在薩爾瓦多推廣科學種植方法所做的工作，特別是培育土壤與篩選遮蔭樹。他們表彰他對聖塔安娜種植園建立監督員的貢獻，表彰他在農業經濟問題方面樹立的權威，特別是表彰他將波旁咖啡引進薩爾瓦多，「這使該國作為咖啡生產國的實力成為可能」，並在數量上僅次於巴西和哥倫比亞，在每英畝產量上甚至超過了這兩個國家。他們授予詹姆斯．希爾榮譽獎狀，因為鑒於這些成就，他的種植園主夥伴們認為他是真正的薩爾瓦多之子，他按照自己出生地的形象改造了這個國家。[8]

宣讀完獎狀後，詹姆斯．希爾從椅子上站起來，接受了獎項。他身高六英尺，站在舞臺上，舞臺下坐著他四十七歲的兒子海姆——他今晚穿了一套灰色的西裝，戴了一副幾乎和他父親一樣的金屬圓形眼鏡。海梅．希爾當時同時擔任薩爾瓦多農業部長和咖啡種植者協會主席，來到了中年，他專注於經營家族企業，甚至連他的父親也嘲笑他的一意孤行。在與臺上的人握手並接過證書後，詹姆斯．希爾望向他的兒子，將證書交給他，然後轉身面對人群。他懷著激動和感激的心情，談到了他在薩爾瓦多的生活。但他也記得，當他第一次在他的一個種植園的角落裡種植波旁咖啡樹時，聖塔安娜的所有種植者和銀行家都認為他瘋了，並聲稱他將毀掉自己和他們的生意。[9]

那年，詹姆斯．希爾的血壓上升至平常的兩倍，收縮壓二四〇。他的醫生給他開了一個處方，讓他在床上躺了一個星期，並取消了原本計畫與他的妻子蘿拉一起去智利和巴西的旅行。如果他的血壓降下來，他們可能會換個環境去邁阿密。

當詹姆斯．希爾的健康狀況沒有改善時，他的醫生把他送上前往洛杉磯的第一艘船，並命令他到聖塔巴巴拉（Santa Barbara）的桑蘇姆診所（Sansum Clinic）入住，那兒的醫生是循環系統疾病治療方面的先驅。然而，即使是在聖塔巴巴拉，對高血壓也沒有什麼辦法，在二十世紀中期，高血壓被認為是即將發生中風或心臟衰竭的徵兆。精神和心理因素被認為是高血壓的主因，因此應避免吃得過量、艱苦工作和壓力，處方是多休息。[10] 以米食和水果為基礎的飲食，是最有希望的治療方式之一。[11]

住院一年後，即一九五〇年十二月，詹姆斯．希爾仍然病得很重，也許是半個世紀以來的第一次，他無法在年底時去他通常會去的地方，在聖塔安娜的火山上，咖啡正值採收季的高峰。在家族的種植園，將近四千名工人已經採摘並加工了一百萬磅的咖啡供出口。這一季才過了一半，詹姆斯．希爾預期在這一季結束前至少能採收這麼多，這的確是個豐收的一年，儘管這與他所期望的並不相符，也絕不是他的種植園所生產的最大宗作物。採收本身進行得很順利，但真正的問題在於，收成物將會成為什麼樣的成品。到目前為止，詹姆斯．希爾和他的兒子們什麼都沒有賣出去。當全世界都在等待來自美國的消息時，一袋袋咖啡堆積在港口。

那年夏天，韓戰爆發使咖啡價格幾乎翻漲了一倍，達到每磅五十美分以上。但隨後，在秋天，由於數十萬中國軍隊抵達朝鮮，美國和聯合國部隊在戰前邊界、緯度三十八線以南，打了一場難堪的撤退。詹姆斯・希爾認為美國嚴重低估了蘇聯傳播共產主義的決心，他急切地想聽到杜魯門總統在一九五一年一月八日的國情咨文中如何回應。

但詹姆斯・希爾沒能活著看到結果。他沒能活著看到韓戰如何在二十世紀下半葉，演變為其他地方的戰爭，甚至在三十年後，蔓延到了薩爾瓦多。他不會看到韓戰是如何在薩爾瓦多，與一場古老的衝突相連。詹姆斯・希爾曾預言過這場衝突的到來，但他不會知道美國政府是如何判斷一九八〇年代蘇聯在薩爾瓦多扮演的角色，也不會看到這場由過去的戰爭組成的未來戰爭，如何造成家族的成員傷亡，即使它意外地以一種迂迴的方式，挽救了他所建立的咖啡王朝。

一九五一年五月底，在他八十歲生日的兩週後，詹姆斯・希爾再次乘船前往加州。他持新的薩爾瓦多外交護照旅行，同行的有他的妻子、他的長子海梅、他的心臟科醫生，以及醫生的年輕妻子。六月十三日，一個溫和的星期三，一行人抵達舊金山，帶著堆積如山的行李入住聯合廣場上的聖法蘭西斯酒店（Hotel St. Francis）：四只皮箱、十四個行李袋和四大箱行李。[12]他們打算住上一段時間。

兩個半月後，一九五一年八月二十九日星期三，詹姆斯・希爾在他的小女兒茱麗亞・希爾・奧沙利文（Julia Hill O'Sullivan）位於圓石灘（Pebble Beach）的家中心臟病發。他在舊金山的史丹佛・萊恩醫院（Stanford-Lane Hospital）去世，留下他的長子海梅，以及與海梅同名的十四歲兒子小海梅處理他的後事。[13]

「戰爭，戰爭，這一切都是因為戰爭。」一九五一年一位美國雇主抱怨道。第二次世界大戰，完成了三十年來咖啡推廣者在拉丁美洲和美國一直在努力做的事情：重塑了美國的工作形態，使得咖啡下午茶時間像「第七局延長賽和香蕉片」一樣深入美國的生活。一位國會議員描述了戰後華盛頓特區的情景，「宛如學校的課間休息時間。男孩和女孩前去喝杯咖啡，如同消防演練一樣。」正如《時代》雜誌所說，「簿記員、祕書、初階管理人員和女銷售員」已經開始將喝咖啡時間視為「美國辦公室工作人員不可剝奪的權利。」[14]

戰爭改變了勞動力，重塑了美國的工作形態。隨著愈來愈多的部隊撤出，工作的競爭日益激烈，雇主不得不採取靈活的方式因應。戰前，丹佛市中心的洛斯・韋弗（Los Wigwam Weavers）公司老闆菲爾・格雷內茨（Phil Greinetz）製造了精美的領帶，「每根線都是用上等的原生羊毛手工編織」，他雇用年輕人操作他的二十台紡織機。紡織機十分「原始」，工作很累人，紡織工必須重踩踏墊，同時來回拋擲梭子。許多領帶顏色鮮豔，圖案精緻，因此，一塊布往往必須操作很多梭子。編織領帶需要力氣、協調力和持續的專注力，幾個小時的工作對任何人來說都是很重的負擔。

當他雇用的年輕人去打仗時，格雷內茨則選擇雇請較為年長的人來替他工作，但他發現這些人的工作達不到他的標準。為了取代他們，格雷內茨雇用了一群中年婦女。這群婦女身手靈巧，但當她們在工作結束離開時，她們的臉頰因疲累而凹陷，第二天早上來上班時，仍然疲憊不堪。不久，這些婦女就完全「崩潰」了，格雷內茨不知道該怎麼做。當他召集全公司開會討論這個問題時，他的員工提出了一些他沒有想到的建議：每天有兩次十五分鐘的休息時間，上午和下午各一次，並提供咖啡供飲用。[15]

「休息」並不總是提供「咖啡」，反之亦然。一位歷史學家研究了在二十世紀的前十年內工業化的水牛城案例。在貝加莫（Barcolo），也就是後來的巴薩．朗格（BarcaLounger）工廠，儘管安排了休息時間，但如果員工想喝咖啡，必須自己帶。附近的拉金肥皂廠（Larkin Soap factory），員工雖有免費的咖啡可以喝，卻沒有休息的時間讓他們可以喝咖啡。[16]

這與當時全球的現代工業組織方法是一致的。第一次世界大戰期間，英國的軍需大臣和內政大臣辦公室，已經開始著手研究武器工廠裡工人的身體效率。其中一項實驗是，上午和下午暫停工作十分鐘，在此期間，人們待在機器旁，「飲用茶或其他補充品」。儘管這種「茶水時間」被認為是「對於產出有寶貴的幫助」，但它並沒有成為標準做法。相反地，「通常只有在加班的時候，才允許男人有茶水時間。」[17]

儘管自一九二〇年以來，咖啡在美國被宣傳為「有助於提高工廠的效率」，但「咖啡時間」距離當時仍然有幾步之遙。在克里夫蘭的泰勒金屬工廠，只有在午餐時間才會在工廠的「咖啡廚房」供應咖啡，而且並未有人建議將此服務擴大到其他時間。一九二〇年代，艾爾廣告公司為巴西—美國咖啡委員會創作的一則廣告中表明，「在一天工作的高峰期，暫停一下，喝杯令人愉快的咖啡是值得的。它是辦公室或家中提振精神的刺激物——它能使人精神愉快，為一天的工作提供清晰的思考。當時鐘來到四點的時候，來杯開胃、令人振奮的咖啡。」[18]其他行業的宣傳則是打出「第四餐」（fourth meal），或「下午的咖啡時間……心理學家的研究指出，下午四點是簿記員補充能量的關鍵時刻。」[19]因為經過實驗證明，咖啡在幾分鐘內就能發揮提神效果，所以咖啡特別適合在一天工作將結束時的「關鍵時刻」提神。

儘管咖啡業界在宣傳方面做了很多努力，但促成訂出咖啡休息時間的決定性關鍵，來自於勞工自身。在戰爭期間習慣於在休息時間喝咖啡的員工，在戰爭之後即使休息時間不再被批准，也不願意戒除咖啡。在戰後的工廠和辦公室裡，「偷喝咖啡」成了一種日常儀式，正如《富比士》（*Forbes*）所說，這個行為「把許多生產計畫搞得一團糟」。[20]直到這種為喝咖啡而中斷正常工作的做法，成為雇主不再試圖阻止的事情，並納入工作日常標準的特徵，這段休息時間才被稱為「咖啡時間」——這個短語在一九五〇年代初開始使用，以表明新的共識，即喝咖啡的休息時間是展開一天工作的必要部分。

因此，咖啡時間便成為「上班族的全民慣例」。一項針對一千多家將十分鐘或十五分鐘的咖啡時間納入工作的公司進行的調查，發現「百分之八十二的公司覺得員工的疲勞感減少；百分之七十五的公司覺得提振了員工士氣；百分之六十二的公司提高了生產力；百分之三十二的公司減少事故發生；百分之二十一的公司減少了勞動力的流失。」紐約互助人壽保險公司

（Mutual Life），計算出當咖啡被送抵員工的辦公桌上時，咖啡時間為他們節省了「每年十三萬美元的總體勞動成本」。[21]對於美國企業來說，咖啡是一種很容易的銷售方式：花錢送免費咖啡實際上是一種提高生產力的方式。一九五二年，泛美咖啡局在拉丁美洲咖啡生產國的資助下，開展了一項新的廣告活動，廣告臺詞已經烙印在許多人心中：「給自己一個咖啡休息時間……獲取咖啡給你帶來的好處！」

咖啡時間的出現，突出了美國生活中一個更巨大的變化。二十世紀上半葉，特別是在大蕭條時期，雇主和雇員之間發生了巨大的衝突，而到了本世紀中葉，「勞工問題」已經因為前景看好，而得到了答案。「今天，加州並沒有真正的無產階級」，一九五四年歷史學家兼經濟學教授羅克韋爾．亨特（Rockwell D. Hunt）寫道。「每天的工作時間往往低於標準的八個小時，而且愈來愈多人開始實行每週五天的工作制。除此之外，還有重要的工人福利——保險、醫療救助、帶薪休假、養老金，以及其他包括上午的『咖啡時間』。」[22]社會學家大衛．里斯曼（David Riesman）指出，半個世紀以來，工作時間縮減了近百分之五十：「從亨利．詹姆斯時代的每週六十四個小時，來到今日的四十個小時左右，這還不包括上午的咖啡時間和其他社交活動，這些活動已經悄悄地進入了人口普查所記錄的工作時間。」[23]咖啡時間究竟得算作娛樂時間還是工作時間仍含糊不清，成為洛斯．韋弗認為的麻煩之源。

菲爾．格雷內茨採納了員工的建議，設立了一個休息室，配備了桌椅、咖啡機、茶壺以及所有必要的用品，並設立了十五分鐘的休息時間，上午和下午各一次。很快地，格雷內茨注意到他的員工發生了變化。四位曾經表現最差的婦女現在成為表現最好的。這些中年婦女在六個半小時內完成的工作量，與年長男性員工在八個小時內完成的工作量相當。格雷內茨受此鼓舞之下，把休息時間變成了強制性。他認為兩次十五分鐘的咖啡休息時間，是暫離工作的時間，畢竟，員工被要求離開他們的崗位，以「確保他們獲得放鬆」，所以他沒有為這半小時支付員工的工資。但是，由於洛斯．威格姆公司將設置的半小時無償休息時間計入工時，因此導致工資低於一九三八年的《公平勞動標準法》（*Fair Labor Standards Act*）規定的最低標準，一九五五年美國勞工部起訴了格雷內茨。問題是，法律上，休息時間究竟是否該計入工時的一部分，工人的咖啡時間是否必須得到工資。另一個衍生出來的問題則是，咖啡與人體工作能力的關係。

格雷內茨在法庭上，證明了他在員工身上觀察到的非凡變化。咖啡時間發揮功效，以至於他將其寫入了新的雇用合約中：兩次強制性的十五分鐘休息，在此期間，員工可以自由從事任何他們想做的事情，只要不是工作。對格雷內茨來說，這一規定毫無疑問地表明咖啡時間是自由時間而不是工作時間，因此不受工資和工時規範的約束。勞工部在回覆中引用了一九四〇年頒布的一項命令，該命令指出短暫的休息時間「在二十分鐘內都應該得到補償」，並視為工作時間，其邏輯是「它們促進了雇員的效率」，因此對雇主有利。政府的律師用判例法來支持他們的論點，即「當休息時間的性質與工作時間互有關聯，並且對雇主有利時」，應被算作工作時間，並給予適當的補償。然而，在咖啡時間與工作之間的關係問題上，初審法院同意格雷內茨的觀點：休息時間並非工作時間，所以不屬於可補償時間。勞工部提出上訴。[24]

上訴案在丹佛的第十巡迴法院審理，由阿爾弗雷德．穆拉（Alfred P. Murrah）法官主持。穆拉來自奧克拉荷馬州，他十三歲時離家出走，跳上一列火車，直到鐵路員警把他趕下車，然後在一個家庭農場找到工作，換取食宿。穆拉在當地就讀高中，並在奧克拉荷馬大學修讀法律。大學畢業後，他在奧克拉荷馬州的塞米諾爾（Seminole）石油重鎮創辦了一家律師事務所，專門處理工人的賠償問題。[25]

穆拉在法庭中指出，威格姆一案攸關重大，因為「咖啡時間」已「迅速成為業界普遍接受的原則」。然而，同時這也是一個棘手的問題，因為休息與工作的關係，不僅與雇主有權決定其雇員從事什麼工作內容，以及如何做的問題聯繫在一起，而且還與人體能力和限制的問題相關。按照法院的定義，關鍵在於某一特定的休息時間，是否「有足夠長的時間，並且在這樣的條件下，雇員可以為自己的方便和目的而使用。」最重要的是，「休息時間究竟主要是為了雇主還是為了雇員的利益著想。」換句話說，員工在休息時間做了什麼變得很重要——咖啡因此發揮了作用。

在這兩點上，穆拉的法院不同意審判法庭和格雷內茨的觀點。該判決指出，雖然洛斯．威格姆的員工在技術上可以自由地使用休息時間，但實際上他們受到工作場所本身性質的限制。工人們被要求離開他們的崗位，但工廠位處一棟沒有電梯的建物三樓，十五分鐘的休息時間內，他們除了上廁所或到休息區以外，無處可去。更重要的是，在誰從咖啡時間中取得利益的問題上，穆拉的法庭也不同意審判法庭的意見。法院認為，雖然休息時間無疑對員工有利，但它們至少「對雇主同樣有利」——甚至更加有利——「因為休息時間提高了工作效率，促進了更大的產能，而這種產能的增加，是使雇主設立這種休息時間的主要原因之一，就算不是主要原因也該算進考量。」事實上，格雷內茨將休息時間定為強制性——他希望他的員工喝咖啡休息，而不是希望他們繼續工作。他給他們足夠的時間喝杯咖啡，但沒有足夠的時間去做其他事情。

基於這些理由，穆拉的法庭推翻了先前的判決。喝咖啡的時間與工作有「密切的關係」，因此應該計入工作時間，並獲得相應的補償。如此一來，生理學家和雇主們在實踐中發現了一個原則——咖啡促進了人體的工作能力，獨立於飲食和消化的過程和時間，超出了能量科學和熱力學定律所說的可能性。

在美國進行審判咖啡時間的同時，拉丁美洲的咖啡生產也受到了關注。拉美的咖啡生產案的調查人員，來自聯合國的兩個部門：糧食和農業組織（the Food and Agriculture Organization），以及由阿根廷經濟學家勞爾・普雷比什（Raúl Prebisch）領導的拉丁美洲經濟委員會（the Economic Commission for Latin America）。一九五〇年普雷比什出版了他的研究報告《拉丁美洲的經濟發展及其主要問題》（*Economic Development in Latin America and Its Principal Problems*）後，被任命為拉丁美洲經濟委員會的負責人。該項研究批評拉丁美洲作為「大工業中心」的食品和原材料生產者的歷史角色。普雷比什證明了，用農產品換取工業品如何導致拉丁美洲陷入長期的貧困，他從經驗上強調推動工業化。他在聯合國的工作便是想辦法解決這個問題——如何讓拉丁美洲實現工業化，並聲稱最終目標為「分享技術進步的利益，並逐步提高大眾的生活水準。」[26]這是一個重要的計畫，因為八十年來「全球相互聯繫日益密切」，我們不禁注意到世界已經分裂成三個不穩定的部分：第一、第二和第三世界。[27]

普雷比什對於拉丁美洲工業化發展的遠景，並沒有完全捨棄傳統的農產品。他認為，出口和貿易必須持續增長，以便募集支付工業化所需的「巨額」資金。[28]作為拉丁美洲最重要的出口產品，咖啡有利於普雷比什提出的計畫。聯合國研究的重點是，找出如何使咖啡生產更有效率，使咖啡出口可以助工業化一臂之力。小組選擇了三個地點進行研究。薩爾瓦多，因為它是最密集的咖啡經濟區；哥倫比亞，因為它是小農場生產模式的典範；巴西，因為它是世界首屈一指的主要咖啡生產國，按照規模和總產量計算，它的種植面積最大。

種植者通常用金錢來衡量他們成功與否：銷售額減去包括工資在內的成本，一九五四年，薩爾瓦多的工資已達到每天平均五十美分，其中包括玉米餅、豆子和鹽的配給。但聯合國關注經濟資源的有效利用，希望不以金錢來衡量咖啡生產，而是以「實物成本」來衡量：所有用於生產、出口咖啡的物質資源——人力、動物、機械、化學——集結一起，並以一個共同單位表示，以便於分析。

他們得出的整數將成為能量衍生的衡量標準：也就是生產一磅咖啡所需的「工時」數量。

美國雇主對於衡量飲用咖啡所產生的工作效率提升感到有興趣，而在拉丁美洲，挑戰則在於衡量咖啡生產的工作效能。

一九五四年十月聯合國分析員首先在薩爾瓦多開始研究。薩爾瓦多國土面積小，種植園彼此相鄰，替測試研究方法創造了良好的契機，這些方法是在北卡羅來納州的菸草農場率先開創。鑒於最近中央情報局／聯合水果公司策畫推翻瓜地馬拉總統雅各．阿本斯（Jacobo Árbenz），這項研究顯得格外重要，因為阿本斯推行的改革，從華盛頓的角度來看，似乎是共產主義。美國希望利用提高咖啡生產的效率來促進工業發展，以避免其他地方出現類似的麻煩。調查人員在聖塔安娜火山周圍的咖啡區設點，著手統計咖啡種植園區域的所有工作：在咖啡出口前的工作，包括在苗圃工作，挖洞，除草，收割與處理。將所有的工時加起來，除以咖啡生產的總量。總的來說，研究確定在薩爾瓦多三個鐘頭的工時可以生產一公斤的綠咖啡，或大約兩磅的烘焙咖啡。[29]

如果我們把聯合國對咖啡生產所需工時的測量結果，與在美國聯邦法院作為證據的咖啡與工作關聯的證詞放在一起，就有可能對飲用咖啡的工作和咖啡生產的工作之間的關係有一個粗略的理解。以聯合國對薩爾瓦多產量的計算為起點：每公斤綠咖啡或大約兩磅的烘焙咖啡需要三個鐘頭的工時，烘焙過程中可能會有一些重量損失。用最慷慨的咖啡製作配方來計算這個數字，例如，根據《希爾斯兄弟咖啡指南》（*Hills Bros. Coffee Guide*）的紀錄：一磅咖啡約可生產四十杯咖啡，這足以讓菲爾·格雷內茨在洛斯·威格姆的二十名員工每人每天喝上兩杯。在洛斯·威格姆，每天有兩次咖啡時間，該工廠每個工作日可能飲用的咖啡量，合理地保守估計為一磅咖啡。

格雷內茨作證說，咖啡時間使他雇用的婦女能夠在六個半小時內完成八個小時的工作——在整個工廠的二十名工人中，每天可以節省三十個小時的勞動力。在薩爾瓦多花費一個半小時的工時所生產的一磅咖啡，在洛斯·威格姆變成了三十小時的工作時間。薩爾瓦多的咖啡工時是美國的二十倍。就貨幣成本而言，差異更大。一九五四年，在薩爾瓦多工作一個半小時的報酬大約是六美分。該年在美國工作三十個小時，按每小時七十五美分的最低工資計算，得支付二十二點五美元。

咖啡生產在金錢、時間和能量方面的成本非常低廉，而以同樣的指標衡量，消費咖啡的價值則大得多。這些數字之間的巨大差異正是詹姆斯·希爾和他的種植園夥伴，在他們位處聖塔安娜火山上建立的咖啡工廠中所駕馭和累積的力量——使人們工作。他們成就的規模和性質，以及他們如何日復一日地做到這一點，在二十五年之後，成為薩爾瓦多再度在五十年內爆發第二次革命的主因。

第26章 浴火重生

二十五年後，小海梅手中被戴上手銬、矇著眼睛，躺臥在一輛飛速行駛的皮卡車上，他納悶自己是否得以死得其所。一年前，也就是一九七八年，他從家族企業的高層位置遭到降職，因為他的父親老海梅，認為他把打馬球和喝蘇格蘭威士忌視為責任。然後小海梅和他的妻子羅珊娜分居，他與她的家人和他們的朋友變得疏遠。小海梅無法自信地說出，他對那些將被要求支付他的贖金的人來說有什麼價值。[1]

經過兩個鐘頭的車程，卡車停了下來。空氣中的氣味和靜默的氣氛告訴小海梅，他們已經抵達鄉間。綁匪把他從卡車上帶下來，讓他坐進一輛吉普車裡，接著車子再度啟程，在路上又開了一個小時，吉普車在聖塔安娜火山山腳下的一座小房子前停下。他們抵達了查爾丘阿帕，這是一個離「三扇門」約十英里的小鎮，是多年來替希爾家族的咖啡種植園工作的工人的家。被矇住眼睛的小海梅不知道自己身在何處。綁匪把他從吉普車上拖下來推到屋裡，並把他眼睛上的遮蓋物拿掉。一個只有衣櫃大小的房間裡擺放著一張帆布床。在牢房裡，小海梅有生以來第一次發現自己是一個人。[2]

小海梅遭到薩爾瓦多人民革命軍綁架，該組織是與十四個家族和軍事獨裁政權作戰的五個左派團體之一。衝突以令人毛骨悚然的方式發展，已經沿著半個世紀前繪出的藍圖成形。

在一九三二年的大屠殺之後，共產黨的選民名單變成了殺手名單，薩爾瓦多的左派轉往地下發展。恐怖的殺戮使那些仍持續待在崗位的組織發起者也被隔離開來，相互猜疑。[3]許多人逃往國外，包括米蓋爾·馬爾莫在內。同時，軍事獨裁政權和咖啡種植者之間的聯盟，因冷戰和一九四八年後美國支持的中美洲反共措施興起而更加密不可分。

在一九五九年菲德爾·卡斯楚（Fidel Castro）跌破許多人的眼鏡，從古巴革命中取得勝利之後，薩爾瓦多的左派開始重新崛起。卡斯楚的影響一半是激勵，一半是刺激。他象徵著整個拉丁美洲勞動人民充滿可能性，但他的勝利也使來自美國的壓力和監視加劇。一九六一年，在新任總統約翰·甘迺迪（John F. Kennedy）看來，拉丁美洲是「世界上最危險的地區」。[4]旨在扼殺共產主義的美國新援助計畫，終於為工業化提供了長期尋求的支援，但也在薩爾瓦多工人階級中造成了不斷攀升的期望。這些不斷攀升的期望反過來又得到了「讓步和鎮壓」的不平等待遇，這是二十世紀拉丁美洲的經典獨裁模式。[5]

在某些情況下，很難說有什麼區別。薩爾瓦多政府與大多數公民的關係如此疏離，以至於即使是讓步的政策也適得其反，造成更大的痛苦。一九六五年通過的農民工人最低工資法，無意中使許多人失業。[6]衛生和社會發展計畫提高了生活水準，特別是在城市中，導致人口激增，在一九五〇年後的二十五年裡，人口從大約兩百萬翻倍為四百萬。人口激增使資源更加缺乏，進而增加了勞動人民的經濟壓力。[7]一九八〇年，不到百分之二的人口擁有全國一半以上的可耕地。[8]與此同時，愈來愈多的政治抗議活動遭到了致命的打擊，學生示威者被關進監獄，甚至更糟，國立大學也被迫停課。[9]薩爾瓦多的生活與古巴所象徵的各種可能性之間產生鮮明的對比。

多年來，革命的問題一直被擱置在一旁。這也正是政府的意圖。儘管一九三二年的殺戮多半是為了讓全世界看到，但在這之後為了鞏固政府和咖啡種植者的合法性，將大屠殺從官方紀錄中清除變得至關重要。作為一項政策，「對屠殺的公開討論受到壓制，檔案被禁止使用，甚至遭到銷毀、遺失或竊取，許多目睹事件的人被流放或殺害或保持沉默。」[10]即使談到革命，也可能帶來致命的後果。然而，一九七〇年代初，一些左派團體開始認為有必要使用武力再次嘗試改變他們的國家。

帶走小海梅的人民革命軍就是這些團體之一。一九七二年，該組織由年輕的激進份子成立，其中許多人與教會有聯繫，他們致力於軍事行動，並相信即使沒有群眾參與，一群為數不多的堅定戰士也能完成革命。[11]為了資助他們的計畫，人民革命軍綁架了薩爾瓦多的菁英家族成員，並勒索贖金。

與一九三二年大屠殺之前一樣，薩爾瓦多政府以不斷升級的武力回應左派的軍事行動。一九七五年，國民警衛隊向聚集在聖塔安娜和聖薩爾瓦多的數千名學生開火，他們抗議政府花三千萬美元舉辦環球小姐選美，共有三十七名抗議者喪命。軍隊可以自由逮捕任何被懷疑從事「顛覆」活動的人。[12]在寡頭政府的資助下，軍事組織的「行刑隊」形成右翼勢力，其隊伍由兼職的國民警衛隊成員和軍隊組成。[13]其中最惡名昭彰的是由羅伯托・德布伊森（Roberto D'Aubuisson）少校領導的白人戰士聯盟（White Warriors Union），他在七〇年代初曾在華盛頓特區的國際員警學院（International Police Academy）接受過培訓。儘管在某些時候，他們的行動隱密，經常在夜色的掩護下，頭戴面具執行任務，但行刑隊享有有效制裁和不受懲罰的權利，並在光天化日之下公然展示他們的行動，讓所有人看到。「有時屍體沒有頭，或沒有臉，他們的臉部特徵遭獵槍炸開或使用電池的酸性物質抹去。」美國記者馬克・丹納（Mark Danner）報導，但「屍體背部或胸前遭到劃開」當成行刑者的簽名。[14]

政治選舉也與一九三二年大屠殺前的情況類似。一九七七年，總統選舉因選民遭到鎮壓和選票作假而被偷走，聚集在首都抗議選舉結果的示威者中有五十人被殺。然後，一九七九年七月，彷彿為了證明歷史確實重演，一個以奧古斯托・桑迪諾（Augusto César Sandino）的名字命名的左派團體在尼加拉瓜揭竿起義，推翻了自桑迪諾敗退以來統治了半個世紀的軍事獨裁政權。在尼加拉瓜的桑迪諾主義者取得勝利後，薩爾瓦多的保守強硬派加倍進行鎮壓，準備對抗崛起的勢力。右翼中較溫和的一派，包括許多年輕的軍官，開始密謀透過推翻強硬派並嘗試與左派談判，以避免內戰。

一九七九年十月十五日發生政變，結束了從一九三二年一月政變後長達五十年的軍事統治，但政變組織在這個過程中分裂成兩派。其中一派勢力控制了政府，推動了和解措施：土地改革、社會福利和人權。另一派勢力控制了軍隊，繼續進行鎮壓，特別是針對人民革命軍。[15]政變後的第二天，在聖薩爾瓦多的貧困郊區有三十五人被殺，第二天又有四十多人被殺。十月二十九日，七十五人在首都的一次集會上遭到殺害。萬聖節當天，也就是小海梅被綁架的那一天，在政府召開人權委員會調查綁架和失蹤事件時，員警將七名抗議者殺害。[16]政變不可捉摸，使人無法知道接下來將會發生什麼事。

小海梅待在牢房的第一個晚上，他服下綁架者給他的藥丸，沉沉地睡著。第二天早上，當他醒來，一切已經人事已非。綁架者花了幾個月的時間了解他，研究他的生活規律和習慣，拍攝他在聖薩爾瓦多生活時的照片，並調查他家庭的經濟狀況。現在他們給他拍了照片，讓他拿著一份報紙作為活著的證明。他們要求小海梅寫下有關其家庭成員的詳細資料，以便在談判中使用，並對其家庭的財務狀況進行核算。他們為他提供了一份豐富的午餐，包括魚、蔬菜、玉米餅和水果。小海梅翻閱著《東方快車謀殺案》。在某些時候，他祈禱自己可以活著回家。但後來綁匪說，一切都取決於他的家人和政府對其贖金要求的反應，小海梅因此失去了信心。[17]

兩週後，十一月中旬，人民革命軍提出八百萬美元贖金的要求。哈樂德・希爾，小海梅的弟弟，畢業於德州的A&M大學和華頓商學院，負責監督家族的咖啡事業，負責與綁匪協商。幾個星期的電話和信件往返並沒有得出任何結果。十二月初，哈樂德・希爾與聖薩爾瓦多的大主教奧斯卡・羅梅洛（Óscar Romero）接觸，請他出面干預。

如果有人真有影響力，那個人非羅梅洛莫屬。在擔任薩爾瓦多天主教會領導人的三年時間裡，他已經成為該國最有權勢的人，這一點有些讓人吃驚。當一九七七年羅梅洛升格為大主教時，薩爾瓦多的寡頭們紛紛慶祝，期望這位神父能夠成為一位順從政府的盟友。然而，不久便看出，事實恰好相反。羅梅洛對於那些因為生活和工作飽受貧困而展開抗爭的同胞們非常同情，一九七七年，另一名神父遭到政府暗殺而喪命，於是羅梅洛領導教會走向政治。他在週日上午的講道中呼籲「解放人民」，這些講道透過教會所屬的廣播電臺播出，薩爾瓦多農村裡近四分之三的家庭都能聽到。一九七八年，一個由二十三名美國國會議員組成的團體提名羅梅洛為諾貝爾和平獎候選人。一九七九年五月，他前往梵蒂岡，請求教宗若望保祿二世（John Paul II）幫助他結束薩爾瓦多的貧困和暴力。[18]

在聽取了哈樂德・希爾的請求之後，羅梅洛大主教在十二月十六日的臨終彌撒中，為小海梅的生命提出了請求：「以這個家族為名，以所有被綁架者的家庭為名，我懇求你，就像教宗在愛爾蘭所做的那樣，如果有必要，我願意跪求你，把自由還給這些人，我們的姐妹和兄弟，進而使這些可愛的家園恢復寧靜。」[19]小海梅夢想著回家過耶誕節，與家人一起圍坐在耶誕樹下，但是耶誕節過去了，並沒有任何消息。時間成為一種折磨。小海梅在牢房中度過的每一個小時都像是永無止境，每一天都在加速他走向生命的終點。

一九八〇年一月初，綁架小海梅的人告訴他的家人，如果在該月十六日之前沒有滿足他們的要求，他們就準備了結小海梅的性命。當時正值採收季節，但暴力事件使薩爾瓦多的經濟陷入混亂。希爾家族聲稱無法出售或抵押他們的企業籌集現金，他們懇求寬限最後的期限。小海梅分居的妻子羅珊娜，在最後寬限期限那天前去拜訪大主教羅梅洛，兩天後她出現在國家電視臺，請求饒她丈夫一命。

兩個月之後，三月，小海梅的家人與綁匪達成釋放他的條件：四百萬美元現金，外加幾個條件。[20]第一個條件是將小海梅的裝甲賓士車交給人民革命軍。其次，小海梅的家人必須出錢讓革命者在全球最大的報紙上刊登他們的故事。

三月十二日，《紐約時報》（*New York Times*）、《華盛頓郵報》（*Washington Post*）和《世界報》（*Le Monde*）以及委內瑞拉、墨西哥和西班牙的報紙上刊登了一個整版的宣言。《泰晤士報》（*The Times*）收取了一萬六千八百美元的廣告費，該廣告出現在A 21頁，在一篇社論之後的十一頁。「釋放一名遭左派游擊隊扣押的薩爾瓦多高層管理者的條件是」，該報報導說，「人質的家人已經支付了今天發表長篇政治聲明的費用。」該報廣告部的一位發言人對於刊登這樣的文章表示歉意。「通常情況下，我們會審核廣告，並刪除可能冒犯讀者的描述。我們會要求提供事實的證明或檔案。」但是在此情況下，發言人解釋，《泰晤士報》「別無選擇，只能照實刊登，因為這涉及一個人的生命。」[21]

宣言中密密麻麻的文字與《泰晤士報》慣用的字體略有不同，既是歷史又像是預言：「薩爾瓦多人民目前正面臨歷史上的一個關鍵時刻，以尋求最終的解放。我國目前正在進行抗爭，展現了一個民族成為自己命運主宰者的權利。」除非「人民合法握有屬於他們的東西，即巨大的咖啡、糖、棉花種植園；巨大的工廠、銀行和寡頭的一切財產；否則這一切將不會結束。這是最終的解決方案，沒有什麼可以讓我們受制於貧窮和永久的壓迫。」綁架所得到的贖金——從寡頭手中「取回」的錢——將資助「人民對正義與和平的征服」。[22]

三月十四日，小海梅的綁架者將他四個半月前穿的衣服還給他，外加二十美元現金，開了三個鐘頭的車程送他回到聖薩爾瓦多，並將他丟在城市邊緣。他在那裡搭了一輛計程車回家。

十天後，羅梅洛大主教在聖薩爾瓦多一間醫院的小教堂做彌撒時，被從一輛紅色福斯汽車車窗射出的一發子彈擊中心臟。聯合國真相委員會後來證實了大多數薩爾瓦多人已經知道的事情，指責羅伯托．德布伊森和他的白人戰士聯盟為策畫者。五月一日，右翼行刑隊公布了一份一百三十八名「叛國共產黨員」名單。[23]五月二十二日，人民革命軍與其他四個左派游擊隊聯合起來，到了十月，這五個團體組織成一個單一勢力，並將其組織命名為法拉本多．馬蒂民族解放陣線（Farabundo Martí National Liberation Front），即縮寫FMLN。新聯盟共有七千名男女游擊隊員，加上十萬名民兵，資金來自包括綁架小海梅在內所獲得的綁架贖金，籌集了數百萬美元。十多年來，馬蒂民族解放陣線與薩爾瓦多軍方和行刑隊鬥爭，而這些行刑隊的資金來自美國六十億美元的援助，每天超過一百萬美元。

從越南到中東，美國的軍事歷史在薩爾瓦多遇上轉折。一九七九年尼加拉瓜的桑迪諾主義者革命（The Sandinista Revolution），加上伊朗的革命和蘇聯侵略阿富汗，促使卡特政府，然後是雷根政府，在中美洲採取了反共產主義的立場。薩爾瓦多內戰是繼西貢淪陷和巴格達淪陷之間，美國規模最大的反叛亂和國家建設運動。[24]薩爾瓦多的作戰計畫與越南戰爭形成了鮮明對比，後來美國又仿效伊拉克戰爭，部署了一支小型地面部隊，訓練薩爾瓦多軍隊與薩爾瓦多人民作戰。過去十二年間，農村再度成為七萬五千人的萬人塚。「在薩爾瓦多，活著成了例外。」調查戰爭期間侵犯人權的美洲委員會（Inter-American Commission）得出結論，「死亡才是尋常可見的現象。」[25]百萬名薩爾瓦多人，占全國人口的五分之一，無論貧富，皆為了逃避暴力而逃離家園，許多人到美國尋求庇護。菁英們聚集在邁阿密，而工人階級則前往舊金山、洛杉磯、華盛頓特區和長島郊區，形成了移民社區。

抗爭一直持續到一九九一年秋天，當時的布希政府告訴薩爾瓦多政府，資助「不會永遠持續下去」。[26]不久之後，一九九二年一月十六日，距離馬蒂和馬爾莫最初選擇在西半球開始第一次共產主義革命的日子，已經相隔了六十年，和平協定終於簽署，結束了冷戰時期最後一次的武裝衝突。

在和平協議之後，法拉本多・馬蒂民族解放陣線採取行動，以確保和平常駐於薩爾瓦多政治和社會中。一些馬蒂民族解放陣線的領導人透過哈佛大學的「政治基礎」課程，學習如何建立一個政黨。[27]其他想要經營事業的人，部分是為了給予先前參與革命的士兵提供就業機會，他們向小海梅尋求幫助。

當綁架者打電話來時，小海梅邀請他們中的五人到他家中。他們一起坐在他家後院的樹蔭下。[28]這些前革命者告訴小海梅，他們想開一家建築公司，並要求他把他們介紹給其他事業夥伴。小海梅清楚知道他的一些朋友認為他是個叛徒，但仍同意幫助綁架者找個簿記員。[29]

二十年後，即二〇一一年，記者凱萊法・桑內（Kelefa Sanneh）為了撰寫《紐約客》（*The New Yorker*）雜誌的文章而飛往薩爾瓦多。他正在尋找紐約正在進行的咖啡革命的起源，他說道，「在數量愈來愈多的咖啡館裡，你可以像點紅酒一樣，指定咖啡的品種、地區和產地；如果你幸運的話，只要花上一杯紅酒的錢，你就能得到一杯滴漏咖啡，它比大多數人知道的那種帶有澀味的咖啡更醇厚，也更怪異。也許你會發現一絲薑餅的味道，或蜂蜜般的後味，或一種豐富的、濃郁的甜味，讓人想起番茄湯。也許你將會發現很難再回去品嘗你過去喝的任何東西。」

桑內描述的是美國咖啡飲用的「三個浪潮」。第一個浪潮是由大型超市品牌組成，如希爾斯兄弟、佛格斯和麥斯威爾（Maxwell House）。第二波浪潮則是咖啡連鎖店，諸如位於柏克萊的皮爺咖啡（Peet's）和西雅圖的星巴克，它們也是從太平洋沿岸的高品質淡味咖啡貿易中發展起來的。第三個浪潮是由精品烘焙師和時尚商店組成的「農民咖啡運動」（farmer-obsessed coffee movement），「一袋十二盎司的咖啡可能要價二十美元或更高，並附有關於來源和口味的抒情文章。」[30]由於薩爾瓦多內戰造成的意外結果，聖塔安娜火山已經成為一個特別搶手的產地。

十二年的抗爭使該國的咖啡產業陷入癱瘓，並改變了國民經濟。逃離暴力的移民反成為薩爾瓦多的主要出口，來自美國的匯款成為該國最重要的經濟來源。然而，戰爭在某種程度上對薩爾瓦多咖啡有利。咖啡處理廠和種植園是菁英財富和權力的展現和象徵，經常成為FMLN的目標。[31]許多種植者——無論他們是在恐懼之中放棄了他們的種植園，還是在投資咖啡方面猶豫不決，或者只是在革命中失去了工人——都沒有像當時中美洲其他地區的種植者那樣，用「技術化」培育的快速生長、高產能、全日照的雜交品種，取代他們的老波旁樹。在此過程中，波旁品種——原是薩爾瓦多最初高產量、耐炎熱氣候的咖啡樹——成為一種傳家寶、傳統品種。[32]當桑內訪問薩爾瓦多時，薩爾瓦多的咖啡出口量還不到一九七五年的一半，但優質咖啡豆的價格卻從未如此高昂。

在聖塔安娜，桑內遇到了艾達．巴特爾（Aida Batlle），薩爾瓦多咖啡王朝的繼承人，弗洛．里達（Flo Rida）的粉絲，《使命召喚：現代戰爭二》（*Call of Duty: Modern Warfare 2*）

的線上玩家，也是美國的咖啡名人。巴特爾駕駛一輛四輪驅動的豐田越野休旅車（Toyota FJ Cruiser），載著桑內前往她位在聖塔安娜火山上的種植園。她戴著哈雷．大衛森駕駛手套，緊緊握住方向盤，他們在陡峭的山坡上行駛，「採摘者有時不得不用繩索降下來」，在「用咖啡統治薩爾瓦多」的日子裡，她的曾祖父曾開著別克汽車行駛過的同樣路線。

巴特爾帶著「兩名武裝警衛和一隻訓練有素的德國牧羊犬——酋長」，以及腦海中不安的畫面一起駕車。她在邁阿密長大，但在一九八〇年代返回薩爾瓦多的旅途中，她看到了她的家人所逃避的事情。「這聽起來很糟糕」，她說，「但你會習慣看到路邊躺著屍體。」戰後，她的父親在聖塔安娜努力維持家族的咖啡事業，在納什維爾（Nashville）經營餐館生意的巴特爾，決定返鄉幫忙。她對咖啡樹的相關知識所知甚少，但對美國咖啡飲用者的需求有一種出於本能的感覺。她的想法是「用當地的野燕麥（Wild Oats）超市販售水果的方式來對待她的咖啡：她以有機方式種植咖啡樹，只採摘成熟的咖啡果——成熟、外表健康——她想飲用的那些咖啡。」第二年，她生產的「小火烹煮咖啡」（coddled coffee）贏得了全國比賽，並以每磅十四美元的價格出售，當時的公開市場價格還不到一美元。在那之後，巴特爾開始將她的咖啡豆賣給美國的精品烘焙商，包括：反文化（Counter Culture）和史達普鎮（Stumptown）。

巴特爾向桑內展示了在她土地上的兩個主要咖啡品種：波旁和帕卡馬拉（Pacamara）。每個咖啡品種都有其特點：波旁咖啡品種像是「芭蕾舞者——高䠷、優雅」，巴特爾解釋，「這些帕卡馬拉品種更像是體操運動員，矮小而粗壯。」帕卡咖啡樹吃苦耐勞，而波旁樹則是「鬧脾氣，卻多產」。她指著一些波旁咖啡的樹苗，朝一個穿著迷彩超人T恤、綁著雙刀的主管說。「請用愛和關懷善待它們。」

參觀完種植園後，巴特爾帶著桑內從火山上下來，來到她的「當地處理廠」——「三扇門」。桑內跟著巴特爾穿過處理廠來到她「最喜歡的地方」——杯測室。桑內提到「三扇門」的杯測室是「該地區最接近設備齊全咖啡館的地方」，因為薩爾瓦多「如同許多咖啡生產國一樣……從未真正發展出喝咖啡的文化。」種植園生產的咖啡經濟意味著，薩爾瓦多人沒有能力創造將國內生產的咖啡豆銷往美國和歐洲所帶來的利益。相反地，薩爾瓦多的雜貨店充滿了廉價的即溶咖啡，這些咖啡豆的品質和價值較低，通常是從越南或巴西進口，那裡的咖啡是以大量生產的方式經營。

在杯測室裡，巴特爾「最信任的副手」，準備了一些她的咖啡進行測試。他烘烤了幾個可供出口的豆子樣品，並在一台價值數千美元的德國研磨機中，將每顆豆子磨成細粉。他把十二點五克的咖啡粉，裝入排列在一張桌子邊緣的每個白色杯子中。巴特爾彎下腰深深地聞了聞咖啡粉，然後她的副手在每個杯中注入兩百五十毫升熱水，並讓這杯咖啡沖泡上四分鐘。

在「三扇門」的杯測室裡，還擺放著一台不銹鋼的義大利濃縮咖啡機——拉馬佐科（La Marzocco），價值六千五百美元——這是巴特爾咖啡邁向更廣闊世界的一件工藝品，在這裡品鑒筆記被視為領先的價值指標。經過四分鐘的沖泡後，咖啡師們把每杯咖啡頂部的咖啡渣撇掉。他們用勺子蘸了蘸，嘗了嘗，大聲地啜飲，在口腔中品嘗咖啡。水果味道，濃重糖漿，土，甜味，果汁。巴特爾說：「我得到了巧克力包裹的櫻桃氣味。」這是她「能流利說上一口消費者語言」的獨特能力，她可以將消費者的感受用語言傳達。這種語言的流暢度難能可貴，以至於巴特爾對詹姆斯．希爾來說，不只是一個客戶而已。她一直以來擔任「三扇門」的顧問，她親自篩選的豆子並以「艾達．巴特爾嚴選」的名義出售，從某種意義上說，她真正繼承了詹姆斯．希爾的職位。「對於真正關注的人來說」，桑內寫道，「咖啡是一種交流的形式，每一杯，甚至是一杯糟糕的咖啡，都講述著它是如何形成的。」

在他離開之前，桑內還參觀了「三扇門」的其他院落。他穿過主辦公室外面一個正式的玫瑰園，爬上臺階，來到那幢老舊的白色房子。他走進去，上了二樓，主臥室在熾熱的白天裡顯得陰暗而涼爽。桑內走到臥室外的陽臺上，俯瞰廣闊的天井，一個多世紀以來，乾燥的咖啡豆在白色的陽光下被耙平和翻轉，分類、清洗、裝袋和運送。在陽臺的邊緣，擺放了「相當不祥的……陳舊的聚光燈和擴音器」。[33]但桑內的目光並沒有像在咖啡研磨機和濃縮咖啡機上那樣停留在這些儀器上，因為它們似乎像是另一個時代的遺物。戰爭已經結束。一切物換星移。「我們需要做出差異化，圍繞我們的咖啡構建一個故事」，詹姆斯．希爾的曾孫迪亞戈．拉赫（Diego Llach）於二〇〇五年說，「我們已經學著將農場視為一個有生命力的實體，而不僅僅是一台生產機器。」[34]透過天井，仰望著火山上的種植園，桑內看不到他前往聖塔安娜想要尋找的更深層的歷史——「一種完全遺忘其過去曾作為一種果實的飲品。」[35]

兩百多年前，約莫在十九世紀之交，過去的歷史仍影響著生活。在當時，糖是最常被用來思考世界經濟如何運作的產品，而且不難想像透過糖與遙遠的地方和人之間建立起來的關係意味著什麼：它意味著奴隸制度。另一方面，奴隸制度本身也是一場陷入辯證的主題，它涉及身而為人的意義這一問題的核心。

一七九一年，倫敦書商兼印刷商威廉・福克斯（William Fox）研究出一種新的方式，來思考奴隸制度和糖之間的關係。他撰寫了一本小冊子並自行出版。「我們透過連串殘酷的實驗，確定使人在痛苦中堅持數年所需的最低限度的營養；在此情況下，極端的懲罰能帶來的最大量的勞動，與人體所能忍受的最大程度的痛苦、勞動和饑餓結合。」福克斯寫道。福克斯的小冊子名為《致大不列顛人民關於禁用西印度糖和蘭姆酒的效用》（*An Address to the People of Great Britain on the Utility of Refraining from the Use of West India Sugar and Rum*）。正如一本詳盡的手冊該有的，小冊的內容既合理又聳人聽聞。其聳人聽聞的部分是，吃糖等同於吃人。從合理的角度來看，福克斯做了如下的計算：「我們對此種商品的消費，以及由此產生的痛苦，必然是相互關聯的，所以每食用一磅糖（從非洲進口的奴隸的產品），相當於消耗兩盎司人肉。」一個習慣於每週吃五磅糖的家庭，透過戒糖二十一個月，可以挽救一個「被稱為奴隸者」的性命。[36]

福克斯並不是唯一一個把糖轉換成人肉的人。[37]他引用一位法國作家的話說：「『他看到一塊糖，無法不去想到它沾有人類的斑斑血跡』佛蘭克林博士……還說，如果他將所有的後果考慮在內，『他還可能會看到糖不僅沾有血跡，而且在穀物中被染成了猩紅色。』」當種植園的奴隸將人的生命轉化為糖時，不難想像有多少鮮血透過土壤滲透進甘蔗，通過精煉廠，穿過海洋，進入人的嘴裡。福克斯的論點將奴隸制度的問題轉移到了種族差異之外，強調了生產和消費之間緊密的經濟和生理關係。「如果我們購買了商品，我們就參與了犯罪。」福克斯總結，不吃糖的「效用」——不參與將人類暴力轉變為商品的行為——必須與產品本身的甜味相對抗。[38] 一七九一年和一七九二年，他的小冊子在英國和美國共發行了二十六個版本，共二十五萬冊，成為當時最受歡迎的手冊，超過了湯瑪斯・潘恩（Thomas Paine）的《人的權利》（*Rights of Man*）。[39] 在評估福克斯作品的重要性時，食物和勞動人類學家先驅西德尼・明茨（Sidney Mintz）寫道：「英國的〔奴隸〕貿易很快便結束了。」[40]

在某種程度上，十九世紀下半葉全球解放運動的勝利，使人們更難理解「商品和人之間的關係」，正如一九八五年明茨在他出版的《甜蜜與權力》（*Sweetness and Power*）一書中所描述的，「英國糖生產和糖消費之間的聯繫」這一更深層面的主題，[41] 被視為財產的奴隸制度結束後出現的資本主義形式，是基於粗魯和技術的方式，迫使人們自願工作以滿足其基本需求。同時重新定義人類作為一種以能量為基礎的機制，授權並強化了雇用勞動特有的強制和控制形式。能量使工作看起來如同健康的人類一個再自然不過且不可避免的功能，為世界各地的種植者和雇主面臨的問題——是什麼驅使人們工作——提供了一個普遍的答案。隨著生產、交換和消費系統圍繞能量的概念進行重組——從聖塔安娜火山的種植園和處理廠，到美國及其他國家的銀行、工廠和廚房——這個曾經與經濟、政治和美好社會的主流辯論相關的基礎問題，被推往一邊。

曾幾何時，咖啡取代了糖，成為最常被用來思考世界經濟如何運作、消費者和生產者之間的聯繫、經濟公平、平等和正義的商品。如同糖一樣，咖啡來自於全球熱帶地區種植園中，成為較為貧窮、深色皮膚人種（非洲人、拉丁美洲人和亞洲人）的工作，替較富有、白皮膚人種（歐洲人和美國人）在遙遠的工廠和辦公室裡賣命。反觀糖的吸引力如此自然，以至於對任何依靠加了糖的牛奶長大的人類，或是其他生物來說，糖幾乎像是一種本能的依賴。然而咖啡被引進西方後，受到了厭惡和懷疑，尤其是因為咖啡的效果混淆了對身體的既定概念。[42]在現代美國，咖啡作為一種大眾飲料興起，以及作為提振工作精神的藥物飲品，不僅與工業化造成的對晝夜規律、工作習性和休息模式的破壞同步進行，而且還與圍繞能量概念對人類的重新定義同步進行。能量足夠靈活，才得以適應咖啡對身體所產生揮之不去的影響的模糊性——它同時也阻礙了生產商和消費者之間的聯繫。由於在咖啡生產中所利用的能量，與在咖啡消費中獲得的能量被區分和隔離，原本聯繫咖啡飲用者與咖啡工人的咖啡生產線，成為將飲用者和工人分開的主因。在這種情況下，對於那些別無選擇只能工作的人來說，咖啡似乎是天賜之物。

事情也可能不完全是如此。能量的概念是一種聯繫的概念，它使一個人的工作和另一個人的工作，以一種嶄新直接和嚴格的方式建立關係成為可能。然而，這種可能性在計算結果後，被認為太複雜，因此遭到放棄。如果以創造事物的成本而非以從中的獲利評估，我們將無法獲得足夠的獲利，甚至將失去更多。

在現代世界中，仍有一個晦暗的領域未被跨越。我們透過事物與遠方的人們或那些地方的聯繫意味著什麼，仍沒有共同的概念。也沒有共同的語言來談論我們賴以生存的生命。

因此，拿起一袋咖啡，它描繪了一個種植者的幻想世界，以土地之名的方式呈現給咖啡飲用者：種植園的名稱、所有者的名字、一塊土地的位置、它的海拔高度、它的顯著特徵——彷彿袋子裡的咖啡只是來自產地的簡單產物，不受外界的歷史影響，也不存在如何讓人們工作的問題，因此可以自由地讓漿果、番茄、可可、果實，以及許久以前為了讓人們努力生產而根除的一切野生植物，重新找回它們的味道與甜味。

然而，對於喝咖啡的人來說，從事咖啡工作的人很難被忽視。至少一個世紀以來，美國的新聞報導、廣告和流行文化中，都有關於咖啡工人的描述，通常是為了表明他們的生活與喝咖啡的人截然不同。在許多情況下，咖啡工人的生活一直是最受到決策者與國際施政者關注的問題。然而，在缺乏對更深層次的問題（即是人們為何工作的問題）的理解，咖啡飲用者所看見的咖啡工人，如同種植者希望他們看見的一樣：彷彿咖啡工作是他們的宿命和身分，彷彿他們僅僅是希望得到最佳工資的「工人」。

「道德認證」咖啡，是公平貿易的領先產品，但在這方面沒有幫助。二次大戰後，一位門諾派傳教士，想幫助貧窮的波多黎各婦女出售她們的針織品而創立了公平貿易。一九八〇年代公平貿易的理念透過中美洲咖啡進入了零售主流。在與桑迪諾主義者的祕密戰爭期間，雷根政府對尼加拉瓜實施了經濟禁運，禁止該國產品（包括咖啡）進入美國。同情桑迪諾主義者的進口商發現了一個漏洞：如果來自尼加拉瓜的咖啡在另一個國家烘焙，就可以合法進口。這些成本對任何傳統零售商來說太過高昂，但當時教會團體和專賣店，包括位於麻塞諸塞州劍橋市的「公等交易」（Equal Exchange），以每磅七美元的價格販售在阿姆斯特丹烘焙的「尼卡咖啡」（Café Nica），這個價格幾乎是當時咖啡平均零售價格的兩倍。一九八七年，在其開業的第一個年度，「公等交易」賣出了兩萬磅咖啡，並看到了更多的需求。[43]

第二年，一個荷蘭咖啡銷售團體以馬格斯．哈弗拉爾（一八六〇年小說《穆爾塔圖里》（*Multatuli*）中關於爪哇饑荒故事中的名字）為商標銷售咖啡，形成這種早期「另類貿易組織」的倫理原則，成為第一個公平貿易的標示。馬格斯．哈弗拉爾的商標保證了咖啡來自合作社，其價格高於市場定價，可以為生產咖啡的人帶來更高的工資。一九九七年，馬格斯．哈弗拉爾和歐美的其他公平貿易標籤，為價格、工資以及某些社會和環境條件制定了共同指導方針。一九九九年，美國進口了大約兩百萬磅的公平貿易咖啡。現在，進口量接近這個數字的一百倍，占美國消費市場的百分之五左右。公平貿易對消費文化的影響要大得多，它使大約一半的美國家庭意識到了全球經濟倫理問題。[44]

公平貿易受到了很多批評。一些人認為，它對公平的定義是由富人為窮人制定，它與市場價格的聯繫過於緊密，無法認真解決存在於咖啡工人和飲用者之間，在預期壽命、教育和健康方面的「嚴重不平等」。[45]另一些人則認為，公平貿易強調幫助小農，並沒有惠及最貧困的窮人——大型種植園裡的咖啡工人——而且它的保證價格模式並不以咖啡的品質來衡量咖啡的價值。[46]其他人則質疑誰是真正的受益者，因為公平貿易的生產者只賺取其咖啡最終零售價的十分之一，幾乎不足以打破長期以來的貧困循環，而大型營利性跨國公司則利用公平貿易認證，使自己看起來像慈善機構。[47]

然而，對公平貿易的最終批判必須是，它將道德提煉為價格——公平的基本概念取決於金錢數字——模糊了一個更基本的問題，而且不僅是對咖啡飲用者，也是對那些在咖啡貿易行業工作的人。例如，里克·佩澤（Rick Peyser），在全球最大的公平貿易咖啡買家之一綠山咖啡（Green Mountain Coffee），擔任了數十年的高層主管，他還曾擔任全球最大的道德貿易認證機構公平貿易國際（Fairtrade International）的董事會成員。不過，當他開始造訪咖啡產區，考察種植園、咖啡樹和咖啡果，以確定最好的咖啡來源時，他還是很驚訝，他了解到，那些他購買的咖啡的生產者，一年到頭長期處於饑餓狀態，而且在咖啡採收季結束和下一次的採收季開始之間的幾個月裡，也就是他們所說的「歉收月分」（los meses flacos），他們實際上是處於饑餓的狀態中。[48]

近年來，咖啡飲用者仍鮮少注意到咖啡生產和饑餓之間的關係。[49]迄今為止，對世界咖啡區「糧食不安全」的最龐大研究於二〇〇五年完成，研究重點是薩爾瓦多、瓜地馬拉、尼加拉瓜和墨西哥，一般認為這些地區比非洲和亞洲類似地區更加繁榮。在近五百個家庭的調查中，約三分之二的家庭難以滿足他們最基本的食物需求。另一項專門針對薩爾瓦多西部咖啡區的研究發現，有百分之九十七的家庭長期處於饑餓狀態。[50]

人們經常把饑餓問題描述得極其複雜，攸關歷史、市場和環境因素，且範圍比任何單一家庭、種植園或政府都要大得多；[51]然而，這也是一個再簡單不過的問題。因為從事咖啡工作的人處於饑餓狀態，他們選擇採取艱難的生存策略。當食物匱乏時，他們吃得更少，當錢不夠的時候，他們會買些便宜的食物，錢用完了，他們就舉債吃飯，借不到錢的時候，只能去工作。不管什麼條件的工作，都是為了生存。問題並不在於咖啡種植園沒有足夠的工作以幫助家庭度過艱難的歲月，問題是只有咖啡種植園的工作。因此，當經過道德認證的種植園的工作條件，被發現與承諾的情況不同，甚至比所有人知道的更糟糕時，勞動工人有一個簡單的解釋：「除非你去掙，否則哪來的食物。」[52]對於現代世界的運作方式來說，沒有比這更基本的原則了，戰爭造成了這個結果，這是種植園主們所創造的世界。

生活在工作和饑餓之間的人們經常離鄉背井，希望在其他地方過上更好的生活——如同詹姆斯．希爾在一八八九年所做；如同許多薩爾瓦多人在十九世紀末土地私有化之後、一九二〇年代波旁咖啡繁榮時期、一九三二年大屠殺之後、一九八〇年代和一九九〇年代的內戰期間所做的那樣，更如同今天許多人因暴力和環境變化再次流離失所。自從一百多年前咖啡興起以來，薩爾瓦多許多人選擇的是種植園、移民或革命——挨餓、苦幹、遷移或抗爭。[53]

另一方面，也有提出不同未來的設想，即把整個故事倒過來寫，把現在的咖啡重新變成食物。為了終結「咖啡之鄉的饑餓」，美國特產咖啡協會（Specialty Coffee Association of America）建議取消單一栽培，在咖啡樹上方種植果樹遮蔭，在樹下的土壤中種植玉米和豆子。[54]與此同時，世界各地的貧困和饑餓人民齊聚一堂，提出了關於糧食安全和糧食主權的大膽建議。根據聯合國的定義，糧食安全「指的是所有人在任何時候，都能從物質、社會和經濟上獲得充足、安全和具有營養的食物，以滿足其積極和健康生活的飲食需求和食物偏好。」[55]糧食主權是由小農自己提出的概念，它更進一步，不僅要求獲得充足、多樣和健康食物的人權，而且要求將糧食的生產和分配交由當地的食用者管理。[56]這兩項原則已經開始轉化為新的、符合道德的咖啡認證規範，以尊重而非利用人類的基本需求，並使溫飽作為工作的先決條件，而不是其附帶的結果。

有兩種方式來思考糧食主權。一種是直接針對現代世界的核心秩序，一種是從耕作方式下全球化的歷史切入，拔除國際咖啡經濟的根源，切斷從事咖啡工作的人和咖啡飲用者之間的遠距離聯繫機制。但另一種更有同理心的方式是，將糧食自主——採摘野果，照料番茄和黑莓，種植玉米和豆子，養雞，打獵和捕魚，和家人一起做飯，餵養孩子，與鄰居分享，招待朋友，隨時進食，然後再回去吃更多——視為一種人道的和平提議。

在遭遇綁架多年後，小海梅坐在他位於聖薩爾瓦多陽光明媚的大辦公室裡，與一位作家交談，他對全球化對人類的影響深感興趣，特別是全球化對家庭的影響。小海梅試圖描述他的綁架者如何使他獲得自由，並告訴她，他的名字所代表的家族的故事。故事始於他的祖父詹姆斯年輕時從曼徹斯特航行到薩爾瓦多。小海梅講述了他的祖父如何與一個咖啡世家結為姻親，如何將薩爾瓦多咖啡「工業化」，如何將他的七個孩子分別送往加州念書，三個男孩如何回來幫助管理種植園和處理廠，以及他們後來如何將家族企業擴展到銀行、保險和製造業。小海梅說，他自己的父親是「一個非常優秀的人」，卻也「非常專制」，他從未過問與他同名的兒子，或者問問他想要什麼。

小海梅解釋，他被綁架時，一切都變了。一旦他的生命被貼上了一個價格，關於價格的談判隨即展開，他失去了所有的自我意識，他不再知道自己是誰。他意識到，他無法自己做決定，他的性命一直以來受到了他的父親宰制。相比之下，綁架他的人目標。他們「知道自己在做一件了不起的事情，他們在為社會正義而戰……他們有食物、有住所、有藥品、有蔽體的衣物。」他們擁有自己所需要的東西。小海梅回憶道，在他遭囚禁的幾個月裡，他願意用他所有的錢和財產，來換取與他的家人一同住在「一個十分簡陋的家」。當他明白他想要的是一個無價的東西，這個東西無法透過他所習慣的方式取得時，他頭一次發現「孤獨的真正涵義」。在他的牢房裡，他手邊沒有熟悉的資源。他不得不動用他能找到的一切來拯救自己。

小海梅認為，如果說是什麼讓他在綁匪為他設定的寬限期到了之後還能活著，答案便是他在孤獨中發現的謙卑。

當他在四個半月後獲釋時，小海梅蛻變成一個完全不同的人。他對自己在這個世界上的位置的理解發生了變化，但他努力想弄明白這一點。此後多年，他成了「無名小卒」——不再是過去的他，但也不完全是他挖掘出的自我。他藉由酒精來逃避，並感到自怨自艾。然而，漸漸地，小海梅開始明白，他的問題並不是他個人的問題，而是他所處的時間和地點，與薩爾瓦多自身以及他的薩爾瓦多同胞們的問題密不可分。

有了這樣的認知之後，他冷靜下來。小海梅在聖薩爾瓦多搭建了一間診所，以治療內戰造成的毒癮和創傷後壓力症候群，他讓他的女兒亞歷珊卓跟在他身邊工作。他發現，從事這份工作，或進入企業、學校和貧困社區，談論毒品和酒精、克服暴力和痛苦，以及談論如何培養自尊，「協助做一些事情，讓薩爾瓦多人民幸福」，反過來使他成為「有史以來最幸福的人之一」。[57]當他坐在聖薩爾瓦多的辦公室裡，講述他的家族故事，以便與其他家庭的故事一起被寫進書裡時，小海梅感到很平靜，他希望他的國家也能如此。

致謝

十年前，詹姆斯・希爾的曾孫迪亞戈・拉赫，本身是個著名的咖啡生產商，是第一個把這本作品稱為書的人。「你正在撰寫一本書」，我們在聖薩爾瓦多才見面，他便熱情地對我說，這句話並不是一個疑問句。然後他邀請我去「三扇門」翻看他曾祖父的文件。

曾經在我前往薩爾瓦多旅行時，我並不認識當地任何一個人。對於我要找的東西或是如何找到它，我都沒有具體的想法。我沒有像來時那樣空手而歸的唯一原因是，人們幫助了我，即使他們沒有什麼理由要這樣做。

在我旅行之前，阿爾多・聖地牙哥（Aldo Lauría-Santiago）和赫克托・富恩特斯（Héctor Lindo-Fuentes）抽出時間在紐約與我會面，提供了寶貴的建議和介紹。赫克托要我為傑出的線上雜誌《燈塔》（*El Faro*）撰寫一篇描述我的研究的文章。我用英文寫完，他再把文章翻譯成西班牙文，就這樣，多虧了他，我才有了可信度。

在我抵達薩爾瓦多的第一天，費德里科．巴里利亞斯（Federico Barillas）和約翰娜．巴里利亞斯（Johanna Butter de Barillas）邀請我到他們家，在庭院裡為我提供咖啡和糕點，告訴我所有當地的植物、動物、諺語和傳說，顯然他們決定在我皆下來逗留的時間裡，善盡地主之誼。他們成了真正的朋友。奥斯卡．拉拉（Oscar Campos Lara）也是如此，在悶熱和塵土飛揚的檔案室裡，他是一個不知倦怠的好夥伴，同樣重要的是，他是一個在午餐時間，在首都大膽尋覓各個咖啡店的探險者。胡安．阿吉拉爾（Juan Francisco Aguilar）帶我去見我需要認識的每一個人。之後，吉列爾莫．阿爾瓦雷斯（Guillermo Alvarez）帶我前去聖塔安娜火山的幾個地方，沒有他，這些地方我自己是不可能去的。當然，也感謝希爾家族和馬里奥．門多薩（Mario Mendoza），「詹姆斯．希爾咖啡工廠」和「三扇門」的現任主管，讓我在那裡度過了非比尋常的兩天，得以一窺過去。

而我在美國的工作，同樣獲得他人的善意和慷慨的幫助。在舊金山長期的研究旅程中，奥堤斯—麥卡利斯特公司的詹姆斯．科赫澤（James Everett Kochheiser）向我介紹了塔迪奇燒烤（Tadich Grill）和 R&G。賀伯．米爾斯（Herb Mills）在奥克蘭一個下雨的週日早晨，與我談論了航運業務和碼頭的工作，而他對「雇主」一詞的發音，幫助我看清整件事中的大問題。哈威．施瓦茨（Harvey Schwartz）的好奇心讓我相信我在做一件有意義的事情。這些旅行是與尼克（Nick）和喬伊．奥勒（Joy Ohler）一起享用鮮美螃蟹的完美藉口，他們安排我住宿，邀請我參加家庭聚餐，還開車帶我到處遊走。

多年前在威廉斯堡，鮑勃·格羅斯（Bob Gross）和亞瑟·奈特（Arthur Knight）教我如何成為一名學生。在紐約，比爾·克蘭多爾（Bill Crandall）和肯·巴倫（Ken Baron）告訴我如何撰寫報告、寫作和編輯。另外，感謝在波特蘭的唐娜·凱西迪（Donna Cassidy）、喬·康弗蒂（Joe Conforti）、肯特·雷登（Kent Ryden）、阿迪斯·卡梅隆（Ardis Cameron）和理查·邁曼（Richard Maiman）給了我一個成為歷史學家的機會。而在劍橋，亞歷克斯·凱薩（Alex Keyssar）、吉姆·克勞彭伯格（Jim Kloppenberg）、斯文·貝克特（Sven Beckert）、斯基普·蓋茨（Skip Gates）、傑克·沃馬克（Jack Womack）和沃爾特·詹森（Walter Johnson）對我提出的挑戰，讓我發展出自己的觀點。梅·恩蓋（Mae Ngai）和葛列格·格蘭丁（Greg Grandin）做了額外的工作，在我最需要的時候提供智慧和專業支援。

最近，在南佛羅里達大學，弗雷澤·奧塔內利（Fraser Ottanelli）、朱麗亞·歐文（Julia Irwin）和布萊恩·康諾利（Brian Connolly）不遺餘力地使我在坦帕有家的歸屬感。在多倫多大學，鮑勃·吉布斯（Bob Gibbs）召集了一個為期一年的關於食物的討論，我很幸運地加入其中。安德里亞·莫斯特（Andrea Most）、鮑勃·大衛森（Bob Davidson）、阿米拉·米特邁爾（Amira Mittermaier）和加布里埃爾·傑克遜（Gabrielle Jackson）活絡彼此的交談，而丹·本德（Dan Bender）是一位非常慷慨的導師。

一路走來，我與尼克·伯納克爾（Nick Bournakel）、鮑勃·米勒（Bob Miller）、亞當·尤因（Adam Ewing）、布萊恩·霍赫曼（Brian Hochman）、阿納·斯賓格恩（Adena

Spingarn）、薩姆・霍華德（Sam Howard）、傑森・科茲洛夫斯基（Jason Kozlowski）、保羅・克雷默（Paul Kramer）、安迪・烏爾班（Andy Urban）、蜜雪兒・尼利（Michelle Neely）、大衛・辛格曼（David Singerman）和愛琳・科貝爾（Eileen Corbeil）的友誼一直在支撐著我，我希望能更經常地看到他們每個人。

對於早期的經費支持，我在此要感謝查爾斯・沃倫美國歷史研究中心（Charles Warren Center for Studies in American History）、大衛・洛克菲勒拉丁美洲研究中心（the David Rockefeller Center for Latin American Studies）、美國政治研究中心（the Center for American Political Studies）和正義、福利與經濟計畫（the Project on Justice，Welfare，and Economics），這些都是哈佛大學提供的；多倫多大學傑克曼人文研究所（the Jackman Humanities Institute of the University of Toronto）；安德魯・梅隆基金會（the Andrew W. Mellon Foundation）；以及美國學術團體委員會（the American Council of Learned Societies）。

感謝哈佛大學、羅傑・威廉姆斯大學、南佛羅里達大學、多倫多大學、加州大學伯克萊分校、德雷塞爾大學、芝加哥大學、紐約大學、劍橋大學、阿姆斯特丹大學、馬克斯・普朗克科學史研究所（Max Planck Institute for the History of Science）、康乃狄克學院古德溫・尼林環境中心（the Goodwin-Niering Center for the Environment at Connecticut College）以及特波茲坦美洲跨國歷史研究所（Tepoztlán Institute for the Transnational History of the Americas）的聽眾提出了重要的批評、建議和鼓勵。謝謝勞拉・奧喬亞（Laura Correa Ochoa）在翻譯方面提供寶貴的幫助。

特別感謝哈佛商學院貝克圖書館的檔案員和圖書管理員（the Baker Library of Harvard Business School）；史密森學會美國國家歷史博物館的檔案中心（the Archives Center of the Smithsonian Institution's National Museum of American History）；馬里蘭州學院公園和加州聖布魯諾的美國國家檔案和紀錄管理局（the U.S. National Archives and Records Administration in College Park，Maryland，and San Bruno，California）；加州歷史學會的北貝克研究圖書館（the North Baker Research Library of the California Historical Society）；舊金山公共圖書館的丹尼爾克施蘭舊金山歷史中心（the Daniel E. Koshland San Francisco History Center of the San Francisco Public Library）；加州大學班克羅福特圖書館（the Bancroft Library of the University of California）；國際碼頭和倉庫聯盟執行辦公室（the Executive Offices of the International Longshore and Warehouse Union）；薩爾瓦多國家總檔案館（El Salvador's Archivo General de la Nación）；洛克蘭（緬因州）歷史協會（the Rockland（Maine）Historical Society）；英國國家檔案館（the British National Archives）；曼徹斯特（英國）中央圖書館（the Manchester（UK）Central Library）；加州大學查爾斯・楊研究圖書館的特別收藏部（the Special Collections division of the Charles E. Young Research Library of the University of California，Los Angeles）；新英格蘭大學的 Abplanalp 圖書館（the Abplanalp Library of the University of New England）；以及普林斯頓大學的穆德手稿圖書館（the Mudd Manuscript Library of Princeton University）。

謝謝企鵝出版社的斯科特·莫耶斯（Scott Moyers）和安·戈多夫（Ann Godoff）給了我學習如何寫書的機會。當我的第一次嘗試失敗時，花了比計畫長一倍的時間才最終達到目的時，他們沒有退縮，而且從那時起一直是明智的顧問。與克里斯多夫·理查茲（Christopher Richards）密切合作，是我的幸運和真正的快樂，他深思熟慮的編輯、批判性的見解和良好的幽默感使我受益良多。文案編輯安妮·格特利布（Annie Gottlieb）和製作編輯安娜·賈丁（Anna Jardine）將我從無數的錯誤中解救出來，並提供有力的貢獻。英國企鵝出版社的西蒙·溫德（Simon Winder）帶著新的眼光和另一套尖銳的建議及時出現。溫蒂·斯特羅曼（Wendy Strothman）和勞倫·麥克勞德（Lauren MacLeod）一直是堅定的代表。

我要將這本書獻給我的家人。我的兄弟邁克爾（Michael）和克里斯托（Christo），我的嫂子珍（Jenn），我的侄女埃莉諾（Eleanor）和艾瑪琳（Emmeline）提供了愛、寬恕和幽默。一直以來，薩曼莎·塞納維拉特納（Samantha Seneviratne）都是不可估量的靈感、愛和快樂的來源。我很高興我們的兒子亞瑟（Arthur）身上有這麼多她的影子。他有著像烏帕里（Upali）和蘇涅哈·塞尼維拉特（Suneha Seneviratne）那樣關心他的祖父母，這真是一種祝福。

除此之外，我的父母約翰·塞奇威克（John Sedgewick）和黛博拉·基夫（Deborah Keefe）是我能夠撰寫這本書的原因。在成長過程中，我看著父親為勞動者發聲，他對勞動者頑強和同情的關注，塑造了我選擇的研究對象。不知怎地，我母親讀了我的論文，她在裡面看到了一個別人沒有看到的故事。當我努力將這個故事呈現出來時，我一次又一次地請求他們的幫助，他們也給予了幫助。即使在我認為遭遇失敗時，我仍持續不懈努力，因為他們幫助了我。現在，我能再寫一句話告訴他們，作為他們的兒子，我是多麼幸運和自豪，即使是在最糟糕的時刻，痛苦都顯得微不足道。

咖啡帝國：勞動、剝削與資本主義，一部全球貿易下的咖啡上癮史／奧古斯丁．塞奇威克著；盧相如譯. -- 初版. -- 新北市：臺灣商務印書館股份有限公司，2021.09
496 面；17×23 公分. --（歷史．世界史）
譯自：Coffeeland : one man's dark empire and the making of our favorite drug
ISBN 978-957-05-3351-4（平裝）
1. 咖啡 2. 食品工業 3. 國際貿易
463.845 110012466

歷史．世界史

咖啡帝國

勞動、剝削與資本主義，一部全球貿易下的咖啡上癮史

作　　者－奧古斯丁．塞奇威克
譯　　者－盧相如
發 行 人－王春申
審書顧問－林桶法、陳建守
總 編 輯－張曉蕊
責任編輯－陳怡潔
封面設計－盧卡斯
內文排版－綠貝殼資訊有限公司

行銷組長－張家舜
營業組長－何思頓
出版發行－臺灣商務印書館股份有限公司
23141 新北市新店區民權路 108-3 號 5 樓（同門市地址）
電話：（02）8667-3712　傳真：（02）8667-3709
讀者服務專線：0800056196
郵撥：0000165-1
E-mail：ecptw@cptw.com.tw
網路書店網址：www.cptw.com.tw
Facebook：facebook.com.tw/ecptw

局版北市業字第 993 號
初版一刷：2021 年 9 月
印刷廠：沈氏藝術印刷股份有限公司
定價：新台幣 620 元
法律顧問－何一芃律師事務所

註釋

前言　百年咖啡

1. Except where otherwise noted, the account of the kidnapping is based on Marvin Galeas, *El oligarca rebelde: Mitos y verdades sobre las 14 familias: La oligarquía* (San Salvador: El Salvador Ebooks, 2015).
2. Henry E. Catto Jr., *Ambassadors at Sea: The High and Low Adventures of a Diplomat* (Austin: University of Texas Press, 2010), 60.
3. Héctor Lindo-Fuentes, *Weak Foundations: The Political Economy of El Salvador in the Nineteenth Century, 1821–1898* (Berkeley: University of California Press, 1991), 1–2.
4. Quoted in E. Bradford Burns, "The Modernization of Underdevelopment: El Salvador, 1858–1931," *Journal of Developing Areas* 18, no. 3 (April 1984), 293.
5. *Pictures of Travel in FarOff Lands: Central America* (London: T. Nelson and Sons, 1871), 92.
6. E. G. Squier, *The States of Central America* (New York: Harper & Brothers, 1858), 288–90.
7. Squier, *States of Central America*, 314–15.
8. Lindo-Fuentes, *Weak Foundations*, 3.
9. Regina Marchi, "Día de los Muertos, Migration, and Transformation to the United States," in Celebrating Latino Folklore, vol. 1, ed. María Herrera-Sobek (Santa Barbara, CA: ABC-Clio, 2012), 414–15.
10. Quoted in W. P. Lawson, "Along the Romantic Coffee Trail to Salvador," *The Spice Mill*, November 1928, 1976–82.
11. United Nations Food and Agriculture Organization, *Coffee in Latin America: Productivity Problems and Future Prospects* (New York: United Nations and FAO, 1958).
12. Ethan B. Kapstein, *Seeds of Stability: Land Reform and U.S. Foreign Policy* (New York: Cambridge University Press, 2017), 188; and William H. Durham, *Scarcity and Survival in Central America: The Ecological Origins of the Soccer War* (Stanford, CA: Stanford University Press, 1979), 7.
13. Interview with Jaime Hill, Perdita Huston Papers [PHP], Series 7, Box 7.3, Unedited Interview Transcripts, El Salvador (Tapes 11–22), Maine Women Writers Collection, University of New England, Portland, Maine.
14. Interview with Jaime Hill, PHP.
15. Quoted in Galeas, *Oligarca rebelde*; for "Coffeeland," see *Behind the Cup* (film, 1938), Box 6, Hills Bros. Coffee, Inc., Records, Archives Center, National Museum of American History, Smithsonian Institution, Washington, DC.
16. Eugene Cunningham, *Gypsying Through Central America* (London: T. Fisher Unwin, 1922), 191–92.
17. Arthur Ruhl, *The Central Americans: Adventures and Impressions Between Mexico and Panama* (New York: Charles Scribner's Sons, 1928), 202.
18. Descriptions of Las Tres Puertas from W. P. Lawson, "Along the Romantic Coffee Trail to Salvador," *The Spice Mill*, November 1928, 1976–82; "coffee king": *The Spice Mill*, December 1929, 2174.
19. For example, Cyrus Townsend Brady, *The Corner in Coffee* (New York: G. W. Dillingham, 1904).
20. Ruhl, *Central Americans*, 190.
21. Peter Radford, "Arthur Brown Ruhl, Rowing and Track Athletics, 1905," Athlos.com, www.athletics-archive.com/books/rowingandtrackathleticsextract.htm.
22. Ruhl, *Central Americans*, 3–5, 19–25, 178–206.
23. Steven C. Topik and Allen Wells, "Commodity Chains in a Global Economy," in A *World Connecting: 1870–*

1945, ed. Emily S. Rosenberg (Cambridge, MA: Belknap Press, 2012), 592; "Global, adj.," *Oxford English Dictionary*, OED.com.

24. Emily S. Rosenberg, "Introduction," in Rosenberg, *World Connecting*, 3; "Interconnect, v.," *Oxford English Dictionary*, OED.com.
25. Jürgen Osterhammel, *The Transformation of the World: A Global History of the Nineteenth Century*, trans. Patrick Camiller (Princeton, NJ: Princeton University Press, 2014), xv.
26. Eugene Anderson, cited in David T. Courtwright, *Forces of Habit: Drugs and the Making of the Modern World* (Cambridge, MA: Harvard University Press, 2001), 19.
27. Benoit Daviron and Stefano Ponte, *The Coffee Paradox: Global Markets, Commodity Trade and the Elusive Promise of Development* (London: Zed Books, 2005), xvi; United Nations Food and Agriculture Organization, *Coffee 2015*, FAO Statistical Pocketbook, www.fao.org/3/a-i4985e.pdf.
28. "Our Collective Coffee Craze Appears to Be Good for Us," Harvard T.H. Chan School of Public Health News, www.hsph.harvard.edu/news/hsph-in-the-news/coffee-health-benefits/.
29. *Fair Trade USA 2016 Almanac*, https://www.fairtradecertified.org/sites/default/files/file manager/documents/FTUSA_MAN_Almanac2016_EN.pdf.
30. For example, Jeanette M. Fregulia, *A Rich and Tantalizing Brew: A History of How Coffee Con nected the World* (Little Rock: University of Arkansas Press, 2019); Catherine M. Tucker, *Coffee Culture: Local Experiences, Global Connections* (New York: Routledge, 2010).
31. Rosenberg, *World Connecting*.
32. Steven C. Topik and Allen Wells, "Introduction: Latin America's Response to International Markets During the Export Boom," in *The Second Conquest of Latin America: Coffee, Henequen, and Oil During the Export Boom, 1850–1930*, ed. Topik and Wells (Austin: University of Texas Press, 1998), 3.
33. Deepak Nayyar, *The South in the World Economy: Past, Present and Future* (New York: United Nations Development Programme, Human Development Report Office, 2013), 1.
34. Topik and Wells, "Commodity Chains," 605.
35. John M. Talbot, *Grounds for Agreement: The Political Economy of the Coffee Commodity Chain* (Lanham, MD: Rowman & Littlefield, 2004), 2.
36. *Coffee 2015*, FAO Statistical Pocketbook; retail sales in the U.S. alone reached nearly $50 billion in 2018: "The Retail Market for Coffee Industry in the U.S.," *IbisWorld*, Industry Market Re- search Report, August 2018, www.ibisworld.com/industry-trends/specialized-market-research-reports/retail-market-reports/the-retail-market-for-coffee.html.

第 1 章　伊斯蘭教的完美象徵

1. Quoted in Markman Ellis, *The CoffeeHouse: A Cultural History* (London: Weidenfeld & Nicolson, 2004), 12–13.
2. Michel Tuchscherer, "Coffee in the Red Sea Area from the Sixteenth to the Nineteenth Cen- tury," in *The Global Coffee Economy in Africa, Asia, and Latin America, 1500–1989*, ed. William Gervase Clarence-Smith and Steven Topik (New York: Cambridge University Press, 2003), 51.
3. Ellis, *The CoffeeHouse*, 13.
4. Kenneth Pomeranz and Steven Topik, *The World That Trade Created: Society, Culture, and the World Economy, 1400 to the Present*, 3rd ed. (Armonk, NY: M. E. Sharpe, 2013), 95.
5. Ellis, *The CoffeeHouse*, 15.
6. Ellis, 16–21.
7. Ellis, 1–11.

8. Quoted in William H. Ukers, *All About Coffee* (New York: Tea and Coffee Trade Journal Company, 1922), 38; and Ellis, *The CoffeeHouse*, 22.
9. Ellis, *The CoffeeHouse*, 23.
10. Lorraine Boissoneault, "How Coffee, Chocolate and Tea Overturned a 1,500-Year-Old Medical Mindset," Smithsonian.com, May 17, 2017, https://www.smithsonianmag.com/history/how-coffee-chocolate-and-tea-overturned-1500-year-old-medical-mindset-180963339/.
11. Brian Cowan, *The Social Life of Coffee: The Emergence of the British Coffeehouse* (New Haven: Yale University Press, 2005), 47–53.
12. Cowan, 31.
13. As reported by John Houghton, a Fellow of the Royal Society, in his "Discourse of Coffee," *Philosophical Transactions of the Royal Society* 21, no. 256 (September 1699): 311–17; recounted in Ellis, *The CoffeeHouse*, 26–41.
14. Cowan, Social Life, 49; Ellis, *The CoffeeHouse*, 34–36.
15. For a searchable version, see *The Diary of Samuel Pepys*, www.pepysdiary.com.
16. Jürgen Habermas, *The Structural Transformation of the Public Sphere: An Inquiry into a Category of Bourgeois Society*, trans. Thomas Burger with Frederick Lawrence (Cambridge, MA: MIT Press, 1989), 32–33.
17. Cowan, *Social Life*, 215.
18. Quoted in Habermas, *Public Sphere*, 59.
19. Cowan, *Social Life*, 196–99.
20. Cowan, 44–46.
21. Houghton, "Discourse of Coffee."
22. Cowan, *Social Life*, 27.
23. Ellis, *The CoffeeHouse*, 123–25.
24. Pomeranz and Topik, *The World That Trade Created*, 90.

第2章　棉都

1. Eric J. Hobsbawm, *The Age of Revolution: 1789–1848* (1962; reprint, New York: Vintage, 1996), 29.
2. Kimball quoted in Sven Beckert, *Empire of Cotton: A Global History* (New York: Alfred A. Knopf, 2014), 81.
3. Robert H. Kargon, *Science in Victorian Manchester: Enterprise and Expertise* (Baltimore: Johns Hopkins University Press, 1977; reprint, New York: Routledge, 2017), 2.
4. Carlyle quoted in Allen MacDuffie, *Victorian Literature, Energy, and the Ecological Imagination*(New York: Cambridge University Press, 2014), 44.
5. Alexis de Tocqueville, *Journeys to England and Ireland*, trans. George Lawrence and K. P. Mayer, ed. J. P. Mayer (1979; reprint, New Brunswick, NJ: Transaction, 1988; New York: Routledge, 2017), 107–8.
6. Richard D. Altick, *Victorian People and Ideas: A Companion for the Modern Reader of Victorian Literature* (New York: W. W. Norton, 1973), 44.
7. Tocqueville, *Journeys*, 107–8.
8. Stephen Mosley, *The Chimney of the World: A History of Smoke and Pollution in Victorian and Edwardian Manchester* (Cambridge, UK: White Horse Press, 2001; reprint, New York: Routledge, 2008); Robert Angus Smith, *Air and Rain: The Beginnings of a Chemical Climatology*(London: Longmans, Green, 1872), vii.
9. "Manchester and Her Ship Canal," *Journal of the Manchester Geographical Society* 2, no. 1–3 (1886), 60–78; Topik and Wells, "Commodity Chains," 613.
10. For example, Beckert, *Empire of Cotton*, ix–xi.
11. Rosenberg, *World Connecting*.
12. Beckert, *Empire of Cotton*, 178–79.

13. Léon Faucher quoted in Kargon, *Science in Victorian Manchester*, 2.
14. Eric J. Hobsbawm, *Industry and Empire: From 1750 to the Present Day*, rev. updated ed. (New York: New Press, 1999), 65.
15. Friedrich Engels, *The Condition of the Working Class in England in 1844, with Preface Written in 1892*, trans. Florence Kelley Wischnewetzky (London: Swan Sonnenschein, 1892), 48–52.
16. James Hill and Alice Greenway, April 26, 1869, Manchester, England, Marriages and Banns, 1754–1930, Manchester Central Library, Manchester, UK.
17. *Slater's Directory of Manchester and Salford*, 1869, Manchester Central Library, Manchester, UK.
18. Altick, *Victorian People and Ideas*, 41–46.
19. Mary Turner, "A History of Collyhurst, Manchester, to 1900," submitted for a Certificate of Extra-Mural Education, Manchester University, May 1975, Manchester Central Library, Manchester, UK.
20. England Census, 1871 and 1881, Lancashire, Manchester, St. George, Dist. 7; Slater's Directory, 1869–1889, Manchester Central Library, Manchester, UK.
21. Hugh D. Hindman, ed., *The World of Child Labor: An Historical and Regional Survey* (Armonk, NY: M. E. Sharpe, 2009; New York: Routledge, 2014), 50.
22. School Diary, St. George's Infants, 1875, Manchester Central Library, Manchester, UK.
23. St. George's Infants School Report of the Diocesan Inspector, 1875, Manchester Central Library, Manchester, UK.
24. James Walvin, *A Child's World: A Social History of English Childhood, 1800–1914* (New York: Penguin, 1982), 77.
25. Michael Sanderson, *Education, Economic Change and Society in England*, 1780–1870 (London: Macmillan, 1991; 2nd ed., New York: Cambridge University Press, 1995), 62–63.
26. Interview with Jaime Hill, Perdita Huston Papers.
27. Galeas, *Oligarca rebelde*.
28. T. D. Olverson, *Women Writers and the Dark Side of LateVictorian Hellenism* (New York: Palgrave Macmillan, 2009), 1–2.
29. Olverson, *Women Writers and the Dark Side*, 3.
30. Galeas, *Oligarca rebelde*.
31. Quoted in Eduardo Galeano, *Open Veins of Latin America: Five Centuries of the Pillage of a Continent*, trans. Cedric Belfrage (New York: Monthly Review Press, 1973; 25th anniv. ed., 1997), 173.
32. Walvin, *Child's World*, 130–33.
33. Robert Louis Stevenson, *Treasure Island* (Boston: Roberts Brothers, 1884), 33, 52.
34. Walvin, *Child's World*.
35. Stevenson, *Treasure Island*, 1.
36. Quoted in Cannon Schmitt, *Darwin and the Memory of the Human: Evolution, Savages, and South America* (New York: Cambridge University Press, 2009), 27.
37. See Robert D. Aguirre, *Informal Empire: Mexico and Central America in Victorian Culture* (Minneapolis: University of Minnesota Press, 2005), 103–34.
38. Henry Morley, "Our Phantom Ship: Central America," *Household Words* 2, no. 48 (February 22, 1851): 516–22.
39. John L. Stephens, *Incidents of Travel in Central America, Chiapas, and Yucatan*, vol. 2 (London: John Murray, 1841), 78, 48; " best-selling": Aguirre, *Informal Empire*, 66.
40. Galeas, *Oligarca rebelde*.
41. Peter K. Andersson, *Streetlife in Late Victorian London: The Constable and the Crowds* (New York: Palgrave Macmillan, 2013), 61.
42. Alex Murray, " 'The London Sunday Faded Slow': Time to Spend in the Victorian City," in *The Oxford Hand-*

book of Victorian Literary Culture, ed. Juliet John (New York: Oxford University Press, 2016), 319–20; Andrew Whitehead, "Red London: Radicals and Socialists in Late- Victorian Clerkenwell," *Socialist History* 18 (2000), 1–31.

43. F. W. Farrar, review of *The Nether World, Contemporary Review*, September 1889, 370–71.
44. George Gissing, *The Nether World* (New York: Harper & Brothers, 1889), 14–15.
45. Galeas, *Oligarca rebelde.*

第 3 章　持續迸發的火山

1. "Sights in Central America," *New York Times*, December 16, 1888, 13.
2. Leslie Bethell, "Britain and Latin American in Historical Perspective," in *Britain and Latin America: A Changing Relationship*, ed. Victor Bulmer-Thomas (New York: Cambridge University Press, 1989), 1.
3. Steven C. Topik and Allen Wells, "Introduction: Latin America's Response to International Markets During the Export Boom," in Topik and Wells, *Second Conquest of Latin America*, 1.
4. Helen J. Sanborn, *A Winter in Central America and Mexico* (Boston: Lee and Shepard, 1886), 224–25.
5. Sanborn, *Winter in Central America*, 225–26, 228.
6. Mexico, prepared by Arthur W. Fergusson, Bulletin no. 9 of the Bureau of the American Republics (Washington, DC: Government Printing Office, 1891), 324.
7. Sanborn, *Winter in Central America*, 228–38.
8. Galeas, *Oligarca rebelde.*
9. "A Trip in San Salvador," *New York Times*, July 6, 1889, 2; Audley Gosling, "Central America and Its Resources," North American Review 162, no. 470 (January 1896), 101.
10. "Birth of a Volcano," San Francisco Chronicle, June 11, 1889, 6.
11. Alfred Russel Wallace, The Malay Archipelago: The Land of the Orangutan and the Bird of Paradise, 4th ed. (London: Macmillan, 1872), 286–87.
12. John Wesley Judd, *Volcanoes: What They Are and What They Teach* (New York: D. Appleton, 1881), 8.
13. William Eleroy Curtis, The *Capitals of Spanish America* (New York: Harper & Brothers, 1888), 188.
14. George Ripley and Charles Anderson Dana, eds., *The American Cyclopaedia: A Popular Dictionary of General Knowledge*, vol. 9 (New York: D. Appleton, 1881), 478.
15. E. G. Squier, *Notes on Central America* (New York: Harper & Brothers, 1855), 312.
16. M. M. de Montessus, "Earthquakes in Central America," *Popular Science Monthly* 28 (April 1886), 819.
17. Squier, *Notes on Central America*, 313.
18. Frederick Palmer, *Central America and Its Problems* (New York: Moffat, Yard, 1910), 113.
19. Bureau of American Republics, *Coffee in America: Methods of Production and Facilities for Successful Cultivation in Mexico, the Central American States, Brazil and Other South American Countries, and the West Indies* (Washington, DC: Bureau of the American Republics, 1893), 6.
20. Steven Topik and William Gervase Clarence-Smith, "Introduction: Coffee and Global Development," in Clarence-Smith and Topik, *The Global Coffee Economy.*
21. Many books review coffee's global dispersal. See for example Antony Wild, *Coffee: A Dark History* (New York: W. W. Norton, 2004); Mark Pendergrast, *Uncommon Grounds: The History of Coffee and How It Transformed the World*, rev. ed. (New York: Basic Books, 2010); and Steven Topik, "The Integration of the World Coffee Market," in Clarence-Smith and Topik, *The Global Coffee Economy*, 21–49, which argues for a "messier" story on the margins.
22. Warren Dean, *With Broadax and Firebrand: The Destruction of the Brazilian Atlantic Forest* (Berkeley: University of California Press, 1995), 179.

23. Curtis, *Capitals of Spanish America*, 176.
24. David Browning, *El Salvador: Landscape and Society* (New York: Clarendon / Oxford University Press, 1971), 149.
25. Browning, *El Salvador*, 163–65.
26. Quoted in Lindo-Fuentes, *Weak Foundations*, 134.
27. Lindo-Fuentes, 116.
28. Browning, *El Salvador*, 155; Lindo-Fuentes, *Weak Foundations*, 119.
29. Lindo-Fuentes, *Weak Foundations*, 117–19.
30. C. F. S. Cardoso, "Historia económica del café en Centroamérica (siglo XIX)," *Estudios Sociales Centroamericanos* 4, no. 10 (January 1975): 9–55.
31. Lindo-Fuentes, *Weak Foundations*, 125–31.
32. Browning, *El Salvador*, 157.
33. Browning, 179.
34. Aldo Lauria-Santiago, *An Agrarian Republic: Commercial Agriculture and the Politics of Peasant Communities in El Salvador, 1823–1914* (Pittsburgh: University of Pittsburgh Press, 1999), 136.
35. Quoted in Lauria-Santiago, *Agrarian Republic*, 95.
36. Browning, El Salvador, 158; Barrios quoted in Burns, "Modernization of Underdevelopment," 299.
37. For example, Lindo-Fuentes, *Weak Foundations*, 90, 135.
38. Cardoso, "Historia económica del café."
39. Lindo-Fuentes, *Weak Foundations*, 145, 135.
40. Quoted in Browning, *El Salvador*, 173.
41. Browning, 180, 203.
42. Quoted in Browning, 173.
43. Quoted in Lindo-Fuentes, *Weak Foundations*, 135.
44. Lindo-Fuentes, 135.
45. Lindo-Fuentes, 147.
46. Lauria-Santiago, *Agrarian Republic*, 163–221.
47. For a discussion of varying estimates, see Lindo-Fuentes, *Weak Foundations*, 128–31.
48. Quoted in Browning, *El Salvador*, 158.
49. Everett Alan Wilson, "The Crisis of National Integration in El Salvador, 1919–1935" (Ph.D. diss., Stanford University, 1969), 29.
50. Nora Hamilton and Norma Stoltz Chinchilla, "Central American Migration: A Framework for Analysis," in *Challenging Fronteras: Structuring Latina and Latino Lives in the U. S.*, ed. Mary Romero et al. (New York: Routledge, 1997), 84.
51. Browning, *El Salvador*, 216–18; also Rafael Menjívar Larín, *Acumulación originaria y desarrollo del capitalismo en El Salvador* (San José, Costa Rica: EDUCA, 1980).
52. Browning, *El Salvador*, 217.
53. Ana Patricia Alvarenga, "Reshaping the Ethics of Power: A History of Violence in Western Rural El Salvador, 1880–1932" (Ph.D. diss., University of Michigan, Ann Arbor, 1994), 182–84.
54. Browning, *El Salvador*, 217.
55. Robert G. Williams, *States and Social Evolution: Coffee and the Rise of National Governments in Central America* (Chapel Hill: University of North Carolina Press, 1994), 75.
56. Browning, *El Salvador*, 218.
57. Lauria-Santiago, *Agrarian Republic*, 134; Browning, *El Salvador*, 159.
58. Browning, 159.
59. Victor Bulmer Thomas, *The Political Economy of Central America Since 1920* (Cambridge: Cambridge Universi-

ty Press, 1987), 4.
60. Lauria-Santiago, *Agrarian Republic*, 215–18.
61. Williams, *States and Social Evolution*, 75.
62. Lindo-Fuentes, *Weak Foundations*, 135–36.
63. Report of J. Maurice Duke to U.S. Department of State, November 15, 1885, Dispatches from U.S. Consuls in San Salvador, RG 84.4, U.S. National Archives and Records Administration, College Park, MD.
64. Lauria-Santiago, *Agrarian Republic*, 165–66, 150.
65. "A Trip in San Salvador," 2.

第 4 章　鰻魚

1. L. E. Elliot, *Central America: New Paths in Ancient Lands* (London: Methuen, 1924; New York: Dodd, Mead, 1925), 114–15.
2. "A Trip in San Salvador," *New York Times*, July 6, 1889, 2.
3. "A Trip in San Salvador," 2.
4. Galeas, *Oligarca rebelde*.
5. Derek Kerr, "The Role of the Coffee Industry in the History of El Salvador, 1840–1906" (mas- ter's thesis, University of Calgary, April 1977), 96–97; Stephen J. Nicholas, "The Overseas Marketing Performance of British Industry, 1870–1914," *Economic History Review*, 2nd ser., 37, no. 4 (November 1984): 489–506; Eugene W. Ridings, "Foreign Predominance Among Over- seas Traders in Nineteenth-Century Latin America," *Latin American Research Review* 20, no. 2 (1985): 3–27.
6. A. J. Marrison, "Great Britain and Her Rivals in the Latin American Cotton Piece Goods Mar- ket, 1880–1914," in *Great Britain and Her World, 1750–1914: Essays in Honour of W. O. Hen derson*, ed. Barrie M. Ratcliffe (Manchester, UK: Manchester University Press), 316.
7. W. H. Zimmern, "Lancashire and Latin America," *Geography* 28, no. 2 (June 1943): 53.
8. Nicholas, "Overseas Marketing Performance," 493.
9. J. W. Boddam Whetham, *Across Central America* (London: Hurst and Blackett, 1877), 210–11.
10. Brian William Clapp, *John Owens, Manchester Merchant* (Manchester, UK: Manchester University Press, 1965), 73.
11. Audley Gosling, "Central America and Its Resources," *North American Review* 162, no. 470 (January 1896): 102.
12. Notes of July 5, 1889, and July 12, 1889, and related letters of Charles Sawyer, Consular Records of Salvador, 1889, The National Archives, Kew, Richmond, UK.
13. "Central American Advance," *New York Times*, December 28, 1889, 5.
14. Stanley J. Stein, *Vassouras: A Brazilian Coffee County, 1850–1900: The Roles of Planter and Slave in a Plantation Society* (Princeton, NJ: Princeton University Press, 1985), 230.
15. See Adam Hochschild, *Bury the Chains: Profits and Rebels in the Fight to Free an Empire's Slaves* (New York: Houghton Miff lin, 2005).
16. Stein, *Vassouras*, 294.
17. Warren Dean, *Rio Claro: A Brazilian Plantation System, 1820–1920* (Stanford, CA: Stanford University Press, 1976), 126.
18. Dean, *Rio Claro*, 142.
19. Dean, *Rio Claro*, 88–123.
20. For a survey, see Williams, *States and Social Evolution*.
21. Stein, *Vassouras*, 278.

22. Mario Samper and Radin Fernando, "Historical Statistics of Coffee Production and Trade from 1700 to 1960," in Clarence-Smith and Topik, *The Global Coffee Economy*, 422.
23. M. R. Fernando, "Coffee Cultivation in Java, 1830–1917," in Clarence-Smith and Topik, *The Global Coffee Economy*, 162.
24. Samper and Fernando, "Historical Statistics," 418, 451.
25. "Society in San Salvador," *New York Times*, November 3, 1889, 17.
26. Galeas, *Oligarca rebelde*.
27. "A Trip in San Salvador," 2.
28. "Society in San Salvador."
29. J. H. Vinter to Messrs Otis, McAllister & Co., March 21, 1904, uncollected papers of Otis McAllister, San Francisco [OMC].
30. "El Salvador Coffee Firm Observes 50th Anniversary," *Tea and Coffee Trade Journal*, November 1938, 42.
31. Vinter to Otis, McAllister & Co., March 21, 1904, OMC.
32. Galeas, *Oligarca rebelde*.
33. Vinter to Otis, McAllister & Co., March 14, 1904, OMC.
34. Williams, *States and Social Evolution*, 207; Kerr, "Role of the Coffee Industry," 94–104; D. B. Rae, "So the Ezetas Fell: The Last Upheaval in San Salvador," *San Francisco Chronicle*, July 29, 1894, 10.
35. Lauria-Santiago, *Agrarian Republic*, 126–27.
36. Kerr, "Role of the Coffee Industry," 94–104.
37. James Hill to "Jessie" [K. B. Crewe], March 11, 1949, uncollected papers of J. Hill y Cía., Las Tres Puertas, Santa Ana, El Salvador.

第 5 章　希爾斯兄弟

1. Roger L. Grindle, *Quarry and Kiln: The Story of Maine's Lime Industry* (Rockland, ME: Courier- Gazette, 1971).
2. Pendergrast, *Uncommon Grounds*, 117.
3. John Adams quoted in Steven C. Topik and Michelle Craig MacDonald, "Why Americans Drink Coffee: The Boston Tea Party or Brazilian Slavery?," in *Coffee: A Comprehensive Guide to the Bean, the Beverage, and the Industry*, ed. Robert W. Thurston et al. (Lanham, MD: Row- man & Littlefield, 2013), 236; John Adams to Abigail Adams, August 11, 1777, *Adams Papers Digital Edition*, Adams Family Correspondence, vol. 2, www.masshist.org/publications/apde2/view?id=ADMS-04-02-02-0245.
4. Michelle Craig MacDonald, "The Chance of the Moment, Coffee and the New West Indies Commodities Trade," *William and Mary Quarterly*, 3rd ser., 62, no. 3 (July 2005): 441.
5. Jefferson quoted in Topik and MacDonald, "Why Americans Drink Coffee," 237.
6. Pendergrast, *Uncommon Grounds*, 14–15.
7. Quoted in Topik and MacDonald, "Why Americans Drink Coffee," 235.
8. Michael F. Jiménez, " 'From Plantation to Cup': Coffee and Capitalism in the United States," in *Coffee, Society, and Power in Latin America*, ed. William Roseberry et al. (Baltimore: Johns Hop- kins University Press, 1995), 39.
9. Pendergrast, *Uncommon Grounds*, 43.
10. Topik and MacDonald, "Why Americans Drink Coffee."
11. Topik and Wells, "Commodity Chains in a Global Economy," 783.
12. For statistics, William H. Ukers, *All About Coffee* (New York: Tea and Coffee Trade Journal Company, 1922), 529.

13. Pendergrast, *Uncommon Grounds*, 40, 46.
14. Jon Grinspan, "How Coffee Fueled the Civil War," *New York Times*, July 9, 2014, https://opinionator.blogs.nytimes.com/2014/07/09/how-coffee-fueled-the-civil-war/.
15. Topik and MacDonald, "Why Americans Drink Coffee," 243.
16. "Industrial Topics," *San Francisco Chronicle*, October 21, 1886, 3.
17. "San Francisco's Coffee Trade," *Tea and Coffee Trade Journal*, October 1920, 423.
18. Bureau of American Republics, *Coffee in America*, 31–32.
19. "San Francisco's Coffee Trade," 423.
20. "Industrial Topics," 3.
21. "Industrial Topics," 3.
22. "San Francisco's Coffee Trade," 423.
23. "Industrial Topics," 3.
24. "Improvement in Central American Coffees," *The Spice Mill*, March 1929, 510.
25. Rafael García Escobar, "Romance of Coffee with Observations on Salvador Coffee," *The Spice Mill*, January 1923, 32a–32c.
26. George L. Henderson, *California and the Fictions of Capital* (New York: Oxford University Press, 1998; reprint, Philadelphia: Temple University Press, 2003), xii.
27. Bruce Cumings, *Dominion from Sea to Sea: Pacific Ascendancy and American Power* (New Haven: Yale University Press, 2009), 227–29.
28. Francis Beatty Thurber, *Coffee: From Plantation to Cup* (New York: American Grocer Publishing Assn., 1881), 152.
29. *Otis, McAllister, & Co., San Francisco, California*, n.d. [1956], uncollected papers of Otis McAllister, San Francisco.
30. Rae, "So the Ezetas Fell," 10.

第6章　阿波羅的象徵

1. For example, see bank records in Impuestos sobre la Renta, Banco Salvadoreño, Ministerio de Hacienda, Archivo General de la Nación, San Salvador, El Salvador.
2. Bureau of American Republics, *Coffee in America*, 6.
3. Ruhl, *Central Americans*, 202.
4. Edwin Lester Arnold, *Coffee: Its Cultivation and Profit* (London: W. B. Whittingham, 1886), v.
5. Robert Henry Elliot, *The Experiences of a Planter in the Jungles of Mysore*, vol. 1 (London: Chapman and Hall, 1871), 6.
6. Elliot, *Experiences*, vol. 1, 8–9.
7. J. H. Vinter to Otis, McAllister & Co., December 23, 1905, uncollected papers of Otis McAllister, San Francisco [OMC].
8. Arnold, *Coffee*, 35, vi.
9. Bureau of American Republics, *Coffee in America*.
10. William Roseberry, "La Falta de Brazos: Land and Labor in the Coffee Economies of Nineteenth-Century Latin America," *Theory and Society* 20, no. 3 (June 1991): 351–81.
11. Francis J. A. Darr, "Growing and Selling Coffee," *New York Times*, March 11, 1888, 10.
12. Darr, "Growing and Selling Coffee," 10.
13. Darr, 10.
14. Elliot, *Experiences*, vol. 1, 141.

15. On banks in El Salvador in 1894, see Charles A. Conant, *A History of Modern Banks of Issue: With an Account of the Economic Crises of the Present Century* (New York: G. P. Putnam's Sons, 1896), 428.
16. Vinter to Otis, McAllister & Co., December 16, 1904, OMC.
17. Julie A. Charlip, "At Their Own Risk: Coffee Farmers and Debt in Nicaragua, 1870–1930," in I*dentity and Strug gle at the Margins of the NationState*, ed. Aviva Chomsky and Aldo A. Lauria- Santiago (Durham, NC: Duke University Press, 1998), 113.
18. Vinter to Otis, McAllister & Co., December 16, 1904, OMC; [James Hill], "Remarks from a Planter," in E. A. Kahl, *Coffee Prices—High or Low?*, printed by W. R. Grace & Co., San Fran- cisco, May 26, 1926, Hills Bros. Coffee, Inc., Records, Archives Center, National Museum of American History, Smithsonian Institution, Washington, DC, Series 7, Box 11, Folder 5, [7, 11, 5].
19. Report of J. Maurice Duke to U.S. Department of State, November 15, 1885, Dispatches from U.S. Consuls in San Salvador, RG 84.4, U.S. National Archives and Records Administration, College Park, MD.
20. Darr, "Coffee," 10.
21. On the triskelion and coins, see Barclay V. Head, *A Guide to the Principal Gold and Silver Coins of the Ancients, from circ. B.C. 700 to A.D. 1* (London: Trustees of the British Museum, 1886); *Annual Report of the Board of Regents of the Smithsonian Institution* (Washington, DC: Govern- ment Printing Office, 1896), 871–75; on the Victorian view of Apollo, see Yisrael Levin, *Swin burne's Apollo: Myth, Faith, and Victorian Spirituality* (New York: Routledge, 2016), and Ted Underwood, *The Work of the Sun: Literature, Science, and Political Economy, 1760–1860* (New York: Palgrave Macmillan, 2005), 134.
22. Edward L. Youmans, "Preface," in *The Correlation and Conservation of Forces: A Series of Expositions*, ed. Youmans (New York: D. Appleton, 1865), v.

第7章　不可抗力

1. Biographical sketch distilled from Robert Bruce Lindsay, *Julius Robert Mayer: Prophet of Energy* (New York: Pergamon Press, 1973), and Kenneth L. Caneva, *Robert Mayer and the Conservation of Energy* (Princeton, NJ: Princeton University Press, 1993).
2. Robert Hewitt Jr., *Coffee: Its History, Cultivation, and Uses* (New York: D. Appleton, 1872), 56.
3. M. R. Fernando, "Coffee Cultivation in Java 1830–1917," in Clarence-Smith and Topik, *The Global Coffee Economy*, 157–72.
4. Quoted in Caneva, *Robert Mayer*, 7, 241.
5. Julius Robert Mayer, "On the Quantitative and Qualitative Determination of Forces," trans. Robert Bruce Lindsay, in Lindsay, *Julius Robert Mayer*, 59–66.
6. Julius Robert Mayer, "The Motions of Organisms and Their Relation to Metabolism: An Essay in Natural Science," trans. Robert Bruce Lindsay, in Lindsay, *Julius Robert Mayer*, 75–145.
7. Julius Robert Mayer, "On the Forces of Inorganic Nature," trans. Robert Bruce Lindsay, in Lindsay, *Julius Robert Mayer*, 67–74.
8. Caneva, *Robert Mayer*, 30.
9. Lindsay, J*ulius Robert Mayer*, 8.
10. Mayer, "Forces of Inorganic Nature," 210.
11. Underwood, *Work of the Sun*, 179.
12. Youmans, *Conservation of Forces*, xiv.
13. Underwood, *Work of the Sun*, 179.
14. Henry John Steffens, *James Prescott Joule and the Concept of Energy* (New York: Science History Publications/ USA, 1979), 1–17.

15. Steffens, *James Prescott Joule*, 39.
16. Kargon, *Science in Victorian Manchester*, 52.
17. Faraday and Spencer quoted in Underwood, *Work of the Sun*, 179.
18. Iwan Rhys Morus quoted in MacDuffie, *Victorian Literature*, 17; Underwood, *Work of the Sun*, 181–82.
19. Thomas Carlyle, *Sartor Resartus* (1831; London: J. M. Dent, 1902), 159.
20. Walter E. Houghton, *The Victorian Frame of Mind, 1830–1870* (New Haven: Yale University Press, 1957; reprint, 1953, 1985), 243.
21. MacDuffie, *Victorian Literature*, 37.
22. Anson Rabinbach, *The Human Motor: Energy, Fatigue, and the Origins of Modernity* (New York: Basic Books, 1990), 290.
23. Underwood, *Work of the Sun*, 179–90.
24. Quoted in Underwood, 189, 183.
25. Quoted in Rabinbach, *Human Motor*, 56.
26. Rabinbach, 46; Underwood, *Work of the Sun*, 173.
27. Rabinbach, *Human Motor, 3.*
28. Underwood, *Work of the Sun*, 134, 72.
29. Underwood, 144.

第 8 章　咖啡處理廠

1. James Hill, "Raising Coffee in Salvador," *Tea and Coffee Trade Journal*, December 1936, 424.
2. Based on Report of J. Maurice Duke to U.S. Department of State, November 15, 1885, Dispatches from U.S. Consuls in San Salvador, RG 84.4, U.S. National Archives and Records Administration, College Park, MD; and various reports of J. H. Vinter, 1904–1907, uncol- lected papers of Otis McAllister, San Francisco.
3. James Hill to Juan F. Rivas, November 1, 1941, uncollected papers of J. Hill y Cía., Las Tres Puertas, Santa Ana, El Salvador.
4. Kara Newman, *The Secret Financial Life of Food: From Commodities Markets to Supermarkets* (New York: Columbia University Press, 2013), 80–83.
5. "History of the Importers' and Grocers' Exchange of New York," in *New York's Great Industries*, ed. Richard Edwards (New York: Historical Publishing Company, 1884), 79.
6. William H. Ukers, *All About Coffee*, 2nd ed. (New York: Tea and Coffee Trade Journal Company, 1935), 364.
7. Topik, "Integration of the World Coffee Market," 40.
8. Ukers, *All About Coffee*, 2nd ed. (1935), 357–62.
9. Ukers, *All About Coffee* (1922), 296.
10. Ukers (1922), 288.
11. John Bodnar, *The Transplanted: A History of Immigrants in Urban America* (Bloomington: Indiana University Press, 1985), 198.
12. Jacob A. Riis, *How the Other Half Lives: Studies Among the Tenements of New York* (New York: Charles Scribner's Sons, 1890).
13. Topik and MacDonald, "Why Americans Drink Coffee," 235.
14. Pan American Union, *Coffee: Extensive Information and Statistics* (Washington, DC: Government Printing Office, 1902), 56–57.
15. Lauria-Santiago, *Agrarian Republic*, 137.

第9章　壞運氣

1. Jeffrey Lesser, Immigration, *Ethnicity, and National Identity in Brazil,* 1808 to the Present (New York: Cambridge University Press, 2013), 96.
2. Mario Samper and Radin Fernando, "Historical Statistics of Coffee Production and Trade from 1700 to 1960," in Clarence-Smith and Topik, *The Global Coffee Economy*, 450–53.
3. Samper and Fernando, "Historical Statistics," 450–53; Williams, *States and Social Evolution*, 265–72.
4. [James Hill], "Remarks from a Planter," in E. A. Kahl, *Coffee Prices—High or Low?* , printed by W. R. Grace & Co., San Francisco, May 26, 1926, Hills Bros. Coffee, Inc., Records, Archives Center, National Museum of American History, Smithsonian Institution, Washington, DC, 7, 11, 5.
5. Quoted in Albert Bushnell Hart, *The Monroe Doctrine: An Interpretation* (Boston: Little, Brown, 1916), 190.
6. G. S. McMillan to Harold Stokes, January 29, 1926, RG 151:351.1, Folder: General File, 1926–1927, U.S. National Archives and Records Administration, College Park, MD.
7. "The Tariff and the Pan American Congress," *Chicago Tribune*, October 7, 1889, 4.
8. "Pan-American Exposition," *New York Times*, November 11, 1900, 14.
9. Robert W. Rydell et al., *Fair America: World's Fairs in the United States* (Washington, DC: Smithsonian Books, 2013); *Official Catalogue and Guide Book to the PanAmerican Exposition, Buffalo, N.Y.* (New York: Charles Ehrhart, 1901), 17.
10. Jon Grinspan, "How Coffee Fueled the Civil War," *New York Times*, July 9, 2014, https://opinionator.blogs.nytimes.com/2014/07/09/how-coffee-fueled-the-civil-war/.
11. McKinley quoted in Kevin Phillips, *William McKinley*, The American Presidents Series (New York: Henry Holt, 2003), 116.
12. William McKinley, President's Day Address, September 5, 1901, Miller Center, University of Virginia, Presidential Speeches, www.millercenter.org/the-presidency/presidential-speeches/september-5-1901-speech-buffalo-new-york.
13. Pan American Union, *Coffee: Extensive Information and Statistics*, 45.
14. "Porto Rico Not Prospering Under United States Rule," *New York Times*, October 4, 1903, 27.
15. "Report of the Delegation from Porto Rico (On Behalf of the United States)," in *Proceedings of the International Congress for the Study of the Production and Consumption of Coffee* (Washington, DC: Government Printing Office, 1903), 119–29.
16. Howard Wayne Morgan, *William McKinley and His America* (Kent, OH: Kent State University Press, 2003), 235.
17. Eric Rauchway, *Murdering McKinley: The Making of Theodore Roosevelt's America* (New York: Hill and Wang, 2003), x.
18. "President McKinley and the Pan-American Exposition of 1901: A Tragic Encounter," Library of Congress, www.loc.gov/collections/mckinley-and-the-pan-american-expo-films-1901/articles-and-essays/president-mckinley-and-the-panamerican-exposition-of-1901.
19. Walter LaFeber, *The New Empire: An Interpretation of American Expansion, 1860–1898* (Ithaca, NY: Cornell University Press, 1963).
20. "Porto Rico Not Prospering."
21. "Awards Recommended by Jury on Division IV, Foods and Their Accessories," Box 7, Frederic William Taylor Papers, 1897–1944, UCLA Special Collections, Los Angeles, California.

第10章　饕客

1. Thurber, *Plantation to Cup*, 19.
2. "How the DNC Tests Coffee Freshness," *The Spice Mill*, January 1937, 10–11, 16.

3. Ukers, *All About Coffee* (1922), 522.
4. Thurber, *Plantation to Cup*, 18–21.
5. Charles W. Trigg, "The Chemistry of the Coffee Bean," in Ukers, *All About Coffee* (1922), 156.
6. Thurber, *Plantation to Cup*, 19; Ukers, *All About Coffee* (1922), 357.
7. E. A. Kahl, "The Rise of Mild Coffees," *Tea and Coffee Trade Journal*, August 1922, 204.
8. Bureau of American Republics, *Coffee in America*, 31.
9. Thurber, *Plantation to Cup*, 20–21.
10. "The Green Coffee Trade," *Tea and Coffee Trade Journal*, April 1928, 526.
11. "Faber's" [advertisement], *San Francisco Chronicle*, December 21, 1901, 3; L. Lenbenbaum, *San Francisco Chronicle*, August 26, 1901, 3; Pan American Union, *Coffee: Extensive Information and Statistics*, 60–64.
12. J. H. Vinter to Messrs. Otis, McAllister & Co., April 3, 1904, uncollected papers of Otis McAllister, San Francisco [OMC].
13. Vinter to Otis, McAllister & Co., December 16, 1904, OMC.
14. "Coffee Planting in Brazil," *Los Angeles Times*, April 16, 1899, 16.
15. Remarks of Modesto Martinez at the 1930 meeting of the National Coffee Roasters Association, reprinted in "Stenographic Report of Those Portions of Conference Relating to Coffee," *The Spice Mill*, October 1930, 1519.
16. Quoted in Thurber, *Plantation to Cup*, 152.
17. Vinter to Otis, McAllister & Co., September 20, 1904, OMC.
18. Vinter to Otis, McAllister & Co., March 21, 1904, OMC.
19. Vinter to Otis, McAllister & Co. [date illegible, marked #135/376], OMC.
20. Vinter to Otis, McAllister & Co., January 8, 1906, OMC.
21. Vinter to Otis, McAllister & Co., January 8, 1906, OMC.
22. Vinter to Otis, McAllister & Co., January 12, 1906, OMC.
23. Vinter to Otis, McAllister & Co., January 15, 1906, OMC.
24. Vinter to Otis, McAllister & Co., January 21, 1906, OMC.
25. Benjamin J. Older, "Early History of the Pacific Coast Association as Recalled by Its First President," *Tea and Coffee Trade Journal*, June 1936, 19.
26. Ukers, *All About Coffee* (1922), 356–57.
27. Ukers, 488.
28. Oscar Willoughby Riggs, "The Coffee Trade of New York," *Frank Leslie's Popular Monthly* 23 (June 1887): 668.
29. "Coffee Exchange Adopts Contract 'F' for Mild Coffee," *The Spice Mill*, October 1929, 1746.
30. Ukers, *All About Coffee* (1922), 345.
31. Ukers, 341.
32. Kahl, "Rise of Mild Coffees," 204.
33. Hills Bros., Bulletin for Salesmen, San Francisco Division, December 15, 1913, Hills Bros. Coffee, Inc., Records, Archives Center, National Museum of American History, Smithsonian Institution, Washington, DC, 7, 10, 2.

第 11 章　傳承

1. Transcript of a Meeting of the Board of Special Inquiry, Angel Island Station, with attach- ments, in the matter of Frederick Hill, September 11, 1917, in File No. 16502/6-2, U.S. National Archives and Records Administration, Pacific Region, San Bruno, CA [NARA SB].
2. Transcript of a Meeting of the Board of Special Inquiry, Angel Island Station, in the matter of the application

of Mauricio & Fermina Avila, September 11, 1917, File no. 16502/5-1 and 5-2, NARA SB.
3. List or Manifest of Alien Passengers for the United States, SS Acapulco, Acajutla, El Salvador, July 26, 1912.
4. "Harker History: Manzanita Hall," The Harker School, http://news.harker.org/harker-history-manzanita-hall/.
5. "How Marin Academy Began," *Heads and Tales at Marin Academy*, https://travisma.wordpress.com/2012/09/10/how-marin-academy-began.
6. Carolyn V. Neal, "Montezuma Mountain School for Boys a Rustic Campus for Children of Privilege," *San Jose Mercury News*, August 1985, posted March 18, 2013, www.mercurynews.com/ci_22741079/from-archives-montezuma-mountain-school-boys-rustic-campus/.
7. "Development of San Francisco as a Coffee Port, Part I," *The Spice Mill*, January 1923, 18; "De- velopment of San Francisco as a Coffee Port, Part II," *The Spice Mill*, February 1923, 239; "San Francisco's Coffee Gains," *Tea and Coffee Trade Journal*, March 1922, 327.
8. "First Steamer of the Kosmos Line Arrives," *San Francisco Call*, December 15, 1899, 5.
9. Ukers, *All About Coffee* (1922), 489.
10. "The Green Coffee Trade," *Tea and Coffee Trade Journal*, April 1928, 534.
11. "San Francisco's Coffee Gains," *Tea and Coffee Trade Journal*, March 1922, 327–28.
12. "News from Montezumans," *Boy Builder* 5, no. 8 (January 1920), 13.
13. Walter E. Pittman, "Eugene W. Hilgard, A Confederate Scientist," presented at the Joint Annual Meeting of the North-Central and South-Central Section of the Geological Society of America, April 11–13, 2010, Branson, Missouri.
14. Luther N. Steward Jr., "California Coffee: A Promising Failure," *Southern California Quarterly* 46, no. 3 (September 1964): 259–64.
15. Bruce Cumings, *Dominion from Sea to Sea: Pacific Ascendancy and American Power* (New Haven: Yale University Press, 2009), 219–37; George L. Henderson, *California and the Fictions of Capital* (1998; 2nd ed., Philadelphia: Temple University Press, 2003).
16. Benjamin J. Older, "Early History of the Pacific Coast Association Recalled by Its First Presi- dent," *Tea and Coffee Trade Journal*, June 1945, 19; James Hill, "El cultivo del café Borbón en El Salvador," *El Café de El Salvador* 18, no. 209 (September 1948), 791–94.
17. Hill, "El cultivo del café Borbón en El Salvador."
18. Felix Choussy, *El café* (San Salvador: Asociación Cafetelera de El Salvador, 1934), 48–62.
19. United Nations Food and Agriculture Organization, *Coffee in Latin America: Productivity Problems and Future Prospects* (New York: United Nations and FAO, 1958), 108–9.
20. Notebook on Agronomy, uncollected papers of J. Hill y Cía., Las Tres Puertas, Santa Ana, El Salvador [JHP].
21. Notebook on Agronomy, JHP.
22. Carey McWilliams, "Foreword [1971]," *Factories in the Field* (1939; reprint, Santa Barbara, CA: Peregrine Publishers, 1971), viii–vix, 3–10.
23. *Report of the College of Agriculture and the Agricultural Experiment Station of the University of California* (Berkeley: University of California Press, 1922), 148.
24. George L. Henderson, *California and the Fictions of Capital* (New York: Oxford University Press, 1998; 2nd ed., Philadelphia: Temple University Press, 2003), 91–96; "In Memoriam, Richard Laban Adams, Agricultural Economics: Berkeley," University of California, texts.cdlib.org/view?docId=hb3r29n8f4&doc.view=-frames&chunk.id=div00001&toc.depth=1&toc.id=, last ac- cessed January 10, 2017.
25. David Igler, *Industrial Cowboys: Miller & Lux and the Transformation of the Far West, 1850–1920* (Berkeley: University of California Press, 2001).
26. R. L. Adams, *Farm Management* (New York: McGraw-Hill, 1921), 520–25.
27. *Tea and Coffee Trade Journal*, March 1926, 328.
28. Meeting of the Board of Special Inquiry, Angel Island Station, in the matter of Frederick Hill, September 11,

1917.

第 12 章　咖啡樹洞

1. Ordenes Generales para el Trabajo en las Fincas de J. Hill [OT], 22, uncollected papers of J. Hill y Cía., Las Tres Puertas, Santa Ana, El Salvador [JHP].
2. OT 63, JHP.
3. Mario Samper and Radin Fernando, "Historical Statistics of Coffee Production and Trade from 1700 to 1960," in Clarence-Smith and Topik, *The Global Coffee Economy*, 424–27.
4. Samper and Fernando, "Historical Statistics," 455–58.
5. Jeffrey L. Gould and Aldo A. Lauria-Santiago, *To Rise in Darkness: Revolution, Repression, and Memory in El Salvador, 1920–1932* (Durham, NC: Duke University Press, 2008), 7.
6. "Cosechas de café de fincas propias, 1917–1947," JHP.
7. Belarmino Suárez quoted in Wilson, "Crisis of National Integration," 45.
8. OT 20, JHP.
9. OT 119, JHP.
10. E. P. Thompson, "Time, Work-Discipline, and Industrial Capitalism," *Past and Present* 38 (December 1967), 60.
11. OT 22, JHP.
12. OT 90, 89, JHP.
13. José Luis Cabrera Arévalo, *Las controversiales fichas de fincas salvadoreñas: Antecedentes, origen y final* (San Salvador: Universidad Tecnológica de El Salvador, 2009).
14. Ivy Pinchbeck, *Women Workers and the Industrial Revolution*, 1750–1850 (1930; reprint, New York: Frank Cass, 1969), 179.
15. Ruhl, *Central Americans*, 203.
16. Report of J. Maurice Duke to U.S. Department of State, November 15, 1885, Dispatches from U.S. Consuls in San Salvador, RG 84.4, U.S. National Archives and Records Administration, College Park, MD.
17. Ruhl, *Central Americans*, 203.
18. OT 78, JHP.
19. James Hill to Jaime and Federico Hill, February 28, 1938, JHP.
20. James Hill to Don Eduardo Guirola, July 12, 1921, JHP.
21. Alvarenga, "Ethics of Power," 90.

第 13 章　玻璃籠子

1. "Occupants of the Wesleyan Glass Cage Changed," *Chicago Tribune*, March 24, 1896, 10; "The Wesleyan Calorimeter: Account of the Tests to Which A. W. Smith Was Subjected," New York Times, April 5, 1896, 5.
2. "Occupants of the Wesleyan Glass Cage," 10; "Wesleyan Calorimeter," 5.
3. W. O. Atwater, "How Food Nourishes the Body: The Chemistry of Foods and Nutrition, Part II," *Century Illustrated Magazine* 34 (June 1887): 237.
4. James L. Hargrove, "The History of the Calorie in Nutrition," *Journal of Nutrition* 136, no. 12 (December 2006): 2957–61.
5. Hermann von Helmholtz, "On the Interaction of Natural Forces," trans. John Tyndall, *American Journal of Science*, 2nd ser., 24, no. 71 (1857): 189–216.

6. Harold Francis Williamson, *Edward Atkinson: The Biography of an American Liberal, 1827–1905* (Boston: Old Corner Book Store, 1934).
7. Andrew F. Smith, "Wilbur O. Atwater," in *The Oxford Encyclopedia of Food and Drink in America*, ed. Smith, 2nd ed., vol. 2 (New York: Oxford University Press, 2013), 95–96; Nicolas Larchet, "Food Reform Movements," in *Oxford Encyclopedia of Food and Drink in America*, vol. 2, 798–800.
8. Atwater, "How Food Nourishes the Body," 237.
9. "The Wesleyan Calorimeter," 5.
10. "Historical Row: Counting Calories," *Wesleyan University Magazine*, Summer 2004, 60.
11. "Nine Days in a Sealed Box," *Chicago Daily Tribune*, March 21, 1899, 1.
12. "Occupants of the Wesleyan Glass Cage," 10.
13. Youmans, "Preface," in *Conservation of Forces*, v; "Introduction," xli.
14. John Fiske, *Edward Livingston Youmans: The Man and His Work* (Boston: James H. West, 1890).
15. Youmans, "Preface," in *Conservation of Forces*, v.
16. Youmans, "Introduction," in *Conservation of Forces*, xvii.
17. Youmans, "Introduction," xiv.
18. William Carpenter, "On the Correlation of the Physical and Vital Forces," in Youmans, *Conservation of Forces*, 403–6.
19. W. Carpenter, "Physical and Vital Forces," 432.
20. Youmans, "Introduction," xxxii–xxxiii.
21. Youmans, "Introduction," xxxvi–xxxviii.
22. Youmans, "Introduction," xxxi.
23. Ofelia Schutte, *Beyond Nihilism: Nietzsche Without Masks* (Chicago: University of Chicago Press, 1984), 204n13.
24. Quoted in R. J. Hollingdale, *Nietzsche: The Man and His Philosophy* (New York: Cambridge University Press, 2001), 226–27.
25. Quoted in Underwood, *Work of the Sun*, 160.
26. M. Norton Wise and Crosbie Smith, "Work and Waste: Political Economy and Natural Philosophy in Nineteenth Century Britain (I)," *History of Science* 27, no. 4 (1989): 263–301.
27. Eric Zencey, "Some Brief Speculations on the Popularity of Entropy as Metaphor," North American Review 271, no. 3 (September 1986): 7–10.
28. J. R. Mayer, "Celestial Dynamics," in Youmans, *Conservation of Forces*, 259.
29. MacDuffie, *Victorian Literature*, 66–86.
30. Balfour Stewart and J. Norman Lockyer, "The Sun as a Type of the Material Universe," part 1, *Macmillan's Magazine* 18 (July 1868): 246–57.
31. Atwater, "How Food Nourishes the Body," 237.
32. Smith, "Atwater," 95–96.
33. "Mystery of Body Read Like a Book," *Chicago Tribune*, December 21, 1908, 1.
34. "Science Measures the Energy Stores in Various Foods," *New York Times*, June 26, 1910, SM4.
35. "Mystery of Body," 1.
36. "Mystery of Body," 1.
37. Hargrove, "History of the Calorie."
38. "Mystery of Body," 1.
39. Henry Adams, *The Education of Henry Adams: An Autobiography* (Boston: Houghton Miff lin, 1918), 426.
40. Henry Adams to Edward E. Hale, February 8, 1902, *Letters of Henry Adams*, vol. 5 (Cambridge, MA: Belknap Press, 1982), 336–37.

第 14 章　饑餓的種植園

1. Report of J. Maurice Duke to U.S. Department of State, November 15, 1885, Dispatches from U.S. Consuls in San Salvador, RG 84.4, U.S. National Archives and Records Administration, College Park, MD.
2. Report of J. Maurice Duke.
3. Alvarenga, "Ethics of Power," 79.
4. Criminal contra EnecÓn Godoy por homicidio en Eulalio Ventura, Fondo Judicial, Departamento de Santa Ana, 1930, Box 101, Archivo General de la Nación, San Salvador, El Salvador.
5. Gould and Lauria-Santiago, *To Rise in Darkness*, 200.
6. Alvarenga, "Ethics of Power," 82.
7. Ruhl, *Central Americans*, 203.
8. Ordenes Generales para el Trabajo en las Fincas de J. Hill [OT], 77, uncollected papers of J. Hill y Cía., Las Tres Puertas, Santa Ana, El Salvador [JHP]; OT 85, JHP.
9. Alvarenga, "Ethics of Power," 99–101.
10. Alvarenga, 174–77.
11. Galeas, *Oligarca rebelde*.
12. William R. Fowler Jr., *The Cultural Evolution of Ancient Nahua Civilizations: The PipilNicarao of Central America* (Norman: University of Oklahoma Press, 1989), 85.
13. W. P. Lawson, "Along the Romantic Coffee Trail to Salvador," *The Spice Mill*, November 1928, 1976–82.
14. OT 38, JHP.
15. OT 98, JHP; OT 63, JHP.
16. Daniel Buckles, Bernard Triomphe, and Gustavo Sain, *Cover Crops in Hillside Agriculture: Farmer Innovation with Mucuna* (Ottawa: International Development Research Centre, 1998).
17. Fowler, *Cultural Evolution*, 114–30.
18. William R. Fowler Jr., " 'The Living Pay for the Dead ': Trade, Exploitation, and Social Change in Early Colonial Izalco, El Salvador," in *Ethnohistory and Archaeology: Approaches to Postcontact Change in the Americas*, ed. J. Daniel Rogers and Samuel M. Wilson (New York: Plenum, 1993), 181–87.
19. Browning, *El Salvador*, 15–87.
20. Jeffrey M. Pilcher, *Planet Taco: A Global History of Mexican Food* (New York: Oxford University Press, 2012), 25.
21. Paula E. Morton, *Tortillas: A Cultural History* (Albuquerque: University of New Mexico, 2014), 12.
22. Browning, *El Salvador*, 7.
23. Pilcher, Planet Taco, 24–25.
24. Roberto Cintli Rodríguez, *Our Sacred Maíz Is Our Mother: Indigeneity and Belonging in the Americas* (Tucson: University of Arizona Press, 2014), 114.
25. Pilcher, *Planet Taco*, 26–27.
26. James C. Scott, *Against the Grain: A Deep History of the Earliest States* (New Haven: Yale University Press, 2017), 129–58.
27. OT 85, JHP.
28. OT 4, JHP.
29. OT 86, JHP.
30. OT 43, JHP.
31. OT 36, JHP.
32. OT 2, JHP.

第 15 章　愛在咖啡種植園

1. Ruhl, *Central Americans*, 202.
2. Ruhl, 203.
3. Ordenes Generales para el Trabajo en las Fincas de J. Hill [OT], 62, 66, uncollected papers of J. Hill y Cía., Las Tres Puertas, Santa Ana, El Salvador [JHP].
4. OT 66, JHP.
5. OT 78, JHP.
6. OT 92, JHP.
7. OT 70, JHP.
8. "Para agregar al libro de 'ORDENES GENERALES,' " JHP.
9. OT 41, JHP.
10. OT 63, JHP.
11. OT 78, JHP.
12. OT 83, JHP.
13. OT 126, JHP.
14. OT 85, JHP.

第 16 章　關於咖啡的事實

1. Ukers, *All About Coffee* (1922), 527.
2. Ukers, 538–39.
3. Charles W. Trigg, "The Chemistry of the Coffee Bean," in Ukers, *All About Coffee*, 155.
4. Charles W. Trigg, "The Pharmacology of the Coffee Drink," in Ukers, *All About Coffee*, 174.
5. Pendergrast, *Uncommon Grounds*, 92–99.
6. Ukers, *All About Coffee* (1935), 489–91.
7. Trigg, "Pharmacology," 176.
8. Trigg, "Pharmacology," 177.
9. Trigg, "Pharmacology," 188, 174.
10. Ukers, *All About Coffee* (1922), xi.
11. Bennett Alan Weinberg and Bonnie K. Bealer, *The World of Caffeine: The Science and Culture of the World's Most Popular Drug* (New York: Routledge, 2002), xi–xii. Estimates of use vary. See for comparison Stephen Cherniske, *Caffeine Blues: Wake Up to the Hidden Dangers of America's #1 Drug* (New York: Grand Central, 1998).
12. Astrida Orle Tantillo, T*he Will to Create: Goethe's Philosophy of Nature* (Pittsburgh: University of Pittsburgh Press, 2002), 14.
13. *Conversations of Goethe with Eckermann and Soret*, vol. 1, trans. John Oxenford (London: Smith, Elder, 1850), 265–66.
14. MacDuffie, *Victorian Literature*, 38.
15. Richard L. Myers, *The 100 Most Important Chemical Compounds: A Reference Guide* (Westport, CT: Greenwood Press, 2007), 55–56.
16. Compare Jonathan Pereira, *The Elements of Materia Medica and Therapeutics*, vol. 2, part 2 (1857; reprint, New York: Cambridge University Press, 2014), 551; and Thurber, P*lantation to Cup*, 223.
17. Weinberg and Bealer, *World of Caffeine*, xix.
18. Thurber, *From Plantation to Cup*, 171.
19. Honoré de Balzac, Treatise on Modern Stimulants, trans. Kassy Hayden (Cambridge, MA: Wakefield Press,

2018), 20.

20. Samuel C. Prescott, *Report of an Investigation of Coffee* (New York: National Coffee Roasters Association, 1927), 5.
21. W. O. Atwater, "How Food Nourishes the Body: The Chemistry of Foods and Nutrition, II," *Century Illustrated Magazine*, June 1887, 239.
22. W. O. Atwater, "Foods and Beverages: The Chemistry of Foods and Nutrition, VI," *Century Illustrated Magazine*, May 1888, 136; W. O. Atwater, *Methods and Results of Investigations on the Chemistry and Economy of Food* (Washington, DC: Government Printing Office, 1895), 16.
23. Atwater, "Foods and Beverages," 136–37.
24. Frank Barkley Copley, Frederick W. *Taylor: Father of Scientific Management*, vol. 1 (New York: Harper & Brothers, 1923), 83.
25. Ukers, *All About Coffee* (1922), 446.
26. Micol Seigel, *Uneven Encounters: Making Race and Nation in Brazil and the United States* (Durham, NC: Duke University Press, 2009), 13–43.
27. "Your Uncle Sam," N. W. Ayer Advertising Agency Records, Box 28, Folder 2, Archives Center, Smithsonian National Museum of American History, Washington, DC.
28. Quoted in Seigel, *Uneven Encounters*, 24–35.
29. Coffee as an Aid to Factory Efficiency, reprinted in *Tea and Coffee Trade Journal*, February 1920, 186–88.
30. "Plant, n.," OED.com.
31. *Factory Efficiency*, 186–88.
32. Larry Owens, "Engineering the Perfect Cup of Coffee: Samuel Prescott and the Sanitary Vision at MIT," T*echnology and Culture* 45, no. 4 (October 2004), 801.
33. Prescott, *Investigation of Coffee*, 3.
34. Owens, "Perfect Cup," 800.
35. Prescott, *Investigation of Coffee*, 5.
36. Prescott, 10–11.
37. Murray Carpenter, *Caffeinated: How Our Daily Habit Helps, Hurts, and Hooks Us* (New York: Plume, 2015), 81–88.
38. Weinberg and Bealer, *World of Caffeine*, 189.
39. Ludy T. Benjamin, "Pop Psychology: The Man Who Saved Coca-Cola," *Monitor on Psychology* 40, no. 2 (February 2009), 18.
40. H. L. Hollingworth, *The Inf luence of Caffein on Mental and Motor Efficiency* (New York: Science Press, 1912), 6.
41. Hollingworth, 164–65.
42. Quoted in M. Carpenter, Caffeinated, 84.
43. Prescott, *Investigation of Coffee*, 13, 20–22.
44. "During 1929–1930 we've done these things for you," N. W. Ayer Advertising Agency Records, Box 75, Folder 2.
45. See Jiménez, " 'From Plantation to Cup,' " 38; "Comstock Record Defines Him as Guzzling Gus," *Daily Journal* (Fergus Falls, MN), February 21, 2009, www.fergusfallsjournal.com/2009/02/comstock-record-defines-him-as-guzzling-gus.

第 17 章　美國處方

1. Dana Gardner Munro, *The United States and the Caribbean Republics*, 1921–1933 (Princeton, NJ: Princeton University Press, 1974), 145–46.

2. Paul W. Drake, *The Money Doctor in the Andes: The Kemmerer Missions, 1923–1933* (Durham, NC: Duke University Press, 1989), 13.
3. Emily S. Rosenberg, *Financial Missionaries to the World: The Politics and Culture of Dollar Diplomacy, 1900–1930* (Cambridge, MA: Harvard University Press, 1999), 109–10.
4. Rosenberg, *Financial Missionaries*, 110–11.
5. "Sick Nations Take the American Cure," *New York Times*, December 9, 1928, SM4.
6. Drake, *Money Doctor*, 24.
7. "Historical Row: Counting Calories," *Wesleyan University Magazine*, Summer 2004, 60, http://magazine.blogs.wesleyan.edu/2004/09/20/historical-row-counting-calories/.
8. "The Postmaster General to College Men," *Postal Record* 9, no. 4 (April 1896): 91.
9. *Diaries of Edwin Kemmerer*, Edwin W. Kemmerer Papers, Public Policy Papers, Department of Rare Books and Special Collections, Princeton University Library.
10. See Drake, *Money Doctor*.
11. Rosenberg, *Financial Missionaries*, 102–5.
12. See, for example, Drake, *Money Doctor*.
13. For example, Douglas Vickers, *Economics and Ethics: An Introduction to Theory, Institutions, and Policy* (Westport, CT: Prager, 1997), 5–8.
14. Philip Mirowski, *More Heat than Light: Economics as Social Physics, Physics as Nature's Economics* (New York: Cambridge University Press, 1989), 193–275.
15. Roger E. Backhouse, *The Ordinary Business of Life: A History of Economics from the Ancient World to the Twenty-First Century* (Princeton, NJ: Princeton University Press, 2004), 4.
16. William Stanley Jevons, *The Principles of Science: A Treatise on Logic and Scientific Method*, 2nd ed. (London: Macmillan, 1905), 735–37.
17. Mirowski, *More Heat than Light*.
18. Irving Fisher's table of equivalency or "translations" between mechanics and economics terms, cited in Mirowski, 224.
19. Rosenberg, *Financial Missionaries*, 109–14.
20. Quoted in Munro, *The United States and the Caribbean Republics*, 146–47.
21. "El Salvador Seeks Loan of $2,000,000," *New York Times*, October 18, 1931, 45.
22. W. B. Schott to the Secretary of State, May 6, 1930, RG 84, Records of the Foreign Service Posts of the Department of State, 1862–1958: El Salvador, vol. 106, U.S. National Archives and Records Administration, College Park, MD.
23. Ruhl, *Central Americans*, 187–88.
24. Rosenberg, *Financial Missionaries*, 229.
25. Edwin W. Kemmerer, "The Work of the American Financial Commission in Chile," *Princeton Alumni Weekly* 26, no. 12 (December 16, 1925): 295.
26. Ruhl, *Central Americans*, 188.
27. F. W. Taylor to Family, September 14, 1923, Correspondence, Box 3, Folder 1, Frederic William Taylor Papers, 1897–1944, UCLA Special Collections, Los Angeles, California [FWT].
28. Marcos A. Letona to Carlos Milner, March 21, 1923, Salvador Letters and Reports, FWT.
29. David Browning, *El Salvador: Landscape and Society* (New York: Clarendon Press, 1971), 222.
30. F. W. Taylor to Marcus A. Letona, April 14, 1923, Salvador Letters and Reports, Box 3, Folder 2, FWT.
31. F. W. Taylor to Marian Taylor, n.d. [1923], F. W. Taylor & Family Correspondence, 1923–1927, FWT.
32. Report of the Director General of Agriculture for 1923, Salvador Letters and Reports, Box 3, Folder 2, FWT.
33. F. W. Taylor to Harry Humberstone, April 17, 1926, FWT.
34. "From an Old Farm Congress Friend," *Agricultural Review*, September 1924, collected in Salvador Letters and

Reports, FWT.
35. Report of the Director General of Agriculture for 1925, Salvador Letters and Reports, Box 3, Folder 2, FWT.
36. Reports of the Director General of Agriculture for 1924, 1925, and 1926, Salvador Letters and Reports, Box 3, Folder 2, FWT.
37. "From an Old Farm Congress Friend."
38. F. W. Taylor to Marcos Letona, date illegible [1924], Salvador Letters and Reports, Box 3, Folder 2, FWT.
39. Report of the Director General of Agriculture for 1924.
40. F. W. Taylor to My Dear Peoples, October 17, 1923, Correspondence, Box 3, Folder 1, FWT.
41. Gould and Lauria-Santiago, *To Rise in Darkness*, 8.
42. Durham, *Scarcity and Survival*, 36.
43. Marcus Letona to F. W. Taylor, February 14, 1924, Salvador Letters and Reports, Box 3, Folder 2, FWT.
44. Admor. Casino Salvadoreño to F. W. Taylor, n.d., Salvador Letters and Reports, Box 3, Folder 2, FWT.
45. F. W. Taylor to Dear Family, n.d., Correspondence, Box 3, Folder 1, FWT.
46. F. W. Taylor to Dear Family, January 18, 1927, Correspondence, Box 3, Folder 1, FWT.
47. F. W. Taylor to Marion, January 18, 1927, Correspondence, Box 3, Folder 1, FWT.
48. F. W. Taylor to My Dear Wife, September 12, 1924, Box 3, Folder 1, FWT.
49. Telegram from F. W. Taylor, April 1, 1927, Correspondence, Box 3, Folder 1, FWT.
50. Drake, *Money Doctor*, 13.
51. Thomas M. Leonard, "Central American Conference, Washington, 1923," in *Encyclopedia of U.S.–Latin American Relations*, vol. 1, ed. Leonard et al. (Thousand Oaks, CA: CQ Press / SAGE, 2012), 156–57.
52. Alvarenga, "Ethics of Power," 175.
53. Drake, *Money Doctor*, 1.
54. Samuel Guy Inman, "Imperialistic America," *Atlantic Monthly*, July 1924, 107–16.
55. Rosenberg, *Financial Missionaries*, 134.
56. Rosenberg, *Financial Missionaries*, 135–36.

第 18 章　咖啡問題

1. Samper and Fernando, "Historical Statistics," 450–53.
2. "Cosechas de las fincas propias, 1922–1926" and "Cosechas de café de fincas propias, 1917–1927," uncollected papers of J. Hill y Cía., Las Tres Puertas, Santa Ana, El Salvador.
3. [James Hill], "Remarks from a Planter," in E. A. Kahl, *Coffee Prices—High or Low?* , printed by W. R. Grace & Co., San Francisco, May 26, 1926, Hills Bros. Coffee, Inc., Records, Archives Center, National Museum of American History, Smithsonian Institution, Washington, DC [HBC], 7, 11, 5; "Salvador Conditions Good," *Tea and Coffee Trade Journal*, June 1928, 791.
4. Ukers, *All About Coffee* (1935), 460–61.
5. Trygge A. Siqueland, "The Romance of Coffee," *The Spice Mill*, November 1932, 1253–57; Ukers, *All About Coffee* (1935), 462–63.
6. Samper and Fernando, "Historical Statistics," 450–53.
7. Herbert Hoover, *Memoirs: Years of Adventure, 1874–1920* (New York: Macmillan, 1951), 132–33.
8. Hoover, *Memoirs*, 257.
9. Bertrand M. Patenaude, *The Big Show in Bololand: The American Relief Expedition to Soviet Russia in the Famine of 1921* (Stanford, CA: Stanford University Press, 2002).
10. Quoted in Pendergrast, *Uncommon Grounds*, 160.
11. Quoted in Seigel, *Uneven Encounters*, 48.

12. Quoted in Seigel, 51.
13. "Coffee Planters Ask for Tariff," *Chicago Tribune*, December 31, 1908, 6.
14. William H. Ukers to Herbert Hoover, January 19, 1926, RG 151:351.1, Folder: General File, 1926–1927, U.S. National Archives and Records Administration, College Park, MD [NARA CP].
15. G. S. McMillan to H. P. Stokes, January 29, 1926, RG 151:351.1, Folder: General File, 1926–1927, NARA CP.
16. Joseph Brandes, *Herbert Hoover and Economic Diplomacy: Department of Commerce Policy, 1921–1928* (Pittsburgh: University of Pittsburgh Press, 1962), 137.
17. James M. Mayo, *The American Grocery Store: The Business Evolution of an Architectural Space* (Westport, CT: Greenwood Press, 1993), 51–76; Bureau of Foreign and Domestic Commerce, *Merchandising Characteristics of Grocery Store Commodities: General Findings and Specific Results*, Distribution Cost Studies no. 11 (Washington, DC: Government Printing Office, 1932), 25.
18. Bureau of Foreign and Domestic Commerce, *Merchandising Characteristics of Grocery Store Commodities: Dry Groceries*, Distribution Cost Studies no. 13 (Washington, DC: Government Printing Office, 1932), 59–68.
19. Marc Levinson, The Great A&P and the Strug gle for Small Business in America (New York: Hill and Wang / Farrar, Straus and Giroux, 2011), 19.
20. Richard S. Tedlow, *New and Improved: The Story of Mass Marketing in America* (New York: Basic Books, 1991), 189–94.
21. Godfrey M. Lebhar, *Chain Stores in America, 1859–1950* (New York: Chain Store Publishing, 1952), 25.
22. Waldon Fawcett, "The General Trend to the Small Package," *The Spice Mill*, March 1929, 476, 478.
23. "Importations of Brazil Coffee Through New York—1929," *The Spice Mill*, February 1930, 204. For A&P's move into manufacturing, see Tedlow, *New and Improved*, 210.
24. For an overview, Edwin J. Perkins, *Wall Street to Main Street: Charles Merrill and MiddleClass Investors* (New York: Cambridge University Press, 1999), 109–26; in more detail, "San Francisco and Denver Roasting Plants of the Dwight Edwards Co.," *The Spice Mill*, March 1933, 240.
25. "The Louisville Conference," *Tea and Coffee Trade Journal*, March 1929, 442.
26. Brandes, *Hoover and Economic Diplomacy*, 132.
27. Levinson, *The Great A&P*, 133.
28. Levinson, 96–97.
29. Salesman's Reference Book (1912), HBC 8, 1, 1.
30. B. D. Balart, "Coffee Profits of the Past—Where Are They?," *Tea and Coffee Trade Journal*, May 1937, 270, 315.
31. Hills Bros [HB]., Bulletin for Salesmen, San Francisco Division, April 5, 1923, HBC 7, 10, 12.
32. HB Bulletin for Salesmen, San Francisco Division, August 5, 1914, HBC 7, 10, 3; HB Bulletin for Salesmen, San Francisco Division, September 7, 1916, HBC 7, 10, 5; HB Bulletin for Sales- men, November 19, 1918, HBC 7, 10, 7; HB Correspondence to Salesmen, General Letter 3, December 1918, HBC 7, 10, 7.
33. HB Bulletin for Salesmen, Chicago Division, March 6, 1937, HBC 7, 1, 2.
34. Folgers ad quoted in Seigel, *Uneven Encounters*, 52.
35. J. H. Polhemus to Sec. Herbert Hoover, August 24, 1925, RG 151:351.1, Folder: General File, 1919–1925, NARA CP.
36. Memorandum from Hector Lazo, September 19, 1925, RG 151:351.1, Folder: General File, 1919–1925, NARA CP; "Moves to Reform Brazil Coffee Plan," *New York Times*, November 2, 1930, 17.
37. L. E. Robinson, "Books Worth While," *The Rotarian*, November 1926, 31.
38. George Palmer Putnam, *The Southland of North America: Rambles and Observations in Central America in the Year 1912* (New York: G. P. Putnam's Sons, 1914), 1.
39. Putnam, *Southland*, 1.

40. Putnam, 233–35.
41. Putnam, 114, 194.
42. E. A. Kahl, "If Coffee Labor Went Up," *Tea and Coffee Trade Journal*, January 1925, 45.
43. Kahl, *Coffee Prices—High or Low?*, HBC 7, 11, 5.
44. Kahl, *Coffee Prices.*
45. Multatuli, *Max Havelaar*, trans. W. Siebenhaar (New York: Alfred A. Knopf, 1927), 74.
46. Multatuli, "Introductory Note by Multatuli to the Edition of 1875," *Max Havelaar*, 321–27.
47. D. H. Lawrence, "Introduction," in Multatuli, Max Havelaar, 11–15.
48. Simeon Strunsky, "About Books, More or Less: White Man's Burden," *New York Times Book Review*, January 23, 1927, 4.
49. Ruhl, *Central Americans*, 40.
50. [James Hill], "Poor Outlook in Salvador," *Tea and Coffee Trade Journal*, April 1927, 420.
51. Ruhl, *Central Americans*, 203–4.
52. "Salvadoran Conditions Good," *Tea and Coffee Trade Journal*, June 1928, 791.
53. Brandes, *Hoover and Economic Diplomacy*, 137.

第 19 章　革命種子

1. Miguel Mármol 's story is based on Roque Dalton, *Miguel Mármol*, trans. Kathleen Ross and Richard Schaaf (Willimantic, CT: Curbstone Press, 1987), except where noted otherwise.
2. Dalton, *Miguel Mármol*, 53, 47.
3. Dalton, 58, 71.
4. Dalton, 79–80, 109.
5. Dalton, 115.
6. Account of Martí 's life based on Thomas P. Anderson, *Matanza: El Salvador's Communist Revolt of 1932* (Lincoln: University of Nebraska Press, 1971), except where noted otherwise.
7. Quoted in Anderson, *Matanza*, 57.
8. Erik Ching, "In Search of the Party: The Communist Party, the Comintern, and the Peasant Rebellion of 1932 in El Salvador," *The Americas* 55, no. 2 (October 1998): 216.
9. Alejandro D. Marroquín, "Estudio sobre la crisis de los años treinta en El Salvador," *Anuario de Estudios Centroamericanos* 3, no. 1 (1977): 122.
10. "Libro de planillas de la Finca de la propiedad de Antonio Flores Torres," [1926–1931], uncollected manuscript. Original in possession of Federico Barillas, Intercorp S.V., San Salvador, El Salvador.
11. Michael McClintock, *The American Connection, vol. 1: State Terror and Popular Resistance in El Salvador* (London: Zed Books, 1985), 106; Gould and Lauria-Santiago, *To Rise in Darkness*, 18–20.
12. Gould and Lauria-Santiago, *To Rise in Darkness*, 2–3.
13. Quoted in Héctor Pérez Brignoli, "Indians, Communists, and Peasants: The 1932 Rebellion in El Salvador," in *Coffee, Society, and Power in Latin America*, ed. William Roseberry et al. (Baltimore: Johns Hopkins University Press, 1995), 244–45.
14. Masferrer quoted in Gould and Lauria-Santiago, *To Rise in Darkness*, 301n92.
15. Hamilton and Chinchilla, "Central American Migration," 84–85.
16. Robert G. Williams, *States and Social Evolution: Coffee and the Rise of National Governments in Central America* (Chapel Hill: University of North Carolina Press, 1994), Table A-1, 265–74.
17. James Dunkerley, *Power in the Isthmus: A Political History of Modern Central America* (London: Verso, 1988), 59.

18. Quoted in E. Bradford Burns, "The Modernization of Underdevelopment in El Salvador, 1858–1931," *Journal of Developing Areas* 18 (April 1984): 293.
19. Quoted in Wilson, "Crisis of National Integration," 122; see also Karen Racine, "Alberto Masferrer and the Vital Minimum: The Life and Thought of a Salvadoran Journalist, 1868–1932," *The Americas* 54, no. 2 (October 1997): 209–37.
20. Biographical sketch based on Racine, "Vital Minimum."
21. Racine, 216, 209.
22. Racine, 231.
23. Racine, 225–26.
24. Racine, 225–29, 234n79.
25. Dalton, *Miguel Mármol*, 224.
26. Gould and Lauria-Santiago, *To Rise in Darkness*, 32–62.
27. Dalton, *Miguel Mármol*, 118.
28. Dalton, 154.
29. Dalton, 194–95.
30. Dalton, 196–97.
31. For La Constancia, Gould and Lauria-Santiago, *To Rise in Darkness*, 55; for agricultural workers, Anderson, *Matanza*, 61.
32. Gould and Lauria-Santiago, 56–57.
33. Quoted in Anderson, *Matanza*, 90.
34. Anderson, *Matanza*, 90–91.
35. Racine, "Vital Minimum," 221.
36. Racine, 234.
37. "The Declaration of the President of the Republic, Engineer Arturo Araujo," enclosed in Dis- patch to the Secretary of State, March 11, 1931, RG 84, Records of Foreign Service Posts: El Salvador, vol. 114, U.S. National Archives and Records Administration, College Park, MD [NARA CP].
38. W. W. Renwick to J. T. Monahan, November 7, 1930, RG 84, El Salvador, vol. 106, NARA CP.
39. W. W. Renwick to J. T. Monahan, November 7, 1930, RG 84, El Salvador, vol. 106, NARA CP.
40. Gould and Lauria-Santiago, *To Rise in Darkness*, 91–92.
41. Anderson, *Matanza*, 101–2.
42. Gould and Lauria-Santiago, *To Rise in Darkness*, 92–93.
43. Anderson, *Matanza*, 101–2.
44. Dalton, *Miguel Mármol*, 218.
45. Gould and Lauria-Santiago, *To Rise in Darkness*, 95.
46. Harold D. Finley to the Secretary of State, May 12, 1931, RG 84, El Salvador, vol. 111, NARA CP.
47. Harold D. Finley to Secretary of State, May 20, 1931, RG 84, El Salvador, vol. 111, NARA CP.
48. Anderson, *Matanza*, 102–6.
49. Eugene Cunningham, "Snake Yarns of Costa Rica," *Outing* 80, no. 6 (September 1922): 266.
50. Dalton, *Miguel Mármol*, 216–17.
51. Gould and Lauria-Santiago, *To Rise in Darkness*, 76.
52. Dalton, *Miguel Mármol*, 135.
53. Quoted in Gould and Lauria-Santiago, *To Rise in Darkness*, 76.
54. Dalton, *Miguel Mármol*, 223.
55. Gould and Lauria-Santiago, *To Rise in Darkness*, 73–74.
56. Collected as an appendix to Jorge Schlesinger, *Revolución comunista: Guatemala en peligro... ?* (Guatemala City: Editorial Unión Tipográfica Castañeda, Ávila, 1946); two are reproduced and discussed in Gould and Lau-

ria-Santiago, *To Rise in Darkness*, 65–69.
57. Gould and Lauria-Santiago, *To Rise in Darkness*, 67–68.
58. See especially Gould and Lauria-Santiago, 91; and Jeffrey L. Gould, "On the Road to 'El Porvenir': Revolutionary and Counterrevolutionary Violence in El Salvador and Nicaragua," in *A Century of Revolution: Insurgent and Counterinsurgent Violence During Latin America's Long Cold War*, ed. Greg Grandin and Gilbert M. Joseph, 88–120 (Durham, NC: Duke University Press, 2010).

第20章　紅色起義

1. Schott to the Secretary of State, January 31, 1930, RG 84, Diplomatic Posts: El Salvador, vol. 106, U.S. National Archives and Records Administration, College Park, MD [NARA CP].
2. "Una carta muy importante del consocia señor J. Hill," *El Café de El Salvador*, December 1929, 23.
3. "Fundacíon de la 'Sociedad de Defensa del Café," *El Café de El Salvador*, February 1930, 5–8.
4. Schott to the Secretary of State, January 20, 1930, RG 84, Diplomatic Posts: El Salvador, vol. 106, NARA CP.
5. "Central American Coffee Countries Hold Congress in Guatemala City," *The Spice Mill*, May 1930, 701.
6. W. W. Renwick, "Memorandum to the American Legation," September 19, 1931, RG 84, Diplomatic Posts: El Salvador, vol. 114, NARA CP.
7. Warren D. Robbins to the Secretary of State, January 3, 1931, RG 84, Records of Foreign Service Posts: El Salvador, vol. 114, NARA CP.
8. Harold D. Finley to the Secretary of State, September 30, 1931, RG 84, Diplomatic Posts: El Salvador, vol. 114, NARA CP.
9. Samper and Fernando, "Historical Statistics," 452.
10. W. J. McCafferty to the Secretary of State, January 16, 1932, RG 84, El Salvador, vol. 116, NARA CP.
11. See, among other sources, Joan Didion, *Salvador* (New York: Simon & Schuster, 1983; reprint, Vintage, 1994), 54; Robert Armstrong and Janet Shenk, *El Salvador: Face of Revolution* (Boston: South End Press, 1982), 26.
12. Kenneth J. Grieb, "The United States and the Rise of General Maximiliano Hernández Martínez," *Journal of Latin American Studies* 3, no. 2 (November 1971): 151.
13. McCafferty to the Secretary of State, January 16, 1932.
14. McCafferty to the Secretary of State, January 16, 1932.
15. Gould and Lauria-Santiago, *To Rise in Darkness*, 139.
16. Dalton, *Miguel Mármol*, 229.
17. Dalton, 233.
18. Gould and Lauria-Santiago, *To Rise in Darkness*, 141–42.
19. Gould and Lauria-Santiago, 143.
20. Gould and Lauria-Santiago, 141–44.
21. Philip F. Dur, "U.S. Diplomacy and the Salvadorean Revolution of 1931," *Journal of Latin American Studies* 30, no. 1 (February 1998): 104–5.
22. McCafferty to the Secretary of State, January 16, 1932; Grieb, "Rise of Martínez," 160; C. B. Curtis to the Secretary of State, December 11, 1931, RG 84, El Salvador, vol. 111, NARA CP.
23. Major A. R. Harris to War Department, December 22, 1931, RG 59, 816.00/828, NARA CP.
24. Gould and Lauria-Santiago, *To Rise in Darkness*, 144–47.
25. Gould and Lauria-Santiago, 151.
26. D. J. Rodgers to Sir John Simon, January 7, 1932, Foreign Office [FO] 813/22, Central American Politics: 1932, The National Archives, Kew, Richmond, UK [TNA].
27. D. J. Rodgers to H. A. Grant Watson, January 12, 1932, FO 813/22, Central American Politics: 1932, TNA.

28. Rodgers to Simon, January 7, 1932.
29. Dalton, *Miguel Mármol*, 237.
30. Gould and Lauria-Santiago, *To Rise in Darkness*, 154.
31. Dalton, *Miguel Mármol*, 238–39.
32. Dalton, 240.
33. Gould and Lauria-Santiago, *To Rise in Darkness*, 160–64.
34. Gould and Lauria-Santiago, 65.
35. Tristram Hunt, *Marx's General: The Revolutionary Life of Friedrich Engels* (New York: Metropolitan / Henry Holt, 2009), 96–98, 123.
36. Hunt, 116.
37. Hunt, 190–99, 235.
38. Friedrich Engels, *Landmarks of Scientific Socialism: "AntiDuehring,"* trans. and ed. Austin Lewis (1877; Chicago: Charles Kerr, 1907), 225–26; Ernest Mandel, *The Formation of the Economic Thought of Karl Marx, 1843 to* Capital, trans. Brian Pearce (New York: Monthly Review Press, 1971), 83n17.
39. David Harvey, "Revolutionary and Counter-Revolutionary Theory in Geography and the Problem of Ghetto Formation," in *The Ways of the World* (New York: Oxford University Press, 2016), 15–16.
40. Peter Linebaugh, "Karl Marx, the Theft of Wood, and Working-Class Composition," in *Stop, Thief! The Commons, Enclosures, and Resistance* (Oakland, CA: PM Press, 2014), 56.
41. Quoted in Underwood, *Work of the Sun*, 7; see also Paul Burkett and John Bellamy Foster, "Metabolism, Energy, and Entropy in Marx's Critique of Political Economy: Beyond the Podo- linsky Myth," *Theory and Society* 35, no. 1 (February 2006): 112.
42. Quoted in Jonathan Sperber, *Karl Marx: A NineteenthCentury Life* (New York: Liveright, 2013), 537–38.
43. Sergei Podolinsky, "Socialism and the Unity of Physical Forces," trans. Angelo Di Salvo and Mark Hudson, *Organization and Environment* 17, no. 1 (March 2004): 61–75.
44. John Bellamy Foster, *Marx's Ecology: Materialism and Nature* (New York: Monthly Review Press, 2000), 166.
45. Quoted in Burkett and Foster, "Metabolism, Energy, and Entropy," 123.
46. Stephen Kotkin, *Stalin*, vol. 1: *Paradoxes of Power, 1878–1928* (New York: Penguin Press, 2014), 87.
47. Quoted in Zenovia A. Sochor, *Revolution and Culture: The BogdanovLenin Controversy* (Ithaca, NY: Cornell University Press, 1988), 72.
48. V. I. Lenin, *Materialism and EmpirioCriticism: Critical Comments on a Reactionary Philosophy* (1927; reprint New York: International Publishers, 1970), 279.
49. V. I. Lenin, "A 'Scientific' System of Sweating," in *Collected Works of Lenin*, vol. 18 (Moscow: Progress Publishers, 1975), 594–95.
50. Quoted in Kotkin, *Stalin*, 79.
51. Ching, "In Search of the Party," 227.
52. See *El Café de El Salvador*, 1929–1932.
53. Louis A. La Garde, *Gunshot Injuries: How They Are Inf licted, Their Complications and Treatment* (New York: William Wood, 1914), 67.
54. La Garde, *Gunshot Injuries*, 62–66, 72–73.
55. D. J. Rodgers to Sir John Simon, January 13, 1932, No. 22, FO 420/283, Further Correspondence Respecting South and Central America, Part 34, Jan-June 1932, TNA.
56. Dalton, *Miguel Mármol*, 244.
57. Gould and Lauria-Santiago, *To Rise in Darkness*, 167–68.
58. Telegram to Foreign Office No. 2, January 20, 1932, FO 813/22, Central American Politics: 1932, TNA.
59. Telegram to Foreign Office No. 1, January 20, 1932, FO 813/22, Central American Politics: 1932, TNA.
60. Telegram to Foreign Office No. 3, January 21, 1932, FO 813/22, Central American Politics: 1932, TNA.

61. "Volcanoes Blanket Guatemalan Towns," *New York Times*, January 23, 1932, 1.
62. Gould and Lauria-Santiago, *To Rise in Darkness*, 170.
63. General Resume of the Proceedings of H.M.C. Ships while at Acajutla, Republic of San Salvador, January 23–31, 1932, reprinted in Leon Zamosc, "The Landing That Never Was: Cana- dian Marines and the Salvadorean Insurrection of 1932," *Canadian Journal of Latin American and Caribbean Studies* 11, no. 21 (1986): 133.
64. McCafferty quoted in Philip F. Dur, "U.S. Diplomacy and the Salvadorean Revolution of 1931," *Journal of Latin American Studies* 30, no. 1 (February 1998): 111.
65. "Red Revolt Sweeps Cities in Salvador," *New York Times*, January 24, 1932, 1.

第 21 章　戰爭引爆

1. General Resume of the Proceedings of H.M.C. Ships while at Acajutla, Republic of San Salva- dor, January 23–31, 1932, reprinted in Leon Zamosc, "The Landing That Never Was: Canadian Marines and the Salvadorean Insurrection of 1932," *Canadian Journal of Latin American and Caribbean Studies* 11, no. 21 (1986): 131–47.
2. Gould and Lauria-Santiago, *To Rise in Darkness*, 170–71.
3. C. L. R. James, *The Black Jacobins: Toussaint L'Ouverture and the San Domingo Revolution* (1938; rev. ed., New York: Random House, 1963), x.
4. Gould and Lauria-Santiago, *To Rise in Darkness*, 174–82.
5. Héctor Lindo-Fuentes et al., *Remembering a Massacre in El Salvador: The Insurrection of 1932, Roque Dalton, and the Politics of Historical Memory* (Albuquerque: University of New Mexico Press, 2007), 41.
6. "A Landowner's Account" (1932), in Appendix, Document 6-1, of Lindo-Fuentes et al., *Remembering a Massacre*, 336.
7. Gould and Lauria-Santiago, *To Rise in Darkness*, 180.
8. "Martial Law Set Up in Salvador Revolt," *New York Times*, January 25, 1932, 10; "Youths Armed in San Salvador," New York Times, January 26, 1932, 10.
9. Telegram to Foreign Office No. 8, January 26, 1932, Foreign Office [FO] 813/22, Central American Politics: 1932, The National Archives, Kew, Richmond, UK [TNA].
10. See also Erik Ching, *Authoritarian El Salvador: Politics and the Origins of Military Regimes, 1880–1945* (South Bend, IN: University of Notre Dame Press, 2014), 290.
11. Photographs published in Gould and Lauria-Santiago, *To Rise in Darkness*, 228.
12. D. J. Rodgers to Sir John Simon, February 2, 1932, No. 25, FO 420/283, Further Correspondence Respecting South and Central America, Part 34, Jan-June 1932, TNA.
13. Brodeur's story compiled from documents reprinted in Zamosc, "The Landing That Never Was."
14. On the basis of anecdotal evidence, Anderson, *Matanza*, 125–26, has Martí arrested on the 18th. Dispatches from British diplomats indicate the 19th/20th. See D. J. Rodgers to Sir John Simon, January 22, 1932, No. 22, FO 420/283, Further Correspondence Respecting South and Central America, Part 34, Jan-June 1932, TNA.
15. Anderson, *Matanza*, 179–86.

第 22 章　屠殺

1. Telegram to Foreign Office No. 11, January 28, 1932, Foreign Office [FO] 813/22, Central American Politics: 1932, The National Archives, Kew, Richmond, UK [TNA].
2. D. J. Rodgers to Sir John Simon, January 26, 1932, No. 23, FO 420/283, Further Correspondence Respecting

South and Central America, Part 34, Jan-June 1932, TNA.
3. Telegram to Foreign Office No. 9, January 2, 1932, FO 813/22, Central American Politics: 1932, TNA.
4. "Fiscal Representative has received advice...," n.d., FO 813/22, Central American Politics: 1932, TNA.
5. Telegram to Washington, January 25, 1932, FO 813/22, Central American Politics: 1932, TNA.
6. D. J. Rodgers to Sir John Simon, January 30, 1932, No. 24, FO 420/283, Further Correspondence Respecting South and Central America, Part 34, Jan-June 1932, TNA.
7. Enrique Córdova, "General Maximiliano Hernández Martínez" (memoir, 1960s), in Appendix, Document 6-6, of Lindo-Fuentes et al., *Remembering a Massacre*, 353–55.
8. Galeas, *Oligarca rebelde*.
9. Córdova, "General Maximiliano Hernández Martínez," 354–55.
10. Lindo-Fuentes et al., *Remembering a Massacre*, 38.
11. Gould and Lauria-Santiago, *To Rise in Darkness*, 211.
12. Gould and Lauria-Santiago, 221.
13. Gould and Lauria-Santiago, 221–27.
14. Anderson, *Matanza*, 170; Tilley, *Seeing Indians*, 159.
15. Quoted in Tilley, Seeing Indians, 161–63, 164.
16. Quoted in Gould and Lauria-Santiago, *To Rise in Darkness*, 227.
17. Hamilton and Chinchilla, "Central American Migration," 85.
18. Tilley, *Seeing Indians*, 155–56.
19. Quoted in Gould and Lauria-Santiago, *To Rise in Darkness*, 230.
20. Lindo-Fuentes et al., *Remembering a Massacre*, 38.
21. D. J. Rodgers to Sir John Simon, February 25, 1932, No. 33, FO 420/283, Further Correspondence Respecting South and Central America, Part 34, Jan-June 1932, TNA.
22. William Krehm, *Democracies and Tyrannies of the Caribbean in the 1940s* (Toronto: Lugus, 1999), 3–17; Lindo-Fuentes et al., *Remembering a Massacre*, 63; and Roque Dalton, *Historias prohibidas del Pulgarcito* (1974), excerpted as "People, Places, and Events of 1932," in Appendix, Document 3-6, of Lindo-Fuentes et al., *Remembering a Massacre*, 282–83.
23. Tilley, *Seeing Indians*, 143–44.
24. Photographs published in Schlesinger, *Revolución comunista*, and supposedly provided to him by Martínez. Lindo-Fuentes et al., *Remembering a Massacre*, 123 and 368n48.
25. Erik Ching, *Authoritarian El Salvador*, 292–93.
26. Lindo-Fuentes et al., *Remembering a Massacre*, 39.
27. Gould and Lauria-Santiago, *To Rise in Darkness*, 213.
28. Dalton, *Miguel Mármol*, 255–61.
29. Gould and Lauria-Santiago, *To Rise in Darkness*, 244.
30. Dalton, *Miguel Mármol*, 308.
31. Grieb, "Rise of Martínez," 165.
32. Stimson quoted in Lindo Fuentes et al., *Remembering a Massacre*, 66.
33. Grieb, "Rise of Martínez," 164.
34. D. J. Rodgers to Sir John Simon, February 25, 1932, No. 33, FO 420/283, Further Correspondence Respecting South and Central America, Part 34, Jan-June 1932, TNA.
35. Grieb, "Rise of Martínez," 165–66.
36. "General Conditions Prevailing in El Salvador, 4/1/32 to 4/30/32," RG 84, Diplomatic Posts: El Salvador, vol. 116, U.S. National Archives and Records Administration, College Park, MD [NARA CP].
37. "Memo of Conversation, Mr. Benjamin Bloom: Recognition of Martínez regime in Salvador," June 2, 1932, RG 84, vol. 118, NARA CP.

38. "General Conditions Prevailing in El Salvador, 8/1/32 to 8/31/32," RG 84, Diplomatic Posts: El Salvador, vol. 116, NARA CP.
39. W. J. McCafferty to the Secretary of State, General Conditions Report for September 1932, October 4, 1932, RG 84, El Salvador, vol. 116, NARA CP.
40. Grieb, "Rise of Martínez," 171.
41. A. E. Carleton, "Trade Policy of El Salvador," August 17, 1932, RG 84, Records of Foreign Service Posts: El Salvador, vol. 116, NARA CP.
42. "General Conditions Prevailing in El Salvador, 2/1/32 to 2/29/32," RG 84, Diplomatic Posts: El Salvador, vol. 116, NARA CP.
43. "General Conditions Prevailing in El Salvador, July 1933," RG 84, Diplomatic Posts: El Salvador, vol. 122, NARA CP.
44. James Hill to Enrique Borja, April 6, 1932, uncollected papers of J. Hill y Cía., Las Tres Puertas, Santa Ana, El Salvador.
45. Gould and Lauria-Santiago, *To Rise in Darkness*, 187, 328–29n50.

第23章　堆得高，賣得便宜

1. Yip Harburg, quoted in Studs Terkel, *Hard Times: An Oral History of the Great Depression*(New York: Pantheon, 1970; reprint, New Press, 2005), 20.
2. Arthur M. Schlesinger Jr., *The Age of Roosevelt*, vol. 1: *The Crisis of the Old Order, 1919–1933*(New York: Houghton Miff lin, 1957; reprint, Mariner / Houghton Miff lin, 2003), 171, 3.
3. Dorothy Day quoted in Terkel, *Hard Times*, 305.
4. On Hoover's strict economic orthodoxy, see David M. Kennedy, *Freedom from Fear: The American People in Depression and War, 1929–1945* (New York: Oxford University Press, 1999), 82.
5. David E. Hamilton, *From New Day to New Deal: American Farm Policy from Hoover to Roosevelt, 1928–1933* (Chapel Hill: University of North Carolina Press, 1991; reprint, 2011).
6. Franklin D. Roosevelt, "Address Accepting the Presidential Nomination at the Democratic National Convention in Chicago," *The American Presidency Project*, https://www.presidency.ucsb.edu/documents/address-accepting-the-presidential-nomination-the-democratic-national-convention-chicago-1.
7. Schlesinger, *Crisis of the Old Order*, 234.
8. Quoted in William E. Leuchtenburg, *Herbert Hoover* (New York: Henry Holt, 2009), 141.
9. Thomas Ferguson, "From Normalcy to New Deal: Industrial Structure, Party Competition, and American Public Policy in the Great Depression," *International Organization* 38, no. 1 (Winter 1984): 41–94.
10. Charles P. Kindleberger, *The World in Depression: 1929–1939* (1973; rev. ed., Berkeley: Univer- sity of California Press, 1986), 278–80; Dietmar Rothermund, *The Global Impact of the Great Depression, 1929–1939* (New York: Routledge, 1996), 100–105; on Japan, see Yûzô Yamamoto, "Japanese Empire and Colonial Management," and Takafusa Nakamura, "The Age of Turbulence: 1937–1954," in *The Economic History of Japan, 1914–1955: A Dual Structure*, ed. T. Nakamura and Kônosuke Odaka, trans. Noah S. Brannen (New York: Oxford University Press, 2003); on Germany, see Avraham Barkai, *Nazi Economics: Ideology, Theory, and Policy*, trans. Ruth Hadass-Vashitz (New Haven: Yale University Press, 1990), 172–83.
11. Hull quoted in Murray N. Rothbard, "The New Deal and the International Monetary System," in *Watershed of Empire: Essays on New Deal Foreign Policy*, ed. Leonard P. Liggio and James J. Martin (Colorado Springs: Ralph Myles, 1976), 46.
12. David Green, *The Containment of Latin America: A History of the Myths and Realities of the Good Neighbor Policy* (Chicago: Quadrangle Books, 1971).

13. Lloyd C. Gardner, *Economic Aspects of New Deal Diplomacy* (Madison: University of Wisconsin Press, 1964), 194–99.
14. Minutes of the Meeting of the Inter-Departmental Advisory Board on Reciprocity Treaties, July 17, 1933, Records of the Interdepartmental Advisory Board on Reciprocity Treaties: Mem- oranda and Records of Meetings, RG 353, Box 1, U.S. National Archives and Records Admin- istration, College Park, MD [NARA CP].
15. *Coffee: The Story of a Good Neighbor Product* (New York: Pan-American Coffee Bureau, 1954).
16. Dick Steward, *Trade and Hemisphere: The Good Neighbor Policy and Reciprocal Trade* (Columbia: University of Missouri Press, 1975), 208; Michael A. Butler, *Cautious Visionary: Cordell Hull and Trade Reform, 1933–1937* (Kent, OH: Kent State University Press, 1998), 112.
17. Minutes of the Meeting of 2 July 1934, Records of the Interdepartmental Committee on Trade Agreements, Committee Meeting Minutes, 1934–1961, RG 353.5.7, Box 1, Folder 1, NARA CP.
18. Kindleberger, *World in Depression*, 234.
19. Grieb, "Rise of Martínez," 170–72.
20. "Monthly Economic Report on El Salvador," December 22, 1934, RG 84, Records of Foreign Service Posts: El Salvador, vol. 127, NARA CP; "Sobre la venta del café salvadoreño en Ale- mania," *El Café de El Salvador*, July 1936, 335–37; "Alemania y el comercio internacional," *El Café de El Salvador*, November 1936, 520.
21. Hills Bros., [HB] Bulletin for Salesmen, Chicago Division, October 10, 1932, Hills Bros. Coffee, Inc., Records, Archives Center, National Museum of American History, Smithsonian Institution, Washington, DC [HBC], 7, 1, 2.
22. "Coffee Prospects in El Salvador," *The Spice Mill*, February 1930, 220.
23. HB Bulletin for Salesmen, San Francisco Division, June 17, 1930, HBC 7, 12, 1.
24. HB Bulletin for Salesmen, San Francisco Division, March 1931, HBC 7, 12, 2.
25. HE. Jacob, *Coffee: The Epic of a Commodity*, trans. Eden and Cedar Paul (1935; Short Hills, NJ: Burford Books, 1998), 267.
26. Pendergrast, *Uncommon Grounds*, 171.
27. James Hill to Oliva, November 17, 1934, uncollected papers of J. Hill y Cía., Las Tres Puertas, Santa Ana, El Salvador [JHP]; "Cosecha 1933/1934," JHP.
28. HB Bulletin for Salesmen, San Francisco Division, December 21, 1931, HBC 7, 12, 2.
29. HB Bulletin for Salesmen, Chicago Division, January 7, 1933, HBC 7, 1, 2.
30. HB Bulletin for Salesmen, Chicago Division, October 10, 1932, HBC 7, 1, 2.
31. Craig Davidson, "What About Supermarkets?," *Saturday Evening Post*, September 17, 1938, 23.
32. Lizabeth Cohen, *Making a New Deal: Industrial Workers in Chicago, 1919–1939* (New York: Cambridge University Press, 1990), 234–38; Tracey Deutsch, *Building a Housewife's Paradise: Gender, Politics, and American Grocery Stores in the Twentieth Century* (Chapel Hill: University of North Carolina Press, 2010).
33. M. M. Zimmerman, "The Supermarket and the Changing Retail Structure," *Journal of Marketing* 5, no. 4 (April 1941), 402–3; M. M. Zimmerman, *The Super Market: A Revolution in Distribution* (New York: McGraw-Hill, 1955), 131.
34. "Super Markets," *Time*, September 29, 1941.
35. T. H. Watkins, *The Hungry Years: A Narrative History of the Great Depression* (New York: Henry Holt, 1999).
36. Tedlow, *New and Improved, 226–38; Mayo, American Grocery Store*, 117–55.
37. Zimmerman, *The Super Market*, 31–68.
38. Deutsch, *Housewife's Paradise*; Adam Mack, "'Speaking of Tomatoes': Supermarkets, the Senses, and Sexual Fantasy in Modern America," *Journal of Social History* 43, no. 4 (Summer 2010), 815–42; Richard Longstreth, *The DriveIn, the Supermarket, and the Transformation of Commercial Space in Los Angeles, 1914–1941* (Cambridge, MA: MIT Press, 1999), 77–126.
39. See Michael Cullen's 1930 business plan, reprinted in Zimmerman, *The Super Market*, 32–35.

40. "Getting the Most out of the Super Market," *Super Market Merchandising*, December 1936, 5.
41. See, for example, "Ralphs Summer Sale" [advertisement], *Los Angeles Times*, July 11, 1932, A3; "The Super Market Aims at Mass Sales of Tea and Coffee," *Tea and Coffee Trade Journal*, June 1937, 330.
42. "How Mass Displays Help Sell Nationally Advertised Brands," *Super Market Merchandising*, December 1937, 1.
43. See "Super Markets and Coffee," *The Spice Mill*, December 1937, 744–45; Harry S. Kantor, *Price Control in the Coffee Industry*, Work Materials No. 55, Trade Practice Studies Section, National Recovery Administration (Washington, DC: National Recovery Administration, 1936), 12, 19–21. For representative promotions and advertisements, see "Ralphs," *Los Angeles Times*, June 7, 1935, 4; "Storewide Christmas Sale" [Safeway], *Los Angeles Times*, December 22, 1937, 7; "Learn About Safeway Coffee Values!," *Los Angeles Times*, November 11, 1938, 4; "33rd Anniversary & Grand Opening Sale" [Vons], *Los Angeles Times*, December 28, 1939, B10.
44. For example, Edward L. Anderson, "Selling Self-Service to the Classes as Well as to the Masses," *Super Market Merchandising*, October 1938, 40.
45. "Super Pledges Community Aid," *Super Market Merchandising*, July 1941, 6.
46. Jane Holtz Kay, *Asphalt Nation: How the Automobile Took Over America, and How We Can Take It Back* (New York: Crown, 1997), 196–207; for Southern California in detail, Scott L. Bottles, *Los Angeles and the Automobile: The Making of the Modern City* (Berkeley: University of California Press, 1987), 175–234.
47. "The Industry in 1941—A Panoramic Review," *Super Market Merchandising*, January 1941, 6–8.
48. "The Present and Future of the Super Market," *Tea and Coffee Trade Journal*, October 1937, 250.
49. "Mapping the Nation's Super Market Growth," *Super Market Merchandising*, February 1941, 22–30.
50. For example, Ira Katznelson, *When Affirmative Action Was White: An Untold History of Racial Inequality in TwentiethCentury America* (New York: W. W. Norton, 2005), 25–79; and David R. Roediger, *Working Toward Whiteness: How America's Immigrants Became White: The Strange Journey from Ellis Island to the Suburbs* (New York: Basic Books, 2005), 199–244.
51. Kenneth T. Jackson, *Crabgrass Frontier: The Suburbanization of the United States* (New York: Oxford University Press, 1985), 190–218; Louis Hyman, Debtor Nation: A History of America in Red Ink (Princeton, NJ: Princeton University Press, 2011), 45–97.
52. Matt Novak, "The Great Depression and the Rise of the Refrigerator," *Pacific Standard*, updated June 14, 2017, https://psmag.com/environment/the-rise-of-the-refrigerator-47924.
53. O. Q. Arner, "Coffee Habits Survey No. 4," *Tea and Coffee Trade Journal*, September 1932, 250–51.
54. J. S. Millard, "Coffee Habits Surveyed," *The Spice Mill*, September 1939, 10.
55. Ukers, *All About Coffee* (1922), 723. The discussion of brewing methods is based on Ukers's chapter "Preparation of the Universal Beverage," 693–724.
56. *Coffee: How It's Grown and How to Make It* (1932), HBC 2, 2, 9.
57. *Use the Hills Bros. Coffee Guide for Coffee Economy and Coffee Goodness* (1934), HBC 2, 2, 9.
58. "The Proper Grind for Coffee," *Tea and Coffee Trade Journal*, April 1937, 243.
59. H. G. Hills, "The Correct Grind for Coffee," *Tea and Coffee Trade Journal*, March 1937, 144–45, 170–72.
60. *How to Make Good Coffee* [1940], HBC 2, 2, 9.
61. Hills, "Correct Grind," 144.
62. All articles in *Good Housekeeping*, by dates as noted: T. Coe, "After-dinner Coffee," March 1912, 381–82; W. B. Harris, "Some Coffees of Today," August 1913, 264–68; H. W. Wiley, "Some New Facts About Coffee," October 1917, 144; D. B. Marsh, "Coffee as a Flavor," May 1920, 83; H. Conklin et al., "Coffee Brewing in Variety," November 1922, 79; O. T. Osborne, "Children Should Not Drink Coffee or Tea," October 1924, 284.
63. All articles in *Good Housekeeping*, by dates as noted: P. W. Punnett et al., "Good Cup of Coffee," October 1931, 88–89; "Perfect Coffee Is Not a Matter of Chance," July 1935, 109; B. Mac- Fayden, "What I Call Good Coffee!," April 1938, 82–83; A. N. Clark and P. W. Punnett, "Why Can't We Have Coffee Like This at Home?," September 1940, 89; P. W. Punnett, "You Can Tell a Good Hostess by Her Coffee," December 1941, 168.

64. Hills Bros. Bulletin for Salesmen, San Francisco Division, November 16, 1920, HBC 7, 10, 9.
65. Covington Janin, "Coast's Coffee Importers Buying Larger Quantities from Central America; Takings from Brazil Off," *Wall Street Journal* [Pacific Coast Edition], September 11, 1935; "Re- ceivers of Coffee from Foreign Countries by Sea," *The Spice Mill*, March 1939, 40; "San Fran- cisco News," *The Spice Mill*, February 1941, 35.
66. *The Art of Coffee Making*, HBC 2, 2, 9; Arthur F. Thomas to H. G. Hills, July 3, 1935, HBC 1, 6: HGH 35; HB Bulletin for Salesmen, San Francisco Division, September 10, 1936, HBC 7, 12, 5.
67. HB Bulletin for Salesmen, Los Angeles Division, January 6, 1938, HBC 7, 6, 2.
68. T. Carroll Wilson, "A Chronological Review of Hills Bros. Coffee," HBC 2, 1, 2.
69. Eduardo Hill to Reuben W. Hills Jr., September 30, 1938, HBC 11, 6.

第24章　杯子背後

1. "Conveniencia de proteger la agricultura," *El Café de El Salvador*, June 1936, 299.
2. Jeffery M. Paige, "Coffee and Power in El Salvador," *Latin American Research Review* 28, no. 3 (1993): 11.
3. Jeffery M. Paige, *Coffee and Power: Revolution and the Rise of Democracy in Central America* (Cambridge, MA: Harvard University Press, 1997), 18–19.
4. "Siembras cafetos de año," n.d. [1945–1946], uncollected papers of J. Hill y Cía., Las Tres Puertas, Santa Ana, El Salvador [JHP].
5. James Hill to Jaime and Federico Hill, October 23, 1941, JHP.
6. *Tea and Coffee Trade Journal*, September 1929, 330.
7. "San Francisco Trade," *Tea and Coffee Trade Journal*, February 1933, 146.
8. For example, Impuestos sobre la Renta, 1939, Soc. Concha G.v. de Regalado y Hijos, Ministerio de Hacienda, Archivo General de la Nación, San Salvador, El Salvador.
9. James Hill to Oliva, November 17, 1934, JHP. For San Francisco import totals, see yearly trade- journal reports, for example, "Receivers of Coffee from Foreign Countries by Sea During 1938," *The Spice Mill*, March 1939.
10. "San Francisco Trade," *Tea and Coffee Trade Journal*, September 1935, 216.
11. Interview with Jaime Hill, Perdita Huston Papers.
12. "Se nombra a don Jaime D. Hill primer vocal de la junta gobierno de la ACDES," *El Café de El Salvador*, August 1932, 53; "Growers of El Salvador Elect," *The Spice Mill*, May 1938, 345.
13. "Viaje de James Hill," JHP; *Tea and Coffee Trade Journal*, September 1932.
14. "San Francisco News," *The Spice Mill*, August 1933, 757.
15. *Tea and Coffee Trade Journal*, July 1934, 45.
16. *Tea and Coffee Trade Journal*, July 1935, 43.
17. *Tea and Coffee Trade Journal*, May 1936, 398.
18. On Brazil and Colombia, "Coffee Industries End Convention," *Pittsburgh Press*, September 24, 1936, 21.
19. J. Hill, "Raising Coffee in Salvador," *Tea and Coffee Trade Journal*, December 1936, 424; "Salvador Grower Speaks," *The Spice Mill*, July 1936, 658.
20. Monthly Economic Report on El Salvador, July 19, 1935, RG 84, vol. 132, U.S. National Archives and Records Administration, College Park, MD [NARA CP].
21. "Diploma al Mérito Agricola Cafetalero," *El Café de El Salvador*, May 1948, 341–42.
22. Monthly Economic Report on El Salvador, November 18, 1935, RG 84, vol. 132, NARA CP; William H. Ukers, *Ten Years of Coffee Progress: The Highlights of Coffee Development During the Decade, 1935–1944* (New York: Pan American Coffee Bureau, 1945), 5; "Pan American Coffee Bureau Activities," *The Spice Mill*, January

1937, 103.

23. "The Coffee Industry Holds Big Convention," *The Spice Mill*, October 1937, 674; "Coffee Campaign Gets Under Way," *The Spice Mill*, May 1938, 262.
24. Allen to Wilson, November 12, 1938, Hills Bros. Coffee, Inc., Records, Archives Center, National Museum of American History, Smithsonian Institution, Washington, DC [HBC], 10, 5, 2.
25. Allen to Wilson, October 31, 1938, HBC 10, 5, 2.
26. Allen to Wilson, October 31, 1938, HBC 10, 5, 2.
27. Allen to Wilson, November 17, 1938, HBC 10, 5, 2.
28. For the "carelessness" of Brazilian production, see Warren Dean, *Rio Claro: A Brazilian Plantation System*, 1820–1920 (Stanford, CA: Stanford University Press, 1976), 36–38.
29. Choussy, *El café*, 54.
30. Untitled notes, December 30, 1944, JHP.
31. James Hill to Juan F. Rivas, November 1, 1941, JHP.
32. Alvarenga, "Ethics of Power," 96–97, 176.
33. Ordenes Generales para el Trabajo en las Fincas de J. Hill, 122, JHP.
34. "Ordenes mandadores fincas respecto de corte de café," JHP.
35. "Calculos sobre la manutenciÓn diaria de la gente... ," November 13, 1944, JHP.
36. "Ordenes mandadores fincas."
37. James Hill to Juan F. Rivas, November 1, 1941, JHP.
38. "Ordenes mandadores fincas."
39. James Hill to Mandador de la Finca, November 9, 1940, JHP; "Ordenes mandadores fincas."
40. Charles Morrow Wilson, *Central America: Challenge and Opportunity* (New York: Henry Holt, 1941), 52.
41. Wilson to Allen, February 8, 1939, HBC 10, 5, 2.
42. "Among the highly interesting novelties..," *Oakland Post Enquirer*, June 20, 1939, HBC 10, 1, 6.
43. Hills Bros. to Joseph C. Harth, May 5, 1939, HBC 10, 6, 2.
44. Victoria Paganini to Hills Bros. Coffee, August 29, 1939, HBC 10, 1, 4.
45. George Goodman to Hills Bros. Coffee, July 18, 1939, HBC 10, 1, 4.

第 25 章　戰爭

1. Pendergrast, *Uncommon Grounds*, 210.
2. H. W. Clark to T. C. Wilson, May 25, 1945, Hills Bros. Coffee, Inc., Records, Archives Center, National Museum of American History, Smithsonian Institution, Washington, DC [HBC], 8, 3, 3; War Department Purchase Order, March 7, 1945, HBC 8, 3, 3; War Department Government's Order and Contractor's Acceptance, June 14, 1945, HBC 8, 3, 3.
3. Michael Haft and Harrison Suarez, "The Marine's Secret Weapon: Coffee," New York Times, August 16, 2013, https://atwar.blogs.nytimes.com/2013/08/16/the-marines-secret-weapon-coffee/.
4. Jules R. Benjamin, "The New Deal, Cuba, and the Rise of a Global Foreign Economic Policy," *Business History Review* 51, no. 1 (Spring 1977): 57–78; Carolyn Rhodes, *Reciprocity, U.S. Trade Policy, and the GATT Regime* (Ithaca, NY: Cornell University Press, 1993), 53–78; Claude C. Erb, "Prelude to Point Four: The Institute of Inter-American Affairs," Diplomatic History 9, no. 3 (July 1985): 250–67.
5. Green, *Containment of Latin America*, 201–8; Leslie Bethell and Ian Roxborough, "The Post- war Conjuncture in Latin America: Democracy, Labor, and the Left," in *Latin America Between the Second World War and the Cold War, 1944–1948*, ed. Bethell and Ian Roxborough (New York: Cambridge University Press, 1992), 20–22.
6. Arthur Goodfriend, "Latin American Log: El Salvador: Good Roads in a Small Country, Good Food in Its

Capital," *New York Times*, May 11, 1947, X15.
7. Samper and Fernando, "Historical Statistics," 453.
8. "Diploma al Mérito Agricola Cafetalero," *El Café de El Salvador*, May 1948, 341–42.
9. "Diploma al Mérito."
10. Mark E. Silverman, "A View from the Millennium: The Practice of Cardiology Circa 1950 and Thereafter," *Journal of American College of Cardiology* 33, no. 5 (1999): 1141–51.
11. Vincent P. Dole et al., "Dietary Treatment of Hypertension: Clinical and Metabolic Studies of Patients on the Rice-Fruit Diet," *Journal of Clinical Investigation* 29, no. 9 (September 1950): 1189–1206.
12. Manifest of In-Bound Passengers (Aliens), SS *Guyana* dep. La Libertad, El Salvador, May 31, 1951, arr. San Francisco, CA, June 13, 1951.
13. "Hill, Noted S.F. Coffee Man, Dies," *San Francisco Call*, August 30, 1951.
14. "The Coffee Hour," *Time*, March 5, 1951.
15. "The Unpaid Coffee Break," *Time*, October 10, 1955; *Mitchell v. Greinetz*, U.S. Court of Appeals, 10th Circuit, July 24, 1956.
16. Susan Stamberg, "Present at the Creation: The Coffee Break," NPR.org, December 2, 2002, http://news.npr.org/programs/morning/features/patc/coffeebreak/index.html.
17. *Bulletin of the U.S. Bureau of Labor Statistics 221: Hours, Fatigue, and Health in British Munition Factories* (Washington, DC: Government Printing Office, April 1917), 10, 29.
18. Illustration in "Publicity Campaign Resumed," *Tea and Coffee Trade Journal*, September 1921, 327.
19. " 'Afternoon Coffee Hour' Inaugurated," *The Spice Mill*, February 1929, 194.
20. *Forbes*, December 15, 1952, 20. On "coffee sneak " versus "coffee break," see "Coffee Break," an etymology by Barry Popik, December 26, 2008, www.barrypopik.com/index.php/new_york_city/entry/coffee_break.
21. "Three Cheers for the Coffee Klatsch," *Challenge Magazine*, August 1953, 40.
22. Rockwell D. Hunt, "Changes in California in My Time," *Historical Society of Southern California Quarterly* 36, no. 4 (December 1954): 267–86.
23. David Riesman, "Some Observations on Changes in Leisure Attitudes," *Antioch Review* 12, no. 4 (Winter 1952): 417–36.
24. *Mitchell v. Greinetz.*
25. "Murrah, Alfred Paul (1904–1975)," Oklahoma Historical Society, www.okhistory.org/publications/enc/entry.php?entry=MU010.
26. Raúl Prebisch, *Economic Development in Latin America and Its Principal Problems* (New York: United Nations, 1950), 2.
27. Rosenberg, "Introduction," in Rosenberg, *World Connecting*, 3.
28. Prebisch, *Economic Development*, 5.
29. UN FAO, *Coffee in Latin America.*

第 26 章　浴火重生

1. Galeas, *Oligarca rebelde.*
2. Compiled from Galeas, *Oligarca rebelde*; interview with Jaime Hill, Perdita Huston Papers [PHP]; "Relato de Jaime Hill, secuestrado por las ERP," Alianza Republicana Nacionalista, August 27, 2010, www.facebook.com/notes/alianza-republicana-nacionalista/relato-de-jaime-hill-secuestrado-por-las-erp-el-perdón-el-resultado-de-la-paz-en/443761842148/; David Ernesto Pérez, "Empresario Jaime Hill...," *La Página*, January 6, 2015.
3. Lindo-Fuentes et al., *Remembering a Massacre*, 195–96.
4. Stephen G. Rabe, *The Most Dangerous Area in the World: John F. Kennedy Confronts Communist Revolution in*

Latin America (Chapel Hill: University of North Carolina Press, 1999).
5. Alistair White, *El Salvador* (New York: Praeger, 1973), 95.
6. Tommie Sue Montgomery, *Revolution in El Salvador: From Civil Strife to Civil Peace* (1982; 2nd ed., Boulder, CO: Westview, 1995), 58–59.
7. Durham, *Scarcity and Survival*, 21–30; Russell Crandall, *The Salvador Option: The United States in El Salvador*, 1977–1992 (New York: Cambridge University Press, 2016), 22.
8. Crandall, *Salvador Option*, 149.
9. Montgomery, *Revolution in El Salvador*, 48–49.
10. Lindo-Fuentes et al., *Remembering a Massacre*, 5.
11. Montgomery, *Revolution in El Salvador*, 104.
12. Montgomery, 71–73.
13. Crandall, *Salvador Option*, 183–97; Montgomery, *Revolution in El Salvador*, 67.
14. Mark Danner, *The Massacre at El Mozote* (New York: Vintage, 1994), 25–26.
15. Montgomery, *Revolution in El Salvador*, 73–79.
16. "14 Reported Killed in 3 Salvadoran Clashes," *New York Times*, November 1, 1979, A3.
17. Galeas, *Oligarca rebelde*.
18. Romero quoted in Montgomery, *Revolution in El Salvador*, 94–95; more generally, Crandall, *Salvador Option*, 140–43.
19. Oscar Romero, "God Brings the Joy of Salvation to All," December 16, 1979, Romero Trust, www.romero-trust.org.uk/homilies/193/193_pdf.pdf; *Journal d'Oscar Romero*, trans. Maurice Barth (Paris: Éditions Karthala, 1992), 195.
20. Paul Heath Hoeffel, "Eclipse of the Oligarchs," *New York Times*, September 9, 1981. The pseudonymous oligarch "Francisco," the primary source for Hoeffel 's story, was Harold Hill.
21. "Family of Salvadoran Pays for Ad at Bidding of His Leftist Captors," *New York Times*, March 12, 1980, A9.
22. "THE PEOPLE'S REVOLUTIONARY ARMY (ERP) OF EL SALVADOR TO ALL NATIONS OF THE WORLD" [advertisement], *New York Times*, March 12, 1980, A21.
23. Montgomery, *Revolution in El Salvador*, 133.
24. Crandall, *Salvador* Option, 1.
25. Inter-American Commission on Human Rights, Annual Report of 1979–1980, quoting the El Salvador Commission on Human Rights, www.cidh.org/annualrep/79.80eng/chap.5c.htm.
26. Quoted in Crandall, *Salvador Option*, 465–66.
27. Crandall, 476.
28. Richard C. Holbrooke, "Foreword," in Perdita Huston, *Families As We Are: Conversations from Around the World* (New York: CUNY Press, 2001), ix–xiii.
29. Mike Edwards, "El Salvador Learns to Live with Peace," *National Geographic* 188, no. 3 (September 1995): 108.
30. Kelefa Sanneh, "Sacred Grounds," *The New Yorker*, November 21, 2011, https://www.new yorker.com/magazine/2011/11/21/sacred-grounds.
31. Elisabeth Jean Wood, *Insurgent Collective Action and Civil War in El Salvador* (New York: Cambridge University Press, 2003), 88.
32. Claudia M. Harner, "Sustainability Analysis of the Coffee Industry in El Salvador," July 1997, Case #706, INCAE Business School, http://www.incae.edu/EN/clacds/publicaciones/pdf/cen706filcorr.pdf.
33. Sanneh, "Sacred Grounds."
34. Roger Cowe, "Brewing Up a Better Deal for Coffee Farmers," *The Guardian*, June 4, 2005, www.theguardian.com/environment/2005/jun/05/fairtrade.ethicalliving.
35. Sanneh, "Sacred Grounds."

36. William Fox, *An Address...* [1791], https://archive.org/details/addresstopeopleo1791foxw/page/n2.
37. Sidney Mintz, *Sweetness and Power: The Place of Sugar in Modern History* (New York: Elisabeth Sifton Books / Viking, 1985; reprint, New York: Penguin Books, 1986), 214.
38. Fox, *An Address.*
39. Julie Holcomb, "Blood-Stained Goods: The Transatlantic Boycott of Slave Labor," *Ultimate History Project*, www.ultimatehistoryproject.com/blood-stained-goods.html.
40. Sidney Mintz, "Response," *Food and Foodways* 16, no. 2 (June 2008): 148–58.
41. Mintz, *Sweetness and Power*, 214, 61.
42. Mintz, *Sweetness and Power*, 16.
43. "Nicaraguan Coffee Available," *New York Times*, March 25, 1987; "History of Equal Exchange: A Vision of Fairness to Farmers," www.equalexchange.coop/story.
44. Elizabeth Anne Bennett, "A Short History of Fairtrade Certification Governance," in The Pro cesses and Practices of Fair Trade: Trust, Ethics, and Governance, ed. Brigitte Granville and Janet Dine (London: Routledge, 2013); Colleen Haight, "The Problem with Fair Trade Coffee," *Stan ford Social Innovation Review*, Summer 2011, www.ssir.org/articles/entry/the_problem_with_fair_trade_coffee.
45. For example, Gavin Fridell, *Fair Trade Coffee: The Prospects and Pitfalls of MarketDriven Social Justice* (Toronto: University of Toronto Press, 2007), 5.
46. See Geoff Watts, "Direct Trade in Coffee," in Thurston et al., *Coffee: A Comprehensive Guide*, 121–27.
47. For example, Ndongo S. Sylla, *The Fair Trade Scandal: Marketing Poverty to Benefit the Rich*, trans. David Clément Leye (Athens: Ohio University Press, 2014); Keith R. Brown, *Buying into Fair Trade: Culture, Morality, and Consumption* (New York: New York University Press, 2013).
48. Rick Peyser, "Hunger in the Coffee Lands," in Thurston et al., *Coffee: A Comprehensive Guide*, 86–91.
49. For example, Daniel Jaffee, *Brewing Justice: Fair Trade Coffee, Sustainability, and Survival* (Berke- ley: University of California Press, 2007), 165–98; V. Ernesto Méndez et al., "Effects of Fair Trade and Organic Certifications on Small-Scale Coffee Farmer Households in Central America and Mexico," *Renewable Agriculture and Food Systems* 25, no. 3 (September 2010): 236–51.
50. Martha Caswell et al., "Food Security and Smallholder Coffee Production: Current Issues and Future Directions," ARLG Policy Brief # 1 (Burlington: University of Vermont, Agroecology and Rural Livelihoods Group, 2012), 5.
51. "A Blueprint to End Hunger in the Coffeelands," *Specialty Coffee Association of America White Paper*, 2013, https://scaa.org/PDF/SCAA-whitepaper-blueprint-end-hunger-coffeelands.pdf.
52. *The Source* (Weather Films, 2016).
53. Hamilton and Chinchilla, "Central American Migration," 84–86. Two studies of the relation of coffee farming to migration: Daniel R. Reichman, *The Broken Village: Coffee, Migration, and Globalization in Honduras* (Ithaca, NY: Cornell University Press, 2011); David Griffith et al., "Losing Labor: Coffee, Migration, and Economic Change in Veracruz," *Culture, Agriculture, Food & Environment* 39, no. 1 (June 2017): 35–42.
54. "A Blueprint to End Hunger."
55. *Trade Reforms and Food Security: Conceptualizing the Linkages* (Rome: Food and Agriculture Organization of the United Nations, 2003), www.fao.org/docrep/005/y4671e/y4671e00.htm# Contents.
56. Hannah Wittman et al., eds., *Food Sovereignty: Connecting Food, Nature, and Community*(Halifax, NS: Fernwood, 2010).
57. Huston, *Families As We Are*, 276–78; interview with Jaime Hill, PHP.

參考書目

Uncollected Manuscripts

Libro de planillas de la Finca de la propiedad de Antonio Flores Torres, 1926–1931, Intercorp, S.V., San Salvador, El Salvador

Papers of J. Hill y Cía., 1902–1950, Las Tres Puertas, Santa Ana, El Salvador

Papers of Otis McAllister, Inc., 1902–1907, San Francisco

Archival Collections

Archives Center, National Museum of American History, Smithsonian Institution, Washington, DC
- Hills Bros. Coffee Inc. Records
- N. W. Ayer Advertising Agency Records

Archivo General de la Nación, San Salvador, El Salvador
- Fondo de Impuestos, Ministerio de Hacienda
- Fondo Judicial, Sección Criminal, Departamento de Santa Ana, 1930–1941

Manchester Central Library, Manchester, UK Marriages and Banns, 1754–1930
- School Diary, St. George's Infants, 1875
- St. George's Infants School Report of the Diocesan Inspector, 1875

Massachusetts Historical Society, Boston
- Adams Papers Digital Edition, http://www.masshist.org/publications/adams-papers/
- Miller Center, University of Virginia, Charlottesville
- Famous Presidential Speeches, https://millercenter.org/the-presidency/presidential-speeches/

The National Archives, Kew, Richmond, UK
- Foreign Office (UK), Embassy and Consular Records of Salvador

Princeton University Library Department of Rare Books and Special Collections, Princeton, New Jersey
- Edwin W. Kemmerer Papers

UCLA Library Special Collections, Los Angeles
- Frederic William Taylor Papers

University of New England, Portland, Maine
- Perdita Huston Papers, Maine Women Writers Collection

U.S. National Archives and Records Administration, College Park, Maryland
- Records of the Bureau of Foreign and Domestic Commerce
- Records of the Executive Committee on Commercial Policy
- Records of the Foreign Service Posts of the Department of State: El Salvador, 1862–1958
- Records of the Interdepartmental Advisory Board on Reciprocity Treaties
- Records of the Interdepartmental Committee on Cooperation with the American Republics
- Records of the Interdepartmental Committee on Trade Agreements
- Records of the Office of American Republic Affairs
- Records of Tariff Negotiations with Latin American Countries, 1937–1952

U.S. National Archives and Records Administration, San Bruno, California
- Records of the Immigration and Naturalization Service

Periodicals

El Café de El Salvador, monthly journal of the Asociación Cafetalera de El Salvador (Coffee Planters Association of El Salvador), published in San Salvador, El Salvador, from 1929.

The Spice Mill, founded in New York 1878 by Jabez Burns, inventor of an early commercial coffee roaster, considered the first U.S. periodical to focus on the coffee trade.

Tea and Coffee Trade Journal, founded in New York in 1901, edited and published by William H. Ukers, author of *All About Coffee*, after 1904.

Published Government Documents

Atwater, W. O. *Methods and Results of Investigations on the Chemistry and Economy of Food*. Washington, DC: Government Printing Office, 1895.

Bureau of American Republics. *Coffee in America: Methods of Production and Facilities for Suc cessful Cultivation in Mexico, the Central American States, Brazil and Other South American Countries, and the West Indies*. Washington, DC: Bureau of the American Republics, 1893. Bureau of the American Republics. Mexico. Prepared by Arthur W. Fergusson. Bulletin no. 9 of the Bureau of the American Republics. Washington, DC: Government Printing Office, 1891.

Bureau of Foreign and Domestic Commerce. *Merchandising Characteristics of Grocery Store Commodities: General Findings and Specific Results*. Washington, DC: Government Print- ing Office, 1932.

Bureau of Labor Statistics. *Hours, Fatigue, and Health in British Munition Factories*. Washington, DC: Government Printing Office, 1917.

Department of Commerce. *Coffee Consumption in the United Sates*, 1920–1965. Washington, DC: Government Printing Office, 1961.

England Census, 1871 and 1881.

Inter-American Commission on Human Rights. Annual Report of 1979–1980. www.cidh.org/annualrep/79.80eng/chap.5c.htm/.

Mitchell v. Greinetz. U.S. Court of Appeals, 10th Circuit. July, 24, 1956.

Pan-American Union. *Coffee: Extensive Information and Statistics*. Washington, DC: Pan American Union, 1902.

Prebisch, Raúl. *Economic Development in Latin America and Its Principal Problems*. New York: United Nations, 1950.

Proceedings of the International Congress for the Study of the Production and Consumption of Coffee. Washington, DC: Government Printing Office, 1903.

Smithsonian Institution. *Annual Report of the Board of Regents*. Washington, DC: Government Printing Office, 1896.

United Nations Food and Agriculture Organization. *Coffee in Latin America: Productivity Problems and Future Prospects*. New York: United Nations and FAO, 1958.

United Nations Food and Agriculture Organization, *Coffee 2015*. FAO Statistical Pocketbook. www.fao.org/3/a-i4985e.pdf/.

United Nations Food and Agriculture Organization. *Trade Reforms and Food Security: Conceptualizing the Linkages*. Rome: FAO, United Nations, 2013. www.fao.org/docrep/005/y4671e/y4671e00.htm#Contents/.

Film

The Source: The Human Cost Hidden Within a Cup of Coffee. An Investigation by The Weather Channel and Telemundo. Weather Films, 2016.

Books, Articles, Dissertations, Theses, Websites

Adams, Henry. *The Education of Henry Adams: An Autobiography*. Boston: Houghton Miff lin, 1918.

———. *Letters of Henry Adams*. Vol. 5. Cambridge, MA: Belknap Press, 1982. Adams, R. L. *Farm Management*.

New York: McGraw-Hill, 1921.
Aguirre, Robert D. *Informal Empire: Mexico and Central America in Victorian Culture.* Minneapolis: University of Minnesota Press, 2004.
Altick, Richard D. *Victorian People and Ideas: A Companion for the Modern Reader of Victorian Literature.* New York: W. W. Norton, 1973.
Alvarenga, Ana Patricia. "Reshaping the Ethics of Power: A History of Violence in Western Rural El Salvador, 1880–1932." Ph.D. diss., University of Michigan, Ann Arbor, 1994. Anderson, Thomas P. *Matanza: El Salvador's Communist Revolt of 1932.* Lincoln: University of Nebraska Press, 1971.
Armstrong, Robert, and Janet Shenk. El Salvador: Face of Revolution. Boston: South End Press, 1982.
Arnold, Edwin Lester. *Coffee: Its Cultivation and Profit.* London: W. B. Whittingham, 1886. Arrighi, Giovanni. *The Long Twentieth Century: Money, Power, and the Origins of Our Times.* New York: Verso, 1994.
Atwater, W. O. "How Food Nourishes the Body: The Chemistry of Foods and Nutrition, Part II." *Century Illustrated Magazine* 34 (June 1887): 237–52.
Aubey, Robert T. "Entrepreneurial Formation in El Salvador." *Explorations in Entrepreneurial History* 6, 2nd ser. (1968–1969): 268–85.
Backhouse, Roger E. *The Ordinary Business of Life: A History of Economics from the Ancient World to the TwentyFirst Century.* Princeton, NJ: Princeton University Press, 2004.
Badger, Anthony J. *The New Deal: The Depression Years,* 1933–1940. New York: Hill and Wang, 1989; reprint, New York: Ivan R. Dee, 2002.
Balzac, Honoré de. *Treatise on Modern Stimulants.* Translated by Kassy Hayden. Cambridge, MA: Wakefield Press, 2018.
Barkai, Avraham. *Nazi Economics: Ideology, Theory, and Policy.* Translated by Ruth Hadass- Vashitz. New Haven: Yale University Press, 1990.
Baxter, Maurice G. *Henry Clay and the American System.* Lexington: University Press of Kentucky, 1995.
Beckert, Sven. *Empire of Cotton: A Global History.* New York: Alfred A. Knopf, 2014.
Benjamin, Jules R. "The New Deal, Cuba, and the Rise of a Global Foreign Economic Policy." *Business History Review* 51, no. 1 (Spring 1977): 57–78.
Benjamin, Ludy T. "Pop Psychology: The Man Who Saved Coca-Cola." *Monitor on Psychology* 40, no. 2 (February 2009): 18.
Bennett, Elizabeth Anne. "A Short History of Fairtrade Certification Governance." In *The Processes and Practices of Fair Trade: Trust, Ethics, and Governance,* edited by Brigitte Granville and Janet Dine, 43–78. London: Routledge, 2013.
Bernstein, Barton J. "The New Deal: The Conservative Achievements of Liberal Reform." In Bernstein, ed., *Towards A New Past: Dissenting Essays in American History.* New York: Pantheon, 1968.
Bernstein, Michael A. *The Great Depression: Delayed Recovery and Economic Change in America,* 1929–1939. New York: Cambridge University Press, 1987.
Bethell, Leslie. "Britain and Latin American in Historical Perspective." In *Britain and Latin America: A Changing Relationship.* Edited by Victor Bulmer-Thomas. New York: Cambridge University Press, 1989.
———, ed. *The Cambridge History of Latin America.* Vol. 6. Cambridge: Cambridge University Press, 1994.
———, ed. *Latin American Economic History Since 1930.* New York: Cambridge University Press, 1998.
Bethell, Leslie, and Ian Roxborough, eds. *Latin America Between the Second World War and the Cold War, 1944–1948.* New York: Cambridge University Press, 1992.
A *Blueprint to End Hunger in the Coffeelands.* Specialty Coffee Association of America White Paper. 2013. https://scaa.org/PDF/SCAA-whitepaper-blueprint-end-hunger-coffeelands.pdf/.
Bodnar, John. *The Transplanted: A History of Immigrants in Urban America.* Bloomington: Indiana University Press, 1985.
Boissoneault, Lorraine. "How Coffee, Chocolate and Tea Overturned a 1,500-Year-Old Medical Mindset."

Smithsonian.com, May 17, 2017. www.smithsonianmag.com/history/how-coffee-chocolate-and-tea-overturned-1500-year-old-medical-mindset-180963339/.

Bordo, Michael D., Claudia Goldin, and Eugene N. White, eds. *The Defining Moment: The Great Depression and the American Economy in the Twentieth Century*. Chicago: University of Chicago Press, 1998.

Borgwardt, Elizabeth. *A New Deal for the World: America's Vision for Human Rights*. Cambridge, MA: Belknap Press of Harvard University Press, 2005.

Brady, Cyrus Townsend. *The Corner in Coffee*. New York: G. W. Dillingham, 1904.

Brandes, Joseph. *Herbert Hoover and Economic Diplomacy: Department of Commerce Policy, 1921–1928*. Pittsburgh: University of Pittsburgh Press, 1962.

Brinkley, Alan. *The End of Reform: New Deal Liberalism in Recession and War*. New York: Alfred A. Knopf, 1995.

Brown, Keith R. *Buying into Fair Trade: Culture, Morality, and Consumption*. New York: New York University Press, 2013.

Browning, David. *El Salvador: Landscape and Society*. New York: Clarendon Press of Oxford University Press, 1971.

Buckles, Daniel, Bernard Triomphe, and Gustavo Sain. *Cover Crops in Hillside Agriculture: Farmer Innovation with Mucuna*. Ottawa: International Development Research Centre, 1998.

Bulmer-Thomas, Victor. *The Economic History of Latin America Since Independence*. 2nd ed. New York: Cambridge University Press, 2003.

Burkett, Paul, and John Bellamy Foster. "Metabolism, Energy, and Entropy in Marx's Cri- tique of Political Economy: Beyond the Podolinsky Myth." *Theory and Society* 35, no. 1 (February 2006): 109–56.

Burns, E. Bradford. "The Modernization of Underdevelopment: El Salvador, 1858–1931." *The Journal of Developing Areas* 18, no. 3 (April 1984): 293–316.

Butler, Michael A. *Cautious Visionary: Cordell Hull and Trade Reform*. Kent, OH: Kent State University Press, 1998.

Cabrera Arévalo, José Luis. *Las controversiales fichas de fincas salvadoreñas: Antecedentes, origen y final*. San Salvador: Universidad Tecnológica de El Salvador, 2009.

Caneva, Kenneth L. *Robert Mayer and the Conservation of Energy*. Princeton, NJ: Princeton University Press, 1993.

Cardoso, C. F. S. "Historia económica del café en Centroamérica, siglo XIX." *Estudios Sociales Centroamericanos* 4, no. 10 (January 1975): 9–55.

Carlyle, Thomas. *Sartor Resartus*. 1831; London: J. M. Dent, 1902.

Carpenter, Murray. *Caffeinated: How Our Daily Habit Helps, Hurts, and Hooks Us*. New York: Penguin, 2014.

Caswell, Martha, V. Ernesto Méndez, and Christopher M. Bacon. *Food Security and Smallholder Coffee Production: Current Issues and Future Directions*. ARLG Policy Brief #1. Burlington: University of Vermont, 2012.

Catto, Henry E., Jr. *Ambassadors at Sea: The High and Low Adventures of a Diplomat*. Austin: University of Texas Press, 2010.

Charlip, Julie A. "At Their Own Risk: Coffee Farmers and Debt in Nicaragua, 1870–1930." In *Identity and Struggle at the Margins of the NationState*, edited by Aviva Chomsky and Aldo A. Lauria-Santiago, 94–121. Durham, NC: Duke University Press, 1998.

Ching, Erik. *Authoritarian El Salvador: Politics and the Origins of Military Regimes, 1880–1945*. South Bend, IN: University of Notre Dame Press, 2014.

———. "In Search of the Party: The Communist Party, the Comintern, and the Peasant Rebellion of 1932 in El Salvador." The Americas 55, no. 2 (October 1998): 204–39.

Ching, Erik, with Carlos Gregorio López Bernal and Virginia Tilley. *Las masas, la matanza, y el martinato en El Salvador: Ensayos sobre 1932*. San Salvador: UCA Editores, 2007.

Ching, Erik, and Virginia Tilley. "Indians, the Military, and the Rebellion of 1932 in El Salvador." *Journal of Latin American Studies* 30, no. 1 (February 1998): 121–56. Choussy, Félix. *El café*. San Salvador: Asociación Cafetalera de El Salvador, 1934.

Clarence-Smith, William Gervase, and Steven Topik, eds. *The Global Coffee Economy in Africa, Asia, and Latin*

America, 1500–1989. New York: Cambridge University Press, 2003.
Coatsworth, John H. *Central America and the United States: The Clients and the Colossus*. New York: Twayne, 1994.
Coffee: The Story of a Good Neighbor Product. New York: Pan-American Coffee Bureau, 1954. Cohen, Lizabeth. *A Consumers' Republic: The Politics of Mass Consumption in Postwar America*. New York: Random House, 2003.
———. *Making a New Deal: Industrial Workers in Chicago, 1919–1939*. New York: Cambridge University Press, 1990.
Cole, Wayne S. *Roosevelt and the Isolationists, 1932–45*. Lincoln: University of Nebraska Press, 1983.
Conant, Charles A. *A History of Modern Banks of Issue: With an Account of the Economic Crises of the Present Century*. New York: G. P. Putnam's Sons, 1896.
Coopersmith, Jennifer. *Energy, the Subtle Concept: The Discovery of Feynman's Blocks from Leibniz to Einstein*. Rev. ed. New York: Oxford University Press, 2015.
Copley, Frank Barkley. Frederick W. *Taylor: Father of Scientific Management*. Vol. 1. New York: Harper & Brothers, 1923.
Courtwright, David T. *Forces of Habit: Drugs and the Making of the Modern World*. Cambridge, MA: Harvard University Press, 2001.
Cowan, Brian. *The Social Life of Coffee: The Emergence of the British Coffeehouse*. New Haven: Yale University Press, 2005.
Cowe, Roger. "Brewing Up a Better Deal for Coffee Farmers." *The Guardian*, June 4, 2005. www.theguardian.com/environment/2005/jun/05/fairtrade.ethicalliving.
Crandall, Russell. *The Salvador Option: The United States in El Salvador*, 1977–1992. New York: Cambridge University Press, 2016.
Culbertson, William Smith. Reciprocity: *A National Policy for Foreign Trade*. New York: McGraw-Hill, 1937.
Cumings, Bruce. *Dominion from Sea to Sea: Pacific Ascendancy and American Power*. New Haven: Yale University Press, 2009.
Cunningham, Eugene. *Gypsying Through Central America*. London: T. Fisher Unwin, 1922.
———. "Snake Yarns of Costa Rica." *Outing* 80, no. 6 (September 1922): 266.
Curtis, William Eleroy. *The Capitals of Spanish America*. New York: Harper & Brothers, 1888.
Dallek, Robert. *Franklin D. Roosevelt and American Foreign Policy*, 1932–1945. New York: Oxford University Press, 1979.
Dalton, Roque. *Miguel Mármol*. Translated by Kathleen Ross and Richard Schaaf. Willimantic, CT: Curbstone Press, 1987.
Danner, Mark. *The Massacre at El Mozote*. New York: Vintage, 1994.
Daviron, Benoit, and Stefano Ponte. T*he Coffee Paradox: Global Markets, Commodity Trade, and the Elusive Promise of Development*. London and New York: Zed Books, 2005.
Dean, Warren. *Rio Claro: A Brazilian Plantation System, 1820–1920*. Stanford, CA: Stanford University Press, 1976.
———. *With Broadax and Firebrand: The Destruction of the Brazilian Atlantic Forest*. Berkeley: University of California Press, 1995.
Deutsch, Tracey. *Building a Housewife's Paradise: Gender, Politics, and American Grocery Stores in the Twentieth Century*. Chapel Hill: University of North Carolina Press, 2010.
Didion, *Joan. Salvador*. New York: Simon & Schuster, 1983; reprint, Vintage, 1994.
Dietz, James. *The Economic History of Puerto Rico: Institutional Change and Capitalist Development*. Princeton, NJ: Princeton University Press, 1987.
Dion, Michelle. "The Political Origins of Social Security in Mexico During the Cárdenas and Ávila Camacho Administrations." *Mexican Studies / Estudios Mexicanos* 21, no. 1 (Winter 2005): 59–95.
Drake, Paul W. *The Money Doctor in the Andes: The Kemmerer Missions, 1923–1933*. Durham, NC: Duke University Press, 1989.

Dunkerley, James. *Power in the Isthmus: A Political History of Modern Central America*. London: Verso, 1988.
Dur, Philip F. "U.S. Diplomacy and the Salvadorean Revolution of 1931." *Journal of Latin American Studies* 30, no. 1 (February 1998): 95–119.
Durham, William H. *Scarcity and Survival in Central America: The Ecological Origins of the Soccer War*. Stanford, CA: Stanford University Press, 1979.
Eckes, Alfred E., Jr. *Opening America's Market: U.S. Foreign Trade Policy Since 1776*. Chapel Hill: University of North Carolina Press, 1995.
Edwards, Mike. "El Salvador Learns to Live with Peace." *National Geographic* 188, no. 3 (September 1995): 108–31.
Eichengreen, Barry. *Globalizing Capital: A History of the International Monetary System*. 2nd ed. Princeton, NJ: Princeton University Press, 2008.
———. *Golden Fetters: The Gold Standard and the Great Depression*. New York: Oxford University Press, 1992.
Ekbladh, David. *The Great American Mission: Modernization and the Construction of an American World Order*. Princeton, NJ: Princeton University Press, 2009.
Eliot, L. E. *Central America: New Paths in Ancient Lands*. London: Methuen, 1924.
Elliot, Robert Henry. *The Experiences of a Planter in the Jungles of Mysore*. Vol. 1. London: Chapman and Hall, 1871.
Ellis, Markman. *The CoffeeHouse: A Cultural History*. London: Weidenfeld & Nicolson, 2004.
Engels, Friedrich. *The Condition of the Working Class in England in 1844, with Preface Written in 1892*. Translated by Florence Kelley Wischnewetzky. London: Swan Sonnenschein, 1892.
———. *Landmarks of Scientific Socialism: "AntiDuehring."* Translated and edited by Austin Lewis. 1877; Chicago: Charles Kerr, 1907.
Erb, Claude C. "Prelude to Point Four: The Institute of Inter-American Affairs." *Diplomatic History* 9, no. 3 (July 1985): 250–67.
Fair Trade USA 2016 Almanac. www.fairtradecertified.org/sites/default/files/filemanager/documents/FTUSA_MAN_Almanac2016_EN.pdf/.
Farrar, F. W. "The Nether World." *Contemporary Review*, September 1889.
Ferguson, Thomas. "From Normalcy to New Deal: Industrial Structure, Party Competition, and American Public Policy in the Great Depression." *International Organization*38, no. 1 (Winter 1984): 41–94.
Foster, John Bellamy. Marx's Ecology: Materialism and Nature. New York: Monthly Review Press, 2000.
Fowler, William R., Jr. *The Cultural Evolution of Ancient Nahua Civilizations: The Pipil Nicarao of Central America*. Norman: University of Oklahoma Press, 1989.
———. "The Living Pay for the Dead: Trade, Exploitation, and Social Change in Early Co- lonial Izalco, El Salvador." In *Ethnohistory and Archaeology: Approaches to Postcontact Change in the Americas*, edited by J. Daniel Rogers and Samuel M. Wilson, 181–200. New York: Plenum, 1993.
Fox, William. *An Address, to the People of Great Britain, on the Utility of Refraining from the Use of West India Sugar and Rum*. London, 1791. https://archive.org/details/addressto peopleo1791foxw/page/n2.
Fraser, Steve, and Gary Gerstle, eds. *The Rise and Fall of the New Deal Order*, 1930–1980.
Princeton, NJ: Princeton University Press, 1989.
Fregulia, Jeanette M. A Rich and Tantalizing Brew: A History of How Coffee Connected the World. Little Rock: University of Arkansas Press, 2019.
Fridell, Gavin. *Fair Trade Coffee: The Prospects and Pitfalls of MarketDriven Social Justice*. Toronto: University of Toronto Press, 2007.
Frieden, Jeffry A. *Global Capitalism: Its Fall and Rise in the Twentieth Century*. New York: W. W. Norton, 2006.
———. "Sectoral Conf lict and Foreign Economic Policy, 1914–1940." *International Organi zation* 42, no. 1 (Winter 1988): 59–90.
Furnas, J. C., and the Staff of the Ladies' Home Journal. How America Lives. New York: Henry Holt, 1941.
Galeas, Marvin. *El oligarca rebelde: Mitos y verdades sobre las 14 familias: La oligarquía*. San Salvador: El Salvador

Ebooks, 2015. Kindle.
Gallagher, John, and Ronald Robinson. "The Imperialism of Free Trade." *Economic History Review*, new ser. 6, no. 1 (1953): 1–15.
Gardner, Lloyd. *Economic Aspects of New Deal Diplomacy*. Madison: University of Wisconsin Press, 1964.
Gerstle, Gary. *WorkingClass Americanism: The Politics of Labor in a Textile City, 1914–1960*. New York: Cambridge University Press, 1989.
Glickman, Lawrence B. *A Living Wage: American Workers and the Making of Consumer Society*. Ithaca, NY: Cornell University Press, 1999.
Gold, Barri J. *ThermoPoetics: Energy in Victorian Literature and Science*. Cambridge, MA: MIT Press, 2010.
Goldberg, Joseph P. T*he Maritime Story: A Study in LaborManagement Relations*. Cambridge, MA: Harvard University Press, 1958.
Gould, Jeffrey L. "On the Road to 'El Porvenir.' " In A Century of Revolution: Insurgent and CounterInsurgent Violence During Latin America's Long Cold War, edited by Greg Gran- din and Gilbert M. Joseph, 88–120. Durham, NC: Duke University Press, 2010.
Gould, Jeffrey L., and Aldo A. Lauria-Santiago. *To Rise in Darkness: Revolution, Repression, and Memory in El Salvador, 1920–1932*. Durham, NC: Duke University Press, 2008.
Grandin, Greg. *Empire's Workshop: Latin America, the United States, and the Rise of the New Imperialis*m. New York: Metropolitan Books / Henry Holt, 2006.
———. *Fordlandia: The Rise and Fall of Henry Ford's Forgotten Jungle City*. New York: Metropolitan Books / Henry Holt, 2009.
Green, David. *The Containment of Latin America: A History of the Myths and Realities of the Good Neighbor Policy*. Chicago: Quadrangle Books, 1971.
Grieb, Kenneth J. "The Myth of a Central American Dictator's League." *Journal of Latin American Studies* 10, no. 2 (Nov. 1978): 329–45.
———. "The United States and the Rise of General Maximiliano Hernández Martínez." Journal of Latin American Studies 3, no. 2 (November 1971): 151–72.
Griffith, David, et al. "Losing Labor: Coffee, Migration, and Economic Change in Veracruz." *Culture, Agriculture, Food & Environment* 39, no. 1 (June 2017): 35–42.
Grindle, Roger. *Quarry and Kiln: The Story of Maine's Lime Industry*. Rockland, ME: The Courier-Gazette, 1971.
Guidos Véjar, Rafael. *El ascenso del militarismo en El Salvador*. San Salvador: UCA Editores, 1980.
Habermas, Jürgen. *The Structural Transformation of the Public Sphere: An Inquiry into a Cate gory of Bourgeois Society*. Translated by Thomas Burger with Frederick Lawrence. Cam- bridge, MA: MIT Press, 1989.
Haggard, Stephan. "The Institutional Foundations of Hegemony: Explaining the Reciprocal Trade Agreements Act of 1934." *International Organization* 42, no. 1 (Winter 1988): 91–119.
Hahamovitch, Cindy. *The Fruits of Their Labor: Atlantic Coast Farmworkers and the Making of Migrant Poverty, 1870–1945*. Chapel Hill: University of North Carolina Press, 1997. Haight, Colleen. "The Problem with Fair Trade Coffee." *Stanford Social Innovation Review*, Summer 2011. www.ssir.org/articles/entry/the_problem_with_fair_trade_coffee/. Hamilton, David E. *From New Day to New Deal: American Farm Policy from Hoover to Roosevelt*, 1928–1933. Chapel Hill: University of North Carolina Press, 1991; reprint, 2011.
Hamilton, Nora, and Norma Stoltz Chinchilla. "Central American Migration: A Framework for Analysis." In *Challenging Fronteras: Structuring Latina and Latino Lives in the U. S.*, edited by Mary Romero, Pierrette Hondagneu-Sotelo, and Vilma Ortiz, 81–100. New York: Routledge, 1997.
Hamilton, Shane. *Trucking Country: The Road to America's WalMart Economy*. Princeton, NJ: Princeton University Press, 2008.
Hanson, Simon G. *Economic Development in Latin America: An Introduction to the Economic Problems of Latin America*. Washington, DC: Inter-American Affairs Press, 1951.

Hargrove, James L. "The History of the Calorie in Nutrition." *Journal of Nutrition* 136, no. 12 (December 2006): 2957–61.

Harner, Claudia M. "Sustainability Analysis of the Coffee Industry in El Salvador." Case #706, INCAE Business School, Alajuela, Costa Rica, July 1997. http://www.incae.edu/EN/clacds/publicaciones/pdf/cen706filcorr.pdf.

Hart, Albert Bushnell. *The Monroe Doctrine: An Interpretation*. Boston: Little, Brown, 1916. Hartman, Paul T. *Collective Bargaining and Productivity: The Longshore Mechanization Agreement*. Berkeley: University of California Press, 1969.

Harvey, David. "Revolutionary and Counter-Revolutionary Theory in Geography and the Problem of Ghetto Formation." In Harvey, *The Ways of the World*, 10–36. New York: Oxford University Press, 2016.

Hawley, Ellis. *The New Deal and the Problem of Monopoly*. Princeton, NJ: Princeton University Press, 1966.

Head, Barclay V. *A Guide to the Principal Gold and Silver Coins of the Ancients, from circ. B.C. 700 to A.D. 1*. London: Trustees of the British Museum, 1886.

Helmholtz, Hermann von. "On the Interaction of Natural Forces." Translated by John Tyndall. *American Journal of Science*, 2nd ser., 24, no. 71 (1857): 189–216.

Henderson, George L. *California and the Fictions of Capital*. Philadelphia: Temple University Press, 1998.

Henius, Frank. *Latin American Trade: How to Get and Hold I*t. New York: Harper & Brothers, 1941.

Hewitt, Robert, Jr. *Coffee: Its History, Cultivation, and Uses*. New York: D. Appleton, 1872. Hindman, Hugh D. *The World of Child Labor: An Historical and Regional Survey*. Armonk, NY: M. E. Sharpe, 2009; New York: Routledge, 2014.

Hobsbawm, Eric. *The Age of Revolution, 1789–1848*. 1962; reprint, New York: Vintage, 1996.

———. *Industry and Empire: From 1750 to the Present Day*. Revised and updated ed. New York: New Press, 1999.

———. *Labouring Men: Studies in the History of Labour*. London: Weidenfeld & Nicolson, 1964.

Hoganson, Kristin L. *Consumers' Imperium: The Global Production of American Domesticity, 1865–1920*. Chapel Hill: University of North Carolina Press, 2007.

Holcomb, Julie. "Blood-Stained Goods: The Transatlantic Boycott of Slave Labor." *Ultimate History Project*. www.ultimatehistoryproject.com/blood-stained-goods.html.

Hollingdale, R. J. *Nietzsche: The Man and His Philosophy*. New York: Cambridge University Press, 2001.

Hollingworth, H. L. *The Influence of Caffein on Mental and Motor Efficiency*. New York: Science Press, 1912.

Hoover, Herbert. *Memoirs: Years of Adventure, 1874–1920*. New York: Macmillan, 1951. Horowitz, David. "The Crusade Against Chain Stores: Portland 's Independent Merchants, 1928–1935." *Oregon Historical Quarterly* 89, no. 4 (Winter 1988): 340–68.

Houghton, John. "A Discourse of Coffee." *Philosophical Transactions of the Royal Society* 21, no. 256 (September 1699): 311–17.

Howe, Daniel Walker. *What Hath God Wrought? The Transformation of America, 1815–1848*. New York: Oxford University Press, 2007.

Hunt, Rockwell D. "Changes in California in My Time." *Historical Society of Southern California Quarterly* 36, no. 4 (December 1954): 267–86.

Hunt, Tristram. *Marx's General: The Revolutionary Life of Friedrich Engels*. New York: Metropolitan Books / Henry Holt, 2009.

Huston, Perdita. *Families As We Are: Conversations from Around the World*. New York: Feminist Press at The City University of New York, 2001.

Hyman, Louis. *Debtor Nation: A History of America in Red Ink. Princeton*, NJ: Princeton University Press, 2011.

Igler, David. *Industrial Cowboys: Miller & Lux and the Transformation of the Far West*, 1850–1920. Berkeley: University of California Press, 2001.

Jackson, Kenneth T. *Crabgrass Frontier: The Suburbanization of the United States*. New York: Oxford University Press, 1985.

Jacob, H. E. *Coffee: The Epic of a Commodity*. Translated by Eden and Cedar Paul. 1935; Short Hills, NJ: Burford Books, 1998.
Jacobs, Meg. " 'Democracy's Third Estate': New Deal Politics and the Construction of a 'Consuming Public.' " *International Labor and WorkingClass History* 55 (Spring 1999): 27–51.
———. *Pocketbook Politics: Economic Citizenship in Twentieth Century America*. Princeton, NJ: Princeton University Press, 2005.
Jacobson, Matthew Frye. *Whiteness of a Different Color: European Immigrants and the Alchemy of Race*. Cambridge, MA: Harvard University Press, 1998.
Jaffee, Daniel. *Brewing Justice: Fair Trade Coffee, Sustainability, and Survival*. Berkeley: University of California Press, 2007.
James, C. L. R. *The Black Jacobins: Toussaint L'Ouverture and the San Domingo Revolution*. 1938; rev. ed., New York: Random House, 1963.
Jevons, William Stanley. *The Principles of Science: A Treatise on Logic and Scientific Method*. 2nd ed. London: Macmillan, 1905.
Jiménez, Michael F. " 'From Plantation to Cup': Coffee and Capitalism in the United States, 1830–1930." In *Coffee, Society, and Power in Latin America*, edited by William Roseberry et al., 38–64. Baltimore: Johns Hopkins University Press, 1995.
———. "Traveling Far in Grandfather's Car: The Life Cycle of Central Colombian Coffee Estates. The Case of Viotá, Cundinamarca (1900–1930)." *Hispanic American Historical Review* 69, no. 2 (May 1989): 185–219.
Judd, John Wesley. *Volcanoes: What They Are and What They Teach*. New York: D. Appleton, 1881.
Kapstein, Ethan B. *Seeds of Stability: Land Reform and U.S. Foreign Policy*. New York: Cambridge University Press, 2017.
Kargon, Robert H. *Science in Victorian Manchester: Enterprise and Expertise*. Baltimore: Johns Hopkins University Press, 1977; reprint, New York: Routledge, 2017.
Katznelson, Ira. *When Affirmative Action Was White: An Untold History of Racial Inequality in TwentiethCentury America*. New York: W. W. Norton, 2005.
Kay, Jane Holtz. *Asphalt Nation: How the Automobile Took Over America, and How We Can Take It Back*. New York: Crown, 1997.
Kemmerer, Edwin W. "The Work of the American Financial Commission in Chile." *Prince ton Alumni Weekly* 26, no. 12 (December 16, 1925): 295.
Kennedy, David M. *Freedom from Fear: The American People in Depression and War, 1929–1945*. New York: Oxford University Press, 1999.
Kerr, Derek. "The Role of the Coffee Industry in the History of El Salvador, 1840–1906." master's thesis, University of Calgary, April 1977.
Kessler-Harris, Alice. *In Pursuit of Equity: Women, Men, and the Quest for Economic Citizenship in 20thCentury America*. New York: Oxford University Press, 2001.
Kimeldorf, Howard. *Reds or Rackets? The Making of Radical and Conservative Unions on the Waterfront*. Berkeley: University of California Press, 1988.
Kindleberger, Charles P. *The World in Depression: 1929–1939*. 1973; rev. ed., Berkeley: University California Press, 1986.
Klein, Jennifer. *For All These Rights: Business, Labor, and the Shaping of America's Public Private Welfare State*. Princeton, NJ: Princeton University Press, 2003.
Koehler, Jeff. *Where the Wild Coffee Grows: The Untold Story of Coffee from the Cloud Forests of Ethiopia to Your Cup*. New York: Bloomsbury USA, 2017.
Kotkin, Stephen. *Stalin*. Vol. 1, *Paradoxes of Power, 1878–1928*. New York: Penguin Press, 2014.
Krehm, William. *Democracies and Tyrannies of the Caribbean in the 1940s*. Toronto: Lugus, 1999.

Kuhn, Thomas S. "Energy Conservation as an Example of Simultaneous Discovery." In *Critical Problems in the History of Science*, edited by Marshall Clagget, 321–56. Madison: University of Wisconsin Press, 1959.

LaFeber, Walter. *Inevitable Revolutions: The United States in Central America.* 2nd ed. New York: W. W. Norton, 1993.

———. *The New Empire: An Interpretation of American Expansion*, 1860–1898. Ithaca, NY: Cornell University Press, 1963; reprint, 1998.

La Garde, Louis A. *Gunshot Injuries: How They Are Inf licted, Their Complications and Treatment.* New York: William Wood, 1914.

Lauria-Santiago, Aldo. *An Agrarian Republic: Commercial Agriculture and the Politics of Peasant Communities in El Salvador, 1823–1914.* Pittsburgh: University of Pittsburgh Press, 1999.

Lauria-Santiago, Aldo, and Leigh Binford, eds. *Landscapes of Struggle: Politics, Society, and Community in El Salvador.* Pittsburgh: University of Pittsburgh Press, 2004.

Lebhar, Godfrey M. *Chain Stores in America, 1859–1950.* New York: Chain Store Publishing Corp., 1952.

Lenin, V. I. *Imperialism: The Highest Stage of Capitalism.* 1916; reprint, New York: International Publishers, 1969.

———. *Materialism and EmpirioCriticism: Critical Comments on a Reactionary Philosophy.* 1927; reprint, New York: International Publishers, 1970.

———. "'A Scientific' System of Sweating." In *Collected Works of Lenin.* Vol 18. Progress Publishers: Moscow, 1975.

Leonard, Thomas M. "Central American Conference, Washington, 1923." In Leonard et al., eds., *Encyclopedia of U.S.–Latin American Relations.* Vol. 1. Thousand Oaks, CA: CQ Press / SAGE, 2012.

Lesser, Jeffrey. *Immigration, Ethnicity, and National Identity in Brazil, 1808 to the Present.* New York: Cambridge University Press, 2013.

Leuchtenburg, William E. *Franklin Roosevelt and the New Deal, 1932–1940.* New York: Harper & Row, 1963.

———. *Herbert Hoover.* New York: Henry Holt, 2009.

Levin, Yisrael. *Swinburne's Apollo: Myth, Faith, and Victorian Spirituality.* New York: Routledge, 2016.

Levinson, Marc. *The Great A&P and the Struggle for Small Business in America.* New York: Hill and Wang / Farrar, Straus and Giroux, 2011.

Lieberman, Robert C. *Shifting the Color Line: Race and the American Welfare State.* Cambridge, MA: Harvard University Press, 1998.

Liggio, Leonard P., and James J. Martin, eds. *Watershed of Empire: Essays on New Deal Foreign Policy.* Colorado Springs: Ralph Myles, 1976.

Lindo-Fuentes, Héctor. *Weak Foundations: The Economy of El Salvador in the 19th Century, 1821–1898.* Berkeley: University of California Press, 1990.

Lindo-Fuentes, Héctor, Erik Ching, and Rafael A. Lara-Martínez. *Remembering a Massacre in El Salvador: The Insurrection of 1932, Roque Dalton, and the Politics of Historical Memory.* Albuquerque: University of New Mexico Press, 2007.

Lindsay, Robert Bruce. *Julius Robert Mayer: Prophet of Energy*（I）. New York: Pergamon Press, 1973.

Linebaugh, Peter. "Karl Marx, the Theft of Wood, and Working-Class Composition." In *Stop Thief! The Commons, Enclosures, and Resistance.* Oakland, CA: PM Press, 2014.

Longstreth, Richard. *The DriveIn, the Supermarket, and the Transformation of Commercial Space in Los Angeles, 1914–1941.* Cambridge, MA: MIT Press, 1999.

Lorenz, Edward C. *Defining Global Justice: The History of U.S. International Labor Standards Policy.* Notre Dame, IN: Notre Dame University Press, 2001.

Lundestadt, Geir. "Empire by Invitation? The United States and Western Europe, 1945–1952." *Journal of Peace Research* 23, no. 3 (September 1986): 263–77.

MacDonald, Michelle Craig. "The Chance of the Moment, Coffee and the New West Indies Commodities Trade." *William and Mary Quarterly*, 3rd ser., 62, no. 3 (July 2005): 441–72.

MacDuffie, Allen. *Victorian Literature, Energy, and the Ecological Imagination.* New York: Cambridge University

Press, 2014.
Mack, Adam. " 'Speaking of Tomatoes': Supermarkets, the Senses, and Sexual Fantasy in Modern America." *Journal of Social History* 43, no. 4 (Summer 2010): 815–42.
Maier, Charles S. "The Politics of Productivity: Foundations of American International Economic Policy After World War II." In *Between Power and Plenty: Foreign Economic Policies of Advanced Industrial States*, edited by Peter J. Katzenstein, 23–50. Madison: University of Wisconsin Press, 1978.
Marchi, Regina. "Día de los Muertos, Migration, and Transformation to the United States." In *Celebrating Latino Folklore*, Vol. 1, edited by María Herrera-Sobek, 414–24. Santa Barbara, CA: ABC-Clio, 2012.
MarroquÍn, Alejandro D. "Estudio sobre la crisis de los años treinta en El Salvador." *Anuario de Estudios Centroamericanos* 3, no. 1 (1977): 115–60.
Marx, Karl. *Capital*. Vol. 1. Translated by Ben Fowkes. New York: Penguin, 1990.
Mayo, James M. *The American Grocery Store: The Business Evolution of an Architectural Space*. Westport, CT: Greenwood Press, 1993.
McClintock, Michael. *The American Connection. Vol. 1, State Terror and Popular Resistance in El Salvador*. London: Zed Books, 1985.
McCreery, David. *Rural Guatemala, 1760–1940*. Stanford CA: Stanford University Press, 1994.
McWilliams, Carey. *Factories in the Field*. 1939; reprint, Santa Barbara CA: Peregrine Publishers, 1971.
Méndez, V. Ernesto, et al. "Effects of Fair Trade and Organic Certifications on Small-Scale Coffee Farmer Households in Central America and Mexico." *Renewable Agriculture and Food Systems* 25, no. 3 (2010): 236–51.
Menjívar Larín, Rafael. *Acumulación originaria y desarrollo del capitalismo en El Salvador*. San José, Costa Rica: Editorial Universitaria Centroamerica (EDUCA), 1980.
Meyers, Richard L. *The 100 Most Important Chemical Compounds: A Reference Guide*. Westport, CT: Greenwood Press, 2007.
Mintz, Sidney. "Response." *Food and Foodways* 16, no. 2 (June 2008): 148–58.
———. *Sweetness and Power: The Place of Sugar in Modern History*. New York: Elisabeth Sifton Books / Viking, 1985; reprint, New York: Penguin Books, 1986.
Mirowski, Philip. *More Heat than Light: Economics as Social Physics, Physics as Nature's Economics*. New York: Cambridge University Press, 1989.
Montgomery, Tommie Sue. *Revolution in El Salvador: From Civil Strife to Civil Peace*. 1982; 2nd ed., Boulder, CO: Westview, 1995.
Morgan, Howard Wayne. *William McKinley and His America*. Kent, OH: Kent State University Press, 2003.
Morton, Paula E. *Tortillas: A Cultural History*. Albuquerque: University of New Mexico Press, 2014.
Mosley, Stephen. *The Chimney of the World: A History of Smoke and Pollution in Victorian and Edwardian Manchester*. Cambridge, UK: White Horse Press, 2001; reprint, New York: Routledge, 2008.
Multatuli. *Max Havelaar*. Translated by W. Siebenhaar. New York: Alfred A. Knopf, 1927.
Munro, Dana Gardner. *The United States and the Caribbean Republics, 1921–1933*. Princeton, NJ: Princeton University Press, 1974.
Murray, Alex. "'The London Sunday Faded Slow': Time to Spend in the Victorian City." In *The Oxford Handbook of Victorian Literary Culture*, edited by Juliet John, 310–26. New York: Oxford University Press, 2016.
Nakamura, Takafusa, and Kônosuke Odaka, eds. *The Economic History of Japan, 1914–1955: A Dual Structure*. Vol. 3 in *The Economic History of Japan, 1600–1990*. Translated by Noah S. Brannen. New York: Oxford University Press, 2003.
Nayyar, Deepak. *The South in the World Economy: Past, Present, and Future*. New York: United Nations Development Programme, Human Development Report Office, 2013. Newman, Kara. *The Secret Financial Life of Food: From Commodities Markets to Supermarkets*. New York: Columbia University Press, 2013.
Novak, Matt. "The Great Depression and the Rise of the Refrigerator." *Pacific Standard*, October 9, 2012. https://

psmag.com/environment/the-rise-of-the-refrigerator-47924.
O'Brien, Thomas F. *The Century of U.S. Capitalism in Latin America.* Albuquerque: University of New Mexico Press, 1999.
Olson, Paul R., and C. Addison Hickman. *Pan American Economics.* New York: John Wiley & Sons, 1943.
Olverson, T. D. *Women Writers and the Dark Side of LateVictorian Hellenism.* New York: Palgrave MacMillan, 2009.
Osterhammel, Jürgen. *The Transformation of the World: A Global History of the Nineteenth Century.* Translated by Patrick Camiller. Princeton, NJ: Princeton University Press, 2014.
"Our Phantom Ship: Central America." *Household Words,* February 22, 1851, 516–22.
Owens, Larry. "Engineering the Perfect Cup of Coffee: Samuel Prescott and the Sanitary Vision at MIT." *Technology and Culture* 45, no. 4 (October 2004): 795–807.
Paige, Jeffery M. *Coffee and Power: Revolution and the Rise of Democracy in Central America.* Cambridge, MA: Harvard University Press, 1997.
———. "Coffee and Power in El Salvador." *Latin American Research Review* 28, no. 3 (1993): 7–40.
Palacios, Marcos. *Coffee in Colombia, 1850–1970: An Economic, Social, and Political History.* New York: Cambridge University Press, 1980.
Palmer, Frederick. *Central America and Its Problems.* New York: Moffat, Yard, 1910.
Palmer, Phyllis. "Outside the Law: Agricultural and Domestic Workers Under the Fair Labor Standards Act." *Journal of Policy History* 7, no. 4 (1995): 416–40.
Patenaude, Bertrand M. *The Big Show in Bololand: The American Relief Expedition to Soviet Russia in the Famine of 1921.* Stanford, CA: Stanford University Press, 2002.
Paulsen, George E. *A Living Wage for the Forgotten Man: The Quest for Fair Labor Standards, 1933–1941.* Selinsgrove, PA: Susquehanna University Press, 1996.
Pendergrast, Mark. *Uncommon Grounds: The History of Coffee and How It Transformed the World.* 2nd ed. New York: Basic Books, 2010.
Pérez Sáinz, Juan Pablo. *From the Finca to the Maquila: Labor and Capitalist Development in Central America.* Boulder, CO: Westview Press, 1999.
Perkins, Edwin J. *Wall Street to Main Street: Charles Merrill and MiddleClass Investors.* New York: Cambridge University Press, 1999.
Phillips, Charles F. "The Supermarket." *Harvard Business Review* 16, no. 2 (Winter 1938): 188–200.
Phillips, Kevin. *William McKinley.* The American Presidents Series. New York: Henry Holt, 2003.
Pictures of Travel in FarOff Lands: Central America. London: T. Nelson and Sons, 1871. Pilcher, Jeffrey M. *Planet Taco: A Global History of Mexican Food.* New York: Oxford University Press, 2012.
Pinchbeck, Ivy. *Women Workers and the Industrial Revolution, 1750–1850.* 1930; reprint, New York: Frank Cass, 1969.
Podolinsky, Sergei. "Socialism and the Unity of Physical Forces." Translated by Angelo Di Salvo and Mark Hudson. *Organization and Environment* 17, no. 1 (March 2004): 61–75.
Pomeranz, Kenneth, and Steven Topik. *The World That Trade Created: Society, Culture, and the World Economy, 1400 to the Present.* 3rd ed. Armonk, NY: M. E. Sharpe, 2013.
Prescott, Samuel C. *Report of an Investigation of Coffee.* New York: National Coffee Roasters Association, 1927.
Putnam, George Palmer. *The Southland of North America: Rambles and Observations in Central America in the Year 1912.* New York: G. P. Putnam's Sons, 1914.
Quin, Mike. *The Big Strike.* 1949; reprint, New York: International Publishers, 1979.
Rabe, Stephen G. *The Most Dangerous Area in the World: John F. Kennedy Confronts Communist Revolution in Latin America.* Chapel Hill: University of North Carolina Press, 1999.
Rabinbach, Anson. *The Human Motor: Energy, Fatigue, and the Origins of Modernity.* New York: Basic Books, 1990.
Racine, Karen. "Alberto Masferrer and the Vital Minimum: The Life and Thought of a Sal- vadoran Journalist,

1868–1932." *The Americas* 54, no. 2 (October 1997): 209–37. Rauchway, Eric. *Murdering McKinley: The Making of Theodore Roosevelt's America*. New York: Hill and Wang, 2003.

Reichman, Daniel R. *The Broken Village: Coffee, Migration, and Globalization in Honduras*. Ithaca, NY: Cornell University Press, 2011.

Remini, Robert V. *Henry Clay: Statesman for the Union*. New York: W. W. Norton, 1993.

Report of the College of Agriculture and the Agricultural Experiment Station of the University of California. Berkeley: University of California Press, 1922.

Rhodes, Carolyn. *Reciprocity, U.S. Trade Policy, and the GATT Regime*. Ithaca, NY: Cornell University Press, 1993.

Riesman, David. "Some Observations on Changes in Leisure Attitudes." *Antioch Review* 12, no. 4 (Winter 1952): 417–36.

Riis, Jacob. *How the Other Half Lives: Studies Among the Tenements of New York*. New York: Charles Scribner's Sons, 1890.

Ripley, George, and Charles Anderson Dana, eds. *The American Cyclopaedia: A Popular Dictionary of General Knowledge*. New York: D. Appleton, 1881.

Rock, David, ed. *Latin America in the 1940s: War and Postwar Transitions*. Berkeley: University of California Press, 1994.

Rodríguez, Roberto Cintli. *Our Sacred Maíz Is Our Mother: Indigeneity and Belonging in the Americas*. Tucson: University of Arizona Press, 2014.

Roediger, David R. *Working Towards Whiteness: How America's Immigrants Became White: The Strange Journey from Ellis Island to the Suburbs*. New York: Basic Books, 2005.

Romero, Óscar. *Journal d'Oscar Romero*. Trans. Maurice Barth. Paris: Éditions Karthala, 1992.

Roseberry, William. *Coffee and Capitalism in the Venezuelan Andes*. Austin: University of Texas Press, 1983.

———. "La Falta de Brazos: Land and Labor in the Coffee Economies of Nineteenth- Century Latin America." *Theory and Society* 20, no. 3 (1991): 351–82.

———. "The Rise of Yuppie Coffees and the Reimagination of Social Class in the United States." *American Anthropologis*, new ser. 98, no. 4 (December 1996): 762–75. Roseberry, William, Lowell Gudmundson, and Mario Samper Kutschbach, eds. *Coffee, Society, and Power in Latin America*. Baltimore: Johns Hopkins University Press, 1995.

Rosenberg, Emily S. *Financial Missionaries to the World: The Politics and Culture of Dollar Diplomacy, 1900–1930*. Durham, NC: Duke University Press, 2003.

———, ed. *A World Connecting: 1870–1945*. Cambridge, MA: Belknap Press, 2012.

Rothermund, Dietmar. *The Global Impact of the Great Depression, 1929–1939*. New York: Routledge, 1996.

Rovensky, Joseph C., and A. Willing Patterson. "Problems and Opportunities in Hemispheric Economic Development." *Law and Contemporary Problems* 8, no. 4 (Autumn 1941): 657–68.

Ruhl, Arthur. *The Central Americans: Adventures and Impressions Between Mexico and Panama*. New York: Charles Scribner's Sons, 1928.

Ryant, Carl G. "The South and the Movement Against Chain Stores." *Journal of Southern History* 39, no. 2 (May 1973): 207–22.

Rydell, Robert W., et al. *Fair America: World's Fairs in the United States*. Washington, DC: Smithsonian Books, 2013.

Sanborn, Helen J. *A Winter in Central America and Mexico*. Boston: Lee & Shepard, 1886. Sanderson, Michael. *Education, Economic Change, and Society in England, 1780–1870*. London: Macmillan, 1991; 2nd ed., New York: Cambridge University Press, 1995.

Sanneh, Kelefa. "Sacred Grounds." *The New Yorker*, November 13, 2011. https://www.new yorker.com/magazine/2011/11/21/sacred-grounds.

Schlesinger, Arthur M., Jr. The Age of Roosevelt. 3 vols. New York: Houghton Miff lin, 1957; reprint, New York: Mariner / Houghton Miff lin, 2003.

Schlesinger, Jorge. *Revolución comunista: Guatemala en peligro?* Guatemala City: Editorial Unión Tipografia Castañeda, 1946.

Schmitt, Cannon. *Darwin and the Memory of the Human: Evolution, Savages, and South America*. New York: Cambridge University Press, 2009.

Schutte, Ofelia. *Beyond Nihilism: Nietzsche Without Masks*. Chicago: University of Chicago Press, 1984.

Scott, James C. *Against the Grain: A Deep History of the Earliest States*. New Haven: Yale University Press, 2017.

Scroop, Daniel. "The Anti-Chain Store Movement and the Politics of Consumption." *American Quarterly* 60, no. 4 (December 2008): 925–50.

Seigel, Micol. *Uneven Encounters: Making Race and Nation in Brazil and the United States*. Durham, NC: Duke University Press, 2009.

Sicilia, David B. "Supermarket Sweep." *Audacity* 5 (Spring 1997): 11–19.

Slater's Directory of Manchester and Salford, 1869–1879.

Smith, Andrew F., ed. *The Oxford Encyclopedia of Food and Drink in America*. 2nd ed. Vol. 2. New York: Oxford University Press, 2013.

Smith, Crosbie. *The Science of Energy: The Cultural History of Energy Physics in Victorian Britain*. Chicago: University of Chicago Press, 1998.

Smith, Robert Angus. *Air and Rain: The Beginnings of a Chemical Climatology*. London: Longmans, Green, 1872.

Sochor, Zenovia A. *Revolution and Culture: The BogdanovLenin Controversy*. Ithaca, NY: Cornell University Press, 1988.

Soule, George, David Efron, and Norman T. Ness. *Latin America in the Future World*. New York: Farrar & Rinehart, 1945.

Sperber, Jonathan. *Karl Marx: A NineteenthCentury Life*. New York: Liveright, 2013. Squier, E. G. *Notes on Central America*. New York: Harper & Brothers, 1855.

———. *The States of Central America*. New York: Harper & Brothers, 1858.

Stamberg, Susan. "Present at the Creation: The Coffee Break." NPR.org. December 2, 2002. www.npr.org/programs/morning/features/patc/coffeebreak/index.html/. Steffens, Henry John. *James Prescott Joule and the Concept of Energy*. New York: Science History Publications/USA, 1979.

Stein, Stanley. *Vassouras: A Brazilian Coffee County, 1850–1900: The Roles of Planter and Slave in a Plantation Society*. Cambridge, MA: Harvard University Press, 1957.

Stevenson, Robert Louis. *Treasure Island*. Boston: Roberts Brothers, 1884.

Steward, Dick. *Trade and Hemisphere: The Good Neighbor Policy and Reciprocal Trade*. Columbia: University of Missouri Press, 1975.

Steward, Luther N., Jr. "California Coffee: A Promising Failure." *Southern California Quarterly* 46, no. 3 (September 1964): 259–64.

Stewart, Balfour, and J. Norman Lockyer. "The Sun as a Type of the Material Universe." Part 1. *Macmillan's* 18 (July 1868): 246–57.

Stoetzer, O. Carlos. *The Organization of American States*. 2nd ed. Westport, CT: Praeger, 1993.

Stolcke, Verena. *Coffee Planters, Workers, and Wives: Class Conf lict and Gender Relations on São Paulo Plantations, 1850–1980*. London: Macmillan, 1988.

Strasser, Susan. *Satisfaction Guaranteed: The Making of the American Mass Market*. New York: Pantheon, 1989.

Sylla, Ndongo S. *The Fair Trade Scandal: Marketing Poverty to Benefit the Rich*. Translated by David Clément Leye. Athens, OH: Ohio University Press, 2014.

Talbot, John M. *Grounds for Agreement: The Political Economy of the Coffee Commodity Chain*. Lanham, MD: Rowman & Littlefield, 2004.

Tantillo, Astrida Orle. *The Will to Create: Goethe's Philosophy of Nature*. Pittsburgh: University of Pittsburgh Press, 2002.

Tasca, Henry J. *The Reciprocal Trade Policy of the United States*. Philadelphia: University of Pennsylvania Press, 1938.

Tedlow, Richard S. *New and Improved: The Story of Mass Marketing in America*. New York: Basic Books, 1991; reprint, Boston: Harvard Business School Press, 1996.

Terkel, Studs. *Hard Times: An Oral History of the Great Depression*. New York: Pantheon, 1970; reprint, New York:

New Press, 2005.
Thompson, E. P. "Time, Work-Discipline, and Industrial Capitalism." *Past and Present* 38 (December 1967): 56–97.
Thompson, Wallace. *Rainbow Countries of Central America*. New York: E. P. Dutton, 1926.
Thorp, Rosemary. *Progress, Poverty, and Exclusion: An Economic History of Latin America in the 20th Century*. Washington, DC: Inter-American Development Bank, 1998.
———, ed. *An Economic History of TwentiethCentury Latin America. 2nd ed. Vol. 2, Latin America in the 1930s: The Role of the Periphery in the World Crisis*. New York: Palgrave, 2000.
Thurber, Francis Beatty. *Coffee: From Plantation to Cup*. New York: American Grocer Publishing Association, 1881.
Thurston, Robert W., Jonathan Morris, and Shawn Steiman, eds. *Coffee: A Comprehensive Guide*. Lanham, MD: Rowman & Littlefield, 2013.
Tilley, Virginia. *Seeing Indians: A Study of Race, Nation, and Power in El Salvador*. Albuquerque: University of New Mexico Press, 2005.
Tobey, Ronald C. *Technology as Freedom: The New Deal and the Electrical Modernization of the American Home*. Berkeley: University of California Press, 1996.
Tocqueville, Alexis de. *Journeys to England and Ireland*. Translated by George Lawrence and K. P. Mayer. Edited by J. P. Mayer. 1979; reprint, New Brunswick, NJ: Transaction, 1988; New York: Routledge, 2017.
Topik, Steven. "Historicizing Commodity Chains: Five Hundred Years of the Global Coffee Commodity Chain." In *Frontiers of Commodity Chain Research*, edited by Jennifer Bair, 37–62. Stanford, CA: Stanford University Press, 2008.
Topik, Steven, Carlos Marichal, and Zephyr Frank, eds. *From Silver to Cocaine: Latin American Commodity Chains and the Building of the World Economy, 1500–2000*. Durham, NC: Duke University Press, 2006.
Topik, Steven, and Allen Wells, eds. *The Second Conquest of Latin America: Coffee, Henequen, and Oil During the Export Boom, 1850–1930*. Austin: University of Texas Press, 1998.
Tucker, Catherine M. *Coffee Culture: Local Experiences, Global Connections*. New York: Routledge, 2010.
Tucker, Richard P. *Insatiable Appetite: The United States and the Ecological Degradation of the Tropical World*. Berkeley: University of California, 2000.
Tulchin, Joseph S. *The Aftermath of War: World War I and U.S. Policy Toward Latin America*. New York: New York University Press, 1971.
Turner, Mary. "A History of Collyhurst, Manchester, to 1900." Submitted for a Certificate of Extra-Mural Education, Manchester University. May 1975. Manchester Central Li- brary, Manchester, UK.
Ukers, William H. *All About Coffee*. New York: Tea and Coffee Trade Journal Company, 1922.
———. *All About Coffee*. 2nd ed. New York: Tea and Coffee Trade Journal Company, 1935. Underwood, Ted. *The Work of the Sun: Literature, Science, and Political Economy, 1760–1860*. New York: Palgrave Macmillan, 2005.
Vickers, Douglas. *Economics and Ethics: An Introduction to Theory, Institutions, and Policy*. Westport, CT: Praeger, 1997.
Wallace, Alfred Russel. *The Malay Archipelago: The Land of the Orangutan and the Bird of Paradise*. 4th ed. London: Macmillan, 1872.
Walvin, James. *A Child's World: A Social History of English Childhood, 1800–1914*. New York: Penguin, 1982.
Watkins, Melville H. "A Staple Theory of Economic Growth." *The Canadian Journal of Economics and Political Science* 29, no. 2 (May 1963): 141–58.
Watkins, T. H. *The Hungry Years: A Narrative History of the Great Depression in America*. New York: Henry Holt, 1999.
Weinberg, Bennett Alan, and Bonnie K. Bealer. *The World of Caffeine: The Science and Culture of the World's Most Popular Drug*. New York: Routledge, 2002.
West, Paige. *From Modern Production to Imagined Primitive: The Social World of Coffee from Papua New Guinea*. Durham, NC: Duke University Press, 2012.
Whitehead, Andrew. "Red London: Radicals and Socialists in Late-Victorian Clerkenwell." *Socialist History* 18

(2000): 1–31.
Wickizer, V. D. *The World Coffee Economy, with Special Reference to Control Schemes*. Stanford, CA: Stanford University Press, 1943.
Wild, Antony. *Coffee: A Dark History*. New York: W. W. Norton, 2004.
Williams, Philip J., and Knut Walter. *Militarization and Demilitarization in El Salvador's Transition to Democracy*. Pittsburgh: University of Pittsburgh Press, 1997.
Williams, Robert G. *States and Social Evolution: Coffee and the Rise of National Governments in Central America*. Chapel Hill: University of North Carolina Press, 1994.
Williams, William Appleman. *Empire as a Way of Life*. New York: Oxford University Press, 1980; reprint, Brooklyn, NY: Ig Books, 2006.
———. *The Tragedy of American Diplomacy*. 50th anniversary ed. New York: W. W. Norton, 2009.
Williamson, Harold Francis. *Edward Atkinson: The Biography of an American Liberal, 1827–1905*. Boston: Old Corner Bookstore, 1934.
Wilson, Charles Morrow. *Central America: Challenge and Opportunity*. New York: Henry Holt, 1941.
Wilson, Everett Alan. "The Crisis of National Integration in El Salvador, 1919–1935." Ph.D. diss., Stanford University, 1969.
Wise, M. Norton, with Crosbie Smith. "Work and Waste: Political Economy and Natural Philosophy in Nineteenth Century Britain (part 1)." *History of Science* 27, no. 3 (September 1989): 263–301.
Wise, M. Norton, with Crosbie Smith. "Work and Waste: Political Economy and Natural Philosophy in Nineteenth Century Britain (part 2)." *History of Science* 27, no. 4 (Decem- ber 1989): 391–449.
Wittman, Hannah, Annette Aurélie Desmarais, and Nettie Wiebe, eds. *Food Sovereignty: Connecting Food, Nature, and Community*. Halifax, NS: Fernwood, 2010.
Wolfe, Joel. *Autos and Progress: The Brazilian Search for Modernity*. New York: Oxford University Press, 2010.
Womack, John., Jr. "Doing Labor History: Feelings, Work, Material Power." *Journal of the Historical Society* 5, no. 3 (2005): 255–96.
Wood, Bryce. *The Making of the Good Neighbor Policy*. New York: Columbia University Press, 1961; reprint, New York; W. W. Norton, 1967.
Wood, Elisabeth Jean. *Insurgent Collective Action and Civil War in El Salvador*. New York: Cambridge University Press, 2003.
Youmans, Edward L., ed. *The Correlation and Conservation of Forces: A Series of Expositions*. New York: D. Appleton, 1864.
Zamosc, Leon. "Class Conf lict in an Export Economy: The Social Roots of the Salvadoran Insurrection of 1932." In *Sociology of Developing Societies: Central America*, edited by Jan Flora and Edelberto Torres Rivas, 56–74. New York: Monthly Review Press, 1989.
———. "The Landing That Never Was: Canadian Marines and the Salvadorean Insur- rection of 1932." *Canadian Journal of Latin American and Caribbean Studies* 11, no. 21 (1986): 131–47.
Zeiler, Thomas W. *Free Trade, Free World: The Advent of GATT*. Chapel Hill: University of North Carolina Press, 1999.
Zencey, Eric. "Some Brief Speculations on the Popularity of Entropy as Metaphor." *North American Review* 271, no. 3 (September 1986): 7–10.
Zimmerman, M. M. T*he Super Market: Spectacular Exponent of Mass Distribution*. New York: Super Market Publishing Co., 1937.
———. *Super Market Merchandising: A Revolution in Distribution*. New York: McGraw-Hill, 1955.
———. "The Supermarket and the Changing Retail Structure." *Journal of Marketing* 5, no. 4 (April 1941): 402–9.